한국해양전략연구소 총서 111

용과 뱀

The Dragons and the Snakes

서방에 맞서려는 적들의 전쟁 방식 진화

David Kilcullen 지음
임경한 옮김

박영사

들어가며

2012년 중반, 내가 그해 말 마무리했던 미래 도시 분쟁에 관한 책 『아웃 오브 더 마운틴(Out of the Mountains)』을 끝내갈 무렵이었다. 나는 이 책의 근간이 되는 문제들을 본격적으로 연구하기 시작했는데, 그것은 강대국 간 군사 대결의 회귀, 근본적으로 다른 기원을 가졌음에도 불구하고 국가 및 비국가 적대자들이 놀랍도록 유사한 작전 방식을 향해 수렴하는 현상, 그리고 냉전 이후 서방의 군사적 우위가 만들어낸 환경 속에서 이러한 수렴적 진화가 촉진되었을 가능성에 대한 생각이었다.

우리가 이라크와 아프가니스탄 점령 전쟁에 매몰되면서 생긴 지정학적, 경제적, 안보적 공백을 메우기 위해 테러리즘에 대해 가진 독점적 관심을 악용한 경쟁국가나 적극적으로 적대적인 국가들의 영향력이 커지고 점차 그 방법이 정교해지는 것은 분명했다.

주의 깊게 살펴보면 신호는 어디에나 있었다. 콜롬비아 태평양 연안에 중국이 건설한 컨테이너 터미널, 아프리카 전역과 스리랑카의 타밀 타이거스와의 전투에서 나타난 중국 군사 고문단과 하드웨어, 소말리아 지역에서 합법 및 불법 운송 작전을 장악한 러시아 항공 화물 회사들, 바샤르 알아사드 정권을 지원하기 위해 시리아에 등장한 러시아 민간 군사 기업들, 미국을 직접 겨냥해 쿠바 루르드에 있는 신호정보 기지를 재개설하려는 러시아의 결정, 베네수엘라의 이란 및 북한 고문단과 군사 작전 요원들, 아프리카의 뿔 지역과 북아프리카 전역에서 튀르키예, 사우디아라비아, 이란 및 이들의 걸프 동맹국들 간의 영향력 경쟁까지 이 모든 것들은 우리가 테러와의 값비싼 싸움에 몰두하는 동안, 다른 위험과 경쟁자들이 빠르게 성장하고 있다는 신호였다.

확실히 2012년 당시의 신호들은 지금처럼 명확하진 않았다. 중국 최초의 항공모함인 랴오닝함은 아직 출항 전이었고, 중국이 영유권을 주장하는 남중국해의 암초와 환초들에 대한 인공섬 건설 노력은 이제 막 시작 단계였다. 또한 현재 이 지역에 널리 배치된 중국의 주둔군, 레이더 방해기, 대공 방어 시스템, 대함 미사일 등은 아직 배치되지 않은 상태였다. 러시아는 이미 조지아 영토를 침공하고 점령했으며, 에스토니아를 상대로 사이버 공격을 감행했고, 아제르바이잔과 아르메니아 간의 미결 분쟁을 조장하고 있었다. 그러나 러시아의 크림반도 합병과 거의 노골적인 우크라이나 침공은 여전히 먼 미래의 일이었다. 러시아 대공 미사일에 의한 말레이시아 여객기 MH17편 격추나 시리아에서의 노골적인 군사 개입을 통한 중동의 핵심 플레이어로서 러시아의 복귀 또한 마찬가지였다.

이란은 아직 시리아와 예멘으로 영향력을 확장하지 않은 상태였고, 이라크 내 작전들은 위험하긴 했지만 은밀하게 진행되고 있었다. 2003년에 일시 중단되었던 이란의 핵 프로그램은 2015년 공개된 핵 합의인 포괄적 공동 행동 계획에 앞서 오바마 행정부와 진행 중인 비밀 협상의 대상이었다. 북한의 새 지도자 김정은은 아직 자신의 무자비한 기질을 드러내지 않은 상태였는데, 많은 전문가들은 그를 젊고 미숙하며, 강력한 장군들과 나이 많은 친척들(나중에 그들 중 다수를 숙청했지만)의 통제 아래 있을 것이라고 여겼다. 그리고 2012년 중반에 아랍의 봄이 이미 후퇴하고 있었지만, 벵가지 공격은 아직 리비아 개입의 실패를 여실히 보여주지 않았다. 또한 이슬람 국가(ISIS)의 부상은 이라크 전쟁을 철수하는 순간 모든 것이 끝나고 정리되었다고 여기는 미국 행정부로부터 관심과 주목을 받기 위해 고군분투하던 이라크 전문가들에게는 여전히 틈새 관심사에 불과했다.

2013년 초, 나는 20년 전인 1993년 제임스 울시의 증언을 통해 새로운 전략 환경을 개념화하며 연구하고 집필하고 있었다. 울시는 당시 서방이 거대한 '용(소련)'을 죽였지만, 탈냉전 환경에서 혼란스러운 다양한 뱀들과 마주하게 되었다고 말한 바 있다. 2013년 말, 특히 시리아 동 구타(Eastern Ghouta)에서 신경 작용제 공격으로 발생한 위기를 해결하는 데 있어 러시아가 외교적 승리를 거두고, 미국이 아사드의 화학무기 사용에 대한 자체적인 레드라인을 강제하는 데 실패한 후에는 푸틴의 러시아라는 형태의 용이 다시 나타난 것이 분명해 보였다. 우리는 이제 국가 및 비국가 적대자들을 동시에, 그리고 여러 동일한 장소에서 상대하고 있었다.

하지만 지난 20년간 중국을 포함한 용들이 우리를 지켜보고 배우며 냉전이 끝나고, 특히 2003년 이후 우리를 그토록 괴롭혔던 '뱀'들처럼 싸우는 법을 알아냈다는 점도 분명해 보였다. 나는 이라크를 경계하며 지켜보는 한편, 우리 현장 팀이 시리아와 아프가니스탄에서 인도주의 및 안정화 노력을 계속 지원하는 동안, 나의 연구팀과 함께 러시아와 중국의 비대칭 및 비정규전 발전에 점점 더 집중했다. 이는 이들 국가의 군사 현대화와 확장적인 정치 · 경제 프로그램에 유능한 부속물처럼 보였다. 그러나 우리 모두는 거대한 우회로에 강제로 진입해야만 했다.

2014년 봄과 여름, 이라크와 시리아 전역에서 ISIS가 급부상한 것은 이라크 안정을 꾀하던 미국과 서방 국가들에게 엄청난 차질을 안겨주었고, 또한 불과 몇 달 전 ISIS를 '2군'이라 칭하고, 2014년 6월 ISIS 탱크가 이라크 제2의 도시 모술을 점령하기 며칠 전 전쟁의 물결이 물러가고 있다고 말했던 미국 대통령에게는 엄청난 망신이었다. 이는 마치 지난 10년 이상 용들이 뱀들로부터 배워온 것처럼, 비국가 행위자들이 국가의 전술을 모방하면서 이전에는 정부에만 국한되었던 수준의 기술력과 치명성을 전개하고 있음을 보여주었다.

2016년에 출간된 나의 저서 『피의 해(Blood Year)』는 ISIS의 부상을 기록했지만, 2017~2018년에 이라크와 시리아의 핵심 유사 국가 '칼리프국'이 초기 성공적으로 장악했던 영토와 인구에 대한 통제력을 잃고 결국 2019년 3월에 영토적 실체로서 소멸되는 과정을 다루기에는 너무 일찍 출간되어서 이 그룹의 최종적인 몰락을 추적하기는 어려웠다. ISIS의 전 세계적인 네트워크는 살아남아 계속해서 공격을 고무하고 지시하고 있으며, 아프가니스탄에서 나이지리아, 리비아에서 필리핀에 이르기까지 12개의 ISIS 연계 그룹(지역)이 여전히 활동 중이다. 하지만 나는 이 지역을 여행하며 이라크, 시리아, 북아프리카의 수많은 취재원과 이야기를 나누고 '피의 해'를 완성하는 동안에도 비슷한 환경에 직면한 서로 다른 행위자들이 서로 닮아가는 방식, 즉 수렴적 진화에 관한 이전 책의 주요 아이디어로 계속 돌아가고 있었다. 그리고 확실히 ISIS는 이 아이디어 중 하나, 즉 비국가 행위자들이 국가와 같은 전술, 기술, 그리고 기술력을 점점 더 채택하는 현상의 놀라운 사례를 제공한다.

ISIS는 세금을 징수하고, 민간 통치 구조를 수립하며, 전기와 물을 판매하고, 국제 시장에서 석유를 거래하는 등 스스로를 국가로 여겼다. 또한 이들은 국가처럼 싸웠는데, 국가 적대자들로부터 차용하거나 사담 후세인 밑에서 소련 전술을 훈련받은 지도자들의 상당수로부터 파생된 재래식 전술을 채택했다. ISIS는 탱크, 포병, 최소한 두어 대의 작동하는 항공기, 로켓, 박격포를 획득했으며, 확실한 재래식 수단을 이용해 도시를 장악하고 통제하며 인구를 지배하려 했다. 이들의 전략은 영토를 점령하고 유지한 다음, 게릴라, 테러 조직, 그리고 적진 후방에서의 전복 노력을 바탕으로 재래식 군사 정복을 통해 영토를 확장하는 것이었는데, 이는 완전히 국가적인 특성을 보였다. 이 그룹의 끔찍한 잔학 행위와 소셜 미디어 활용 능력은 그들의 완전히 국가적인 전략적 접근 방식으로부터 주의를 분산시키는 경향이 있었다. 결국 ISIS는 전통적인 비국가 행위자가 했던 것처럼 도시를 유지하고 인구를 통제하기 위해 재래식 전쟁을 고집함으로써 영토적인 실체로서는 실패했지만, 그 시도는 섬뜩할 정도로 성공에 근접했다.

ISIS가 이 방정식의 한쪽을 차지했다면, 2014~2015년의 다른 주요 전개들, 즉 러시아의 크림반도 점령, 재래식 기갑 전투단과 결합된 게릴라 및 대리군을 이용한 우크라이나 침공, 말레이시아 여객기 MH17 격추, 그리고 시리아에 대한 직접적인 군사 개입은 다른 한쪽을 보여줬다. 러시아의 노력은 단순히 재래적이거나 국가적인 것만이 아니었다. 오히려 ISIS가 국가로부터 기술, 조직, 장비를 차용했듯, 러시아는 비국가 행위자들의 전략을 점점 더 능숙하게 활용했다. 민병대와 게릴라 그룹(물리적 세계와 온라인의 사이버 민병대 및 봇넷 포함) 후원, 쿠데타 및 분리주의 운동 조장, 적대국 불안정화를 위한 선동과 선전 적용, 이주 조작, 정치적 반대자 암살, 에너지 공급의 무기화, 그리고 선거 개입은 모두 국가 목표를 추구하면서도 비국가 행위자의 기술을 채택하려는 러시아의 의지를 보여줬다. 미국 도널드 트럼프의 대통령 당선, 영국의 유럽연합 탈퇴 투표, 스페인의 카탈루냐 분리주의, 몬테네그로의 쿠데타 시도, 그리고 발트해 및 코카서스 지역의 러시아 이웃 국가들에 대한 지속적인 공격은 모두 러시아의 정치 및 정보전 활동이 점차 활발해지고 있다는 신호를 보여주었다. 이와 동시에 일련의 발전된 신무기 시스템 공개와 국제 문제에서의 새로운 자신감은 러시아가 다시 확고한 위치를 차지했음을 보여주었다.

한편 태평양, 남아시아, 라틴 아메리카, 아프리카에서 중국의 군사적, 상업적, 그리고 산업적 확장 주의는 다른 국가들도 전통적인 목표를 달성하기 위해 비전통적인 방식에 따라 비슷한 개입을 할 수 있다는 것을 보여주었다. 중국의 무역 관행, 산업 및 경제 스파이 활동, 정치적 간섭, 그리고 군사 현대화는 세계적인 강대국 지위를 획득하려는 열망, 중상주의적 야망, 그리고 2001년 이후 서방이 신뢰를 잃고 테러리즘에만 집중하며 남겨둔 공백을 채울 수 있는 능력을 드러냈다. 우리는 다시금 국가 행위자가 목표 달성을 위해 재래식 수단과 남중국해에 인공 요새를 건설하거나 상업 대출을 이용해 항구와 해군 기지를 확보하는 것과 같은 혁신적인 접근 방식을 포함하는 비국가적 수단을 결합하여 사용하는 것을 보았다. 또한 이란과 북한 역시 재래식 수단과 비재래식 수단을 창의적으로 결합하고 있었는데, 이들 두 국가 모두 9/11 테러 이후 우리가 다른 곳에 신경 쓰는 동안 비재래식 전쟁, 사이버 전쟁, 테러리즘의 지원을 받는 핵 프로그램을 발전시키는 이점을 누렸다.

이 책은 강대국과 국민국가의 경쟁이 다시 시작되고, 냉전 종식 이후 서방 강대국의 지배적인 글로벌 지위가 약화되며, 그리고 전쟁이 오래된 도구와 신기술을 결합하는 새로운 형태를 취하면서 글로벌 안보 환경에서 어떤 일이 벌어지고 있는지를 이해하기 위해 2014년의 우여곡절 이전부터, 그리고 2016년 이후 새로운 활력을 불어넣은 노력의 결과물이다. 또한 이 책은 비록 잠정적이고 부분적이지만, 군사 혁신 및 지정학적 분석 분야의 지식을 진화 과학 및 인류학 분야와 결합하여 이러한 현상이 어떻게, 그리고 왜 발생하는지를 설명하려는 시도의 결과이기도 하다. 궁극적으로 이 책은 9/11 테러 이후 우리의 행동이 어떻게 용들을 다시 불러왔는지 직시하고, 앞으로 용과 뱀 모두에 대처하기 위해 우리가 무엇을 할 수 있을지를 숙고하려는 노력이다. 이러한 노력은 지금 그 어느 때보다 중요하게 다가온다.

이어진 장들에서 얻을 수 있는 한 가지 핵심 메시지가 있다면, 그것은 1991년 걸프전에서 미군이 개척했던 군사 모델, 즉 걸프전을 그토록 빠르게 승리로 이끌고 이후 25년간 서방 세력에게 전례 없는 전장 지배력을 가져다주었던 첨단 기술, 고정밀 · 고비용의 네트워크 시스템이 더 이상 작동하지 않는다는 점이다. 우리의 적들은 이 모델을 무력화하는 방법을 알아냈고, 핵심 기술에서 우리를 따라잡거나 앞질렀으며, 우리의 전통적인 접근 방식이 적용될 수 있는 좁은 경계를 넘어 전쟁의 개념을 확장했다. 그들은 이미 적응했고, 우리 역시 적응하지 못한다면 우리의 쇠퇴는 시간 문제일 뿐이다.

덴버, 콜로라도주

2019년 4월

용어에 대한 참고

이 책 전반에 걸쳐 나는 대문자로 표기된 '서방적인(Western)' 또는 '서방(the West)'이라는 용어를 특정 군사 방법론과 그 방법론으로 특징지어지는 전쟁 방식을 가진 국가 그룹을 묘사하기 위해 사용했다. 본질적으로 이는 전장 지배를 강조하는 전쟁 접근 방식인데, 이는 첨단 기술을 이용한 정밀 타격, 네트워크 통신, 그리고 광범위한 정보 · 감시 · 정찰(ISR)을 통해 달성된다. 서방의 군사 방법론은 인명 피해를 최소화하려는 강박적인 추진력, 전쟁의 장기적 결과에 대한 고려를 꺼리고 전투에만 집중하며, 전장의 성공을 전쟁 중, 그리고 유리한 정치적 결과로 전환하는 데 필요한 일련의 활동인 전쟁 종결에 대한 강조가 부족하다는 특징이 있다.

따라서 내가 이 책에서 사용하는 서방이라는 용어는 군사적 개념이자 지정학적 개념으로, 이는 주로 미국과 동맹을 맺거나 협력하는, 미국이 개척하고 완성한 전술을 사용하여 전투를 벌이며 연합군이나 국제기관에서 자주 협력하는 국가들의 느슨한 집합체를 의미한다. 이는 유럽 문명과 동일한 개념이 아니며, 서양적 군사 수단을 적용하는 국가에는 일본, 한국, 대만과 같은 비유럽 국가들도 포함된다. 또한 이 책은 문화나 정치적인 문제가 아닌 주로 군사적인 문제를 다루고 있다.

하지만 우리는 좋든 나쁘든 현대 세계가 주로 서양의 군사 방식을 적용한 국가들에 의해 건설되었다는 사실을 잊어서는 안 된다. 실제로 우리가 살아가는 세계는 무역의 성장, 노예 제도의 근절, 분쟁 예방 및 해결을 위한 국제기구의 설립, 그리고 자유 기업, 인권, 민주주의의 확산에 이르기까지 두 세기에 걸친 영국의, 그리고 이어진 미국의 전 세계적 해군 우위에 상상 이상으로 크게 의존해 왔다. 따라서 오늘날의 서양 주도 세계 질서는 서양 군사 방식의 효용성에 크게 의존한다. 그리고 이 책의 주장이 옳다면, 그 효용성은 점점 사라지는 중이다.

목차

제1장

용과 뱀
(The Dragon and Snakes)

제1장

용과 뱀
(The Dragon and Snakes)

1993년 2월, 바람이 불고 영하의 날씨를 보인 화요일 오전 10시 직전, 제임스 울시는 워싱턴 DC 컨스티튜션 애비뉴에 있는 하트 상원의원 사무실 건물 216호 회의실의 긴 오크색 증인석 테이블에 앉았다.[1]

울시는 냉전 시대의 내부자인데, 민주당원이자 변호사 출신으로 지미 카터 대통령 행정부 시절인 1977~1979년 해군 차관을 역임했고, 소련과의 핵 군축 회담에서 미국을 대표했으며, 베트남 전쟁이 한창이던 시기에는 상원 군사위원회 법률 고문을 역임한 바 있다. 냉전 막바지인 1989~1991년에는 오스트리아 빈에서 유럽 내 재래식 무기에 대한 제한을 설정하고 초과 무기를 폐기하도록 하는 유럽 재래식 군비 협상의 미국 대사로 근무한 바 있다. 그는 새로 취임한 빌 클린턴 대통령을 보좌하는 방대한 미국 정보기관의 국장이자 CIA 국장으로서 의회로부터 인준을 받기 위해 정보위원회에 출석했다.

울시는 CIA 국장으로서 장차 국방장관이 될 로버트 게이츠의 뒤를 이을 예정이었다. 그러나 울시가 임명되기 위해서는 먼저 미국의 해외 비밀 작전과 정보 활동에 극도로 비판적이었던 미래 국무장관인 존 케리 상원의원을 비롯한 위원들에게 자신이 미국의 정보기관을 새로운 시대로 이끌 수 있는 자질을 갖추고 있다는 점을 확신시켜줘야 했다.

냉전은 1991년 12월 소련의 공식 해체로 14개월 전에 막을 내렸다. 하지만 미국은 이미 소말리아에 복잡하게 개입하고 있었고, 이는 '임무 확장'으로 이어져 울시의 증언 이후 몇 달 만에 미국인 18명과 수천 명의 소말리아인이 사망한 전투로 발전했다. 이 전투는 마크 보우든의 『블랙 호크 다운(Black Hawk Down)』에 기록되어 영원히 기억되었다.2 유럽에서는 미국과 NATO 동맹국들이 유고슬라비아의 유혈 붕괴를 마주했고, 소련 해체 이후 새롭게 부상하는 권력 공백에 대처하고 있었다. 중동에서는 미 공군 승무원들이 이라크 북부와 남부 상공에 24시간 비행금지구역을 운영했으며, 미군은 이라크 쿠르디스탄에서 인도주의 작전을 수행하는 동시에 다른 지역의 광범위한 위협에 대처하고 있었다.

울시는 길지만 결국 성공적이었던 인준 청문회에서 다가올 시대에 대해 결정적인 발언을 했다. 그는 "여러 면에서 오늘날의 위협은 과거 소련이 제기했던 위협보다 관찰하고 이해하기가 더 어렵다"고 말했다:

> 대량살상무기(WMD)와 이를 운반하는 탄도미사일의 확산, 전 세계 곳곳에 퍼져 있는 민족적이고 국가적인 증오, 국제적인 마약 거래, 테러리즘, 서방의 중동 석유 의존에 내재된 위험, 새로운 경제 및 환경 문제 등 우리의 안보와 국익을 위협하는 여러 가지 중요한 문제들은 그 복잡성과 난이도가 매우 높은 정보 문제를 야기하고 있다. 이러한 문제를 해결하지 못하면 우리의 일상에 무조건적으로 나쁜 영향을 끼칠 것이다. 우리를 둘러싼 두 개의 바다는 더 이상 우리를 고립시키지 않고 있다. 우리는 큰 용을 죽였지만 이제 우리는 다양한 종류의 독사들로 가득한 정글에서 살고 있다. 그리고 여러모로 용은 추적하기가 더 쉬웠다.[3]

WMD의 확산, 초국가적 테러리즘의 부상, 마약 밀매, 조직적인 범죄, 환경 및 에너지 위험, 민족-종교적 갈등 등 1990년대의 모든 난관은 탈냉전 세계의 첫 20년을 정의하는 위협 목록인 울시의 뱀 목록에 명시되거나 암시되어 있다. 실제로 울시의 예측은 이후 20년을 매우 정확하게 묘사했기 때문에, 당시 우리는 능력을 보유한 국가(용)가 아닌 약하거나 실패한 국가 또는 비국가 행위자(뱀)로부터 주로 위협이 발생하는 울시적 안보 환경에서 살았다고 해도 과언이 아니다.

울시의 증언 이후 20년 동안 냉전 시대의 핵심 이슈였던 강대국 간 대립과 국가 간 갈등은 후퇴한 반면, 일상적인 군사 작전과 정책 입안자들의 전략적 관심은 크게 확대된 범위의 비국가 또는 국가 내 갈등에 집중되었다. 1993년 2월 울시의 상원 증언부터 거의 정확히 10년 후인 2003년 3월 미국이 이라크를 침공할 때까지 울시 시대의 첫 10년은 소련 붕괴 이후 유럽 전역의 혼란, 아프리카와 아시아의 민족국가 분열, 일련의 광범위한 평화 유지 및 인도주의적 개입으로 특징지어졌다.

나는 바로 그런 세상에서 호주 육군의 젊은 보병 장교로 성장했다. 냉전이 끝나갈 무렵 입대하거나 서방 군사 학교를 졸업한 우리 세대는 1990년대 내내 캄보디아, 보스니아, 르완다, 소말리아, 키프로스, 아이티, 코소보, 동티모르, 시에라리온 같은 곳에서 혼란스럽고 모호한 작전들을 수행했다. 시가전, 기갑전, 공대공 전투, 대잠전, 방공, 병참, 국가 동원 또는 WMD 방어 등 고강도 전쟁에 필요한 기술은 주요 군에서 위축되었다. 일부 국가는 냉전 시대의 징병제를 폐지했고, 다른 국가들은 국경 수비대를 해체하거나 정예 기동 부대를 없앴다. 첨단 무기 시스템 개발은 평화 배당금을 찾던 관료나 정치인들에 의해 취소되었다. 전문 군인들에게 국가 대 국가의 충돌 훈련은 우리가 실제 일상 업무, 즉 평화 유지, 대테러, 인도주의적 재건, 그리고 군사 자문 임무 사이에 의무적으로 끼워 넣으려 했던 일이었다.

물론 이러한 임무는 때로는 모가디슈에서와 같이 격렬한 전투를 포함하는 높은 위협 수준을 수반했지만, 일반적으로 전통적인 군사력을 발휘할 수 있는 명확한 적이 없었다. 1993년 미 국무장관 매들린 올브라이트는 당시 합참의장이었던 콜린 파월 장군에게 "당신이 항상 말하는 이 훌륭한 군대를 우리가 사용할 수 없다면 무슨 소용이 있습니까?"라고 질문한 것으로 유명하다.[4] 같은 맥락에서 1992년 호주 국방 전략에 관한 책 제목은 '적 없는 위협(*Threats without Enemies*)'이었고, 유럽에서는 프랑스 이론가 루프 프랑카르트와 장 자크 패트리가 당시의 군사작전에 대해 특정 무장한 적이 아닌 전쟁 현상 자체가 적이며 근본적인 목표는 분쟁에서 승리하는 것이 아니라 분쟁을 끝내는 것이었던 '대항전'으로 특징지었다.

확실히, 이 임무들은 때로는 모가디슈에서와 같이 격렬한 전투를 포함하는 높은 위협 수준을 수반했지만, 일반적으로 전통적인 군사력을 행사할 만한 명확한 적이 없었다. 1993년 미 국무장관 매들린 올브라이트는 당시 합참의장이었던 콜린 파월 장군에게 "당신이 항상 말하는 이 훌륭한 군대를 우리가 사용할 수 없다면 무슨 소용이 있습니까?"라고 질문한 것으로 유명하다. 같은 맥락에서 1992년 호주 국방 전략에 관한 책은 『적 없는 위협(*Threats without Enemies*)』이라는 제목이 붙었고, 유럽에서는 프랑스 이론가 루 프랑카르와 장 자크 파트리가 당시의 군사작전에 대해 특정 무장한 적이 아닌 전쟁 현상 자체가 적이며 근본적인 목표는 분쟁에서 승리하는 것이 아니라 분쟁을 끝내는 것이었던 콩트르-게르(contre-guerre), 즉 "대항전"으로 특징지었다.[5]

울시 시대의 두 번째 10년인 2003년 3월부터 잘못된 판단으로 시작된 이라크 침공이 3주간의 전격전 끝에 승리를 이끌었지만 지저분한 재건 임무로, 그리고 끔찍한 반란으로 급격히 전환되면서 미국과 동맹국들은 거의 모든 자원과 관심을 테러와의 전쟁에 집중했다. 1990년대 평화 유지 및 안정화 작전에 전념하던 미국은 갑자기 아프가니스탄과 이라크에서 대규모 반란을 진압하고 소말리아, 필리핀, 기타 수많은 아프리카 및 아시아 국가에서 소규모의 비정규 및 비재래식 전투 임무로 전환했는데, 이 모든 것은 글로벌 테러와의 전쟁(GWOT)의 일환이었다.

정보 기관 내 동료들도 마찬가지로 점차 치명적인 전투 작전에 관여했다. CIA와 다른 기관들은 자체적인 전투 조직이 되었고, 기관 내부자들이 공개한 일련의 기록에 따르면 자체 드론 공격을 감행하고, 준군사 작전 장교들이 훈련시킨 수천 명의 현지 비밀 부대를 운용하며, 대테러 추적팀을 이끌고 점차 군사 작전과 구별이 어려운 급습 작전을 수행했다[6].

이라크와 아프가니스탄에서의 전쟁은 1990년대 우리가 수행했던 어떤 작전보다 훨씬 치명적이었지만, 그 차이는 종류가 아니라 정도의 문제였다. 1990년대 임무들처럼 9/11 테러 이후 우리의 작전들은 다수의 비국가 위협을 다루었고, 정복하고 점령하기보다는 주로 분쟁을 종식시키고 현지 환경을 안정화하여 우리가 떠날 수 있도록 하는 데 중점을 두었다. 울시의 비유를 확장하자면 1993년부터 우리는 용보다는 뱀에 집중했다. 하지만 2001년부터, 그리고 2003년 이후에는 더욱 강렬하게 우리는 시야를 단 하나의 뱀(테러리즘)과 그 테러리즘의 한 하위 부류(오사마 빈 라덴으로 대표되는 이슬람 극단주의의 일종인 살라프 지하디즘)로 좁혔다. 우리는 알카에다(AQ) 지도자들을 사살하거나 생포함으로써 "뱀의 머리를 자르겠다"는 빈 라덴 자신의 표현을 재활용하려 했다.[7]

이 시기 일련의 전략 문서들, 그중에서도 2002년 미국 국가안보전략서(NSS)는 마치 국가 안보와 외교 정책의 유일한 조직 원리가 앞으로 테러리즘 대응이 될 것처럼 읽혔다.[8] 2002년 NSS는 "테러리스트들은 개방 사회를 침투하고 현대 기술의 힘을 우리에게 불리하게 돌리도록 조직되어 있다"고 보고, "우리 국가가 직면한 가장 심각한 위험은 급진주의와 기술의 교차점에 있다"고 명시했다:

이러한 위협을 물리치기 위해서는 군사력을 포함하여 더 나은 국토 방어, 법 집행, 정보, 테러리스트 자금 조달 차단을 위한 적극적인 노력 등 우리가 가진 모든 수단을 활용해야 한다. 전 세계에 영향을 미치는 테러리스트와의 전쟁은 기간을 정할 수 없는 글로벌 사업이다. 미국은 테러와의 전쟁에서 우리의 도움이 필요한 국가들을 도울 것이다. 그리고 미국은 테러리스트들이 은신처로 삼는 국가를 포함해 테러리즘에 의해 타협하는 국가에 책임을 물을 것이다. 테러리즘의 동맹은 문명의 적이기 때문이다. 우리와 협력하는 국가들과 미국은 테러리스트들이 새로운 본거지를 개발하는 것을 허용해서는 안 된다. 우리는 함께 힘을 합쳐 테러리스트들이 모든 단계에서 피난처를 얻지 못하도록 막을 것이다.[9]

이러한 공식화의 문제점 중 하나는 테러리즘을 단일하고 통일된 상대로 본다는 생각이었는데, 이는 전통적인 국가 기반의 적을 대체하고, 포괄적인 의도와 목표를 가진 것으로 간주될 수 있다는 식이었다. 물론 살라프 테러리즘이 단일하다고 믿는 사람은 아무도 없었으며, 지하드주의 그룹들이 분열하고 서로에게 등을 돌리며, 지극히 사소한 교리적 차이로 피비린내 나는 내전을 벌이는 경향은 잘 알려져 있었다.[10] 마찬가지로, 이란이 지원하는 헤즈볼라 같은 시아파 단체, 콜롬비아무장혁명군과 같은 마약 테러리스트, 아일랜드공화국군과 바스크민족해방군과 같은 유럽 분리주의 그룹들은 지하드주의와 공통점이 거의 없었다. 하지만 냉전 시대의 용을 위해 설계된 군사적 의사결정 과정을 9/11 테러 이후의 뱀에 적용해야 할 필요성 때문에, 기본적으로 양자 대결 구도의 계획이 이루어졌다. 국가 안보 전략이 환경을 개념화한 방식처럼, 한쪽에는 "테러리즘"과 그 동맹이 있었고, 다른 한쪽에는 "문명"과 그 동맹이 있었다. 이는 결국 테러리스트들이 우리의 목표와는 정반대일지라도 동등한 장기 전략 목표에 의해 조직되고, 구조화되며, 동기 부여된다는 개념으로 이어졌다. 이러한 계획을 구상하는 것은 항상 인위적이었으며, 시간이 지날수록 유지하기가 점점 더 어려워졌다.

이라크와 아프가니스탄에서 우리가 싸웠던 적들은 조직적이거나 집중되어 있기는커녕, 혼란스러울 정도로 다양한 경쟁 그룹으로 파편화되어 있었다. 9/11 테러 이후 위협이 진화하면서 테러리즘은 오사마 빈 라덴과 그의 부하들의 보이지 않는 손에 의해 조종되는 단일한 전 세계적 음모 네트워크라기보다는 훨씬 더 확산되고 다변화된 현상임이 드러났고, 이는 거의 무한한 형태로 빠르게 변모할 수 있는 위협 복합체였다. 2장에서 논의하겠지만, 이러한 적응의 일부는 지하디스트 그룹들이 우리와 싸우면서 경험을 쌓는 의식적인 학습에 의해 주도되었다. 그러나 그 대부분은 무의식적이고 맹목적인 유기적 과정, 즉 자연 선택이었다. GWOT로 인한 선택 압력은 약하거나 어리석거나 운이 없는 개인과 집단을 제거하는 반면, 강한 적응 특성을 보인 이들은 번성하고 성장하여 자신들의 이념적, 전술적 DNA를 다음 세대에 전달하며 살아남았다. 이러한 과정에서 수렴적 진화 과정이 나타났다. 테러 위협의 다중 동시 돌연변이가 수많은 독립적인 대테러 행위자들의 반응을 촉발했고, 이는 다시 환경을 재구성하며 다음 진화 주기를 이끌어 다음 세대의 테러 행위자들과 기술들을 탄생시켰다. 이는 전통적인 군사적 적대보다는 훨씬 더 생태학적 시스템과 유사한 다자간, 긴급하고 체계적인 과정이었다.

2019년이 되자 이라크와 시리아에서 이슬람 국가의 유사 민족국가 "칼리프 국가"가 출현하고, 일시적으로 승리했다가 결국 붕괴하면서, 살라프 지하디즘은 사실상 사고방식, 브랜드 장치, 혹은 공통 기술의 레퍼토리에 지나지 않게 되었다. 이는 이념보다는 방법론에 의해 점차 정의되었다. 이는 느슨하게 연결된 네트워크, 유동적인 조직 구조, 그리고 임시 조직과 자기 급진화 또는 원격 급진화된 개인 간의 일시적이고 변화무쌍한 동맹으로 이루어진 생태계였다. 유럽 정치 용어를 빌리자면 "지하드주의 경향"은 어떤 공식적인 교리나 조직 실체를 통해서라기보다는 폭력적인 밈(meme)을 통해 더 많이 확산되었다. 이로 인해 테러리즘, 심지어 "전 세계적 영향력을 가진 테러리스트"까지도 단일한 전략적 적수, 즉 계획상 국가 적대자와 동등한 실체로 취급하는 개념은 논리적으로 막다른 골목에 다다랐다.

더 큰 문제는 9/11 테러 이후 초국가적 지하드주의가 세계 공산주의를 대신하고, 중동 지역이 새로운 중심 전선이 되며, AQ와 그 확장 네트워크가 냉전의 재연에서 새로운 주적의 역할을 맡는 등 테러를 위협 피라미드의 정점에 두는 경향이 나타났다는 점이다. 테러리즘은 분명 심각한 위험이었다. 하지만 과연 2002년 NSS에서 주장한 것처럼 "가장 심각한" 위험이었을까? 마찬가지로, 테러리즘에 대응하는 것은 과거에도 그랬고 지금도 필요한 노력이다. 그러나 전략은 필요한 노력과 심각한 위험의 우선순위를 정하고, 균형을 맞추고, 자원을 배분하고, 순서를 정하는 선택의 문제이다. 그리고 이는 모두 중요하다.

2002년 NSS가 "불확실한 기간의 전 지구적 사업"이라 칭하며 테러리즘의 완전한 패배를 유일한 비협상적 목표로 삼고, “테러에 의해 위협받는 국가들의 책임을 묻는” 노력은 하나의 특정 비국가 위협에 대한 강박적인 우선순위를 부여함으로써, 훨씬 더 광범위하고 누적적으로 더욱 위험한 다양한 도전과 국가 안보 이익을 배제하는 위험을 초래했다. 따라서 9/11 이후 서방의 전략은 1990년대와의 단절이라기보다는, 탈냉전 시기의 비국가 위협에 대한 집중을 논리적 극단으로 몰고 간 것에 가까웠다. 대적할 만한 국가 행위자나 재래식 위협이 없었기에, 우리는 매들린 올브라이트의 표현대로 우리의 “뛰어난 군대”를 대테러 작전에 투입했다.

우리는 그 방향으로 맹렬히 나아갔다. 2002년 NSS의 입법적 근거는 2001년 군사력 사용 승인인데, 이 법안은 대통령에게 “2001년 9월 11일에 발생한 테러 공격을 계획, 승인, 실행하거나 그러한 조직이나 개인을 비호한 국가, 조직 또는 개인에 대해 필요한 모든 적절한 무력을 사용할 권한”을 부여했다.[11] 19년이 지난 지금도, 9/11 테러 발생 7일 만에 의회에서 극히 짧은 논의 끝에 상원에서 단 두 명의 기권, 하원에서 단 한 명의 반대 표만으로 통과된 이 275단어짜리 결의안은 진행 중인 전 세계적인, 사실상 무제한적인 작전의 유일한 법적 근거로 남아 있다. 이는 영원한 전쟁으로, 9/11 테러 당시 존재하지도 않았던, 그리고 일부는 ISIS처럼 2001년 군사력 사용 승인이 대항하도록 고안된 그룹들의 적극적인 적이기도 한, 끊임없이 변이하는 그룹들을 상대로 한 전쟁이다.[12]

이 시기에 우리는 2001년 군사력 사용 승인에 근거한 전략을 이행하기 위해 핵무기를 제외한 모든 가용 전략을 투입했다. 국가 적대국을 위해 설계된 정교하고 고가의 최첨단 공군, 육군, 해군 전력을 저수준의, 주로 지상 기반의 비국가 행위자들을 상대로 사용한 것이다. 2004년, 당시 국방장관 도널드 럼즈펠드는 이라크 파병을 앞두고 차량에 추가 방호 장갑을 요청한 병사들에게 “여러분은 원하는 군대가 아니라, 가지고 있는 군대로 전쟁에 간다”며 일축했다.[13] 그는 분명 미국 정부가 스스로 선택한 시기에 이라크 전쟁을 자발적으로 시작했다는 사실을 잊은 듯했다. 만일 정치 지도자들이 다가올 혼란을 예측했던 전문가들의 의견을 들었다면, 원하는 군대를 준비할 충분한 기회가 있었을 것이다. 이라크에 있는 한 전문가는 이에 대해 철학적으로 답했다. “아, 뭐, 당신은 당신이 가진 정치인들과 함께 전쟁을 하는 거죠.”

그 결과, 본래 정교한 적대 국가와 고강도 분쟁을 위해 막대한 비용을 들여 개발한 전력들이 훨씬 열악하고 덜 발전된(그러나 더 은밀하고 찾기 어려운) 적을 상대로 불평등한 전투를 벌여야 했다. 그리고 이라크와 아프가니스탄의 비정규전이라는 특수한 상황에서 이 멋진 무기는 엄청난 가격표가 시사하는 것보다 효율성이 떨어지는 것으로 드러났다. 이라크에서는 대당 900만 달러에 달하는 에이브럼스 탱크가 기껏해야 30달러에 불과한 즉석 폭발 장치에 의해 무력화되었다.[14] 아프가니스탄에서는 거의 10년 간격으로 두 차례에 걸쳐 고도로 훈련된 특수요원을 태운 4천만 달러에 달하는 치누크 헬기가 문맹인 부족민들이 발사한 100달러 상당의 로켓 추진 수류탄(RPG)의 공격을 받는 사건이 발생했다.[15] 끔찍한 인명 손실은 차치하고서라도, 자원의 측면만 놓고 보더라도 이는 군사적 직무 유기에 가까웠다.

이러한 비용의 비대칭성, 즉 1886년 루디야드 키플링이 인근 식민지 전쟁에 대해 묘사하며 '국경의 산술'이라 불렀던 현상을 더욱 악화시키며, 우리는 점점 더 높은 단가와 늘어나는 수의 고성능 장비들을 전장에 쏟아부었다.[16] 예를 들어 2001년부터 2016년까지 미 해군, 공군, 해병대는 공군력이나 대공 방어력이 부족한 비정규 테러리스트 및 게릴라 전투기를 상대로 한 고강도 공중전에서 공대공 전투, 공중 우세, 타격 임무를 위해 설계된 전투기들을 활용했다. 2016년까지 퇴역군인의 비용은 포함하지만, 이러한 전투기 등의 성능 개보수를 제외한 9/11 테러 이후 전쟁 비용은 4조 7,900억 달러로 추산되었다.[17] 그리고 2017년 러시아의 모험주의와 북한의 공격에 맞서 이러한 전력들이 필요했을 때, 우리 무기고의 일부 요소들은 거의 소모된 상태였다.

그렇다면 냉전 시대에 우리의 위협 인식을 지배했던 동종 및 유사 국가 위협인 용은 무엇일까? 다음 두 장에서는 9/11 테러 이후 뱀과 그 진화를 살펴보는 것으로 시작하겠지만, 이 책은 대부분 용에 관한 이야기이다. 즉, 9/11 테러 이후 서방이 고군분투하는 모습을 보면서 적국들이 어떻게 서방과 싸우는 법을 배웠고, 냉전 이후 소멸된 위상을 회복했으며, 그 과정에서 글로벌 위협 환경을 어떻게 변화시켰고, 지금도 계속 변화시키고 있는가에 관한 내용이다.

국가급 적들은 21세기 전환기에 폭발적으로 확산된, 대개 서양에서 설계된 새로운 소비자 기술들을 악용했다. 또한 테러리즘에 대한 우리의 터널 시야를 이용하여 새로운 전복적, 하이브리드, 그리고 은밀한 전쟁 기술로 우리를 기습했다. 이러한 기술과 기법들은 결국 테러리스트와 반군에게 되돌아갔고, 이는 국내와 국제

공간, 범죄와 분쟁, 평화와 전쟁, 경찰 업무와 군사 작전, 그리고 현실과 가짜 뉴스 사이의 전통적인 구분을 모호하게 만드는 부메랑 효과를 낳았다. 20년간 지속된 불확실한 기간의 전 지구적 사업 이후 서방의 피로와 기능 장애는 오늘날, 그리고 미래에 우리가 직면할 대역폭 문제에 기여했다. 그러나 이에 대해 논하기 전에, 우리는 역사적 맥락, 특히 냉전 종식과 9/11 테러 사이 10년간의 발전을 상기할 필요가 있다.

용에서 뱀으로(Dragons to Snakes)

1980년대 후반에 이미, 통상적인 위협은 하나의 큰 적이 아니라, 더 큰 두 적대국과 더 작은 두 적대국, 즉 두 큰 용과 두 작은 용을 포함한다는 점이 분명해졌다. 큰 용은 러시아와 중국이었고, 작은 용은 이란과 북한이었다. 우리가 약소국과 비국가 위협에 몰두한 덕분에 이러한 국가적 적들은 숨 쉬고 성장할 수 있는 여유를 가졌고, 무엇보다도 우리의 투쟁을 지켜보고 배울 수 있는 기회를 얻게 되었다. 특히 2003년 이후 우리가 이라크와 아프가니스탄에서 고군분투하는 동안 용들은 우리의 강점을 우회하고, 각 전역이 진행될수록 점점 더 드러나는 우리의 약점을 악용하면서 새로운 역량을 설계했다.

울시의 증언이 있기 2년 전, 1991년 걸프전의 100시간 동안의 지상 작전은 서방과의 전투에서 개활지에서, 재래식으로 병력을 배치하고, 정면 대결 전술을 사용하며, 정통적인 기동을 통해 전장에서 결정적인 결과를 추구하지 않아야 한다는 것을 보여주었다. 1991년 2월 26일 쿠웨이트 시티 서쪽 알 자흐라 인근 80번 고속도로를 따라 도주하던 이라크 차량 2천여 대를 연합군 전투기가 파괴하고 그 과정에서 수천 명의 이라크 군과 아직 논란이 되고 있는 수많은 민간인을 단 몇 분 만에 소각한 이른바 '죽음의 고속도로(highway of death)' 사건은 그 결과가 어떻게 될지 보여주었다.[18]

채 24시간도 지나지 않아 알 자흐라 상공에 연기가 자욱한 가운데, 미래 국가안보 보좌관이 될 H. R. 맥매스터 대장이 이끄는 9대의 에이브럼스 탱크가 23분 만에 이라크 장갑차 44대와 트럭 30대를 아무런 손실 없이 파괴한 73 이스팅 전투는 사담 후세인의 자랑이었던 타와칼나 부대가 전멸하면서 공중에서도 마찬가지였다는 사실을 보여줬다.[19] 정교한 공군력, 첨단 기갑 전력, 정밀 타격, 위성 위치 확인 시스템(GPS), 그리고 공중, 지상, 해상 역량을 네트워크화된 시스템 통합 체계로 묶은 것이 미국에 특정 형태의 재래식 전쟁에서 전례 없는 전장 지배력을 안겨주었다. 2003년, 오랫동안 지연되었던 재대결에서 사담 후세인 군대가 빠르고 굴욕적으로 붕괴한 것은 이러한 교훈을 더욱 강조할 뿐이었다.

하지만 그와 대조적으로, 2003년 침공 이후 이라크와 아프가니스탄을 안정화시키기 위한 우리의 비효율적인 노력은 우리의 적들에게 우리와 싸우는 방법을 정확히 보여주었다. 적들은 가벼운 장비를 갖추고, 자기 동기화된 소규모 그룹들의 역동적인 무리로서 음지에서 빠르게 움직이는 비정규군을 활용하는 방식을 채택했다. 그리고 ISR 플랫폼의 탐지 임계점 이하에 머무르면서 가능한 주요 전투 병력을 회피하고, 우리가 보호해야 할 취약한 인구와 기반 시설을 표적으로 삼았으며, 종종 신뢰할 수 없는 우리의 현지 협력자들을 공격하거나 전복시켰다.[20] 이러한 점령 전쟁에서 우리의 적들은 장기적인 관점을 취하고, 우리의 가장 강력한 부대와 유능한 전투 자산을 회피하며, 우리 시스템의 가장 취약한 고리(주로 민간 기관, 현지 경찰, 지방 정부 관리, 그리고 본국의 여론)를 표적으로 삼았다. 결과적으로 적들은 생존하면서 시간을 벌었고, 우리의 대중이 인내심을 잃고 우리의 파트너들이 세력을 잃고, 우리의 정치인들이 철수할 때까지 기다리는 장기 저항 전쟁의 형태를 진화시켰다.

미국 국방 정책의 용어를 빌리자면, 우리의 적들은 우리의 재래식 전력을 회피하기 위해 일련의 '상쇄 전략(offset strategies)'을 채택했다.[21] 이 기간 동안 이라크와 아프가니스탄에서 근무한 내 자신과 다른 사람들에게 이 게릴라 적들은 항상 우리가 도착하기 직전에 모퉁이를 돌아서 대부분 민간인을 대상으로 한 공격을 가한 다음 흔적도 없이 사라졌다. 러시아군이 아프가니스탄 전쟁에서 이들에게 '유령'이라는 뜻의 '두키(dukhi)'라는 이름을 붙일 만했다.

두키는 비대칭 및 비정규전 기술을 사용했는데, 매복, 치고 빠지기 공격, 비무장 대상에 대한 테러, 인구 및 정보 조작 등은 우리에게 대응 가능한 목표를 제공하지 않도록 설계되었고, 이를 통해 우리의 우월한 규모와 화력을 무의미하게 만들었다. 그러나 우리가 이러한 비국가적 상쇄 전략에 대처하느라 고군분투하는 동안, 국가적 적들은 그들만의 상쇄 전략을 개발하는 데 분주했다.

여기에는 그들을 공격하려는 우리의 시도를 막기 위한 핵무기, 생물학무기, 화학무기 등 WMD는 물론이며 레이저 시스템, 사이버 무기, 열압력 폭탄, 분산형 지휘통제 도구 등 재래식 무력을 무력화하는 파괴적인 기술도 포함되었다. 특정 거리 내의 모든 전자 시스템을 마비시킬 수 있는 소형화된 비핵 전자기 펄스(EMP) 장치, 상당한 살상력과 새로운 작용 메커니즘을 갖춘 첨단 화학무기, 해상에서 이동 중인 함정을 겨냥할 수 있는 탄도 미사일, 첨단 방공망을 회피하는 극초음속 미사일 등 완전히 새로운 종류의 무기들을 개발 중이었다. 우리가 1990년대 탈냉전 이후의 혼란에 사로잡히고 2001년 이후 테러와의 전쟁에 매몰되어 수풀을 뒤져 뱀을 찾는 동안, 용들은 이를 지켜보며 배우고 있었다.

이들 중 가장 중요한 용은 러시아 연방이었다. 울시가 2015년에 내게 말했듯이, 그리고 나중에 기밀이 해제된 당시의 CIA 문서에서 확인할 수 있듯이, 그와 서방 정보기관의 다른 지도자들은 이 기간 동안 러시아로부터의 위협 가능성을 결코 안일하게 생각하지 않았다.[22] 그럼에도 불구하고 1990년대 대부분 동안 러시아인들은 경제 구조조정과 급속한 민영화라는 엄청난 내부 과제에 몰두했고, 소련 붕괴와 그에 따른 경제적 충격 요법으로 인한 국가 약화와 정치적, 인적 낙진에 대처했다.[23] 과두제의 부상, 러시아 사회가 폭력 조직과 부패의 소굴로 전락한 것, 소련 시대 사회 계약의 해체, 그리고 러시아와 옛 소련 제국 전역의 수백만 명에게 경제적 확실성이 사라진 것은 러시아의 불행한 내부 문제처럼 보였다. 그것들은 서방이 러시아에 가한 것이 아니라, 나중에 공개적인 대결로 터져 나올 분노를 쌓아두고 있는 것이라기보다는(그 주제에 관한 영향력 있는 학술지의 제목을 인용하자면) 본질적인 탈공산주의의 문제처럼 보였다.

가장 결정적으로, 훗날 러시아 대통령 블라디미르 푸틴의 표현처럼 "한 나라에서 잠들었다가 다른 나라에서 깨어난" 2,500만 명의 소련 국민이 겪은 지정학적 타격은 1990년대 동유럽, 발칸반도, 발트해 연안 지역을 재편한 혁명과 내전의 물결에 비하면 대처 가능한 문제처럼 보였다.[24] 마찬가지로 구소련의 무기가 아프리카, 아시아, 중동으로 흘러 들어가면서 러시아 부대 전체가 차량, 무기, 항공기, 장비를 가지고 퇴역한 후 상업적 밀매업자로 변신한 것(이 과정은 매트 포터의 〈아웃로즈〉에서 훌륭하게 기록되어 있다)은 미래 분쟁의 전조라기보다는 탈소련 혼란의 또 다른 측면으로 해석되었다.[25]

당시 서방 지도자들은 소련 붕괴를 냉전에서 소련이 패배한 피할 수 없는 결과로 보았다. 그러나 울시가 내게 말했고 다른 이들이 기록했듯이, 1990년대 대부분의 기간 동안 러시아와 미국을 중심으로 한 NATO 동맹의 확대로 정의되는 서방은 파트너가 될 수 있을 것처럼 보였다. 러시아가 냉전의 승리자인 자본주의 민주주의의 기준에 따라 점점 더 자국 제도를 보편적 규범과 동일시하는 '정상 국가'가 되어가는 것처럼 보였다.[26]

이 시기에 민주적으로 선출된 러시아 최초의 대통령인 보리스 옐친은 종종 공개적으로 논쟁을 벌이긴 했지만 빌 클린턴 대통령과 사적으로 우호적인 관계를 발전시켰는데, 클린턴은 옐친의 생존이 러시아의 민주주의 전환과 불가분하다고 보았다.[27] 이러한 주관적인 파트너십과 공동 운명체 의식은 동유럽과 발칸반도에서 새로운 지정학적 경쟁의 객관적인 징후가 나타났음에도 불구하고 옐친 임기 말까지 지속되었다. 이러한 징후들은 잔혹한 발칸 전쟁 동안, 그리고 NATO가 세르비아의 코소보 내 민족 청소를 막기 위한 작전 중 모스크바가 세르비아 지도자 슬로보단 밀로셰비치를 지지한 것에서 가장 분명하게 나타났다. 1999년 6월, 러시아 기갑부대가 코소보로 돌진해 NATO 공수부대보다 먼저 프리스티나 공항을 점령하면서 수개월에 걸친 긴장된 대치 상황을 유발한 프리스티나를 향한 질주에서 경쟁은 극적인 방식으로 격화되었다.[28] 코소보는 러시아와 서방 간의 지속적인 경쟁의 본질을 부각시켰을 뿐만 아니라 NATO의 첨단 재래식 능력에 대한 러시아 지휘부의 경각심을 불러일으켜 러시아의 재무장과 현대화를 촉진하고 재래식 적을 격퇴하기 위해 제한된 핵 공격을 강조하는 새로운 교리를 이끌었다.[29]

그럼에도 불구하고 옐친의 후임인 블라디미르 푸틴은 2000년 집권 초기에 클린턴 대통령에게 러시아의 NATO 가입을 제안했다고 주장했다.[30] 클린턴은 새로운 러시아 대통령을 좋게 평가한 듯하고, 푸틴은 이탈리아의 실비오 베를루스코니와 특히 가까운 관계를, 그리고 전 독일 총리 게르하르트 슈뢰더와는 더욱 가까운 관계를 발전시켰다.[31] 2001년, 토니 블레어 영국 총리는 푸틴 대통령이 주요 결정을 내리기 전에 NATO 지도자들과 안보 문제를 논의할 수 있는 NATO-러시아 위원회에 관한 구상을 내놓았는데, 잭 스트로 영국 외무장관은 이를 '냉전의 장례식'이라고 묘사했다. 그는 "이를 통해 러시아는 NATO의 파트너이자 동맹국, 친구로서 추위에서 벗어날 수 있게 되었다"고 덧붙였다.[32]

마찬가지로 조지 W. 부시 대통령은 잔존하는 냉전의 긴장을 넘어서기 위해 건설적인 관계를 모색했는데, 그는 2001년 6월 슬로베니아에서 푸틴과의 첫 만남 후 기자회견에서 "나는 그 남자의 눈을 똑바로 봤다. 그는 매우 솔직하고 신뢰할 만하다고 생각했다. 나는 그의 영혼을 느낄 수 있었다"고 한 선언은 유명했다.[33] 2008년 5월이 되자 부시 행정부는 미-러 핵 협력 협정을 제안했지만, 이 움직임은 회의적인 의회의 반대에 부딪혔고, 불과 11주 뒤 러시아 전차가 조지아로 진격하면서 적절히 순진해 보이는 판단이 되었다. 이는 제2차 세계대전 이후 처음으로 한 유럽 국가의 영토를 다른 국가가 무력으로 장악한 사건이었다.[34]

조지아 침공으로 촉발된 긴장에도 불구하고, 순진함에서 뒤처지지 않으려던 오바마 행정부는 몇 달 뒤 다시 시도했다. 2009년 2월, 나는 사람들로 가득 찬 연회장에 앉아 조 바이든 부통령이 국가 안보 지도자들의 연례 모임인 뮌헨 안보 회의에서 미국이 '리셋 버튼'을 누르고 다양한 안보 문제 해결에 러시아를 참여시킬 방법을 모색하고 싶다고 말하는 것을 들었다.[35] 한 달 뒤 제네바에서 만난 힐러리 클린턴 당시 국무장관은 세르게이 라브로프 러시아 외무장관에게 실제 빨간색 플라스틱 버튼을 건넸다. 라브로프는 버튼에 '리셋'이 아니라 '과부하'를 뜻하는 러시아어가 잘못 표기되어 있다고 정중하게 지적한 후에야 그 장치를 자신의 책상에 놓기로 동의했다.[36]

오바마 대통령과 푸틴 대통령은 안보 협력을 포함한 미국과 러시아 간의 협력 강화 및 확대를 목표로 미-러 양국 대통령 공동위원회를 설립하여 미군과 러시아 군대가 함께 여러 차례에 걸쳐 연합 훈련, 협의 및 교류를 수행했다.[37] 이 프로그램에 따라 2012년 러시아 특수 작전 요원들은 미국 특수 작전 부대로부터 훈련을 받았다.[38] 이후 러시아가 새로운 특수작전사령부인 KSSO를 창설했을 때, 이들은 미국의 교훈을 직접 활용했으며, 그들의 모델이 된 미국의 정예 합동특수작전사령부와 매우 유사해 보였다.[39] 오바마 대통령의 국방장관인 척 헤이글은 2013년 8월 9일 세르게이 쇼이구 러시아 국방장관을 만나 "국방부가 더 나은 정보 공유, 교환, 합동 훈련 및 교육을 가능하게 할 필수적인 협정 체결을 통해 심층 협력의 장애물을 극복하겠다"고 밝혔다.[40]

이 기간 동안 러시아 옵저버들이 NATO 훈련을 참관했고, 벨기에 NATO 본부에 러시아 연락 장교가 파견되어 있었다. 러시아 장교들은 일부 NATO 훈련 과정에 참여했다. 2009년부터 2013년까지 로마에 있는 NATO 국방대학에서 내가 가르친 수업에 러시아 장교들이 참여했고, 독일에 있는 미국 지원 조지 C. 마셜 유럽 안보연구센터의 세미나에 러시아 학생들이 참석하기도 했다. 적어도 일부 정치인들의 머릿속에서는 러시아와의 강대국 경쟁 시대는 역사에 맡겨진 것처럼 보였다. 2012년 대선 토론에서 당시 버락 오바마 대통령은 러시아를 지정학적 위협으로 규정한 공화당 후보 밋 롬니를 조롱했다:

> 몇 달 전만 해도 미국이 직면한 가장 큰 지정학적 위협이 무엇이냐는 질문에 당신은 AQ가 아니라 러시아라고 답했습니다. 그리고 1980년대에는 냉전이 끝난 지 20년이 지났기 때문에 이제 그들은 그들의 외교 정책을 되돌리라고 요구하고 있습니다. 하지만 주지사님, 우리의 외교 정책에 관해서는 당신이 1980년대의 외교 정책을 마치 1950년대의 사회 정책과 1920년대의 경제 정책처럼 가져오려는 것 같군요.[41]

푸틴의 영혼을 들여다보려는 노력, NATO-러시아 안보 협력, 리셋 버튼, 당시 많은 웃음을 자아냈던 오바마 대통령의 1980년대 외교 정책 농담 등 이러한 모든 시도는 지금 와서 보면 이상하리만큼 자기만족적으로 보인다. 이는 또한 냉전 이후 서방의 이해관계와 나토 확장으로 인해 러시아에 가해진 객관적인 위협이 무엇이었든 간에, 이 시기 내내 유럽과 미국의 지도자들이 러시아를 "정상적인" 파트너 국가로 만들고자 했음을 강조한다. 물론, 그들은 항상 자신들의 용어로 정상성과 파트너십을 정의했다. 사실상 서방 지도자들이 말하는 정상성이란 러시아가 미국이 주도하는 일극의 국제체제에 따르는 것, 이는 즉 번영의 대가가 정치적 종속이라는 불평등한 파트너십이라는 의미이다. 이 요구는 1991년 이후 지정학적 상황이 악화되었음에도 불구하고, 자신들의 문명과 유산에 대해 강렬하고 정당하게 자부심을 갖고 있는 많은 러시아인들이 영구적인 2등 지위를 점점 더 수긍하지 않았다.

중국의 경우에도 비슷한 일이 벌어졌다. 1993년 울시가 증언할 당시 중화인민공화국은 소련 붕괴 후 러시아처럼 문제가 심각한 상태는 아니었지만, 당시 중국 경제는 오늘날의 20분의 1에도 못 미쳤고, 군사력은 훨씬 덜 발달한 상태였다.[42]

서방 분석가들 사이의 일반적인 견해는 중국 공산당의 4인으로 구성된 최고 지도부, 즉 사실상의 중국 내각이 경제 및 산업 발전에 거의 전적으로 집중하고 있다는 것이었다. 이들은 경제 자유화와 번영 증진을 대가로 공산당의 지속적인 통제를 유지하며 불안정한 민심을 달래고 당의 정치적 입지를 굳히려 했다.

냉전 시기 중국이 겪은 분쟁들은 1950~1953년 한국과의 전쟁, 1962년 인도와의 전쟁, 그리고 1979년 베트남과의 전쟁 등 주로 지상전이었다. 1990년대에는 인민해방군(PLA)과 새로 창설된 인민무장경찰, 국가안전부, 공안부, 지방 공안국 등 내부 보안 기관을 포함한 중국군은 규모는 컸지만, 구식 기술에 시달렸다. 많은 서방 분석가들은 이들을 1989년 6월 천안문 광장에서 발생한 민주화 시위대 학살 이후 내부 반란을 관리하는 데 몰두하는 비대하고 내향적인 관료 조직으로 보았다. 내부 보안 기관의 급증은 중국의 초점이 어디에 맞춰져 있는지를 보여주는 반면, PLA는 지역 또는 전 세계적인 전력 투사 능력이나 관심이 거의 없다고 생각되었다.

그러나 사실 1991년 걸프전은 중국 전략가들의 미래 전쟁관에 깊은 영향을 주었다. 같은 해 말 소련의 붕괴와 맞물려, 수적으로는 적지만 기술적으로 훨씬 앞선 서방 병력에 의해 사담 후세인의 대규모 소련식 군대가 너무나도 쉽게 패배한 것은 중국 전략가들을 겁에 질리게 했는데, 이는 그들에게 물량보다 정밀함이 우선임을 보여주었다. 전례 없이 적은 미군 사상자와 거의 믿기 어려울 정도로 빠른 이라크의 붕괴는 중국 군사위원회 내부에서 논쟁을 촉발했고, 전쟁 대학에서는 격렬한 토론이 벌어졌다. 중국 분석가들은 이라크군이 한국, 인도, 베트남에서 그랬던 것처럼 기술 열세를 상쇄하기 위해 대량 사용 전략에 의존했다가 완전히 실패했다는 사실을 잘 알고 있었다.

동시에 이란-이라크 전쟁 중에 이란이 노획한 이라크 탱크와 항공기를 조사했던 중국 기술 정보 장교들은 사담 후세인의 군사 기술이 자국보다 우수하다는 사실을 잘 알고 있었다. 피할 수 없는 두 가지 결론은 첫째, 냉전 종식으로 중국이 유일하게 남은 주요 공산주의 강대국이 되면서 외부 침략자들의 공격 위험에 놓였다는 점과 둘째, 미래 분쟁에서 PLA가 엄청난 화력 열세에 처할 것이라는 점이었다. 중국 군사 사상가들은 평화적인 경제 및 정치적 서방 관여(가능한 모든 갈등을 연기하거나 완전히 피하려는 시도)라는 이중 전략에 집중하기 시작한 동시에, 양보다는 질을 강조하는 새로운 군사 역량 개발을 가속화했다.

1991년의 교훈을 살펴본 중국 군사 분석가들은 하드웨어 외에도 지상 중심의 분쟁 관점에서 합동(공중, 지상, 해상) 작전을 포괄하는 관점으로 전환해야 한다고 강조했으며, 이에 따라 전략 및 역량 면에서 공군력과 해군력의 상대적 중요성이 커졌다. 이들은 또한 걸프전 중 미국이 선보인 '시스템의 시스템'에서 얻은 정보 기술의 교훈을 강조했다. 중국 군사 계획관들은 PLA의 정보화에 초점을 맞추기 시작했고, 이는 군을 현대 디지털 시대로 이끌고, 정치전과 그 주요 하위 구성 요소들인 "삼전(三戰)", 즉 심리전, 여론전, 법률전(lawfare)에 대한 강조를 새롭게 하는 것을 의미했다.[43]

당시 중국의 군사력을 우려했던 몇 안 되는 미국 분석가 중 한 명인 역사학자 아서 월드론은 냉전이 끝나면서 PLA 전문가들이 비공식적이고 사적으로 자금을 지원받는 모임을 열기 시작했다고 회상한다. "나는 첫 참가자 중 한 명이었고, 내가 중국 역사가 군사력에 대한 지배적인 관심을 보여준다고 제안할 때마다, 내 우려는 근거가 없다는 매우 인내심 있는 설명을 들었던 것을 잘 기억한다. 중국의 군대는 노후화되었다. 중국은 군대를 조금 현대화하고 최소한의 억지력 수준에 도달하려 했다. 그러나 그 이상으로 중국 정부의 주요 관심사는 국민의 생활 수준과 복지를 향상시키는 것이었다. 우리가 중국을 어떤 식으로든 '도발'하여, 중국이 원하지 않았을 군사적 역량을 추구하도록 '강요'하지만 않는다면, 우리와 우리의 친구들은 아무것도 두려워할 필요가 없었다."[44]

1990년대, 즉 울시가 정의한 안보 환경 시기 내내 중국 지도자들은 '평화적 부상'이라는 양면 정책을 추구했다. 이는 잠재적 경쟁자들을 자극하는 것을 피하고 세계화되는 경제와 경제적 통합을 강조하는 것이었다. 그러나 동시에 다른 강대국들을 의심스러운 눈초리로 바라보며 미국이 지배하는 일극 체계에 동의하기보다는 다극화를 추구했다.[45] 중국 지도자들은 세계 경제와의 통합에 집중하면서 동시에 군사 현대화를 추진하고, 서방의 침범에 맞서 중국의 국가 안보 이익과 사회주의 이념을 강력히 수호했다.[46]

1990년대 후반 내내 경제 성장과 세계 통합은 중국의 정치적 입장에서 가장 중요한 부분으로 계속 유지되었다. 1997년 홍콩 반환과 1999년 마카오 반환은 평화롭고 주로 상업적인 국가가 식민지 시대의 잘못을 바로잡는 것으로 묘사되었고, 널리 그렇게 인식되었다. 이는 중국을 서방 지도자들이 여전히 러시아에게 희망했던 정상적인 민주주의 국가까지는 아니더라도, 적어도 서방이 주도하는 국제 규칙 기반 질서의 통합된 구성원이 되는 길로 인도했다. 2001년 12월 중국의 세계무역기구(WTO) 가입은 이러한 정상화 과정을 더욱 분명히 했으며, 분석가들은 이를 중국이 세계화, 즉 서방이 주도하는 전 세계적 시스템과의 경제적 통합뿐만 아니라 암묵적인 정치적 통합까지 포용하는 것으로 보았다.[47]

그러나 이와 동시에 중국의 전략가들은 중국 지도자들이 중국의 당연한 위치로 여기는 글로벌 강대국이 되기 위해, 즉 해상, 공중, 우주, 핵, 사이버 능력과 더 유능한 지상군을 확보할 수 있는 군대를 건설할 수 있도록 함정, 잠수함, 항공기, 첨단 무기 시스템과 같은 향상된 전력 투사 플랫폼과 같은 유능한 군사적 하드웨어를 모색했다. 2000년대 중반까지 중국군은 자체 기술 개발, 해외에서 이중용도 및 명백한 군사 역량을 신중하게 구매, 기술 및 산업 정보 수집, 사이버 스파이 활동 및 역설계를 통해 인상적인 새로운 역량을 확보했다. 이로 인해 첨단 전투기, 스텔스 드론, 잠수함, 상륙함, 장거리 전력 투사가 가능한 항공 및 해상 플랫폼이 중국 무기고에 등장했다. 대함 순항 미사일, 장거리 및 중거리 탄도 미사일, 개량형 핵무기, 대위성 무기, 우주전 시스템과 같은 반접근/지역거부(A2/AD) 시스템도 등장했다. 중국 지상군은 철저한 현대화 프로그램을 통해 축소된 규모에도 불구하고 화력, 기동성, 준비태세, 사기는 향상되었으며, 특수작전부대, 사이버전, 정보기관, 해안 경비대 역량은 모두 급격히 성장했다. 중국의 외교 정책은 태평양과 인도양 분지, 그리고 아프리카, 남아시아, 라틴 아메리카 전역으로 영향력을 확대함으로써 베이징을 세계 문제의 중심으로 자리매김하려 했으며, 이를 통해 글로벌 강대국 지위를 향한 장기적인 경로를 구축하고자 했다.

냉전 시기 행동으로 국제 질서를 형성했던 러시아와 중국을 큰 용이라고 본다면, 이란과 북한은 작은 용으로 볼 수 있다. 이들은 냉전 중과 그 이후 정책 입안자들의 우려 대상이었지만, 주로 지역 행위자이자 소위 불량 국가로 여겨졌고, 이들은 서방 주도 국제 질서에 저항하고 테러리즘 수출, 무기 확산, 무장 및 범죄 네트워크 지원, 기타 사악한 활동에 관여하는 비대칭 행위자들이었다.

1990년대 초 이란은 이란-이라크 전쟁의 참혹한 사회 및 경제적 여파에서 회복 중이었다. 이 전쟁으로 이란인 20만 명 이상이 사망하고 40만 명이 부상했으며, 이란은 5억 달러(당시 이란의 1인당 국내총생산은 약 2,200달러에 불과했으며, 오늘날의 가치로 10억 달러 이상)를 잃었다. 전쟁으로 인해 이란의 여러 도시가 심각한 피해를 입었고, 석유 산업과 이란의 초기 원자력 발전 능력을 비롯한 주요 인프라가 파괴되었다. 1979년 이슬람 혁명과 테헤란 주재 미국 대사관 점령 시 미국인 인질 납치 사건으로 거슬러 올라가는 테헤란에 대한 적대감 때문에 미국은 이란-이라크 분쟁 동안 사담 후세인을 조용히 지원했지만, 헨리 키신저가 "둘 다 지면 유감이다"고 말한 일화는 두 억압적인 권위주의 정권 간의 싸움에 대한 미국의 복잡한 심경을 잘 보여준다.[48]

1990년 8월 사담 후세인이 쿠웨이트를 공격하고 미국이 1991년 초 후세인의 군대를 신속하게 철수시켰을 때 이란의 공식 입장은 중립이었지만, 테헤란의 많은 사람들은 후세인의 패배를 통쾌한 심정으로 바라보았다. 그러나 걸프전이 끝나자 지역 정세는 이란에 매우 불리하게 돌아갔다. 카타르와 사우디아라비아에 미군 주둔지가 설치되었고, 미국은 이 지역에서 훨씬 더 큰 영향력을 갖게 되었으며, 아랍에미리트, 사우디아라비아 및 다른 걸프 아랍 국가들과 긴밀한 관계를 구축하고 있었다. 이제 아라비아만 해상과 이라크 북부 및 남부 상공에 미군의 항공 및 해상 전력이 이란 국경 바로 앞에 주둔하게 되었다.

하지만 사담 후세인 정권은 여전히 건재했고 통제력을 유지했다. 그의 1991년 이스라엘과 사우디아라비아에 대한 스커드 미사일 공격뿐만 아니라 핵 및 화학/생물학 무기 프로그램 발견은 이라크의 무기 프로그램으로부터 이란에 대한 지속적인 위험과 향후 핵 능력을 보유한 이라크의 가능성을 부각시켰다. 1993년부터 미국의 이중 봉쇄 전략은 제재, 금수 조치, 주로 이라크에 대한 간헐적인 무력 사용, 그리고 국제 무역 및 금융 제한을 통해 이란과 이라크 모두를 압박했다.

적대적인 외부 환경, 이라크라는 핵무장 지역 경쟁자의 위협, 그리고 심하게 손상된 재래식 군대를 재건할 제한된 자원 속에서 테헤란의 지도자들은 두 가지 접근 방식을 채택했다. 하나는 정권의 핵무기 프로그램 투자를 계속하고 심화하는 것이었고, 다른 하나는 자국 지역뿐만 아니라 전 세계적으로 서방의 이익에 대한 비대칭 작전 역량을 더욱 구축하는 것이었다. 역사학자 조셉 코스티너가 지적하듯이, 이란이 비대칭 전략을 채택한 이유는 1991년 이후 중국 지도자들이나 1999년 이후 러시아 지도자들과 유사한 평가에 근거했다. 즉, 미국과 재래식으로 대결하는 것은 전혀 실현 불가능하다는 것이었다. 이란 지도자들은 미국과 직접 싸울 수 없다는 것을 이해했다. 그들은 불과 "3년 전 이란을 굴복시켰던 이라크군을 미국이 격파하는 것을 막 목격"했기 때문이다.[49] 그러나 동시에 그들은 미국의 군사력 사용 능력과 의지에 특정한 한계가 있다는 점도 깨달았다. "이란의 전략은 비대칭적이었는데, 이는 미국을 지속적으로 공격하되, 미국이 이란에 대한 직접적인 군사적 대응을 유발하지 않을 수준에서 이루어졌다. 이러한 공격 방식은 외교적, 선전적, 금융 전복적, 또는 테러 대리 세력 지원을 포함할 수 있었다."[50] 그들의 목표는 미국에 대한 직접적인 보복을 가하지 않고, 아라비아만에서 몰아낼 수 있을 만큼의 고통을 가하는 것이었다.[51]

따라서 이란 전략가들은 서방의 재래식 전력과 관련하여 우리가 '경계 전략(liminal strategy)'이라고 부를 수 있는 것을 추구한 최초의 국가 중 일부였다. 이는 아슬아슬하게 선을 타며, 미국을 좌절시키고 자신들의 이익을 증진시킬 만큼만 행동하되, 전면적인 군사적 대응을 유발할 정도는 아닌 수준을 유지하는 것이었다. 4장에서 살펴볼 것처럼 이와 동일한 전략은 나중에 러시아에 의해 완성되었다. 이러한 접근 방식 외에도 오늘날 '하이브리드전'으로 묘사될 수 있는 일련의 방법들과 함께 이란이 재래식 군사적 열세에 대응한 또 다른 방식은 바로 자체적인 핵무기를 추구하는 것이었다.

이란의 마지막 샤인 모하메드 레자 팔라비는 1950년대 아이젠하워 행정부의 '평화를 위한 원자 프로그램'에 따라 미국과 협력하여 원자력 에너지 프로그램을 시작했다.[52] 1979년 그가 축출될 무렵, 아라비아만 북쪽 해안 부셰르에 위치한 이란 최초의 원자력 발전소는 독일의 지원을 받아 부분적으로 완공된 상태였다. 1979년 2월 이슬람 혁명 당시 국가를 장악한 아야톨라 루홀라 호메이니는 처음에는 핵 프로그램을 폐쇄하려는 움직임을 보였으나, 이란-이라크 전쟁을 계기로 생각을 빠르게 바꿨다. 전쟁 후, "호메이니의 두 최고 실세인 아야톨라 모하메드 베헤쉬티와 아야톨라 아크바르 하쉐미 라프산자니가 핵무기 개발을 촉구하면서 상황이 급격히 변했다. 알리 하메네이의 도움을 받아 그들은 핵무기가 이라크에 대한 침공을 막을 수 있었을 것이라고 주장하는 '내부 핵 성소'를 결성했다."[53] 이 지도자들과 혁명수비대의 핵심 인사들은 이라크를 억제하는 것 외에도 핵우산이 이란이 지원하는 역내 테러에 대한 미국의 보복을 억제할 수 있다고 주장했다.

사담 후세인이 핵무기 개발을 계속하고 있고 이스라엘이 이미 그런 능력을 보유하고 있다는 믿음과 결합하여, 이란 지도자들은 1990년대 초 극비리에 핵 및 미사일 프로그램을 재개한 것으로 보인다. 스위스의 이란 분석가 샤흐람 추빈이 2001년에 언급했듯이, 이 프로그램의 목표는 이라크 및 파키스탄 등 다른 국가들의 핵 프로그램을 억제하고, 이스라엘 또는 미국 등 외부 국가들의 개입을 억제하며, 이란의 재래식 역량 부족을 보완하고, 외교적 도구(위협용, 지위 향상용, 또는 국내 약점 보완용)로 활용하는 것이다.[54]

1990년에 들어 이란의 공군과 재래식 지상군은 뒤처졌지만, 혁명 수비대가 아라비아만에서 선박을 위협하고, 전 세계적으로 중요한 호르무즈 해협을 통한 무역 및 석유 흐름을 방해하는 고속의 민첩한 소형 공격정 함대를 늘려 배치했기 때문에 해군 역량이 성장했는데, 이는 서방 전략가들에게 심각한 우려 사항이 되었다. 이란이 후원하는 테러리즘, 즉 이란의 대리 세력인 하마스와 헤즈볼라의 공격과 수비대의 특수 작전 부대인 쿠드스군의 비밀 작전은 CIA 정보 요원들과 이스라엘, 이라크, 사우디아라비아, 아랍에미리트의 전략가들을 우려하게 했다. 이란은 원래 이란-이라크 전쟁 중 포병 관측기로 배치된 정찰 드론 함대를 무장하고 점점 더 성능이 뛰어난 플랫폼으로 발전시켰고, 이 드론들을 헤즈볼라에 제공하여 이스라엘 상공을 비행하는 데 사용했다고 알려졌다. 이러한 발전과 더불어 이란이 지역 전역에서 테러리스트들에게 자금을 지원하고 훈련시킨 결과, 워싱턴의 소수이지만 영향력 있는 국방 지식인 그룹(나중에 네오콘으로 알려지며 결국 미국을 이라크 침공으로 몰아넣었다는 비난을 받게 되는)은 이란의 테러리즘 후원과 가속화되는 핵 및 미사일 프로그램을 이스라엘에 대한 실존적 위협으로 간주하고, 테헤란에 대한 조치를 미국의 최우선 과제로 추진했다.

그럼에도 불구하고 1990년대 후반 개혁주의자 모하마드 하타미 대통령의 비교적 온건한 지도력과 전반적으로 친서방적인 인구 덕분에, 이란 역시 정상화될 수 있을 것처럼 보였는데, 이는 정치적, 경제적으로 자유화되고, 빌 클린턴과 토니 블레어 같은 정치인들이 러시아와 중국도 수용할 수 있기를 바랐던 미국 주도 국제질서에 순응(이론적으로는 아니어도 실제로는)하면서 세계 체계의 어느 정도 통합된 구성원이 되는 것을 의미했다. 사무엘 헌팅턴의 '문명 충돌' 이론에 대한 응답으로 하타미 대통령이 제안한 '문명 간 대화'와 국제기구들과의 협력 방식은 비록 이슬람 공화국의 핵 및 하이브리드전 프로그램이 막후에서 빠르게 진행되고 있었음에

도 9/11 테러 직전 이란으로부터의 위협 인식을 완화시켰다.[55]

이란과 달리 1990년대 초에는 북한 정권이 자유화, 정상화 또는 소련 이후의 세계 체제와 의미 있는 방식으로 통합될 것이라고 진지하게 예상한 사람은 아무도 없었으며, 오히려 많은 이들은 북한 정권이 붕괴할 것이라고 예상했다. 스탈린의 비호 아래, 북한 건국 지도자 김일성은 처음에는 러시아를 지향했지만, 한국전쟁 중 중국의 도움으로 정권을 구한 후 소련과 중국의 영향력 사이에서 그네를 타는 완벽한 기술을 터득했다. 냉전이 끝날 무렵, 북한 경제는 소련의 원조(특히 석유)에 의존했고, 남한의 경제 성장과 산업화에 가려져 있었으며, 북한 인구는 남한보다 적고, 약하며, 건강 상태가 좋지 않았고, 출산율도 낮았다. 1991년 소련 해체와 함께 러시아의 지원이 거의 즉각적으로 중단되면서 북한은 위기에 처했다. 내부 문제를 고려할 때 북한은 속담에 나오는 은둔의 왕국으로, 북한 정권은 자국민 외에는 거의 위협이 되지 않는다고 여겨졌다.

1953년 휴전에도 불구하고 공식적으로는 한국전쟁이 계속되고 있었고, 냉전 내내 북한은 남한과 일본을 목표로 삼아 첩보 활동, 사보타주, 전복 공작으로, 범죄 활동과 납치를 자행하고 한반도 중앙의 비무장지대(DMZ)를 따라 병력을 증강하며, 항공기, 잠수함, 소형 보트를 통해 습격대원들을 침투시켰다.[56] 북한의 '전국 요새화' 정책은 북한을 전체를 무장 진영으로 만들었고, '주체'(자력갱생, 민족주의 사회주의의 한 형태로서 김 위원장의 리더십을 중심으로 한 민족주의 사회주의)와 '선군'(조선인민군이 사회의 모든 기관 중 우선순위를 차지하는 군사 우선 정책)의 교리는 북한을 전통적인 공산주의 국가라기보다 독재자가 친위대에 의해 지지되고 인질이 되는 전제군주국으로 만들었다.[57] 1980년 초 김일성은 아들 김정일을 후계자로 지명했고, 김 위원장의 친인척들 수십 명이 군부와 국가의 주요 직책을 맡았다. 1993년 김일성의 건강이 나빠졌을 때, 북한은 김씨 일가를 중심으로 한 세습 왕조 국가처럼 보였다.

1991년 이후 북한 정권의 약점을 고려할 때 가장 위험한 일은 김씨 정권이 붕괴하여 인도주의적 참사가 발생하고 난민이 비무장지대를 넘어 남한, 그리고 중국으로 밀려드는 것이었다. 즉 울시의 주장에 따를 때 한반도는 유능한 국가가 직접적인 위협을 가하는 적극적인 전쟁터가 아니라 약한 국가, 흔들리는 정권, 공산주의 이후의 혼란으로 인해 인도주의와 안정화 문제가 제기되는 곳이라는 뱀의 완벽한 예시였다.

그러나 울시는 1993년 2월 같은 청문회에서 핵 확산과 북한발 미사일 기술 확산 위험에 대해서도 경고했다.[58] 그의 경고는 정확했다. 불과 3주 뒤인 1993년 3월 중순, 북한은 핵확산금지조약(NPT) 탈퇴 의사를 발표했다. 같은 해 5월, '노동 1호' 중거리 탄도 미사일(MRBM)을 동해상으로 발사했는데, 이는 훗날 화학, 핵 또는 재래식 탄두를 거의 1,000마일(약 1,600km)까지 운반할 수 있음이 입증된 시스템의 첫 시험이었다.[59] 그리고 1993년 말까지, 북한이 주요 공급원인 소련을 잃어 절실하게 필요했던 석유의 대가이자 광범위한 군사 기술 교환의 일환으로 이란에 최대 300기의 스커드-C 미사일을 판매할 계획이라는 보고서가 나왔다.[60]

북한은 1960년대부터 핵 프로그램을 보유했는데, 표면적으로는 전력 생산용이었고, 이는 북한의 석유 부족을 감안할 때 합리적이었다.[61] 동시에 김일성은 자신의 정권 생존을 위해 핵무기를 추구했는데, 미국이 1951년 북한에 핵 공격을 위협했고, 1958년 1월 한반도에 핵무기를 배치하여 냉전 내내 유지했기 때문에 이것도 매우 합리적이었다.[62] 남한에 미국의 핵 포병과 로켓 배치가 된 것에 대한 반응으로, 김일성은 1962년 소련으로부터 핵무기를 얻으려 했으나 거절당했다. 흐루쇼프 휘하의 크렘린이 평양의 변덕스러운 정권과 그런 기술을 공유하는 것에 의구심을 품었기 때문이다. 대신 소련은 평양 북쪽으로 60마일 떨어진 영변에 플루토늄 원자로 건설을 도왔고, 북한은 1970년대부터 그곳에서 소량의 플루토늄을 추출하기 시작했다. 그들은 1980년대에 생산을 확대했고, 국내 우라늄 매장지을 개발하기 시작했으며, 무기급 우라늄 생산 능력을 모색했다고 알려졌다.[63]

조선인민군은 주한미군의 핵무기 배치에 빠르게 적응했다. 그들은 남한의 수도 서울에 닿을 수 있는 강력한 재래식 포병 및 로켓 전력을 증강했고, '포옹(hugging) 전략'을 구사하며 병력을 DMZ 바로 앞에 배치했는데, 이는 미국의 핵 공격 시 남한에 낙진이 발생하도록 병력을 국경에 매우 가깝게 배치하여 미국의 핵무기 사용을 억제하기 위함이었다. 또한 광범위한 터널과 지하 벙커 네트워크를 건설했으며, 공격의 영향을 제한하기 위해 전국 요새화를 시행했다.[64] 점점 늘어나는 핵분열성 물질 비축량과 더불어, 소련권 국가들로부터 단거리 및 중거리 프로그 미사일, 스커드 미사일을 포함한 미사일 기술을 획득하고 빠르게 설계를 개선하기 시작했다.[65] 그리고 1985년 NPT에 가입하여 폭탄을 만들지 않고 모든 핵 시설을 국제 사찰단에게 개방하겠다고 약속했음에도 불구하고, 북한은 베를린 장벽이 무너질 때까지 이미 여러 차례 사찰 기한을 넘겼다.

북한이 핵무기를 개발하려는 동기를 이해하려면, 북한 정권의 진정하고 합리적인 두려움의 근거를 파악해야 한다. 미국이 1991년 말 모든 핵무기를 남한에서 철수했지만, 주한미군의 주둔, 미군과 대한민국 국군 간의 활발한 훈련, 그리고 남한의 경제, 산업, 인구 성장은 평양에서 강렬한 위협 인식을 만들었다.[66] 따라서 1980년대부터 사실상 통치자였지만, 1994년 7월 김일성 사망 전까지 공식적으로 아버지의 지위를 물려받지 않았던 김정일이 NPT를 탈퇴하고, 이란으로부터 석유를 얻기 위해 미사일 기술을 교환하며, 파키스탄으로부터 핵 전문 기술과 기술을 얻으려 한 결정은 전적으로 이해할 수 있다. 북한은 석유, 식량, 현금이 절실히 필요했고, 필수 물품을 얻기 위해 미사일 기술을 교환하는 것이 한 방법이었다.

북한의 적극적인 핵 프로그램은 북한을 공격하기에는 너무 위험하다는 인식을 높여 남한의 침략을 막고 미국을 견제할 수 있는 방법이기도 했다.[67] 불안정한 지도자, 즉 위험한 전략을 거침없이 추구하는 지도자의 인상은 김 위원장이 도발하면 미친 짓을 할지 모른다고 걱정하는 북한의 적들에게도 억제 효과를 가져다주었다. 닉슨이 주장했던 '미치광이 이론'의 변형으로 1990년대와 2000년대 내내 계속된 북한의 핵무기 추구는 미국과 중국, UN을 상대로 하여 러시아와 중국 사이를 오가는 냉전 전략의 업데이트 버전으로 국제사회의 양보를 이끌었다.[68]

1993년 김정일의 도박은 성공했다. 1994년까지 클린턴 행정부는 북한이 기존 핵 프로그램을 동결하고 플루토늄 원자로를 폐쇄하며, 핵무기를 보유하지 않기로 하는 합의된 프레임워크를 마련했다. 북한은 미국으로부터 연료유와 경수로 2기(핵확산 방지용)를 제공받는 대가로 NPT에 가입했다. 북한은 미국으로부터 석유와 핵 지원 약속을 받았으며, 동시에 첨단 미사일 기술을 개발하고 파키스탄으로부터 무기급 우라늄 농축을 위한 전문적 지식과 기술을 은밀히 획득했다.[69] 2002년이 되자 북한이 합의된 프레임워크를 회피하고 있다는 것이 명백해졌고, 부시 대통령은 2002년 1월 국정 연설에서 북한을 '악의 축'에 포함시켰다. 2003년 1월, 우라늄 정제 원심분리기 프로그램을 둘러싸고 미국 관리와 대립 끝에 북한이 NPT 탈퇴를 재차 선언하면서 협상이 최종적으로는 결렬되었다.[70]

2003년 이후 많은 일들이 그러했듯, 북한이 핵 야망을 포기하도록 압박하려는 미국의 시도는 이라크전의 위기로 인해 뒷전으로 밀렸다. 김정은 정권은 미국이 평양을 위협하는 동시에 실제 핵무기는 아니더라도 무기 프로그램을 가졌다는 이유로 사담 후세인을 전복시킨 뒤 이라크에서 발이 묶이는 것을 지켜보았다. 아마도 북한 정권은 핵무기 획득에 시간을 낭비할 수 없다고 결론 내렸을 것이고, 미국이 이라크에서 벗어나더라도 북한에 대해서는 너무 늦으리라 판단될 것이 분명했다.

2005년, 북한 정부는 자위적인 목적으로 핵무기를 획득했다고 발표했고, 국제사회와의 6자 회담에서 철수했으며, 2006년 10월에는 첫 핵실험을 감행했다.[71] 2011년, 리비아의 무아마르 카다피는 서방의 압력으로 WMD 프로그램을 포기했으나, 결국 서방 공군의 지원을 받은 민중 봉기에 무너졌다. 2011년 12월 김정일 사망 후, 정권을 이어받은 김정은은 할아버지와 아버지의 선견지명에 대해 고마움을 느끼며 핵무기 개발에 박차를 가했다. 2017년 9월, 북한은 대륙간탄도미사일(ICBM)에 장착 가능한 수소폭탄을 폭파했고, 11월에는 워싱턴 D.C.를 포함한 미국 내 모든 목표물에 핵탄두를 운반할 수 있는 '화성-15형' ICBM을 시험 발사했으며, 2018년 1월 신년사에서 김정은은 자국의 핵 능력이 완성되었다고 발표했다.[72] 그는 "이 억지력 덕분에 미국은 '나와 우리 국가를 상대로' 감히 전쟁을 일으키지 못할 것"이라고 결론지었다.[73] 1993년의 뱀은 이제 용이 되는 길을 순조롭게 걷고 있었다.

울시 이후(AFTER WOOLSEY)

현재 전 세계의 상황을 고려할 때 울시의 시대는 끝났다. 오늘날 우리는 용과 뱀을 동시에, 그리고 많은 곳에서 마주하고 있다. 용(국가 기반 위협)에는 새롭게 공격적인 러시아, 점점 더 독단적인 중국, 핵무기를 추구할 수도 있고 아닐 수도 있지만 아프가니스탄 서부 국경에서 골란 고원에 이르기까지 지배력을 강화하면서 수니파 이슬람과의 글로벌 대결을 주도하는 이란 정권, 내부 억압과 외부 모험주의에 더해 핵 벼랑 끝 전술이 결합된 김정은 3대 세습 독재 정권인 북한 정권이 포함된다. 이 모든 국가는 대응을 유발하지 않고 정치적, 군사적 목표를 달성하기 위해 탐지의 가장자리를 타는 한계 전략을 추구하고 있다.

분명히 이 모든 상황 전개를 고려하면 울시 시대는 끝났다. 오늘날 우리는 용과 뱀을 동시에, 그리고 대부분 같은 장소에서 마주하고 있다. 용들, 즉 국가 기반 위

협들은 다음과 같다: 새롭게 공격적인 러시아; 점점 더 단호해지는 중국; 핵무기를 추구하는지는 확실치 않지만 아프가니스탄 서부 국경에서부터 골란고원까지 통제를 확실히 강화하고 있으며 수니 이슬람과의 전 세계적인 대결을 주도하는 이란 정권; 내부 억압과 외부 모험주의, 그리고 핵 위협 정책을 결합한 김정은 체제 3대 세습 독재인 북한 등이다. 이 모든 국가는 대응을 유발하지 않고 정치적, 군사적 목표를 달성하기 위해 탐지의 가장자리를 타는 경계 전략을 추구하고 있다.

한편, 뱀들(비국가 행위자 및 국가 붕괴로 인한 위협들) 또한 여전히 강력하다. 우크라이나와 발트해 국가들에서부터 니제르와 소말리아에 이르기까지, 리비아의 국가 붕괴에서 이라크와 시리아의 이슬람 국가(IS)에 이르기까지, 베네수엘라의 경제 붕괴와 콜롬비아의 반란에서 예멘의 내전에 이르기까지, 이라크, 시리아, 필리핀에서 국가처럼 싸우는 반군과의 주요 도심 전투에서 벨기에, 프랑스, 독일, 호주, 캐나다, 영국의 테러 공격에 이르기까지, 우리는 국가 및 비국가 위협이 새롭고 낯선 형태로 결합된 환경에 직면해 있다.

이 책은 울시의 증언 이후 25년 동안 우리의 적들이 무엇을 배웠는지에 대한 내용이다. 즉, 용들이 어떻게 뱀들에게서 배우고, 뱀들이 어떻게 용들을 모방했으며, 나머지 세력들이 어떻게 서방과 싸우는 법을 익혔는지를 다룬다. 또한, 우리가 현재 직면한 새로운 환경에서 성공하기 위해 우리 또한 무엇을 배워야 하는지에 대한 이야기이다.

지도 1 소련 붕괴 직전의 유럽

제2장

적응하는 적들
(Adaptive Enemies)

제2장

적응하는 적들
(Adaptive Enemies)

그 남자는 맨발이고, 마른 체격이며, 십대 후반 또는 이십대 초반으로 보인다. 그는 줄무늬 트레이닝복 바지, 허리에 둘러맨 셰마그 스카프, 그리고 회색 티셔츠를 입고 있다. 깔끔한 군인식 크루컷 헤어스타일을 하고 있지만, 그의 얼굴은 지저분한 짧은 수염으로 덮여 있다. 거리 한가운데에 완전히 노출된 채 무릎을 꿇고, 그는 RPG를 조준한다. 그리고 즉시 왼쪽 시야 밖에서 날아온 기관총 7발을 맞는다. 그는 발사되지 않은 로켓 발사기를 떨어뜨리고, 잠시 놀란 듯 똑바로 앉았다가 또 다른 연사 공격을 받고는 등을 대고 납작하게 쓰러진다. 그의 왼팔은 거의 잘려 나갔고, 뒤통수는 총탄에 뚫려 뇌 물질이 뜨거운 아스팔트 위로 붉게, 그리고 이내 검게 스며 나온다. 그의 동료들은 너무 충격받아 '알라후 아크바르'를 외치지 못하고 울부짖는다. 게릴라가 로켓을 조준한 순간부터 거리에서 죽어 쓰러질 때까지의 교전 총 시간은 2.6초이다. 이는 일반적인 사람이 이 단락을 읽는 데 걸리는 시간의 대략 10분의 1에 해당한다.

이라크 전쟁 초기에 호주 육군 본부에서 근무할 때 내가 맡은 임무 중 하나는 발전하는 반란을 추적하고 변화하는 위협에 적응하기 위해 진화하는 게릴라 전술, 조직, 무기를 식별하는 것이었다. 방금 설명한 비디오 클립은 바그다드 시가전 중에 스페인 뉴스팀이 촬영한 것으로, 내가 검토해야 했던 수백 개의 비디오, 사진, 문서, 도청 자료 중 하나였는데, 나는 적의 진화 패턴을 찾기 위해 이 자료들을 꼼꼼히 살폈다.[1]

당시 내 상사는 나중에 이라크에서 선임 작전참모로 근무하며 전쟁에 가장 통찰력 있는 연합군 지도자 중 한 명으로 알려지게 된 호주 육군 미래전 부서의 책임자였던 저스틴 켈리 준장이었다. 동영상 속도를 10분의 1로 낮춰서 이 영상을 열두 번 정도 시청한 후 내가 인기척을 느끼고 돌아보니, 그가 내 어깨 너머로 바라보고 있었다.

"다시 재생해, 보통 속도로"

총소리, 울부짖음, 침울한 스페인어 음성 해설이 들려왔다.

"다시 재생해..."

"데이브, 네가 듣는 저 울부짖음은 적응하는 적이 적응하는 소리야"

나는 마지막으로 영상을 한 번 더 보고 고개를 저었다. '우린 멍청한 놈들을 죽이고 있구나,' 라고 생각했다. '이 남자가 처참하게 당하는 걸 본 누구도 다시는 저런 실수를 하지 않을 거야. 다음번엔 더 똑똑해질 테고, 우리가 더 강하게 죽일수록 그들은 더 빠르게 발전하겠지.'

이 장은 내가 울시의 말을 빌려 뱀이라고 명명한 테러리스트, 반군, 민병대 등 적응하는 비국가 적들에 관한 내용이다. 이 장에서는 적응하는 적들이 어떻게 학습하는지를 다루며, 다음 장에서는 1993년 초 울시의 증언 이후 비국가 적들이 무엇을 배웠는지를 살펴본다.

이 주제, 즉 적응하는 적들이 학습하는 방식, 또는 우리가 '비정규전의 진화 메커니즘'이라고 부를 수 있는 것은 다소 이론적이다. 하지만 이것이 중요한 이유는 만약 우리가 적들이 진화하는 과정을 파악할 수 있다면, 그리고 우리 자신의 행동이 그들의 진화를 이끄는 선택적 압력을 부분적으로 만들어낸다는 것을 깨닫는다면, 환경을 변화시키고 그들의 적응을 다른 방향으로 유도하여 위협을 줄일 수 있기 때문이다. 이 장에서 설명하는 과정들은 비국가 적들뿐만 아니라 국가들에도 해당되므로 자세히 살펴볼 가치가 있다.

비정규전의 진화 메커니즘(MECHANISMS OF EVOLUTION IN IRREGULAR WARFARE)

내가 방금 묘사한 동영상은 이라크와 아프가니스탄에서 우리가 흔히 '전투 다윈주의'라고 부르던 수많은 사례 중 하나이다. 전투의 선택적 압력이 적뿐만 아니라 우리에게도 똑같이 적용된다는 점에서, 이 용어는 두 지역에서 많은 씁쓸한 유머의 대상이 되곤 했다. 하지만 이것이 단순히 강하고 운 좋은 자는 살아남고 약하고 불운한 자는 죽는다는 뻔한 관찰이나 단순한 비유 이상의 의미를 가질까? 현실은 그보다 훨씬 더 복잡하고 흥미로운 것 같다.

군대가 적응한다는 것은 자명한 사실이며, 특히 전투는 개인뿐만 아니라 조직, 전술, 무기, 목표, 그리고 군사력이 작동하는 모든 측면을 형성하는 수많은 규범과 제도에 즉각적이고 지울 수 없는 교훈을 남긴다. 여기서 '적응'은 기술적인 의미로 사용되는데, 이는 개체가 더 잘 생존하고 번식할 수 있도록 돕는 조직 구조, 과정, 기술, 무기 또는 행동 양식 등 새로운 특성을 의미한다. 또한, 적응은 환경적 압력에 대한 반응으로 새로운 특성을 만들어내는 변화의 과정이기도 하다.[2]

수많은 작은 적응들이 전시에 놀랍도록 빠르고 광범위한 변화를 일으킬 수 있는데, 특히 평시의 느리고 하향식 과정과 비교하면 더욱 그렇다. 군사 이론가 스티븐 로젠이 지적했듯이, 평시의 혁신은 전시의 적응과는 근본적으로 다르다. 평시 혁신은 외부 환경의 변화에 대한 인식과 미래 분쟁에서 승리하는 데 필요한 새로운 기술, 조직, 전술에 대한 개념적 가설에 의해 추진되는 반면, 전시 적응은 적의 행동에 대한 직접적인 반응이다.[3] 결과적으로, 국가 기반 군대든 비국가 무장 단체든 군사 조직은 평시에 장기간에 걸쳐 꾸준하고 자체적으로 생성되며 개념 주도적인 혁신을 하다가, 갑자기 빠르게 전투 주도적인 전시 적응의 급성장기를 겪는 경향이 있다. 전투 손실, 즉 사망자와 부상자는 이러한 전시 적응의 급성장기와 불가분의 관계에 있다.

1980년대 호주 던트룬 왕립 사관학교에서 사관생도였을 때, 나를 포함한 동기들에게 야전 기술, 무기, 전술을 가르쳤던 여러 교관들은 말라야, 보르네오, 베트남에서 직업 군인으로 복무한 경험이 있었고, 어떤 이들은 세 전역에 걸쳐 여러 번 파병되기도 했다. 그들이 자주 하던 말 중 하나는 "교리는 피로 쓰인다"는 것이었다. 그들은 "모든 교훈은 곧 생명이다. 모든 통찰력 뒤에는 누군가의 고통이 있었다. 병사는 죽지만, 군대는 살아남아 배우는 법이다"라고 말하곤 했다.

물론, 이는 어느 정도까지만 사실이다. 일정 수준의 사상자는 분명 교리적 변화를 이끌지만, 여기에는 정규 분포 곡선이 있다. 너무 짧은 시간 안에 너무 많은 사상자가 발생하는 너무 높은 손실률은 조직 자체를 붕괴시킬 만큼 강렬한 압력을 만들 수 있다. 마찬가지로, 너무 낮은 손실률은 혁신을 촉진하기에 불충분한 압력을 생성하여 조직을 정체시키고 적응을 지연시킬 수 있다. 중간 지점에는 선택적 압력의 구간이 있는데, 이는 조직이 적응해야만 생존할 수 있을 만큼 강렬하면서도, 조직을 파괴할 정도는 아닌 손실률에 반응하여 시간이 지남에 따라 더 나아지게 만든다. 이 정규 분포 곡선의 중간 부분에서 선택적 압력의 향상 효과, 즉 진화 학자들이 '적합성 효과(fitness effect)'라고 부르는 것은 가장 크게 나타난다. 우리는 이 정규 분포 곡선 효과를 물리적 유기체의 정체에서부터 유스트레스(좋은 스트레스)에서 디스트레스(나쁜 스트레스)에 이르는 스펙트럼과 비슷하다고 생각할 수 있다. 스트레스가 너무 적으면 정체로 이어지고, 너무 많으면 손상으로 이어지지만, 중간 지점의 유스트레스는 유기체를 더 강하게 만드는 데 도움을 준다.[4]

우리는 이것을 군사 사회학자 로저 보몽이 1974년 군사 엘리트에 대한 그의 선구적인 연구에서 제시한 '선택-파괴 주기(selection-destruction cycle)'의 변형으로도 볼 수 있다.[5] 보몽이 지적하듯, 산악 부대, 레인저, 특수 부대, 정예 경보병, 항공 승무원, 잠수함 승무원 등 특수 정예 부대의 한 가지 특징은 최고의 가용 인력 중에서 선발하는 경향이 있다는 점이다. 이들은 일반 부대보다 더 건강하고 지적이며 뛰어난 리더십 기술, 주도성, 인내력을 가진 신병을 선택한다.[6] 심지어 호주, 영국, 미국의 특수 작전 부대처럼 이미 고도로 훈련되어 엄격한 선발 과정을 거친 고대비 태세 부대원들 중에서 주로 모집하기도 한다. 하지만 보몽이 20세기 엘리트 부대에 대한 포괄적인 연구에서 보여주듯이, 이러한 부대들은 더 높은 손실률을 보이는 경향이 있다. 즉, 스트레스 정규 분포 곡선의 상단에서 작동하는 셈이다. 이들은 위험하거나 까다로운 임무에 투입되고, 평소보다 높은 사망 및 부상률을 경험하며, 그래서 일반 병력보다 더 빨리 소모된다.[7]

이러한 선택-파괴 주기는 너무 많은 엘리트 부대를 가진 군대(특수부대가 지나치게 많은 육군), 가장 공격적인 젊은 지휘관들을 잠수함 부대로 너무 많이 전용하는 해군, 또는 장기전에서 지속 불가능한 승무원 기준을 가진 공군(제국주의 일본 공군처럼)이 실제로는 적응 잠재력을 손상시킬 수 있음을 의미한다. 이러한 부대는 두뇌 유출을 겪게 되는데, 일반 부대에서 리더가 되어 지식을 다른 사람들에게 전파했을 유능한 인재들이 특수 부대로 분리되고, 설령 그들이 생존하더라도 그들의 재능은 더 넓은 군 전체에 활용되지 못한다. 한편, 주요 전투 부대들은 특수 부대를 위한 인력 공급처 이상이 되지 못하고, 정예 부대들이 점차 정상적인 전투 역할을 독점하면서 두뇌 유출과 보몽이 묘사하는 선택-파괴 주기를 모두 악화시킨다.

더 나아가, “교리는 피로 쓰인다”는 생각에 대해 고려할 때, 가장 중요한 교리는 군사 교범에 있는 공식적인 종류가 아니라, 오히려 전투 중 인간 집단 전체에 스며들어 민속적인 지위까지 얻게 되는 경험적이고 유기적인 지식임을 기억해야 한다. 여기서 진화 인류학의 용어를 빌려 이러한 비공식적인 교리 발달을 ‘사회 학습’이라고 부르려 한다. 그리고 사회 학습이 자연 선택, 인공 선택, 제도적 적응과 함께 적응하는 적들이 어떻게 적응하는지를 관찰할 때 볼 수 있는 네 가지 핵심 역동성 중 하나임을 제시하려 한다.

사회 학습(Social Learning)

영국의 역사학자 티모시 R. 모어먼은 1998년 영국의 인도 제국 산악 국경지대에서 벌어진 전쟁에 관한 연구에서 장교와 부사관이 수십 차례의 교전과 소규모 전쟁에서 수백 건의 전투를 통해 관찰한 통찰을 수집, 공유, 점진적으로 체계화하는 지역적이고 상향식 적응 과정을 설명했다. 다양한 군사 병력이 이 전역들에 참여했는데, 여기에는 단기 순환 근무하는 영국 육군 연대, 수년간 전역에 참여한 주둔 인도 육군 부대, 현지에서 모집된 전문 국경 정찰대와 비정규군, 네팔 출신의 구르카 연대, 부족 징집병 등이 포함됐다. 시간이 지남에 따라 특정 부대, 지도자, 민족 집단은 평균 이상의 전투 성과를 인정받았고, 다른 부대가 그들의 방법을 모방했다. 부대 유형이 다양했기 때문에 다양한 접근 방식이 존재했고, 그중 일부는 잘 작동했지만 다른 일부는 실패했으며, 이것은 국경 전쟁에서 일종의 지속적인 자연 실험, 즉 살아있는 전투 실험실을 만들어냈다.

주어진 교전에서 좋은 성과를 낸 부대는 다른 부대가 모방하는 모델이 되었고, 한 전역에서 개척된 전술은 여러 후속 작전을 거치며 정교하게 다듬어졌다. 환경에 대한 성공적인 적응은 비공식적인 토론, 소문, 전문 문헌, 그리고 토론을 통해 복제되었다. 이는 사후 브리핑, 부대 간 인력 이동, 숙련된 선임 부대에서 미숙한 신규 부대로의 훈련 간부 교환, 그리고 훈련 지침 발행을 통해 부대 전반에 퍼져나갔다. 반대로 성과가 좋지 않았던 부대들은 말 그대로 와해되는 경우가 많았는데, 이는 무자비한 적에게 물리적으로 전멸되거나, 실패 후 해체되고 해산되는 조직적인 방식이었다.

이는 강력한 선택적 압력을 유발했다. 실패한 부대와 개인은 도태되었지만, 전투에서 더 잘 해낸 이들은 살아남았을 뿐만 아니라 더 큰 명성 자본을 쌓았다. 이는 그들의 전술이 동료와 후임자들에게 모방될 가능성을 높였고, 따라서 국경 부대의 여러 세대에 걸쳐 재현될 수 있도록 했다. 이를 통해 이 전술들은 퍼져나가 권위 있는 지식으로 굳어졌다. 군은 이러한 지식을 흡수하고 점진적으로 야전 교범으로 공식화했는데, 이 교범들 역시 이후 작전에 참여하는 사람들 사이에서 활발하고 지속적인 토론과 개정의 대상이 되었다.[8]

모어먼이 이처럼 매우 다양하지만 작고 긴밀하게 결속된 전사 사회에서 국경 전쟁의 진화를 논하는 방식은 사회적 학습에 대한 상당히 훌륭한 설명이다. 사회적 학습은 과학자들이 쥐, 비둘기, 침팬지, 문어처럼 다양한 생물에서 발견했지만, 특히 인간에게서 잘 발달된 과정이고, 그 적응에는 개별 학습과 사회적 학습 모두가 역할을 한다.[9] 많은 동물이 그러하듯이 인간은 개별 자극에 대한 반응으로 습득된 행동의 강화를 통해서만 배우는 것이 아니라 사회적, 즉 집단 기반 인지 과정을 통해서도 배운다.[10] 개별 학습은 시행착오, 관찰, 그리고 추론을 포함하며, 새로운 행동을 생성한다.[11] 이와 대조적으로 사회적 학습은 다른 인간과의 상호작용을 통해 발생하며, 모방과 복사를 수반하고, 집단 내 개인들 사이에 그러한 행동이 퍼지도록 돕는다.[12] 개별 학습과 사회적 학습 모두 국지적인 규모에서 발생하므로, 집단마다 다르게 혁신한다.[13]

실제로 사람들은 관찰과 모방뿐만 아니라 집단 내 또는 집단 간의 지식 전달을 통해서도 학습하며, 이러한 학습은 행동의 변이를 발전시키고 복제하며, 다시 문화로 응집된다. 기발하거나 혁신적인 행동은 마치 유전자 코드의 돌연변이처럼 개인의 시행착오를 통해 발생하며, 일부는 유익한 것으로 판명되기도 한다. 생존 또는 적합성에 이점을 주는 유익한 행동은 이점이 없거나 해로운 행동보다 더 널리 복제되며, 이러한 유익한 행동을 채택한 집단은 시간이 지나면서 다른 집단과 경쟁하여 결국 집단 내에서 지배적인 위치를 차지하게 된다.[14] 말하자면, 그들은 자신들의 전술적 DNA를 전파하는 것이다.

모어먼이 국경 전쟁 사례에서 설명했듯이 명성과 소문은 설명의 다른 핵심 요소이며, 인간의 사회적 학습에 중요하다. “오직 인간만이 집단에 좋거나 나쁜 행동을 전달하는 데 명성을 사용"하며,[15] 소문은 "집단 구성원으로서 혜택을 받으면서도 기여하지 않는 개인 무임승차자"를 처벌하는 귀중한 진화적 기능을 수행한다.[16] 마찬가지로 다른 종들도 사회적 학습에 참여하지만, 누적 문화–언어, 전쟁, 결혼, 종교와 같은 보편적인 규범과 제도의 포괄적인 집합으로 행동이 축적되는 것–는 특히 인간에게만 나타나는 특성으로 보인다.[17]

고대 로마인, 프리드리히 대왕의 프로이센군, 그리고 현대 미군과 같이 군사적으로 지배적인 집단의 물질적, 제도적 문화 또한 다른 이들에 의해 모방되는데, 종종 특정 행동의 이유를 이해하지 못한 채 이루어진다. 이는 한때 유익했던 행동이 실제 관련성을 잃은 시점에도 확산하는 데 기여한다.[18] 군사 패션의 경향–고위 계층 동맹국이나 적군의 의복 또는 장비를 모방하거나 특정 복장 또는 몸단장 스타일(로마군의 군용 벨트, 경기병의 털모자, 소총병의 녹색 재킷, 비행사의 실크 스카프, 산악병의 베레모)이 더 큰 군대 사이에 전파되는 것 포함–은 하나의 연구 분야이기도 하다. 마찬가지로 한 시대의 군사 패션이 다음 시대에 민간 패션이 되는 방식(오늘날 미국, 영국, 호주에서 볼 수 있는 '오퍼레이터' 수염, 세마그 스카프, 위장 무늬, 투박한 플라스틱 시계, 또는 문화대혁명기 중국의 홍위병 제복과 마오 슈트 등)도 연구 대상이다.[19] 명확히 말해, 민족지학적 관점에서 지위 주도적 모방의 한 가지 두드러진 예시일 뿐인 패션은 사회적으로 습득된 지식이 고위 계층 군 집단에서 하위 계층 군 집단으로, 그리고 더 넓은 사회로 확산되는 중요한 전달 경로이다. 이는 동료 집단 내에서 잘 이해된 유익한 행동의 의도적인 모방과 마찬가지다.

이러한 요인들은 과학자들이 오랫동안 논쟁해 온 개별 유전을 넘어선 진화론의 적용 가능성에 문제에 관한 두 가지 쟁점을 부분적으로 설명한다. 하나는 '집단 선택', 즉 개별 유기체나 유전자가 아닌 집단이 진화하는 메커니즘이며, 다른 하나는 명백한 '후천적 특성의 유전'이다. 이는 고전적 진화론에서는 예상되지 않지만, 누적적인 문화적 진화를 통해 여러 세대에 걸쳐 인간 집단에서 발생하는 것으로 보인다. 이 두 가지 개념은 과학자들 사이에서 논쟁의 여지가 있으며, 특히 집단 선택에 대해서는 현재도 활발한 논의가 진행 중이다.[20]

실제 전투원들이 싸우는 거친 거리에서는 개활지에서 무릎을 꿇는 실수를 저지른 다른 반군이 머리가 날아가는 것을 보는 것과 같은 관찰 학습의 기회가 무수히 많다. 동시에 소문과 풍문, 그리고 전통적인 전사 사회와 현대 군사 부대 모두에서 영웅적이거나 승리한 행동에 대한 장대한 이야기를 만들고 공유하는 것, 존경받는 스승과 리더의 멘토링은 특정 사건에 직접 관련된 개인들을 넘어 교훈을 전파하는 데 모두 도움을 준다. 이는 사회적 유기체로서 전사 그룹이 집단적으로 유익하다고 인식하는 행동을 복제한다. 전사 그룹이 사실상 나이 많고 유능하며 경험 많은 전사들이 더 높은 사회적 지위를 갖는 부족 계층 구조라는 점을 감안할 때, 우리의 던트룬 교관들처럼 연장자들의 명성은 그들의 행동이 복제될 가능성을 상당히 높인다.

예를 들어, 모어먼이 인용한 가장 영향력 있는 문서 중 하나는 앤드루 스킨 경이 1932년에 쓴 명저 '전파하기: 인도 북서부 국경의 부족 전투에 대한 짧은 이야기'이다. 이 책은 인도 주둔 병사들이 지형, 적, 그리고 자신들이 참여한 전쟁의 본질을 이해하는 방식에 상당한 영향을 미쳤다. 스킨은 서문에서 자신의 조언을 하급 경보병 장교들 즉, 인도 주둔군의 복잡한 연대 사회 내에서 자신의 '하위 부족'에 속하는 젊은 구성원들에게 전하며, 이를 자신의 선배들의 권위에 따라 전해 내려온 구전 전통과 연결시킨다.[21]

하지만 모어먼과 스킨이 묘사하는 부족 매개 사회 학습 또는 우리 멘토들이 던트룬에서 전수했던 정글 지식과 바그다드 거리에서 동료가 죽는 것을 보며 게릴라들이 경험한 학습 사이에는 미묘하지만 중요한 차이가 있다. 예를 들어 전문 군대는 보통 의식적이고 의도적으로, 한 전투 세대 내에서 자신들의 행동을 적응시키며 학습하는 경향이 있는 반면, 파편화된 테러리스트 및 게릴라 집단은 다수의 연속된 세대에 걸쳐 변이, 파괴, 그리고 복제라는 맹목적인 과정을 통해 다른 방식으로 학습할 수 있다. 이는 때때로 '맹목적 변이와 선택적 유지'로 표현되기도 하며,[22] 자연 선택에 훨씬 더 가까운 것이다.

비정규전에서의 자연 선택(Natural Selection in Irregular Warfare)

소총 중대 같은 군대 내의 소규모 부대조차도 일반적인 게릴라 부대보다 훨씬 크다는 점에 주목할 필요가 있다. 수백만 명에 달하는 대규모 반란에서도 실제 게릴라전은 기껏해야 수십 명으로 구성된 작고 지리적으로 분리된 집단 내에서 벌어졌다. 예를 들어 UN은 2014년에 아프가니스탄에서 대부분의 겨울 전투 동안 탈레반 전투원들의 평균 그룹 규모는 단 7명에서 12명이었고, 2013~2014년 겨울에는 최대 30명에서 50명으로 늘어났다고 추정했다.[23] 물론 이들 부대는 특정 전투를 수행하기 위해 수백 명의 전투원을 동원하는 것에 서로 협력할 수 있었지만, 적어도 전쟁의 그 단계에서는 비교적 드물었고 종종 반군 지도자들의 몇 달에 걸친 신중한 게릴라 외교가 필요했다.[24] 마찬가지로 이라크 반군이 2005년에 급증하던 시기에 가장 큰 이라크 게릴라 공격은 40명에서 50명 규모의 그룹에 의해 수행되었고, 대부분은 훨씬 더 작은 그룹에 의해 감행되었는데, 심지어 전체 게릴라 수는 2만 명에 육박했다.[25]

게릴라는 그들 자체가 반란 세력이라는 빙산의 일각에 불과한데, 이들은 봉기에 참여하는 사람들 중 실제로 무기를 공개적으로 소지하고 적대 세력이 인지할 수 있는 '탐지 임계점' 이상으로 활동하는 극소수, 즉 많아야 2~3퍼센트에 불과하다. 이들은 "게릴라 전술을 사용하여 공개적인 무장 군사 및 준군사 작전을 수행하기 위해 조직된 비교적 작은 가시적 요소"이다.[26] 내가 다른 곳에서 '분산된 전장'이라고 묘사했던 도시 환경은 이러한 게릴라 집단을 더욱 분열시켜, 몇몇 큰 교전보다는 수많은 분산된 소규모 교전에 참여하도록 강요했다.[27] 우리의 진화 인류학적 주제를 이어가자면, 정규 군사 부대는 상대적으로 높은 순응도와 구조적 복잡성을 가진 소규모 국가와 같았다. 반면 게릴라 집단은 이동하는 수렵-채집 부족과 흡사했는데, 이들은 부족 내에서는 높은 응집력을 보였지만, 즉각적인 전우 집단, 즉 전사 집단 구성원들 사이의 친족 관계(또는 실제 친족 관계)로 맺어진 가족과 같은 전투 집단 외부에서는 느슨한 협력을 보였다.

인류학자들이 관찰한 바에 따르면, 대부분의 이동형 수렵채집인들은 15명에서 50명 규모의 무리를 이루어 살았고, 약 6개에서 10개의 인근 무리에 있는 친척들과 교류했다. 이러한 이른바 최대 규모의 무리는 잔치나 의례 또는 대규모 수확이나 사냥을 위한 최대의 노력을 위해서만 가끔 모였다.[28] 이와 같은 방식으로, 게릴라 그룹의 규모는 대략 20명에서 40명의 전투원 수준을 유지했는데, 반자율적인 전투 그룹들이 특정 목적을 위해 인근 그룹들과 협력하여 뭉쳤다가 다시 흩어지는 식이었다. 저항 전쟁의 지하 운동이나 도시 민병대 및 테러 네트워크는 훨씬 더 세분화될 수 있었는데, 개인들이 자신의 3~4인조 그룹 구성원들만 알거나 심지어 그만큼도 알지 못하는 셀 기반 구조를 채택했다.[29] 복잡한 대규모 반란에서는 베트남의 주력 게릴라와 북베트남군, 콜롬비아의 FARC-EP와 같은 군대식 조직이 한 수준에서 존재할 수 있었지만, 다른 수준, 즉 베트남의 베트콩 인프라와 콜롬비아의 공산당 클란데스티노와 같은 지하 조직은 은밀한 저항 전쟁의 셀 구조가 지배적이었다.

더욱이 수렵채집인들과 마찬가지로 게릴라 부대 간의 지리적 분리는 과학자들이 '생식적 격리'라고 부르는 효과를 만들어냈고, 이로 인해 각 지역 집단은 독립적으로 발전하며 자신만의 언어, 규범, 물자, 기술, 그리고 일하는 방식(즉 자신만의 문화)을 진화시켰다. 이러한 독특한 군사 문화는 새로운 구성원이 합류하고 기존 구성원이 사망, 탈영 또는 전역하고, 그룹이 분열하여 새로운 그룹을 전파하면서 여러 세대에 걸쳐 전파되었다.

인간의 뇌-몸 크기 비율이 개인이 가질 수 있는 사회적 관계망의 인지적 상한선을 약 150명으로 제한한다는 '던바의 수' 이론의 창시자인 영국의 인류학자 로빈 던바 또한 최적의 군사 부대 규모에 대한 통찰을 제시한다. 그는 인간 그룹이 약 150명에 도달하면 더 작은 그룹으로 분열하고,[30] 이 작은 그룹들이 다시 대략 같은 수로 성장한 후 스스로 분열하는 경향이 있다고 관찰했다. 던바는 인간 집단이 "15, 50, 150, 500, 1500의 연속적인 누적 계층 크기를 가진 독특한 계층 구조"를 가지고 있으며[31], 이 구조가 수렵채집 사회, 오프라인 및 온라인 소셜 네트워크, 캠프장, 키부츠(이스라엘의 집단 공동체), 유목민 집단, 자급자족 마을에서 다시 나타나듯이, 역사적으로 군사 그룹에서도 반복적으로 나타나는 것처럼 보인다고 지적했다. 이는 인간 조직이 특정한 규모에서 분열하는 경향이 있음을 시사하며, 던바는 "공동체가 자연적인 집단화 패턴과 그 기반이 되는 심리에 더 잘 부합하기 때문에 더 분열 없이 더 오래 생존할 가능성이 있는 자연적인 '최적점'이 존재하는지에 대한 질문이 제기된다"고 지적한다.[32]

전장에서의 선택 압력을 조사한 결과, 특히 게릴라 그룹의 규모는 정상적인 상황에서 생존을 위해 더 작은 무리(15명과 50명)로 진화하는 경향이 있었다. 반면, 주요 공격을 감행하거나 핵심 지도자 또는 은신처를 방어하는 경우 등 중요한 사건을 위해서는 150명과 500명 규모의 더 큰 그룹으로 일시적으로 뭉쳤다가, 다시 생존을 위해 흩어졌다. 따라서 15명 규모의 게릴라 부대는 분산된 작전에서 생존에 최적일 수 있으며, 10개에서 30개의 이러한 부대를 집결시켜 150명에서 500

명의 전투원으로 구성된 임시 연합을 형성하여 병력을 집중시키는 것이 공격 시 생존에 유리하다.

게릴라는 소규모 그룹으로 활동할 뿐만 아니라 대부분 소규모 전투를 수행한다. 앞서 설명한 2.6초의 교전처럼 대부분의 전투는 짧게는 몇 분, 길게는 몇 초 만에 일어나며, 2004년 팔루자 전투, 2016년 모술 전투, 2017년 라카 전투와 같은 대규모 전투와 같이 대규모 부대 간의 대규모 지속 전투가 아니라 수많은 소규모 그룹 간의 순간적인 소규모 전투가 수없이 반복되는 경우가 많다. 물론 게릴라가 특정 작전을 위해 '최대 규모의 무리'로 집중할 수 있는 것처럼 전투 그룹과 소규모 팀들도 협력적인 교전을 수행할 수 있었고, 일부 전투는 몇 시간 또는 며칠 동안 지속되는 큰 전투로 발전하기도 했지만, 이 또한 비교적 드물다. 대부분의 시가전이나 테러 활동에서 한 시간 이상 지속되는 전투는 예외적인 경우이다.

그룹 간의 고립은 단일 작전 지역 내에서도 게릴라 그룹들 사이에 엄청난 다양성을 만들어내는 경향이 있다. 이미 논의했듯이, 게릴라 그룹, 그리고 이들을 지원하는 지하 조직과 보조 네트워크는 부적응적인 행동을 즉각적이고 치명적으로 처벌하는 환경으로부터 선택 압력을 받고 있다. 마지막으로, 서로 다른 그룹 구성원들 간의 혈연 및 사회적 유대, 구성원들의 수평적 이동, 아이디어의 교차 전파, 구명정 효과(파괴된 그룹의 잔존 병력이 다른 그룹에 합류하여 생존하고 새로운 적응적 특성을 가져오는 것), 그리고 연결성(휴대폰, 인터넷, 보안 메시지, 소셜 미디어에 대한 접근성 증가)은 유익한 행동이 한 그룹에서 다른 그룹으로 전달될 수 있는 복제 수단을 만들고 있다.

알려진 바와 같이 변이, 선택 압력, 그리고 복제 등 세 가지 요인은 '자연 선택'으로 알려진 진화 과정의 구성 요소이다. 인구 생태학자이자 군사 이론가인 도미닉 존슨의 말을 인용하자면 다음과 같다.

> 다윈주의적 자연 선택은 변이, 선택, 복제의 세 가지 조건이 충족되는 한, 성과가 나쁜 사람을 걸러내고 성과가 좋은 사람을 전파하여 시간이 지남에 따라 효과적인 적응이 축적되어 증가하게 한다. 다윈의 선택 이론을 비대칭 전쟁에 적용하면 직관적으로 반대의 결과를 예측할 수 있다, (1) 변이 – 약한 진영은 종종 더 다양한 전투원으로 구성되어 더 큰 특성 풀과 잠재적으로 더 높은 변이(혁신) 비율을 나타내는 경우가 많으며, (2) 선택 – 강한 진영은 세 가지 조건 모두에서 불이익을 받을 수 있는데, 강한 쪽이 약한 쪽에 더 큰 선택 압력을 가하여 약한 쪽의 적응이 빨라지고,

(3) 복제 – 한 번에 몇 년 동안 같은 고향에서 싸우기 때문에 약한 쪽은 전투에 더 오래 노출되어 경험과 학습을 촉진하는 반면, 강한 쪽은 짧은 전투에 병사를 다른 지역으로 순환 배치한다.[33]

보몬의 사례를 떠올려보면, 존슨이 비정규군을 더욱 적응력 있게 만든다고 주장했던 이 동일한 요인들이 게릴라 그룹을 선택–파괴 주기에서 보호함으로써 생존 이점을 제공한다는 점을 추가할 수 있다. 기존 병사들에게 나타나는 선택–파괴 주기와 달리, 게릴라 정예병, 즉 특정 무리나 전투 그룹에서 최고의 성과를 내는 구성원들은 자연스럽게 그들의 소규모 그룹의 최고 위치로 올라가 그곳에 머물게 된다. 그곳에서 그들은 훌륭한 전투 성과를 통해 사회적, 명성적 자본을 얻고, 그 결과로 얻은 명성은 그들의 성공적인 접근 방식을 복제하는 데 도움을 주어 그룹 내에 생존 이점을 유지하고 그룹의 전반적인 생존 및 성공 가능성을 높이는 데 도움이 된다.

반면에 이라크 비디오 클립에서 볼 수 있듯이, 수천 번의 교전을 통한 적의 행동으로 인해 발생하는 선택 압력은 특정 유리한 특성이 부족한 개인들을 죽음으로 몰아넣는다. 더 잘 조직되고, 더 적절한 장비를 갖추고, 더 똑똑하거나, 단순히 운이 좋은 사람들은 살아남아 수직적으로(다음 세대에) 또는 수평적으로(동시대에 존재하는 다른 집단과 아이디어나 인적 교류를 통해) 전술적 DNA를 전달한다. 그룹 간의 변이와 번식적 고립에 다양한 전술적 접근 방식이 나타나는데, 그중 일부는 유익함(적응적)이 입증되는 반면, 다른 일부는 부적응적이어서 이러한 전술을 채택한 개인과 궁극적으로는 그룹들의 소멸로 이어진다.

시간이 흐르면서 비정규전의 이러한 자연 실험을 통해 강하게 적응하는 특성들이 게릴라 집단 내에서 우세해지고, 부적응한 개체들은 도태되며, 환경에 특히 잘 맞는 이들은 더 큰 조직적 또는 명성적 영향력을 갖게 된다. 그곳에서 그들은 자신과 같은 이들을 격려하고, 성공을 선전하거나, 후배들을 훈련시키며 자신들의 특성을 복제한다. 따라서 전체 그룹은 환경에 비해 적합성이 향상된다. 결과적으로 정규군은 의식적으로 적응하는 반면, 게릴라 그룹은 전투의 무자비한 진화적 계산에 의해 형성되는 맹목적 변이와 선택적 유지를 통해 무의식적으로 변화할 수 있다. 이러한 무의식적 특성에도 불구하고, 이 과정은 매우 정교한 구조를 만들어낼 수 있다. 래프 사가린의 말을 인용하자면, "개별 유기체들이 생존하고 번식하려고 노력하는 단순한 과정은 예측 불가능하고 복잡하며, 회복력 있고 아름다운 네트워크 생태계를 만들어낸다."[34]

테러리스트와 반군 그룹들이 더 넓은 분쟁 생태계에서 생태학적 틈새에 아름답게 적응했다는 제한적인 의미에서라도 '아름답다'라는 표현이 적절한지에 대해서 나는 잘 모르겠다. 적어도 이러한 맥락에서 자연 선택은 눈부신 성공만큼이나 많은 잘못된 시작, 막다른 골목길, 괴물 같은 변이를 만들어 내는 것 같다. 그룹들은 또한 과학자들이 '적합성 지형'이라고 부르는 고립된 정점으로 진화할 수도 있는데, 이 적합성 지형은 그들에게 작용하는 선택 압력에 대한 반응으로 나타낼 수 있는 모든 잠재적 특성 조합의 총합으로 구성된 운영 환경이다. 그들은 일시적인 적응적 성공을 달성했다가, 곧 주변 환경이 변화하는 것을 발견하고 고립되어 취약해질 수 있다.[35] 이는 위협 환경이 극도로 역동적이어서 분쟁의 한 단계에서는 적응적 이점을 주던 특성들이 상황이 변하면 엄청난 약점이 될 수 있는 전쟁에서 예상보다 자주 일어난다. 그럼에도 불구하고, 존슨과 사가린의 주장이 반군 및 테러리스트 그룹에 대한 자연 선택의 적용 가능성 면에서 옳다면, 이러한 그룹들의 비표준화, 조직적 다양성, 그리고 소규모 단위 자율성은 존슨이 지적한 것처럼 우리보다 빠르게 적응하는 적들이 진화할 수 있는 이상적인 조건을 만들 수 있다.

적들은 우리가 그들을 더욱 효과적으로 표적화할수록 더 빠르게 적응하는 것이 분명하다. 반란이 일어나는 전장에서는 '적자생존'의 역동성이 나타난다. 여러 그룹이 인구와 지형을 장악하기 위해 경쟁하기 때문에, 변화하는 상황에 대한 적응력은 매우 중요하다.[36] 결과적으로 가장 위험한 그룹은 가장 강한 그룹이 아니라, 가장 적응력이 뛰어난, 즉 비대칭적 이점을 가장 잘 활용할 수 있는 그룹이며, 따라서 가장 생존력이 높은 그룹이다. 이러한 종류의 반군 적응은 게릴라에 대한 특정 대응책의 유효 기간을 늘려준다. 실제로 전술이 효과적일수록 더 빨리 쓸모없어지는데, 이는 게릴라 그룹에 적응하도록 더 많은 압력을 가하기 때문이다.[37]

나는 2003년부터 반군 및 테러 그룹의 진화에 있어 생물학적, 생태학적 시스템 사고의 관련성에 대해 글을 써왔지만, 군사적 적에게 생물학적 은유를 적용하는 것에 대해서는 주로 도덕적, 정치적 이유로 항상 경계해 왔다. 적을 곤충, 박테리아, 간균, 바이러스 또는 전이성 암으로 묘사하는 것과 같이 그들을 비인간화하는 것은 모든 진영의 정치 선전에서 흔히 볼 수 있는 방법이며, 이는 끔찍한 잔혹 행위와 만행으로 이어질 수 있지만, 이것이 적을 더 잘 이해하는 데 반드시 도움이 되는 것은 아니다. 적이 인간이라는 점을 기억하는 것은 윤리적인 이유뿐만 아니라, 모든 일반적인 행동 통찰에 항상 'X 요인'을 더하는 개별적인 인간의 행위성 때문에 절대적으로 중요하다.

하지만 이 경우에는 인도 변경에서의 전쟁 사례에서 보았듯이 생물학적 시스템 은유가 우리의 비정규군 적들만큼이나 우리 자신에게도 적용된다. 따라서 이는 적들을 비인간화하기는커녕, 그들의 상태가 우리 자신의 상태와 얼마나 유사한지를 실제로 보여준다. 동시에, 이것이 실제로는 은유가 아니라 적들이 어떻게 진화하는지에 대한 구체적이고 계산적으로 유효한 관찰이라는 주장도 있다. 그리고 만약 동일한 개념이 우리에게도 적용된다면, 즉 우리가 시스템 밖에서 실험복을 입고 페트리 접시를 들여다보는 깨끗한 존재가 아니라, 동일한 생태계 속의 유기체라면 어떤 의미에서 우리는 전투 먹이사슬의 또 다른 종일 뿐인 셈이다.

울시가 '뱀'이라고 명명한 비국가 무장 단체의 구성 요소인 원자화 · 분파화된 게릴라, 민병대, 거리 갱단, 테러 조직 사이에서 누군가가 죽거나 작전이 실패하거나, 또한 적이 이전에 성공했던 기술에 대한 대응책을 개발할 때마다 선택 압력이 적응적 변화를 유도한다. 집단의 분열, 자신의 복제품을 밀어내고, 죽거나 사라지고, 정보와 사람을 교환한다. 그 결과는 진화적 역동성, 즉 무의식적이고 자기 형성적이며 유기적인 저항할 수 없는 지속적 변화의 원동력이다. 그러나 자연 선택과 사회적 학습만이 여기서 작용하는 유일한 요인이 아니며, 세 번째 핵심 요인은 인위 선택이다.

인위적 선택(Artificial Selection)

가장 잘 알려진 진화론의 초기 버전의 창시자 중 한 명은 물론 19세기 박물학자 찰스 다윈이었다. 다윈은 자연 선택과 더불어 자신이 '인위 선택'이라고 부른 것, 즉 원하는 특성을 위해 개체군을 번식시키는 것에 대해 저술했다. 생리적 · 행동적 특성을 거의 무제한으로 변화시키는 인위 선택의 힘은 오늘날 전 세계적으로 공식 인정된 339개의 모든 품종견이 약 17,000년 전 아시아 어딘가에서 초기 인류에 의해 길들여진, 번식 가능한 암컷이 51마리 정도였던 단일 회색 늑대 개체군으로부터 유래했을 것이라는 점을 고려하면 쉽게 알 수 있다.[38] 우리 종이 약 27만 년 동안 존재했다는 점을 감안할 때, 이는 인류 역사에서 극히 최근의 일이다. 그 단일 기원 지점으로부터, 품종견의 다양성은 자연 선택이 아니라 번식자들의 의도적인 행동을 통해 폭발적으로 증가했다. 『종의 기원』에서 다윈은 개와 양, 비둘기, 그리고 다른 가축화된 동물 및 식물을 함께 사용하여 인간이 선택적 번식을 적용함으로써 유기체의 모든 측면에서 놀랍도록 짧은 기간 안에 변화를 어떻게 이끌어 낼 수 있는지를 보여주었다.[39]

그러나 다윈은 인위 선택을 두 가지 종류로 구분했다. 첫 번째는 그가 '계획적 선택'이라고 부른 것으로, 육종가가 특정 특성을 위해 선택함으로써 식물이나 동물 개체군을 의식적으로 변형하려 시도하는 방식이었다. 육종가는 명확한 목표를 가지고 있었고, 여러 세대에 걸쳐 특성을 과장하면 품종이 원래 형태에서 벗어날 것이라는 지식을 가지고 있었다. 두 번째는 그가 '무의식적 선택'이라고 부른 것으로, 농부나 정원사가 열등한 개체를 제거하고 최고의 개체를 번식시키는 과정에서 품종을 변경할 의도 없이 단순히 현존하는 개체를 유지하려 했을 뿐인데도 놀랍도록 다른 아종 또는 완전히 새로운 품종을 만들어내게 되는 경우였다. 이 두 번째 종류의 인위 선택은 비정규전에서의 진화에 특히 중요하게 적용된다.[40]

품종 개량가들이 종을 개선하거나 유지하려 노력하는 과정에서 발생하는 무의식적인 인위 선택이 막대한 변화를 일으킬 수 있다면, 그 반대편에서는 예를 들어 질병을 유발하는 박테리아와 같은 유기체를 근절하려는 시도가 우연히 진화적 변화를 유도하여 이전보다 더 강한, 즉 선택 압력에 더 잘 대처할 수 있는 유기체를 만들어낼 수도 있다. 여기서 파괴하려는 욕구는 선택적 번식만큼이나 큰 개선을 낳을 수 있으며, 의도한 바는 거의 없다. 항생제 내성 박테리아가 바로 그 대표적인 사례이다.[41]

전쟁에서 인위 선택을 이해하는 또 다른 방법은 개체군 생태학자들이 '포식 모델'이라고 부르는 개념에 기반을 둔다. 이 모델에서는 포식자와 피식자가 개체군 성장과 붕괴라는 일련의 상호 의존적 주기를 통해 함께 진화한다.[42] 특정 피식자 종의 증가는 포식자에게 더 많은 먹이를 제공하고, 포식자 개체 수는 피식자를 소비하면서 증가한다. 하지만 살아남은 피식자 수로 더 이상 포식자 개체 수를 유지할 수 없게 되면 포식자 개체 수는 붕괴한다.[43] 그러면 먹이 부족으로 개체 수가 감소한 포식자의 선택 압력에서 벗어난 피식자 종은 회복하고, 이는 이제 수가 줄어든 살아남은 포식자에게 더 많은 먹이를 제공하여 포식자 개체 수가 다시 증가하는 식으로 새로운 주기가 시작된다.[44] 이 모델의 더 정교한 버전은 선택 효과를 고려하는데, 각 주기가 진행됨에 따라 이전 개체군 붕괴의 생존자들(포식자와 피식자 종 모두에서)이 특정 적응 특성에 대해 선택되며, 따라서 여러 주기에 걸쳐 두 종은 함께 진화하고 원래 형태에서 상당한 변화를 경험할 수 있다고 제안한다.

기본적인 포식자-피식자 모델은 포식자와 피식자 개체수 모두에서 최고점과 최저점의 연속을 만들어내는데, 포식자의 최고점은 피식자의 최고점보다 뒤처진다. 이는 피식자 증가가 포식자의 다음 성장 주기를 촉진하는 반면, 피식자 개체수 붕괴는 포식자 수의 다음 하락을 촉발하기 때문이다. 여기에 여러 경쟁 종을 추가하고, 포식자가 없어도 개체 수 증가에 한계를 두는 환경 수용 능력과 한 가지 이상의 먹이를 소비하는 종들을 고려하면 복잡한 먹이 그물, 상호 의존적인 공진화 과정, 그리고 생태계를 정의하는 생태적 지위의 기반이 형성된다. 생태계의 수용 능력 변화와 포식자가 피식자 종의 약하거나 느리거나 운 없는 구성원을 죽여 이를 개선시키는, 즉 구성의 진화적 변화를 촉발하는 선택 효과를 설명하면 비정규전에 직접 적용될 수 있는 방식으로 분쟁 생태계 내에서의 진화를 더욱 잘 설명할 수 있다. 이러한 인위 선택과 포식자-피식자 역학 개념이 지나치게 이론적으로 들릴 수 있으므로, 이를 설명하기 위해 10년간의 미국 드론 공격하에서의 파키스탄 탈레반의 진화, 이스라엘의 표적 살해가 팔레스타인 테러리스트에게 미친 영향, 그리고 미군의 증원과 철군이 이라크 반군 개체 수에 미친 영향 등 세 가지의 실용적인 군사적 사례를 제시하겠다.

파키스탄은 2001년 말 토라 보라 전투 이후 파키스탄으로 탈출한 AQ 잔당을 표적으로 삼으라는 미국의 압력에 대응하여 2002년 당시 연방 직할 부족 지역으로 알려진 어퍼 카이버 기관의 일부였던 티라 계곡에서 부족 민병대를 공격하기 시작했다.[45] 이 시기 현지 부족들은 무장과 조직이 미흡했고, 파키스탄 탈레반은 아직 존재하지 않았으며, 티라 계곡의 현지 반군 지도자 네크 무함마드 와지르와 같은 1세대 게릴라 지도자들의 숙련도는 기껏해야 보통 수준이었다. 네크 무함마드는 경험이 부족했음에도 불구하고 파키스탄군과 무승부를 기록했으며, 2004년 부족들이 성공적인 평화 협상으로 경험한 후 리더의 지위를 인정받았다.[46] 그는 그 해 6월, 알려진 바에 따르면 미국 드론 공격으로 사망했고, 베이툴라 메수드가 그 자리를 대신했다. 베이툴라는 네크 무함마드보다 경험이 많았고, 더 영향력 있는 부족 출신이었으며, 여러 교전에서 군대를 격파하고 성공적인 휴전 회담에서 부족들을 대표함으로써 전임자보다 더 높은 지위를 얻었다.[47]

베이툴라는 네크 무함마드가 이끌던 다섯 부족 민병대의 느슨한 연합을 통합하여 통일된 파키스탄 탈레반을 만들었고, 아프간 탈레반으로부터 공식적으로 인정받았다. 그는 또한 파키스탄 전역에서 공격을 감행했는데, 한 가설에 따르면 2007년 대통령 후보 베나지르 부토 암살도 포함되었다.[48] 다시 말해, 분명히 연방직할 부족 지역 내의 부족 민병대에게 피해를 주거나 파괴하려 했던 의도에도 불구하고 네크 무함마드를 사살한 것은 오히려 그들의 실력을 향상시키고, 더 큰 단합을 만들었으며, 새롭고 더 강한 존재인 파키스탄 탈레반의 출현을 이끄는 데 일조했다.

베이툴라 역시 2009년 8월 또 다른 미군 드론 공격으로 추정되는 공격으로 사망했고, 그의 부관이자 친척인 젊고 공격적인 하키물라 메수드가 그 자리를 이었다. 하키물라는 하급 지휘관으로서 일련의 성공적인 습격으로 명성을 얻었으며, 중견 야전 지휘관들에게서도 위신을 얻었다. 그는 파키스탄 탈레반 지도부 회의에서 만장일치로 임명되어 내부 경쟁으로 골머리를 앓던 베이툴라보다 더 큰 정치적 지지를 받았다. 더욱이 네크 무함마드가 작전 초기에 지도자가 되어 파키스탄군과의 전투 경험이 전혀 없이 시작했고, 베이툴라는 23개월의 경험을 가지고 임기를 시작한 반면, 하키물라는 지도자가 되기 전에 파키스탄군을 상대로 7년 이상(2002년 3월~2009년 8월)의 작전 경험을 쌓았기 때문에 두 전임자보다 어리고 더 공격적이었음에도 불구하고 더 많은 경험을 갖게 되었다.

하키물라의 더 큰 공격성, 경험, 그리고 정치적 자본을 반영하듯이, 그의 리더십 아래 파키스탄 탈레반은 파키스탄 밖으로 세력을 확장하면서 더욱 무게감 있는 목표들을 공격했다. 그중에는 2009년 12월 아프가니스탄 코스트의 캠프 채프먼에 있는 CIA 기지에 대한 치명적인 자살 폭탄 테러, 2010년 4월 페샤와르 주재 미국 영사관 공격, 그리고 2010년 5월 뉴욕 타임스 스퀘어 폭탄 테러 시도 등이 있었다.[49] 하키물라 또한 2013년 11월 또 다른 미군 드론 공격으로 추정되는 공격으로 사망했다. 그의 죽음 이후 발생한 리더십 투쟁의 한 결과는 아프가니스탄과 파키스탄에서 이슬람 국가의 윌라야트, 즉 지방 조직의 출현이었다. 이는 파키스탄 탈레반의 분파 그룹에 의해 설립된 파벌로, 현재 아프가니스탄에서 진행 중인 폭력 사태의 주요 주체이다.

다시 말해, 2002년부터 2013년까지 11년 동안 리더들에 대한 선택 압력을 통해, 미국 드론 공격으로 추정되는 작전들은 단순히 홀로 남겨지기를 바랐던 느슨한 지역 부족 민병대 집합을, 다른 극단주의 조직과 연계되고 미국을 직접 겨냥하거나 심지어 미국 내에서 활동하는 통일된 초국가적 테러 그룹으로 변모시키는 데 일조했다. 여기에는 앞서 언급했던 종형 곡선과 마찬가지로 다윈의 무의식적인 인위 선택을 통한 개선 개념이 직접적으로 적용된다. 약 5년마다 리더들을 제거하여 세 세대에 걸친 리더십 교체를 야기함으로써, 미국의 공격으로 추정되는 작전들은 파키스탄 탈레반을 만들어내고 적응을 통해 더 강력하게 만드는 데 충분한 선택 압력을 가했지만, 이를 파괴할 정도는 아니었다.

2002년에 부족을 내버려 두거나 FATA에 대한 전면적인 군사 침공 대신 낮은 수준의 정보 및 치안 접근 방식 또는 정치적 개입을 사용하는 등 낮은 강도의 압박은 선택 압력을 충분히 낮게 유지하여 그룹을 정체시키거나, 외부 위협의 응집 효과 대신 부족들의 분열된 가족 기반 사회 조직의 자연스러운 원심력이 다시 작용하도록 했을 수 있다. 반대로, 더 강도 높은 표적화–예를 들어, 5년마다 리더를 제거하는 것이 아니라 5주마다 제거하는 것–는 그룹이 제때에 대처할 민첩성이 부족한 적응 과제를 제시함으로써 그룹을 붕괴시킬 만큼 충분히 강한 압력을 만들었을지도 모른다.

로넨 버그만의 이스라엘 표적 살해 프로그램 역사서 『일어나 먼저 죽여라』는 대테러 부대가 바로 그러한 시도를 했던 사례를 보여준다. 이 책은 또한 군사적 인위 선택의 두 번째 실제적인 예를 제공한다. 1990년대 이스라엘 정보기관은 점점 더 정교해지는 표적 살해와 네트워크 교란을 통해 하마스와 같은 팔레스타인 테러 그룹들에 심각한 타격을 입혔다. 2002년이 되자 이스라엘은 "공격의 80% 이상을 치명적으로 변하기 전에 막을 수 있었다. 표적 살해는 분명히 인명을 구하고 있었다. 하지만 데이터에는 불안한 경향 또한 존재했다. 시도된 공격의 수가 증가하고 있던 것이다."[50] 위협 네트워크는 약화되기는커녕 오히려 성장하고 있었다. "하지만 이는 또한 시간이 지나면서 테러 그룹들이 개별적인 패배로부터 배우고, 적응하여 더 똑똑하고 강해져 잠재적으로 끝없는 전쟁에서 잠재적으로 끝없는 확전으로 이어질 수 있다는 두려움을 불러일으켰다."[51]

버그만은 이스라엘 정보기관들이 진화하는 테러 위협에 성공적으로 적응했음에도 불구하고, 그들의 전술적 성공이 이스라엘 정치 지도자들의 비밀 작전에 대한 중독을 부추겼다고 지적한다. 이스라엘 정치인들은 "비밀 작전이 단지 전술적인 도구가 아니라 전략적인 도구가 될 수 있다—즉, 이스라엘이 늪에 빠진 지리적, 민족적, 종교적, 국가적 분쟁을 끝내기 위한 진정한 외교를 대신하여 사용될 수 있다"고 믿게 되었다.[52] 버그만은 이스라엘의 표적 살해 프로그램이 "인상적인 전술적 성공의 긴 연속이었지만, 동시에 재앙적인 전략적 실패였다"고 결론 내린다.[53]

포식자-피식자 공진화의 명확한 패턴도 있었다. 1980년부터 1986년까지 이스라엘 내부 정보기관 신베트(Shin Bet)의 수장이었던 아브라함 샬롬은 2013년 다큐멘터리 영화에서 이렇게 말했다. "우리가 팔레스타인 국가에 대한 정치적 협상을 다루는 것을 멈추고 테러를 다루기 시작하자마자, 테러는 더 정교해졌고, 우리 역시 그러했다. 갑자기 우리는 가자와 서안 지구, 그리고 해외에서도 할 일이 많아졌다. 그래서 우리는 팔레스타인 문제를 잊어버렸다. 얼마나 많은 사람들이 잡혔나? 얼마나 많은 정보원이 있었나? 얼마나 많은 공격이 막혔고, 얼마나 많은 공격이 막히지 않았나? 그림은 항상 장밋빛이었지만, 그것은 지엽적인 것이었다. 전략은 없었고, 오직 전술만 있었다."[54] 물론 테러와의 전쟁에서 우리 스스로의 경험이 보여주듯이, 이것은 이스라엘에만 국한된 것이 결코 아니다. 실제로 이것은 비정규군 '뱀'을 표적으로 삼음으로써 발생하는 인위적이고 자연적인 선택 효과에 따른 수학적으로 거의 확실한 결과이다.

거시적 수준에서 포식자-피식자 효과는 연합군 병력 수와 이라크 반군 병력 간의 관계에서 잘 나타난다. 물론 대반군 병력이 게릴라를 말 그대로 잡아먹는 것은 아니므로, 자연 선택 및 인위 선택과는 달리 포식자-피식자 효과는 비유이지만 이것은 강력한 비유이다. 2003년 3월 이전에는 이라크에 연합군 병력도, 연합군에 대항하는 반군도 당연히 없었다. 초기 침공으로 약 15만 명의 미군과 2만 3천 명의 연합군 병력이 이라크에 들어왔다. 몇 주 안에 이라크 정권은 붕괴했지만, 그해 중반까지 반군이 형성되기 시작하여 2005년 말에는 수십 개의 수니파 및 시아파 파벌을 포함하여 5만 명 이상의 전투원으로 증가했다. 이는 2006년 반군 개체 수의 폭발적 증가로 인해 전쟁 중 가장 폭력적인 시기를 촉발했고, 이는 다시 2007년 이른바 미군 증파, 수니파 부족 각성, 이라크의 아들들, 이라크 군경의 성장 등 대반군 병력의 대규모 확장으로 이어졌다. 단순한 포식자-피식자 모델의 관점에서 보면, 2005-2006년의 피식자 개체 수 증가는 2007년의 포식자 수 확장을 이끌었다.

2007년 포식자들(대반군 병력, 이라크 정부 및 쿠르드군, 전향한 수니파 민병대, 그리고 각성에 참여한 부족들)의 급증은 피식자(수니파 반군) 개체 수의 붕괴로 이어졌다. 2008년, 증파 작전이 시작된 지 9개월 만에 사건 발생 건수가 96퍼센트 감소한 것으로 나타나듯이, 활동 중인 반군 개체수가 급감했다. 이러한 피식자 개체 수 붕괴는 상응하는 포식자 수의 감소를 이끌었는데, 2009년에서 2011년에 걸쳐 미국 및 연합군 병력이 철수하고, '이라크의 아들들(Sons of Iraq)'이 해체되었으며, 대부분의 도시에서 이라크 경찰이 군대를 대신하게 되었다.

2012년이 되자, 게릴라 잔당에 대한 이러한 선택 압력 즉, 포식의 감소는 회복이 가능해졌고, 2008년 개체 수 붕괴에서 살아남은 반군들은 마치 항생제 내성 박테리아처럼, 2012년 철군 이후 환경에서 더 나은 전투원이 되도록 특성이 선택되었다. 과거 수니파 반군과는 다른 이슬람 국가 조직원들은 사실상 새로운 종이었다. 그들의 구성원들은 다르게 생각하고, 다르게 싸웠으며, 다른 방식으로 조직되었고, 2007년에서 2009년 사이 대규모 숙청에서 살아남은 노련한 생존자들이 이끌었다. 이들은 거의 모든 경험을 가지고 있었고, 자신들이 만들어낸 새로운 조직에서 그들의 특성을 복제할 수 있는 사회적 자본과 군사 원로의 지위를 가지고 있었다.

2013년이 되자, 반군 숫자는 다시 증가하기 시작했다. 2014년 이슬람 국가는 이라크 영토의 3분의 1과 여러 주요 도시를 장악했고, 이는 다시 포식자 숫자의 재확산을 촉발했으며, 2017년 말에는 또 다른 반군 개체 수 붕괴를 야기했다. 그러나 이번에도 2014년부터의 대반군 세력은 증원와 철군을 겪으며 생존한 이들이었고, 그 주기를 통해 적응하여 그들의 방법, 구성, 그리고 포식 수단이 달라지고 더 나아졌다. 이번에는 수니파 '이라크의 아들들'보다는 시아파 공동체 민병대의 비중이 훨씬 더 컸으며 그들의 멘토와 고문 중 상당수는 이란 쿠드스군 소속이었다. 물론 오늘날 이슬람 국가 그룹은 다시 예전 규모의 일부가 되었고, 영토와 인구 통제권을 잃었으며, 분산된 게릴라 작전 단계로 되돌아갔다. 트럼프 대통령처럼 승리에 도취된 정치인들은 이들의 소멸을 축하하며 미군 병력의 역내 철수를 계획하는 것으로 대응했다. 하지만 포식자-피식자 모델은 그러한 축하가 몹시 시기상조임을 시사한다.

만약 이것이 너무 단순하게 들린다면, 그 이유는 실제로 단순하기 때문이다. 이라크와 같이 여러 무장 세력이 경쟁하는 게릴라 분쟁은 단순한 이진 모델이라기보다는 먹이 그물이나 생태계와 훨씬 더 유사하다. 여기서는 한 시나리오에서 피식자였던 종이 다른 시나리오에서는 포식자가 되고, 개체군들은 서로를 잡아먹고 잡아먹히며, 제한된 수용 능력 환경에서의 자원 경쟁은 한 개체군이 다른 개체군을 압도하게 만들 수 있고, 최상위 포식자는 여러 가지 이유로 개체 수 붕괴를 겪을 수도 있다. 한 '종'에 대한 포식은 공간과 자원에 대한 경쟁을 줄여 다른 종을 위한 생태적 지위를 만들 수도 있다. 이의 고전적인 예시는 아프가니스탄 동부에서 발생했는데, 2006년부터 2012년까지 미국의 노력으로 쿠나르, 누리스탄, 낭가르하르 주 핵심 지역의 탈레반이 초토화되었지만, 2014년 미군이 철수하자마자 그 공백은 AQ에 의해 빠르게 채워졌다.[55]

물론 게릴라 분쟁에는 단순한 생태학적 모델링을 훨씬 넘어서는 요소들이 있다. 특히 앞서 언급했듯이, 개인과 그룹이 생존 문제에 적용하는 인간의 행위성, 협력적 혁신, 그리고 적응적 독창성이 그렇다. 비국가 무장 그룹들은 맹목적으로 진화하거나, 단순히 상향식 사회 학습에 참여하거나, 자연 선택과 인위 선택에 반응하는 것이 아니다. 오히려 그들은 정규군과 마찬가지로, 우리 자신을 모방하거나 어떤 면에서는 능가하는 방식으로 의식적인 적응에도 참여하고 있다. 따라서 제도적 적응은 비정규전에서 적응하는 적들의 진화를 위한 최종 메커니즘인 셈이다.

제도적 적응(Institutional Adaptation)

“이것 좀 보세요” 내 분석관이 웃으면서 인쇄물을 건넸다. 2011년이었고, 우리는 아프가니스탄 프로젝트를 진행 중이었는데, 그가 들고 있던 것은 CIA 오픈 소스 센터의 녹취록이었다. 이 센터는 외국어 매체-요즘에는 지하드 포럼의 소셜 미디어와 인터넷 대화까지 포함하여-를 수집, 번역, 게시한다.[56] 이러한 모든 자료는 정의상 기밀 해제된 공개 자료였다. 이 문서 또한 2008년부터 존재하며 AQ와 그 연계 조직의 메시지를 신뢰할 만하게 반영해 온 ‘안사르 알-무자히딘’이라는 인터넷 포럼에 게시되어 있었다. 날짜는 없었지만 2011년 5월 1일 이전에 작성된 이 문서는 2007년 이라크에서 AQ의 패배를 분석하고 아프가니스탄의 그룹들에게 교훈을 제공하는 사후 검토 보고서였다. 작성자의 가명인 ‘신카이 알-나지디’는 아랍-아프간 연관성을 강하게 시사했다. 그것은 사우디아라비아의 중부, 종교적으로 보수적인 고원 지대와의 연관성을 나타내는 사우디 지역 이름(알-나지디)과, 최근 격렬한 전투가 있었고 내 연구팀이 활동하던 지역의 북동쪽에 위치한 자불 주의 일부인 아프간 지역명 신카이를 결합한 것이었다.[57] 내 분석관이 그런 반응을 보인 이유는 문서가 나를 ‘페트레이어스의 호주 용병, 킬컬렌’이라고 언급했기 때문이었다.[58] 우리는 한바탕 웃었다. 적의 논평은 언제나 아군의 논평보다 더 흥미로웠다. 그리고 난 뒤 나는 그 문서를 더 자세히 읽었다.

이 문서는 AQ의 관점에서 이라크 급변 사태를 철저하고 명확하게 평가한 문서였다. 여기에는 CIA와 국방부의 최근 미군 지휘부 변화에 대한 분석, 이라크에서 시행 중인 대반군 전략 및 반군에게 주요 위험 요소가 되는 지점들에 대한 평가, 그리고 수니파 반군 내부 싸움과 ‘각성 위원회(Awakening Councils)’의 등장이 포함되어 있었다. 알-나지디는 각성 위원회를 “사람들이 무자히딘을 버리게 만든 마지막 지푸라기”로 보았다.[59] 이 문서는 파병 기간 동안 추가로 배치된 3만 명의 미군 병력보다는 새로운 대반군 기술이 덜 중요하다고 평가했다. 이 기술들은 부족들의 각성 봉기와 결합될 때 비로소 효과를 발휘하기 시작했다는 것이다. 또한 특수 부대 급습, 바그다드의 콘크리트 방벽 사용, 그리고 지뢰 방호 매복 방호 차량이 도로변 폭탄의 효과를 감소시킨 방식 등 전술과 기술에 대해서도 검토했다.[60] 요컨대, 이는 어떤 전문 군대의 전훈 조직에서 기대할 수 있는 종류의 포괄적이고 구체적인 평가였다.

이러한 사후 검토 보고서의 존재가 보여주듯이, 비국가 무장 그룹들은 사회적 학습, 자연 선택, 그리고 인위 선택과 더불어 전훈 과정, 이와 같은 검토, 그리고 새로운 역량의 지속적인 의도적 개발을 통해 환경에 대한 의식적인 적응에 참여한다. 정규군과 마찬가지로 비국가 그룹들도 관찰 내용을 수집하고, 이를 교훈으로 체계화하며, 새로운 접근 방식을 개발한다. 이 새로운 접근 방식들은 온라인과 전문 문헌에서 논의된 후, 적응 곡선을 앞서나가기 위해 개정된 조직, 무기 체계, 그리고 전술적 접근 방식으로 실행된다. 내가 읽었던 2011년 문서는 수십 건의 유사한 평가, 채팅방에서의 논평, 토론 포럼의 기사, 그리고 개선된 기술을 학습하고 적응하며 전파하려는 다른 노력들 중 하나였다.

이슬람 국가의 온라인 잡지인 『다비크(Dabiq)』와 『루미야(Rumiyah)』는 우리 자신을 포함하여 자신들과 다른 그룹의 작전에 대한 실전 가이드와 전술적 해설을 발행했다. 일부는 선전용이었지만, 많은 부분은 매복 수행 방법, 압력솥 폭탄 제작, 차량 돌진 공격 실행, 지하 조직 운영 등에 대한 기사를 포함한 명확한 전훈 또는 교육 도구였다. AQ는 아랍어 잡지 『알-바타르(al-Battar)』, 영어 잡지 『인스파이어(Inspire)』, 그리고 아스-사하브 미디어 부서의 일련의 훈련 영화를 통해 이러한 기술들을 전파하는 데 더욱 집중했다. 이 기술들 중 일부는 특정 작전에서 효과적이었던 것들을 관찰하여 얻어졌고, 다른 일부는 전문 전술 개념 개발 팀에 의해 개척된 것으로 보인다. 저격이나 폭탄 제조와 같은 기술을 가진 개별 요원들은 이러한 그룹들의 전문 문헌 내에서 명성을 쌓았고, 그들의 기술은 지하드 세력의 '교리'와 동등한 것이 되었다. 실제로 시간이 지남에 따라 특정 기술이나 특징적인 구성 요소 또는 방법의 존재는 우리에게 특정 그룹과의 연관성이나 특정 멘토의 지시를 나타내는 표식이 되었다. 훈련 캠프에서는 이러한 기술들을 가르쳤고, 여러 세대의 테러리스트와 반군들이 인터넷을 통해 또는 대면 훈련 세션 동안 이러한 기술을 배웠다.

전문 군대는 자신들이 적응하고자 하는 활동 범주를 포착하기 위해 교리, 조직, 훈련, 물자, 리더십 및 교육, 인력, 시설, 상호운용성과 같은 다루기 힘든 약어를 사용한다. 윌리엄슨 머레이와 배리 와츠가 군사 혁신에 대한 중요한 연구에서 지적했듯이, 기술 발전이 새로운 전투 방식을 용이하게 할지라도 기술 자체는 혁신에서 가장 덜 중요한 요소이다.[61] 새로운 기술이 성숙할 시간을 주는 것 외에도, 군대는 이를 활용하기 위해 새로운 조직 구조와 지휘통제 시스템을 개발해야 하며, 새로 배치된 무기와 새로운 전술, 개념, 교리를 결합해야 한다. 머레이와 와츠가 지적했듯이, 잘 알려진 많은 군사 혁신 사례에서도 "결과에 필연적인 것은 아무것도 없었다. 발생한 더 성공적인 혁신의 대부분은 즉흥적인 임시방편의 결과였다."[62] 서로 다른 군사 조직들이 혁신을 다르게 개념화하지만, 비국가 행위자들도 유사한 적응 경로를 따른다는 것은 분명하다.

도미닉 존슨이 앞서 지적했듯이 비정규적이고 비대칭적인 행위자들이 지역적 변이에 매우 취약하고, 통일된 조직과 장비가 부족하며, 비표준화된 무기와 전술을 사용하는 사실 자체가 어느 정도는 전훈을 얻을 더 많은 기회를 만들어낸다. 게다가 소셜 미디어와 개방형 인터넷뿐만 아니라 다크 웹, 보안 메시징, 비디오 공유 및 기타 도구를 포함한 인터넷 통신의 확산은 지난 10여 년간 이러한 과정을 극적으로 촉진시켰다.

예를 들어 2000년에 오사마 빈 라덴이 아프가니스탄 동부 기지에서 9/11 테러를 계획하고 있을 때, 그 나라는 당시 개발도상국의 많은 지역과 마찬가지로 휴대폰 네트워크도 인터넷도 없었으며, 뉴스 및 국제 통신에 대한 접근도 극히 제한적이었다. 그 이후로 와이파이, 휴대폰, 위성 TV가 특히 개발도상국에서 확산되었고, 스마트폰은 비국가 행위자들의 통신, 재정, 정보 수집 측면에서 선택지를 변혁시켰다.

거의 모든 연결성 폭발이 9/11 테러 이후에 일어났다는 점을 기억하는 것은 의미가 있다. 2001년 이후, 우리는 블랙베리(이메일 기능이 탑재된 첫 버전은 2002년에 등장), 2004년 페이스북, 2005년 유튜브, 2006년 트위터(소셜 미디어를 만들어냄), 2007년 아이폰과 2008년 안드로이드 스마트폰, 그리고 2009년 왓츠앱, 2010년 인스타그램, 2011년 스냅챗, 그리고 이슬람 국가가 선호하는 메시지 앱인 2013년 텔레그램 등이 등장했다. 비국가 무장 그룹들은 이제 스마트폰을 통해 온라인으로 작전을 계획, 정찰, 급진화, 모집, 표적 정보 전달, 사이버 공격 감행, 자신들의 작전 추적 등을 수행할 수 있다. 그리고 2003년 당시의 나와 같이 영화, 사후 검토 보고서, 신호 감청 등을 검토하며 적이 어떻게 변화하고 있는지 파악하라는 임무를 받았던 전문 군인들처럼, 그 적들도 우리에게 똑같은 일을 해왔다.

나는 다음 장에서 적이 무엇을 배웠고 그것이 어떻게 적용되었는지 구체적으로 논의할 예정이다. 하지만 지금은 비국가 그룹들이 자연 선택과 인위 선택을 경험하고 상향식 사회 학습에 참여하는 것 외에도, 환경을 예리하게 관찰하고, 자신과 타인의 경험으로부터 배우며, 생존력과 성공을 향상시키기 위해 자신들의 제도를 적응시키려는 의식적인 학습 조직이라는 점을 인식하는 것으로 충분하다. 여기서 제도는 단순히 조직 구조뿐만 아니라, 그룹 내에서 역할과 활동을 조직하는 데 도움이 되는 안정적이고 복합적인 행동 패턴으로서의 사회 제도를 의미한다.[63]

앞서 언급된 스티븐 로젠의 개념-즉, 평시 군사 혁신은 외부 환경의 관찰된 변화에 의해 추진되는 반면, 전시 적응은 적의 행동에 직접 노출됨으로써 추진된다는 것-이 여기에서 매우 중요하다. 비국가 그룹들이 여러 비정규 분쟁에 걸쳐 분열되어 있다는 사실은, 한 그룹이 분쟁 주도형 적응에 몰두하는 동안 다른 그룹들은 뒤에서 관찰하고 새로운 접근 방식을 개발할 수 있다는 것을 의미하는데, 이는 전문 군대가 평시에 혁신하는 방식과 동일하다.[64]

이는 또한 전문 군대처럼, 비국가 그룹들도 이전의 급격한 성장 급증의 결과로 개발된 적응 세트를 가지고 각 분쟁 주도 진화 주기에 진입하는 경향이 있다는 것을 의미한다. 이러한 소위 사전 적응 중 일부는 유리한 것으로 판명되지만, 다른 일부는 중립적이거나 부정적이다. 우리가 다음 장에서 살펴볼 또 다른 핵심 요점은 그룹들이 내부 및 그룹 간 학습과 적응에 참여했을 뿐만 아니라, 1990년대 탈냉전 기간과 지난 19년간의 테러와의 전쟁 동안 국가 및 비국가 행위자들이 서로에게서 배웠다는 점이다. 그래서 오늘날 비국가 무장 그룹들이 사용하는 가장 효과적인 기술 중 다수는 국가로부터 얻은 아이디어나 기술을 활용하며, 많은 성공적인 국가 전략은 비국가 그룹에서 복사된 것이다. 뱀은 용처럼 싸우는 법을 배웠고, 용은 이제 뱀처럼 싸운다.

이러한 그룹들이 어떻게 학습하고 진화하는지에 대한 이해를 바탕으로, 이제 우리는 울시가 1993년 처음 뱀이라고 묘사한 이래로 주요 비국가 무장 그룹들 사이에서 발생한 특정 적응 집합, 즉 그들이 무엇을 배웠는지 살펴볼 수 있게 되었다.

제3장

울시의 뱀
(Woolsey's Snakes)

제3장

울시의 뱀
(Woolsey's Snakes)

1993년 울시의 증언 이후, 그가 뱀이라고 불렀던 테러리스트, 민병대, 그리고 다른 비국가 무장 행위자들은 계속해서 진화하며 변화하는 위협 상황, 사이버 공간과 같은 새로운 영역으로의 분쟁 확산, 전쟁의 도시화, 연결성 폭발, 그리고 수많은 혁신적인 기술에 적응해왔다. 이러한 변화는 치명성의 민주화를 가능하게 했는데, 이는 최근까지 국가의 전유물이었던 치명적인 능력을 비국가 그룹과 막강한 권한을 가진 개인들의 손에 쥐여주었다. 이전 장에서는 적응하는 적들이 어떻게 학습하는지 살펴보았다면, 이번 장에서는 그 뱀들이 무엇을 배웠는지 알아본다.

2장에서 나는 '적합성 지형'이라는 용어를 사용하여 적응이 일어나는 전투 환경과, 그 환경에서 생존하려는 무장 행위자들에게 다양한 특성 조합이 부여하는 상대적 이점을 설명했다. 이것은 1930년대 진화 유전학에서 시작되어 1980년대 이후 복잡계 이론가들에 의해 다듬어진 아이디어, 즉 주어진 환경 내에서 특성 조합과 적응 성공 사이의 관계에 대한 약간의 변형이다.[1] 적합성 지형은 그 환경에서 주어진 유기체의 모든 잠재적 특성 조합을 관계짓는데, 지형의 모든 지점은 특정 조합을 나타낸다. 주어진 조합이 더 적응적일수록, 즉 생존과 성공에 더 도움이 될수록 적합성 지형에 표시되는 그 고도는 더 높아지며, 고도는 적합성의 은유가 된다. 따라서 지형에서 진화하는 행위자들이 더 큰 적합성을 향해 나아가는 여정인 선택 경로는 더 높은(더 생존 가능한) 고지, 즉 '적합성 정점'을 향해 오르는 길로 시각화될 수 있다.[2] 지형에는 여러 개의 정점이 있을 수 있는데, 이는 특정 선택 압력에 대해 각각 상당한 이점을 제공하는 여러 개의 서로 다른 조합을 의미한다. 드물게는 단 하나의 정점만 존재하여 최적의 구성이 하나뿐인 적합성 지형을 나타내기도 하고, 다른 경우에는 매우 많은 적합성 정점들이 있어서 그래프로 표시할 때 지형이 구릉진 산맥처럼 거칠거나 험난한 적합성 지형으로 보이기도 한다.

컴퓨터 과학자와 디자이너들은 적응, 혁신, 그리고 최적화 전략에 대해 고민하는 데 도움을 얻기 위해 생물학자들로부터 적합성 지형 개념을 빌려왔다.[3] 이 책에서 나는 이 용어를 더 일반적인 의미로 사용하는데, 주어진 환경에서 개인과 그룹에게 작용하는 적응 압력의 총합을 설명하기 위함이다. 이는 그들이 가진 특성 조합에 따라 다양한 결과를 낳는다. 사실상 특정 선택 압력으로 정의되는 주어진 환경은 특정 행동과 특성을 벌하고 다른 것들은 보상한다. 따라서 그 환경에서 그러한 압력을 받는 행위자들은 지형 내의 하나 이상의 적합성 정점을 향해 진화하게 된다.

이러한 지형 은유는 실제 적용에서 다소 한계를 보이는데, 많은 환경 중 특히 전쟁에서는 그 지형이 정적이지 않고 역동적이기 때문이다. 즉 환경 속 행위자들에게 가해지는 압력을 변화시킴으로써 지형 내의 적합성 정점을 이동시켜 행위자들이 적응하거나 죽도록 강요할 수 있다. 이는 우리가 적들에게 작용하는 압력을 파악할 수 있다면, 그리고 우리 자신의 행동이 그들이 활동하는 적합성 지형에 기여한다는 것을 이해한다면, 그 압력을 변화시키고 지형을 바꿔 적들을 고립되고 취약하게 만들 수 있다는 것을 암시한다. 따라서 다음 절에서는 현재 우리 적들을 둘러싼 적합성 지형의 주요 압력들을 파악해 보고자 한다.

적대자들의 적합성 지형(THE FITNESS LANDSCAPE FOR ADVERSARIES)

냉전 종식 이후 25년간 작전 환경은 극적으로 더 혼잡해지고, 복잡해졌으며, 도시화되고, 해안에 집중되고, 연결되었다. 인구 증가, 도시화, 연안화, 연결성이라는 오랜 큰 경향성 외에도 세계화는 국가와 비국가 적대자 모두에게 작전 환경을 형성해 왔다.[4] 특히 연결성 폭발은 국가 및 비국가 행위자들의 원격전 수행 능력을 대폭 확장시켜, 멀리 떨어진 역량을 치명적 및 비치명적 효과로 동원할 수 있게 했다. 국가의 드론 전쟁이 한 예이며, 비국가 그룹들이 실행하는 원격 급진화와 디아스포라 네트워크 및 소셜 미디어의 무기화는 그 이면이다.

그러나 다음 두 장에서 살펴보겠지만, 국가들은 비국가 그룹의 기술을 차용하여 재래식 군사 작전의 부속 또는 대체 수단으로 자신들의 방식에 적용하고 있으며, 비국가 그룹들 역시 국가들로부터 기술을 차용하고 있다. 이러한 작전 환경은 1991년 이후 주로 냉전의 승자였던 서방 민주주의 국가들에 의해 조성되었고, 이는 적응하는 위협 행위자들이 진화하는 적합성 지형을 정의한다. 따라서 그들의 진화에 대한 논의는 이 지형의 주요 특징과 그것이 생성하는 선택 압력의 형태를 간략하게 검토하는 것으로 시작하는 것이 좋다.

제공권 장악, 하지만 심각한 제약(Air Supremacy, but with Severe Limitations)

탈냉전 시대 분쟁 환경의 첫 번째 특징은 서방의 제공권 우위이다. 비록 이 우위는 시간이 지남에 따라 조금씩 제약을 받아왔는데, 엄격하게 스스로 부과한 교전 수칙과 역량이 부족한 지상군과의 협력을 통해서이다. 이는 적들이 끊임없이 공중 감시와 공중에서의 치명적인 공격 위협에 대처해야 함을 의미하지만, 그들이 특정 특성들을 갖추고 있다면 그 위협 속에서도 충분히 생존할 수 있다.

마지막으로 적의 공습으로 사망한 미군 지상 병력은 한국전쟁 막바지인 1953년 4월 15일 밤, 북한의 저기술 천/합판 Po-2 복엽기들의 공격으로 초도에서 전사한 일등병 허버트 터커와 상병 윌리엄 R. 월시였다.[5] 그 이후 어떤 분쟁에서도 미군 육군 병사나 해병대원이 적 항공기에 의해 사망한 적은 단 한 명도 없다. 이는 실질적으로 미 지상군이 65년 이상 지속적인 아군 제공권 우위를 누려왔다는 것을 의미한다.

하지만 냉전 시기 누구도 이러한 상황을 당연하게 여기지 않았다. 오히려 반대로 분산, 스텔스, 야간 작전, 전장 은폐물(먼지, 안개, 연기) 활용, 지상 기반 대공 방어, 그리고 대감시 능력은 서방 지상 작전의 기본적인 요소였고, 동시에 공군과 해군은 공중전 훈련을 통해 전장 상공에서 제공권을 확보하고 유지하려 노력했다.

하지만 1991년 이후, 특히 9/11 사태 이후, 최근까지 심각하게 공중 전력을 갖추지 못했던 반군 및 테러리스트 적들과의 작전에서 연합군 지상 지휘관들은 아군의 공중 우위를 당연하게 여기게 됐다. 이러한 안일한 가정은 이제 시대에 뒤떨어졌음이 분명한데, 이는 미 육군이 발전된 공격기를 운용하는 국가들과 무장 드론을 사용하는 비국가 행위자들로부터 증가하는 위협에 직면하여, 오랫동안 등한시했던 단거리 방공(SHORAD) 역량을 서둘러 업데이트하고 있는 점에서 명확히 드러난다.[6]

냉전 시기 공군들은 적이 치명적인 공대공 역량, 효과적인 지상 기반 방공망, 그리고 아군 지상군을 공격하고 결정적인 지점에서 제공권을 확보할 수 있는 공격 자산을 배치하여, 전역에 걸친 지속적인 제공권 우위는 아니더라도, 경쟁이 치열한 전투 환경을 맞닥뜨릴 것으로 충분히 예상했다.[7] 한국전쟁 이후에도 공대공 전투는 실제로 일어났는데, 특히 베트남에서 한 추정치에 따르면 최대 249대의 미군 항공기가 적기에 의해 격추되었다.[8] 하지만 냉전 이후 바르샤바 조약기구 공군이 붕괴하면서 서방의 제공권 우위는 거의 논쟁의 여지가 없게 되었고, "미국은 우주에서 장기간에 걸쳐 아무도 도전할 수 없는 군사적 우위를 누렸다."[9] 그 결과 서방의 지상군과 공군 비행사 한 세대 전체가 공습에 방어하거나, 우리의 공중 및 우주 통제를 방해하거나, 우리 항공기를 심각하게 위협하는 데 어려움을 겪는 비국가 적들을 상대하면서 성장했다.

하지만 반직관적으로, 1990년대 평화 유지 작전과 2001년 이후 대반군 작전을 거치며 정밀 유도탄 사용이 증가했음에도 불구하고, 미군과 연합군 공군이 강력한 공중 화력을 적용하는 능력은 실제로 감소했다. 반면 지상군은 적들이 공습에 노출되도록 강제할 능력이 점점 더 부족해졌다. 우리는 고도로 전문화된 지상군과 공군이 치열한 공중 환경에 대비해 훈련하던 냉전 시대 환경에서, 공군은 심각한 위협이 없지만 지상군은 소규모이고, 제한적인 교전 수칙에 묶여 있거나, 제한된 효과를 가진 현지 파트너에 의존하는 환경으로 변모했다.

예를 들어 1991년 걸프전에서 43일 동안의 공중 작전 기간 중 한 대의 항공기가 하나 이상의 공격 무기를 싣고 왕복하는 비행을 의미하는 공격 출격 횟수는 하루 평균 약 1천 회에 달했다. 미사일 공격도 수천 회였고, 연합군 항공기는 제공권 유지를 위해 매일 3백에서 5백 회의 추가 출격을 감행했다.[10] 그 기간 동안 하루 최대 공격 출격 횟수는 약 3천 회였으며, 이는 쿠웨이트와 이라크 남서부 일부 지역이라는 비교적 작은 면적(약 3만 5천 제곱킬로미터)에 집중되었다.[11] 하지만 2001년 아프가니스탄 침공 시, 76일간의 공중 작전에서 하루 평균 공격 출격 횟수는 86회로 감소했고, 하루 최대 출격 횟수는 약 2백 회에 불과했다. 이는 훨씬 더 넓은 지역(약 18만 4천 제곱킬로미터)인 아프가니스탄 전역에 걸쳐 이루어졌다.[12] 2014년에서 2017년 사이 이슬람 국가에 대한 공격 출격(시리아와 이라크 전역, 약 62만 제곱킬로미터)은 하루 평균 56회에 불과했다.[13] 물론 이 공격들 중 훨씬 더 많은 수가 정밀 무기를 사용했으며, 더 강력한 폭탄과 미사일을 사용할 수 있었다. 또한 단순히 공격 출격 횟수만으로 공중 작전의 효과나 강도를 완전히 측정할 수는 없지만, 유용한 기준점은 된다는 점도 주목할 만하다. 마찬가지로 이 맥락에서는 특정 군사작전의 전반적인 효과보다는 그것이 적군에게 가하는 특정 유형의 선택 압력에 더 관심이 있다.

하지만 이 데이터들은 분산하고 숨을 수 있는 적들에게 서방 공군 자산의 위협이 1991년에서 2001년 사이에 상당히 줄어들었으며, 2014년에는 더욱 감소했음을 시사한다. 1991년 천 제곱킬로미터당 하루 28회였던 공격 출격 횟수가 2001년 0.46회, 2014년에는 0.09회로 줄어들면서, 군사작전 때마다 강도가 10분의 1 수준으로 떨어졌다.[14] 다시 말해 강도가 곧 효과를 의미하는 것은 아니지만, 훨씬 더 넓은 지역에 걸쳐 이루어지는 훨씬 적은 수의 공습은 어떤 특정 적군에게든 특정 위치에서 가해지는 '공군 압박'이 줄어들었다는 뜻이었다. 이는 결국 서방이 주도하는 공중 작전이 인간적, 물리적 배경 속으로 분산되거나 사라질 수 있는 적들에게는 점점 더 생존이 가능한 환경이 되었음을 의미한다.

진화론적 관점에서, 이 적합성 지형은 특정 특성을 가진 행위자들에게 유리하게 작용했다. 특히, 은밀성, 분산, 그리고 모듈성을 결합한 집단들이 선호되었는데, 이는 소규모의 반자율적 집단이 적은 수의 작은 표적을 제공했기 때문이다. 이 지형은 또한 자율성을 보상했는데, 명령 없이 작전하여 적 센서에 탐지될 수 있는 통신을 피하는 능력을 뜻한다. 더불어 배경에 자연스럽게 섞여드는 능력, 즉 '적응성 위장'도 중요했다. 특히 전장이 갈수록 도시화되면서, 도시 환경에서는 도시 지형을 감염시키는 능력이 이점으로 작용했다. 이는 이스라엘군이 쓰는 용어로, 건물 내부나 지하, 또는 내부 통로를 통해 완전히 사라지고 기동하는 것을 의미한다. 이러한 특성을 가진 개체들은 공습 상황에서 더 높은 생존 가능성을 보였다.[15] 반면 이 환경은 대규모 조직, 노출된 활동, 인간적 또는 물리적 배경과 지속적으로 대비되는 모든 것, 대규모 병력 집중, 활발한 통신, 그리고 계층적 구조 등 특성들을 가진 조직에는 불리하게 작용했다.

반직관적일 수도 있지만, 사실 효과적인 공중 작전은 유능한 지상군에 크게 의존하며, 지상군은 적들을 집중하도록 강제하는 데 결정적인 역할을 한다. 지상군이 다른 지상군의 공격에서 살아남으려면 집중해야 하는데, 적들을 은신처에서 끌어내거나, 미끼를 던져 개활지로 유인함으로써, 공중에서 보고 공격할 수 있는 표적을 만들어낸다. 반대로 공중 공격을 피하기 위해 분산하는 것은 지상군을 다른 지상군에 취약하게 만든다. 그래서 공군의 존재는 지상 부대가 더 크고 유능한 적들을 공격하는 데 도움을 주는데, 적들은 공중에서 파괴될 위험 때문에 지상군에 맞서 집중할 수 없기 때문이다. 이를 인식한 현대 전술가들은 '합동 제병(combined arms)' 효과라고 부르는 것을 만들려고 노력한다. 이는 적들을 딜레마에 빠뜨리는 것인데, 한쪽 전력(지상군)에 방어하려면 다른 쪽 전력(공군력)에 스스로를 노출해야 하고, 그 반대도 마찬가지인 상황을 만드는 것이다.

실제로 합동 기동은 적에게 이러한 딜레마를 만들기 위한 핵심인데, 예를 들어 '합동 공중 공격팀(Joint Air Attack Teams)'을 활용해 적을 한곳에 모이게 함으로써 공습, 미사일, 포병 공격의 표적이 되도록 강제하는 방식이다.[16] 하지만 2001년 이후 대테러 전쟁 대부분에서 지상군이 충분했던 적이 없었듯이 지상군 병력이 부족하거나 서방 병력이 철수한 이라크와 아프가니스탄, 또는 오늘날 아프리카와 아시아 여러 지역처럼 질적으로 떨어진다면, 적들은 분산해서 숨을 수 있다. 이는 지상군이 적을 집중시킬 만큼의 충분한 위협이 되지 못하기 때문이다. 유능한 지상군의 부재는 적들에게 생존의 기회를 제공하는데, 특히 공중 화력의 영향력이 감소하고 있다는 점을 고려하면 더욱 그렇다. 그리고 이러한 공중 화력 감소는 두 번째 핵심 특징, 즉 점점 더 엄격해지는 법 및 정치적 제약에서 비롯된다.

스스로 부과한 법적·정치적 제약 강화(Tightening Self-Imposed Legal and Political Constraints)

1991년과 2017년 사이에 효과적인 공중 화력의 영향력이 감소한 것은 능력이나 기술 부족 때문이 아니었다. 항공기나 탄약이 부족한 탓도 아니었다. 물론 이라크와 아프가니스탄에서 거의 20년간 지속된 작전은 항공 승무원과 기체에 분명히 큰 타격을 주었으며, 지상군과 공군 모두의 근접 항공 지원에 대한 이해를 왜곡시켰다.[17] 오히려 두 가지 다른 요인이 작용했는데, 첫째는 작전 지역의 엄청난 확장으로, 우리가 보았듯이 공군력이 과거보다 훨씬 더 얇게 분산될 수밖에 없었다는 점이다. 둘째는 점점 더 제한적인 법적 · 정치적 제약의 부과였다. 이는 교전 수칙, 연합국들이 자국 병력이 할 수 있는 것을 제한하는 예외 조항을 만드는 제한 사항, 그리고 갈수록 엄격해지는 국제 규범의 형태로 나타났다. 이것이 바로 적대자들을 둘러싼 적합성 지형에서 두 번째 핵심 특징이다.

냉전 시대에 NATO는 소련과 중서부 유럽의 인구 밀집 도시 지형에서 전투를 벌일 것으로 예상했다. 군사 목표물들이 민간인 거주지와 뒤섞여 민간인에게 피해를 주고 재산에 부수적인 손상을 입히는 것은 물론, 모두가 신경가스로 오염된 전장에서 엄청난 재래식 화력, 그리고 핵 및 어쩌면 생물학 무기에 맞서 싸울 것을 예상했다. 분쟁 발발 후 48시간 내에 라인강, 72시간 내에 영국 해협에 도달하는 계획에 따른 소련군의 기동 속도는[18] 군대가 거의 손을 쓸 수 없는 피난민과 부상 또는 사망하는 민간인들로 도로가 막힐 것임을 의미했다. 초강대국 간의 핵 교환 시, WMD로 도시를 겨냥하는 것 또한 당연한 일이었다. 당시 훈련 필름에서는 민간인과 그들의 재산을 보호해야 할 법적 · 인도주의적 요구 사항이 명확히 명시되었지만, 전쟁이 시작되면 민간인을 보호할 수 있을 것이라고 진심으로 예상한 지휘관은 거의 없었다.[19] 제임스 루치의 1980년대 '존(Zone)' 시리즈 소설 같은 펄프 픽션, 텔레비전 영화 '그날 이후(The Day After, 1983)'와 '스레즈(Threads, 1984)', 그리고 톰 클랜시(Tom Clancy)의 1986년 기술 스릴러 '붉은 폭풍(Red Storm Rising)' 등 대중문화에서도 대규모 민간인 사망과 파괴는 거의 기정사실로 여겨졌다.[20]

1991년 걸프전은 소련 붕괴 몇 달 전 냉전 말기의 군대가 수행한 전쟁이었고, 주로 개활지에서 벌어졌다. 당시 교전 수칙은 대단히 강력했으며, 공식적인 전쟁법 외에는 거의 제약을 가하지 않았다.[21] 유능한 공군과 지상군의 결합은 사담 후세인 군대를 궤멸시킨 합동 제병 딜레마를 만들어냈다. 이른바 '죽음의 고속도로'가 대표적인 예시였는데, 지상 위협이 이라크 부대들에게 철수를 강요하고, 한데 뭉치게 만들어 항공기 공격의 표적이 되도록 했다.

당시 미군 지휘관들은 정치적 간섭이 없었다는 점, 그리고 정치인들이 병사들에게 필요한 일을 할 수 있도록 기꺼이 내버려두었다는 점을 환영할 만한 변화로 언급했다. 많은 이들이 베트남전에서의 정치적 개입과 1983년 베이루트 파병 시의 지나친 간섭으로 여겼던 것과는 달랐던 셈이다.[22] 물론 제약이 전혀 없었던 것은 아니고, 금지 표적 목록과 시가전에서의 무기 사용 제한 등 분명히 제약이 있었고 대체로 잘 지켜졌다.[23] 하지만 이러한 제약들은 국가 간 전쟁의 규범과 무력 충돌법에 부합하는 수준이었고, 자체적으로 부과된 추가적인 제한은 거의 없었다.

하지만 1991년 이후, 소련 붕괴와 함께 저강도 평화유지 및 인도주의 작전으로 전환되면서 서방 군대는 점차 더욱 엄격하게 자체로 부과한 교전 수칙을 채택하기 시작했다. 민간인 보호와 재산 피해 방지가 최우선이 되었고, 분쟁 자체가 적인 '대전쟁(counterwar)' 작전에서 적을 사살하거나 생포하는 것은 덜 중요해졌다. 9/11 테러 이후, 1990년대 평화유지 시기에 훈련받은 병력들이 아프가니스탄과 이라크에 파병되었고, 이들은 민간인 사상자와 재산 피해 방지에 동일하게 집중했다. 심지어 많은 전투 병력에게는 다소 기이하게 들릴 수 있었겠지만, 무고한 방관자와 민간 재산뿐만 아니라 적에게 가해지는 피해를 최소화하는 것이 의무이거나 의무여야 한다는 견해까지 나타났다.

2006년 국방 분석가 콜린 칼이 지적했듯이, 적어도 이라크에서는 이러한 규범 변화의 결과로 민간인 사상자가 이전 분쟁에 비해 급격히 감소하고 인도주의 및 법적 요건이 역사상 그 어느 때보다 잘 준수되고 있었다.[24] 그는 학교, 모스크, 병원 및 기타 민간 시설에 대한 공격을 막기 위한 '공격 금지 목록' 사용, 재산 피해와 무고한 행인의 부상을 최소화하기 위한 부수적 피해 추정 방법론(CDEM) 소프트웨어, 특히 도시에서 포병 사용 자제, 정밀 항공 무기에 대한 의존, 적대적 의도를 보이는 목표물에 대한 단계적 무력 사용 등을 언급했다.[25] 그는 전반적으로 교전 규칙이 "대반란이 시작된 이후 훨씬 더 제한적으로 변했다"고 결론지었다.[26] 물론 대반란에서는 더 큰 목표를 달성하기 위해 폭력을 최소화해야 할 때가 분명히 있으며, 민간인 사상자와 재산 피해를 줄이는 것이 윤리적 · 정치적 측면에서 절대적으로 좋은 일이라는 것은 말할 필요도 없다. 하지만 여기서 우리가 우려하는 것은 이러한 접근 방식의 도덕적 우수성이나 정치적 신중함보다는 적의 진화에 미치는 영향이다.

그러한 영향은 적합성 지형이 민간인 거주 지역이나 도시화된 지형 내에 숨거나, 보호받는 인구 또는 장소를 껴안거나, 적을 불균형적인 공격으로 유도하거나, 실수가 발생했을 때 미디어 또는 외교적 반발을 활용하여 오류나 과잉 반응을 이용하는 능력을 가진 적들을 더욱 선택적으로 만들었다. 따라서 이러한 환경은 미디어 조작과 정치전 능력을 가진 적들의 등장을 촉진했다. 이러한 능력을 가진 적들은 지상군이나 공군의 운용 실수, 정보분석가의 표적 설정 실수 등 필연적으로 발생할 수밖에 없는 우리의 실수를 이용할 수 있었다. 이는 1993년 이후 적합성 지형의 세 번째 특징을 반영한다. 즉, 모든 종류의 전자 방출을 수집하는 정보기관의 능력은 증가했지만, 분석가들의 능력이 감소해 그 수집 속도를 따라가지 못했다는 점이다.

전방위 감시, 압도된 분석가들(Omnipresent Surveillance, Overwhelmed Analysts)

냉전 종식 후 예산 삭감에도 불구하고, 그리고 1990년대 초 소련이라는 목표물에서 새로운 위협으로 방향을 재설정하는 방법을 모색하며 겪었던 혼란기를 거쳐, 서방 정보기관들은 1993년 이후 수집 역량이 엄청나게 증대했다. 지상, 공중, 우주 기반의 끊임없이 증가하는 다양한 자산을 활용해 폭발적으로 늘어나는 정보원과 계속 확장되는 지리적 공간 및 사이버 공간 전반에서 모든 종류의 방대한 데이터를 수집할 수 있는 능력은 정말이지 혁신적이었다.

1993년 모가디슈 전투는 미국 의회 내에서 정보 실패로 인식되었고, 이는 1994년 애스핀-브라운 조사로 이어졌다.[27] 이 위원회는 여러 권고 사항 중 하나로, 울시가 전투 몇 달 전 묘사했던 뱀들에 대한 미국 정보 활동의 재편을 권고했다. 마치 울시의 말을 그대로 옮겨놓은 듯, 위원회 보고서는 대테러, 마약 퇴치, WMD 확산 방지, 그리고 국제 조직범죄 대응을 핵심 정보 임무로 명시했다.[28] 또한 1990년대 이후를 위해 자금, 물자, 인력 측면에서 정보 시스템을 재정비할 자원 개선의 필요성을 강조했다.

1990년대 중반에 휴대폰, GPS 장치, 개인 휴대 정보 단말기, 랩톱 컴퓨터 등 휴대용 전자기기들은 민간 시장에서 점점 더 보편화되었고 그 기능 또한 향상되었으며, 동시에 크기와 가격은 급락했다. 1970년대부터 존재했던 휴대폰은 1990년대 초반까지만 해도 벽돌만한 크기와 무게였지만, 1980년대 후반 호주와 핀란드에 선구적인 셀룰러 전화 네트워크가 도입된 후 널리 확산되기 시작했다. 최초의 기초적인 스마트폰인 'IBM Simon'은 1992년 말 한 무역 박람회에서 공개되었다.[29] 셀룰러 네트워크는 1990년대 내내 기지국이 확산되고, 모바일 기술이 발전하며 소형 부품들이 휴대폰 단말기 크기를 작게 하면서 빠르게 개선되었다. 그러나 진정한 연결성의 폭발은 2000년경 시작되어 2006년 아이폰의 발명 이후 가속화되었다. 이 모든 변화는 정보기관들이 수집할 수 있는 통신량을 엄청나게 증가시켰다. 정보 분야에 대한 새로운 자금 지원과 집중, 막대한 통신량 증가, 그리고 암호화나 보안 대책에 대한 접근이 제한적이어서 비교적 통신이 용이했던 비국가 적대자들이 이제 주요 표적이 되었다는 사실의 결합은 신호정보 수집을 점점 더 중요하게 만들었다.

미국의 신호 정보를 담당하는 국가안보국(NSA)은 1990년대 초부터 신호정보 수집 네트워크를 대대적으로 재구축했다. 1990년대 후반이 되자 NSA의 신호정보 수집 시스템은 구 냉전 시대의 아키텍처보다 더 작아졌지만, 더 유능하고 유연해졌다.[30] 2000년경에는 위성, 대규모 도청 기지, 대사관 내 비밀 센서, 그리고 함정, 항공기, 잠수함 기반의 정찰 플랫폼으로 구성되었다. 21세기 초에는 새로운 세대의 정보 위성이 NSA에 점점 더 광범위한 종류의 전파에 대한 포괄적인 감청 능력을 제공했다.[31] NSA와 '파이브 아이즈(Five Eyes)' 정보 기관 파트너들은 모든 종류의 통신을 언제 어디서든 모두 수집하려고 노력했다.

9/11 테러와 그로 인해 정보기관들이 미래의 공격을 막기 위해 '점들을 연결'해야 한다는 믿음은 2001년 이후 정보 수집 활동을 훨씬 더 확장시키는 결과를 낳았다. 2004년 미국 시민의 전화 및 인터넷 통신 내용과 메타데이터를 수집하는 NSA 프로그램인 '스텔라 윈드'를 둘러싼 대립, 그리고 2013년 NSA 내부 고발자 에드워드 스노든의 폭로와 급진적 투명성 단체 위키리크스의 연이은 폭로들은 정보기관들이 이제 "건초 더미를 모아 그 안에서 바늘을 찾을 수 있도록" 자신들의 막대한 수집 역량을 적용할 수 있음을 보여주었다.[32]

하지만, 정보 수집 역량이 확장되었음에도 분석 역량은 뒤처졌다. 심지어 2009년 아프가니스탄에서는 "말 그대로 테라바이트에 달하는 기밀 및 비기밀 데이터"가 수집되었음에도, 분석관들은 수집 속도를 따라가지 못해 테러 네트워크를 이해하거나 더 넓은 환경을 파악하 데 어려움을 겪었다.[33] 이스라엘 정보 장교 한난 게펜이 2014년에 썼듯이, 분석이 수집에 뒤처지는 이러한 현상은 진정한 딜레마를

발생시켰다:

> 영구적인 구조가 없고 끊임없이 변화하며 예측 불가능한 불확실한 실체들을 어떻게 다룰까? 경고할 만큼 빠른 속도로 계속 증가하는 엄청난 양의 통신 트래픽에 어떻게 대처할까? 전화 통화, SMS 메시지, 스카이프 통신, 이메일 등에서 나타날 수 있는 어떤 목표의 모든 통신 흔적을 어떻게 연결할까? 마지막으로, 감청할 수 있는 통신 트래픽과 사생활 침해를 어떻게 구별할까? 이 모든 상황에서, 데이터는 정보 수집의 '옛 세계'에는 존재하지 않던 것이었다. 신호정보 기관들이 보기에, 해결책은 필터링 없이 손에 넣을 수 있는 모든 통신 트래픽을 장기간 수집하고 저장하는 것이었다.[34]

광범위한 감시와 제한된 분석 등 이러한 적합성 지형의 특징은 적대 세력들이 물리적 및 사회적 영역에서 사용하던 것과 동일한 적응적 위장을 사이버 또는 전자 형태로 발전시키도록 유도했다. 어떤 개체가 배경에 더 잘 섞여들고, 방대한 양의 전자 트래픽이라는 혼란 속에 숨으며, 신호정보 분석가들의 주의를 피할수록 생존 가능성은 높아졌다. 이러한 집단은 끊임없이 감시받는 상황에서도 작전적 대응을 유발하지 않을 수 있었다. 자신들의 통신이 거의 확실히 감시되고 데이터가 수집 및 저장되고 있음을 알면서도, 적들은 그 데이터를 실제 사람이 볼 확률이 통제 가능한 수준으로 낮다고 계산할 수 있었다. 정보 수집을 가능하게 했던 바로 그 연결성의 폭발이 오히려 적들이 숨을 수 있는 은폐물이 되었고, 동시에 대량 통신과 소셜 미디어를 악용하는 선전 및 지휘통제 기술을 가능하게 했다.

소비자 스마트 시스템의 확산(Proliferation of Consumer Smart Systems)

환경의 네 번째이자 밀접하게 관련된 특징은 스마트하고 휴대 가능한 소비자 전자 시스템의 확산이었다. 새로운 기술들은 스마트폰과 같은 통신 잠재력과 사회적 영향력을 가졌을 뿐만 아니라, 정밀 하드웨어를 전 세계의 개인과 비국가 그룹의 손에 쥐여주어, 이전에는 정부만이 사용할 수 있었던 고급 시스템에 접근할 수 있게 했다.

군사적 활용은 곧 현실이 되었다. 사실 여러 면에서 처음부터 존재했다고 볼 수 있다. 전 세계 현대 생활의 거의 모든 측면에서 핵심적인 GPS 위성은 미국 군사 우주 플랫폼의 집합체이며, 미국 첩보 위성을 위한 특수 보안 시스템을 은근히 언급하여 '키홀 뷰어'로 처음 알려졌던 구글 어스(Google Earth)는 2001년 CIA 자금으로 만들어진 후 2004년 구글에 인수되었다.[35] 2011년에는 구글 어스가 10억 회 다운로드되어 노트북, 아이패드, 안드로이드 및 iOS 스마트폰, 그리고 전 세계 수많은 다른 기기에서 실행되었다.[36] 2017년에는 전 세계적으로 50억 개 이상의 글로벌 항법 시스템 위성(GNSS) 장치가 있었으며, 이 숫자는 2020년까지 80억 개로 증가할 것으로 예상되었다.[37]

미국 정부는 1993년 12월 8일에 GPS가 초기 작전 운용 능력을 갖췄다고 발표했다. 이로써 위성 항법은 현대 세계의 또 다른 특징이 되었는데, 이는 때로는 영원히 존재했던 것처럼 보이지만 사실은 울시의 증언이 있었던 바로 그 중요한 해부터 시작되었다.[38] GPS가 처음 도입되었을 때, 민간인들은 군사용 전체 버전을 사용할 수 없었고, 정확도가 저하된 버전만 이용 가능했다. 2000년 5월, 미국 정부는 민간용 GPS의 정확도 저하를 중단했고, 2007년 9월에는 미래 GPS 위성들이 더 이상 그렇게 할 수 있는 기능을 갖지 않을 것이라고 발표했다.[39] 사실상, 클린턴 행정부와 부시 행정부의 초당적인 결정으로 군사용 정밀 GPS가 미국 정부의 비용으로 전 세계 모든 사람에게 제공되었다. 현재 공식 GPS 웹페이지의 슬로건은 "GPS: 미국 정부가 제공하는 글로벌 공공 서비스"라고 되어 있다.[40]

이것이 순수한 이타주의는 아니었다. 더 많은 장치가 보급될수록 정보기관들은 움직임을 더 쉽게 추적할 수 있었고, 이는 완전히 새로운 데이터 수집 범주를 만들어냈다. 이제 물론 모든 스마트폰과 웨어러블 기술은 물론, 점점 더 많은 GPS 탑재 차량 및 기타 장치들을 포함하는 GNSS 장치들에 대한 추적을 통해 지리 · 공간 정보와 이동 정보라는 새로운 분야를 확장시켰다. 하지만 2000년 이후 군사용 GPS의 공개와 함께, 2020년까지 문자 그대로 지구상의 모든 인간에게 하나씩 해당하는 위성 항법 장치의 대규모 확산은 비국가 행위자들이 대부분의 개발도상국 군대는 물론 일부 선진국 군대가 사용할 수 있는 수준을 뛰어넘는 정밀도를 달성할 수 있는 기회를 만들었다. 최근 분쟁에서 이러한 기술의 적용은 점점 더 명확해지고 있다.

2011년 리비아와 시리아 봉기 당시, 반군들은 작전 지원을 위해 스카이프, 구글 어스, 그리고 당시에는 상대적으로 보급이 적었던 GPS 기능이 있는 스마트폰을 사용했다. 그 시기 한 사진은 시리아 반군이 직접 만든 다연장 로켓 발사기를 어디로 겨냥할지 결정하기 위해 안드로이드 휴대폰의 나침반 앱을 사용하는 모습을 보여준다. 이는 특별히 혁신적인 것은 아니다. 자석 나침반은 물론 그런 거대한 금속 덩어리 옆에서는 오차가 생기므로, 전통적인 발사 시스템의 나머지는 그대로 유지한 채 전자 나침반을 사용하는 것이 합리적이다. 그러나 몇 년 안에 기술과 연결성이 발전하여, 게릴라들이 박격포와 로켓을 위한 완전한 스마트폰 기반의 정밀 발사 시스템을 구축할 수 있게 되었다.

2014년이 되자, 알레포의 박격포 팀은 아이패드나 스마트폰의 GPS를 이용해 박격포의 정확한 위치를 파악하고, 나침반 앱으로 목표물의 방위각을 결정할 수 있었다. 그 다음, 인터넷 브라우저에서 다운로드한 사격 제원표를 참조하거나 휴대폰에 있는 탄도 계산 앱을 사용하여 특정 사거리에 맞는 정확한 고각과 장약을 산출했다. 이후 스마트폰의 경사계로 그 고각을 설정하고 첫 번째 탄착 수정 사격을 가했다. 현장에 있거나, 더 가능성 있게는 다른 곳에 있으면서 목표물을 볼 수 있는 사람과 전화 또는 보안 메시징 앱으로 연락하는 원격 관측자는 구글 어스에 핀을 찍어 탄착 지점을 표시했다. 이 핀은 박격포 팀의 스마트폰에 실행되는 구글 어스에도 나타나, 단 한 발의 탄착 수정 사격 후에도 즉시 여러 발을 발사하여 목표물을 파괴할 수 있었다. 이러한 사격 통제 시스템은 비국가 무장 단체들이 대부분의 국가 기반 군대, 심지어 일부 선진 군대가 달성할 수 있는 수준과 같거나 그 이상의 정밀도를 갖게 했다. 그리고 이러한 정밀도를 가능하게 하는 사격 통제 시스템은 휴대폰 안에 존재하는데, 이는 재래식 부대가 사용하는 플랫폼보다 훨씬 가볍고, 저렴하며, 은밀하고, 부피가 작다.

2016년이 되자, 구소련 시대에서 널리 사용되던 122mm D-30 곡사포를 운용하던 우크라이나 포병 장교들은 안드로이드 스마트폰을 활용해 유사한 시스템을 구축했다. 이 시스템은 박격포 앱처럼 휴대폰, 즉 포의 위치를 높은 정확도로 파악하여 분산되고 위장된 진지에 배치되면서도 여러 포대의 포탄이 동시에 목표물에 도달하도록 사격을 집중시키고 시간을 맞출 수 있었다. 결국 6년이라는 짧은 기간 동안 소비자용 스마트 시스템을 재활용하는 개인들은 단순히 전투 환경에서 민간 도구를 사용하는 수준(2011년 리비아), 많은 군대보다 뛰어난 정밀 사격 시스템을 개발하는 수준(2014년 시리아), 재래식 군대조차 아직 하지 못하는 방식으로 통합된 사이버-운동학적 전투에 참여하는 수준(2017년 우크라이나)의 발전을 이뤘다.

취미용 드론 역시 소비자 기술을 재활용하고 기존 군사 하드웨어와 결합하여 대부분의 국가들이 가진 것보다 새롭고 더 나은 것을 만들어낼 기회를 제공했다. 2007년경부터 시작된 자율 비행체들은 스마트폰 개발을 이끄는 것과 동일한 기술들의 힘을 받아 그 수가 폭발적으로 증가했으며, 품질 또한 기하급수적으로 향상되었다. 모든 스마트폰의 개선은 드론 기술의 관련 발전을 이끌었다. 2015년에 기술 기자 데이브 햄블링이 언급했듯이, "드론은 날개가 달린 스마트폰일 뿐이고, 날개는 저렴한 부분이다."[41] 마치 한 세기 전 유인 항공기와 마찬가지로, 드론의 군사적 활용은 전시의 적응적 압력 아래 빠르게 진화하여 정찰에서 공대지 공격으로, 그 다음 공대공 전투로 변모했으며, 능력과 사거리가 증가했다. 2015년에는 폭발물을 탑재한 '자폭 드론'이 병력과 시설을 목표로 삼았고, 2016년에는 이슬람국가(IS)가 수류탄을 투하하고 기지로 돌아와 작은 폭격기처럼 재무장할 수 있는 쿼드콥터를 배치했으며, 2017년에는 시리아와 이라크에서 더 큰 고정익 드론으로 특수 설계된 소형 폭탄이 투하되었고, 2018년에는 시리아에서 여러 대의 드론을 이용한 군집 공격이 발생했다.[42]

2018년 후반 미국 국립과학원 보고서는 현대의 취미용 드론이 점점 더 무선 통신 없이 작동하며, 자동 목표물 인식 및 추적, GPS 칩, 장애물 회피 등 전파 방해에 상대적으로 영향을 받지 않고 생존력을 높이는 소프트웨어를 사용한다고 언급했다.[43] 같은 보고서는 2025년까지 상업적으로 이용 가능한 기술들이 비국가 적대 세력들이 수십 대에서 수백 대에 이르는 무장된 소형 드론의 협력적 그룹, 군집, 네트워크를 배치할 수 있도록 할 것이라고 예측했다.[44]

이러한 적합성 지형의 특징은 서방 시스템을 기술적으로 포용하는 적대 세력에게 유리하게 작용했다. 이들은 구글 어스, 스마트폰, 취미용 드론, 아이패드, GPS 등 선진 군사력 또한 의존하는 능력들을 사용함으로써, 정부가 이 시스템들을 폐쇄할 경우 자신들의 작전도 방해하게 만들어 폐쇄를 극도로 어렵게 만들었다. 선진 군대들이 사용하는 바로 그 시스템에 편승함으로써 비국가 적대 세력들은 생존력을 향상시켰고, 이전 장에서 논의된 선택 과정을 통해 이를 성공적으로 수행한 집단들은 확산되었으며, 그들의 기술은 다른 이들에게 복제되었다. 반면 이 기술들을 채택하지 못한 집단들은 소멸했다.

이러한 전략을 성공적으로 적용할 수 있는 적대 세력은 정의상 연결성에 접근할 수 있었고(휴대폰 수신율이 도시에서 더 좋으므로, 이는 그들이 대체로 도시에 기반했음을 의미한다), 하드웨어를 해킹하거나 소비자 기술을 재활용하거나 군사 하드웨어를 즉석 시스템에 통합하는 데 필요한 기술적 및 기계적 능력을 갖추는 경향이 있었다. 또한 그들은 일반적으로 컴퓨터 코딩, 전자 시스템, 소프트웨어 해킹에 대한 어느 정도의 숙련도를 가지고 있었는데, 이는 다시 한번 도시 인구와 일정 수준의 기술 교육을 시사한다. 결과적으로, 21세기 전장의 도시화는 이러한 집단들에게 유리하게 작용했으며, 동시에 그들의 출현은 전투가 도시와 도시 인구 사이에서 벌어지는 기존의 경향을 가속화시켰다.

비국가 집단의 적응적 특성(Adaptive Traits of Nonstate Groups)

요약하자면, 오늘날의 적합성 지형은 도시화, 세계화, 연결성 같은 배경 변화로 인해 형성되고, 냉전 종식 후 서방 국가들의 행동으로 더욱 구체화되었으며, 무장 행위자들이 적응하도록 강요하는 일련의 선택 압력을 반영한다. 현재의 형태는 앞서 설명한 일련의 '적합성 정점(fitness peaks)'을 포함하는데, 이는 다음과 같은 특성을 가진 행위자들에게 생존 이점을 제공하는 특성들의 조합이다.

- 은밀성: 물리적, 사회적, 정보적 배경에 섞여드는 능력으로, 위협받을 때 사라지는 '적응적 위장'을 채택한다.
- 분산성: 분산된 형태로 이동하고 전투할 수 있는 능력으로 이는 연결성과 원격 전투 도구를 사용해 전혀 집중할 필요가 없거나, 약한 적을 압도하기 위해 특정 작전 시에만 집중했다가 다시 분산하는 방식이다.
- 모듈성: 소규모 그룹으로 작전할 수 있는 능력으로, 다른 그룹이 파괴되어도 생존할 수 있는 전투 그룹을 활용하며, 필요시 새로운 전투 그룹을 재생성할 수 있는 자가 치유 네트워크를 가진다.
- 자율성: 명령이나 통신 없이 장기간 작전할 수 있는 능력으로, 이는 집단의 전자 신호를 줄여 생존력을 높인다.

- 전자적 감시로부터 위장: 방대한 양의 전자 트래픽 속에 숨을 수 있는 능력으로, 광범위한 감시의 현실을 받아들이면서도 분석가들의 주의를 끌거나 작전적 대응을 유발하지 않기 위해 눈에 띄지 않는 행동을 취한다.
- 포옹: 보호받는 인구나 장소에 근접하거나, 상대방이 자신에게 해를 끼치지 않고는 무력화할 수 없는 시스템(GPS, 구글 어스, 스마트폰, 인터넷 등)에 편승하는 능력이다.
- 미디어 조작: 적을 자극, 도발 또는 속여 불균형적인 민간인 사상자나 재산 피해를 입힌 다음, 조작된 미디어의 반발을 통해 그러한 실수를 이용하는 능력이다.
- 정치전: 대중 커뮤니케이션, 소셜 네트워크, 무기화된 디아스포라, 온라인 네트워크를 통해 지지자를 조종하고 동원하여 시위 운동과 영향력 있는 요원을 사용하여 상대방의 작전, 단결 및 정당성을 약화시키는 능력이다.
- 기술 및 연결성 해킹: 소비자 시스템을 신속하게 용도 변경하고, 전투 환경에서 민간 장치를 사용하며, 국가 상대방이 사용할 수 있는 것보다 더 나은 정밀 또는 협력 교전 시스템을 개발하는 능력이다.

이러한 각각의 특성들은 환경이 만들어낸 특정 유형의 압력에 대한 적응적 반응이었다. 그리고 이러한 특성(또는 그 조합)을 발전시킨 행위자들은 생존력을 향상시켜 적합성 지형의 정점으로 올라섰다. 이러한 진화적 경로는 지난 25년간 비국가 행위자들이 적응해온 방식에서도 분명하게 드러난다.

비정규전 적응 동향: 진화하는 뱀(ADAPTATION TRENDS IN IRREGULAR WARFARE: THE EVOLVING SNAKES)

이라크나 아프가니스탄에서 복무했던 사람들은 비국가 무장 단체의 진화를 생각할 때 주로 AQ를 떠올리는 경향이 있다. 물론 이는 이해할 수 있는 일이지만, 비정규전에는 다른 모델들이 있으며, AQ에 대해 우리가 안다고 생각하는 것은 그러한 다른 접근 방식과 그들 역시 앞서 언급된 압력에 어떻게 진화했는지에 대한 이해를 바탕으로 해야 한다. 따라서 이 절에서는 처음에 AQ를 다루겠지만, 각각 독특한 점을 보여주는 세 가지 다른 모델, 즉 이슬람 국가, 시리아 AQ 지부 하야트 타흐리르 알샴(HTS), 그리고 레바논 헤즈볼라에 대해 논의할 것이다. 그러나 AQ는 2001년부터 서방 전략에서 중심적인 위치를 차지했기 때문에 가장 먼저 살펴볼 필요가 있다.

서른의 AQ(Al Qaeda at Thirty)

AQ가 된 그룹의 첫 공개 회의는 1988년 8월 11일 파키스탄 국경 도시 페샤와르에서 열렸다.[45] 이 회의에는 오사마 빈 라덴, 아이만 알 자와히리 그리고 다른 주요 사상가들이 모였다.[46] 이 무렵 AQ 창립자들은 폭발물과 비정규전 훈련을 받은 전 이집트군 장교 모하메드 살라 알 딘 자이단(사이프 알 아델)을 만났다. 사이프 알 아델은 나중에 AQ의 최고 군사 훈련관이 되었으며, 1993년 10월 모가디슈에서 벌어진 블랙호크 다운 전투에서 싸운 소말리아 민병대에게 조언한 것으로 알려졌다. 만약 이 주장이 사실이라면, 울시의 1993년 증언 이후 8개월 만에 일어난 그 전투는 AQ가 미국인들과 직접 전투에 참여한 첫 사례가 된다.[47] 이는 2018년 기준으로 AQ가 30년이 되었다는 것을 의미하며, 또한 모가디슈 주장이 사실이라면, 1993년이라는 중요한 해에 또 하나의 의미 있는 사건이 추가될 뿐만 아니라, 이 그룹이 25년 동안 우리와 싸워왔다는 것을 의미한다. 30년이라는 기간은 인간의 기준으로 볼 때 한 세대 전체에 해당하지만, 2001년 이후 AQ 조직원들이 다수 사살되거나, 생포되거나, 혹은 그룹을 이탈하면서 빠른 인력 교체가 발생했기 때문에, 이는 AQ 내부의 유기적 진화, 그룹 및 개인의 적응, 그리고 적응적 특성들의 이종교배에 있어서는 3세대 이상에 맞먹는 기간이다.

9/11 테러 이전의 AQ는 오사마 빈 라덴, 자와히리 및 다른 창립자들이 주로 전 세계적인 반란을 키워나갈 초국가적 거점으로 보았다. AQ는 스스로를 테러 집단이라기보다는 더 광범위한 대중 운동을 위한 혁명적 선봉대로 여겼다.[48] 더 큰 대중 운동을 촉발하고 형성하며 가능하게 하는 지하디스트 선봉대 개념은 1964년 사이이드 쿠틉이 그의 영향력 있는 저서 '이정표'에서 처음 제시했으며, 이 책은 초기 AQ 지도자들이 자신들의 사상에 가장 강력한 영감을 준 하나로 인정한 바

있다.[49] 쿠틉주의는 '이슬람 파시스트' 이념으로 묘사되기도 했지만, 이슬람주의 사상가들이 초기 공산주의 이론가들에게 진 빚은 파시스트적 연관성보다 실제로 더 깊다.[50]

실제로 쿠틉은 '이슬람-레닌주의자'로 쉽게 묘사될 수 있다. 이미 1902년에 블라디미르 레닌은 공산당을 '프롤레타리아트의 선봉대'로 묘사하며, 미숙한 혁명 대중을 이끌고 결집시킬 경험 많은 혁명가들로 구성된 엘리트 전문 간부의 필요성을 주장했다.[51] 쿠틉의 주장은 60년 전 레닌의 이 아이디어를 거의 정확하게 복제했다. 그리고 엘리트 간부가 대중을 이끄는 이 개념은 바로 AQ 지도자들이 스스로의 역할을 인식하는 방식을 형성했다. AQ 지도자들은 자금 지원, 선전 지원, 훈련 시설 및 교범 접근, 그리고 중앙 간부의 고문 파견을 통해 지역 게릴라와 반군을 후원하려고 했다. 목표는 다수의 지역 그룹들의 효과를 통합된 전체로 모으고, 전 세계 무슬림 움마(공동체)를 대규모 반란으로 고무하며, 이를 통해 미국을 중동에서 몰아내는 것이었다. 이는 북아프리카와 아라비아 반도의 배교자 정권들이 미국의 지원 부족으로 붕괴하도록 유도하기 위함이었다.

1990년대 초, AQ는 사이프 알-아델과 같은 고문, 훈련 자료, 자금, 기술 자문 및 장비 등을 통해 소말리아, 케냐 및 기타 아프리카 그룹들은 물론 예멘, 사우디아라비아, 레반트(시리아 및 레바논), 그리고 중동의 다른 지역 네트워크들도 지원했다. 1990년대 초 이슬람주의 지도자 하산 알-투라비의 보호 아래 수단에서 활동하던 AQ는 1996년 아프가니스탄으로 강제 귀환했다. 이후 2001년까지 AQ의 본부는 도시 안전가옥 및 시골 캠프와 훈련 시설로 이루어진 네트워크에 유지되었다.

아프가니스탄 거점에서 AQ는 크고 복잡하며 계층적인 조직 및 재정 구조를 구축했고, 미국의 이익에 대한 공격을 후원하기 시작했는데, 처음에는 미국 본토 밖에서 이루어졌다. 이는 1998년 동아프리카 대사관 폭탄 테러와 2000년 'USS Cole'함 공격으로 시작되었다. 이러한 변화는 1988년 이후의 경험을 바탕으로 한 AQ 지도자들의 생각이 '가까운 적'(역내 배교자 정권)에서 '먼 적'인 미국으로 옮겨간 것을 반영하는 것이었다. 오사마 빈 라덴은 한 기획 회의에서 "우리는 뱀의 머리를 잘라야 한다"[52]고 말한 것처럼, 2장에서 논의된 스티븐 로젠의 용어로 표현하자면 AQ 지도자들은 평시에 군대가 할 것으로 기대되는 개념 주도적이고 자생적인 혁신에 참여하고 있었다. 그러나 이러한 상황은 곧 바뀔 것이었다.

9/11 테러는 먼 적인 미국이 지역 정권에 대한 지원을 철회하도록 강제하는 새로운 전략에 부합하도록 기획되었다. 이 공격은 서방의 글로벌 금융, 정치, 군사력의 심장부를 직접 타격할 수 있는 초국가적 반란의 현실에 마침내 직면하게 된 미국과 그 동맹국뿐만 아니라, AQ 자체의 진화에도 변혁적이었다.[53]

9/11 테러는 계획하는 데 수년이 걸렸고 그룹에 50만 달러의 비용이 들었으며, 역사상 가장 야심 찬 테러 작전이었다. 이 공격은 또한 가장 큰 파급 효과를 가져왔는데, 2,976명의 사망자를 발생시키고 수천 명에게 상해를 입혔으며, 미국 경제에 5천억 달러의 직접적인 재정적 영향을 미쳤다. 이라크 및 아프가니스탄 전쟁을 포함한 테러와의 전쟁, 국토 안보 지출, 그리고 후속 분쟁 비용을 합산하면, 2018년 중반 연구에서는 2002 회계연도부터 2017 회계연도까지의 지출이 '총 2조 8천억 달러'에 달했다고 밝혔다.[54] 가장 중요한 점은, 9/11 테러가 지금까지도 우리와 함께 있으며 가까운 시일 내에 끝날 기미가 보이지 않는 일련의 분쟁들을 촉발시켰다는 사실이다.

하지만 9/11 테러는 전 세계 전략적 지형을 재편했을 뿐만 아니라, AQ의 적합성 지형을 변모시켰다. 사실, 9/11 테러가 촉발한 대응은 AQ를 거의 파괴할 뻔했다. 테러 발생 불과 12주 후인 2001년 12월 중순, AQ의 아프가니스탄 거점은 소멸했고, 탈레반 숙주 정권은 전복되었으며, AQ 지도부는 뿔뿔이 흩어졌고, 수천 명의 대원들이 사망하거나 포획되었다. 오사마 빈 라덴과 그의 핵심 추종자들은 토라 보라 산악 지대, 즉 티라 계곡에서 아프가니스탄-파키스탄 국경을 넘어 바로 건너편에 고립되었다. 빈 라덴은 자신의 유언장을 작성했고, 무차별 폭격 아래 몸을 웅크린 추종자들에게 임박한 죽음이나 포획을 예상하며 사과하는 라디오 교신이 감청되었다.[55] 9/11 테러가 초래할 바로 그러한 대응을 예상하여 테러에 반대했던 사이프 알-아델과 같은 핵심 측근들은 빈 라덴과 결별했다. 한편, 고위 AQ 인사의 지도자들과 가족들은 이란으로 도피했으나, 그곳에서 즉시 억류되었다.[56]

2001년 말 AQ가 살아남을 수 있었던 것은 주로 운과 유능한 협력 지상군의 부족으로 인해 토라 보라 언덕에 흩어져 있는 핵심 지도자들을 찾아 제거하는 서방 공군의 무능력 때문이었다. 지역 무장 세력의 아프간 민병대가 AQ 잔당의 파키스탄 탈출로를 막지 못했고, 작전을 직접 수행할 미국 및 호주 특수 작전 요원이 너무 적었다. 이는 시간이 지남에 따라 더욱 분명해질 분산된 공군력과 효과적인 지상군의 부족이라는 환경적 특징들의 초기 사례였다.[57]

이는 또한 미국 지도자들의 순진한 과신의 한 사례였으며, 마지막 사례는 아니었다. 2001년 12월 토라 보라 전투가 한창 진행 중일 때에도, 도널드 럼즈펠드 국방장관과 미국 중부사령부 사령관 토미 프랭크스 장군은 싸움에서 자산을 빼내 이라크 전쟁으로 계획 노력을 전환하기로 결정했는데, 이는 그러한 과신을 전형적으로 보여주었다.[58] 오사마 빈 라덴은 살아남아 계속 싸웠고, 결국 2011년 5월까지 거의 10년을 더 생존했다. 그리고 AQ는 2002년 거의 죽을 뻔했던 경험에서 회복하면서, 조직 자체의 접근 방식이 적의 행동과 함께 진화하고 전투 압력에 직접 반응하는 전시 진화 모델을 채택하는 동안에도, 생존자들은 변화된 적합성 지형에 대한 일련의 적응을 구현했다.

AQ의 첫 번째 주요 전시 적응은 탈중앙화였다. 앞서 언급했듯이, 9/11 테러 이전의 AQ는 위원회, 시설, 훈련 시설 및 캠프, 그리고 아프가니스탄 동부에 넓은 공개 거점 지역을 갖춘 계층적이고 중앙집권적인 조직이었다. 2002년에는 이 모든 것이 사라졌고, 중앙 구조가 완전히 파괴되면서 예멘, 인도네시아, 동아프리카, 사우디아라비아에 있는 조직의 지부들이 더욱 영향력을 가지게 되었다. 파키스탄에 있던 핵심 AQ 지도자들은 스스로를 재정비하고 재건하는 데 수년을 보냈는데, 이 시기에 칼리드 셰이크 모하메드(9/11 테러의 기획자)와 같은 1세대 지도자들이 체포되었고, 아부 하프스 알-마스리(AQ의 군사령관)와 같은 다른 인물들은 사망했다.

AQ가 회복하던 2세대 시기에, AQ의 핵심 그룹은 작전 조직이라기보다는 선전 허브이자 지침 및 목표 설정의 중심지로 다시 부상했다. AQ 중앙은 이념적, 개념적 측면에서 선봉대였지, 전투 간부가 아니었다. 대신 주요 작전 역할은 핵심 그룹이 아닌 지역 지부들이 맡았다. 오사마 빈 라덴과 자와히리는 파키스탄에 계속 존재하며 저항의 상징으로 살아남고 주기적인 선전 성명을 발표하는 것만으로도 전술적 실행에서 점점 더 분산되는 전 세계적인 봉기의 효과를 통합하는 데 도움을 주는 영감의 결집점으로 작용했다.

실제로 이 시기 AQ 중앙 조직은 제2차 세계대전 당시 나치 점령하에 있던 유럽 국가들의 망명 정부와 매우 유사하게 기능했다. 저항 그룹들에게 정치적 조정 및 정통성의 원천으로, 승리에 대한 희망을 제공하는 영감으로, 그리고 적 점령지 내 지하 운동을 위한 정보, 첩보, 작전 자원의 공급처로 활동했다. 망명 정부들과 마찬가지로, AQ 중앙 조직은 첩보 및 선전 네트워크를 운영했고, 잠재적 동맹국들과 협력했으며, 숙주 정부들과 종종 격렬하게 협상했다. 또한 주기적으로 고문, 훈련관, 비밀 요원들을 파견하여 지부 운동들을 지원했다. 그리고 제2차 세계대전에서와 마찬가지로, 그러한 저항 운동들은 점차 자신들이 후원자들과는 별개의 정체성과 다른 이해관계를 가지고 있다고 인식했다.

더 나아가 프랑스, 유고슬라비아, 그리스, 폴란드 등에서 1940년대에 무장과 조직력이 더 뛰어난 공산주의 운동들이 망명 정권에 충성하는 저항 그룹들을 밀어내려 했던 것처럼, 새로운 운동들, 특히 이라크 알카에다(AQI)와 그 후신인 이라크 이슬람 국가(ISIS)는 이라크와 아프가니스탄 등 서방 점령 지역에서 AQ의 권위에 도전하기 위해 부상했다. 그러나 우리는 너무 앞서가고 있다. 9/11 테러 직후 가장 눈에 띄는 변화는, AQ의 전술적 분권화를 넘어선 게릴라 테러리즘의 부상이었다.[59]

9/11 테러는 테러 조직이 한 국가에서 팀을 모집, 훈련, 장비화한 다음, 그 팀을 다른 국가로 잠입시켜 미리 정해진 목표를 공격하는 방식인 '원정 테러리즘'의 한 사례였다. 9/11 테러 이후, AQ와 서방 정부 모두 새로운 환경에 적응하면서 전시 공진화 양상이 나타났다. 정부와 기업들은 또 다른 공격을 막기 위해 국경 감시, 공항 보안, 국제 정보 공유에 수십억 달러를 지출했다. AQ는 이에 새로운 방법으로 대응했고, 이는 다시 서방의 대응을 형성했으며, AQ 측의 새로운 진화적 적응 주기를 가속화하고 점점 더 상호 의존적인 방식으로 이끌었다.

9/11 테러 이후 강화된 국제 여행 보안 조치를 우회하는 수단으로 게릴라 테러리즘이 부상했다. 이는 위협과 방어자 간의 첫 번째 공진화 사례 중 하나였다. 초기 사례는 2005년 7월 7일 런던 폭탄 테러로, AQ는 19명을 은밀하게 침투시키는 대신 한 명의 남성을 공개적으로 활용했다. 모하메드 시디크 칸은 자신의 여권으로 파키스탄의 부족 지역으로 공개적으로 여행하여 훈련을 받은 후, 다시 공개적으로 영국으로 돌아왔다. 그곳에서 그는 영국의 국제 국경 안, 그러나 런던 외곽에서 4인 팀을 모집했다. 4명의 공격자 중 3명은 잉글랜드 북부 리즈 출신이었다. 이 팀은 훈련, 예행연습, 배낭 폭탄 준비, 최종 정찰을 수행한 다음 런던으로 이동하여 지하철 3대와 2층 버스를 폭파했다. AQ는 저비용으로 게릴라 전술을 사용하

여 강화된 국제 보안을 무력화했으며, 이는 9/11 테러 이후의 압력에 직접적으로 대응하여 진화된 형태의 작전을 개척한 것이다.

7/7 폭탄 테러가 발생하고 몇 년 안에 두 번째 적응, 즉 도시 공성전이 나타나기 시작했다. 이 기술 자체는 새로운 것이 아니었지만, 현대 도시의 규모와 복잡성, 그리고 도시가 의존하는 상호 연결된 시스템들로 인해 공성전 방식은 점점 더 효과적이었다. 런던 폭탄 테러와 같은 공격, 심지어 9/11 테러와 같은 극적인 공격도 빠르게 끝났다. 7/7 공격은 한 시간 조금 넘게 지속되었고, 9/11 테러의 첫 번째 비행기 충돌부터 마지막 비행기 충돌까지의 시간은 51분이었다. 반대로 2008년 11월 뭄바이에서는 라슈카르에 타이바 대원 10명이 호텔 두 곳과 유대인 센터를 장악하여 60시간 동안 격렬한 전투를 벌여 도시에 막대한 혼란을 야기했다. 2013년 9월 나이로비 웨스트게이트 몰에 대한 알샤바브의 공격은 100시간에 달하는 도시 공성전을 촉발했다.[60] 두 공성전 모두 지속적인 전 세계적 홍보 효과를 냈고, 목표에 수십억 달러의 비용을 부과했으며, 거대한 도시 지역을 마비시켰다.

같은 시기에 서방 사회를 목표로 하는 '자생적 테러리스트들'이 확산하기 시작했다. 그러나 이들은 진정한 의미의 자생적 테러리스트가 아니었다. 오히려 이 현상은 AQ 발전의 중기 동안 세 번째 주요 진화라 할 수 있는 '원격 급진화'를 대표했다. 원격 급진화는 이전 15년간의 연결성 폭발을 이용했는데, 이는 앞서 논의된 스마트폰, 인터넷 보급률, 소셜 미디어, 그리고 정밀 도구의 엄청난 확장을 의미한다.

연결성은 원격 행위자들이 사람들을 직접 만나지 않고도 먼 곳에서 동원하기 위해 비정규전 기술을 사용하는 것을 가능하게 했다. 특히 안와르 알-아울라키는 2009년 포트 후드 총격 사건, 2007년 런던 폭탄 테러, 그리고 일련의 다른 공격들을 선동했다. 사미르 이븐 자파르 칸은 AQ의 '인스파이어' 잡지 편집자로서 영향력을 행사했다. 알-아울라키와 칸은 2011년 9월 30일 북부 예멘에서 오바마 대통령의 지시에 따라 CIA가 수행했다고 알려진 동일한 드론 공격으로 사망했다.[61] 알-아울라키와 칸 같은 인물들이 개척한, 그리고 나중에 ISIS가 정교화한 원격 조종 비정규전의 형태는 드론 전쟁의 역외성에 의해 그대로 반영되었다. 드론 전쟁 역시 원격 교전의 한 형태였고, 이 두 가지 적응은 언론의 자유 대 폭력, 전쟁 지역 대 안전 지역, 시민권 대 국적과 같은 개념들을 둘러싼 전통적인 지리적 및 법적 경계를 약화시켰다.

만약 누군가가 인터넷을 통해 게릴라 그룹을 원격으로 작전화하고 지휘하며, 일종의 가상 제드버그처럼 현지 게릴라 부대에 작전, 훈련, 목표 설정 지원을 제공하고 물리적 접촉 없이 공격을 감행할 수 있다면, 언어와 행동의 경계는 모호해진다. 실제로 이러한 경계를 넘나드는 것이 바로 이 새로운 기술들의 핵심이었고, 이 기술들은 9/11 테러 이후의 위협 환경과 기술적 가능성에 대한 자발적인 반응으로 진화했다.

원격 급진화의 부상은 네 번째 진화적 대응, 즉 지도자가 없는 '무지도자' 저항을 가능하게 했다. 지도자가 없는 저항 시스템에서 상징적인 인물들은 행동 지침을 발표한다. 그러면 스스로 모집된 독립적인 그룹과 개인들이 조율이나 직접적인 통신 없이 그 지침에 따라 행동한다. 공개 성명에는 때때로 암호화된 언어가 사용되어 특정 메시지를 전달하지만, 이 기법의 특징은 일반적인 지침만 제공하는 공개적이고 합법적인 그룹과 훨씬 더 큰 규모의 임시적인 불법 행위자들 사이에 어떠한 서류 기록이나 통신 연결도 없다는 점이다. 지도자들은 합법성의 범위 내에 머무르는 반면, 추종자들은 그림자 속에서 불법적인 활동을 수행한다.

무지도자 저항은 다른 형태의 경계성 기동과 마찬가지로 저항 세력의 위험을 줄인다. 타협할 만한 것이 없기 때문이다. 즉 계층 구조, 통신 시스템, 비밀 계획, 그리고 공식 조직이 없다. 따라서 광범위한 감시하에 있지만 분석가가 과부하되거나, 적이 작전상 우위를 점하고 있지만 엄격한 법적 및 정치적 제약을 받는 환경에 대한 대응으로 앞서 논의된 분산, 은밀성 및 적응적 위장을 가능하게 한다. 놀랍지 않게도, 1980년대 백인 우월주의 집단에 대한 미국 법 집행 노력에 대항하기 위해 원래 고안된 이 기술은 이념과 관계없이 다른 그룹들에게도 채택되었다. 이는 2001년 이후 변화된 위협 환경에 대한 이상적인 진화적 대응이었기 때문이다.[62]

우리가 보았듯이 9/11 테러 당시 AQ는 무지도자 저항과는 정반대였다. AQ는 2만 5천 명의 대원들이 긴밀한 계층 구조로 조직되어 있었고, 네트워크 자체의 필요성을 제거하는 대신 아프가니스탄 밖의 비밀 세포 조직들의 기밀을 유지함으로써 스스로를 보존하려 했다. 이러한 이유로 9/11이 테러와의 전쟁을 촉발하자, AQ의 구조는 CIA와 군대가 개인들을 사살하거나 포획하고 작전 네트워크를 교란할 수 있게 한 드론과 특수 작전 습격 등 직접적인 작전에 매우 취약하다는 것이 입증되었다.

AQ는 또한 통신 감시, 자금 및 보급품 차단, 도발 및 함정, 그리고 인적 또는 전자적 수단에 의한 정보 침투에 취약했다. 그 결과 2011년 이후 AQ의 선봉대가 손상되고 ISIS와 같은 경쟁자들에 의해 전 세계적인 리더십이 도전을 받자, 더 넓은 AQ 동맹 운동 내의 개인과 그룹들은 소셜 미디어, 다크 웹 및 방송 저널리즘을 활용하여 느슨하게 연계된 운동을 동기 부여하고 훈련하며 지휘하는 진화된 형태의 무지도자 저항으로 발전했다.

재앙적 성공의 순환(A Cycle of Catastrophic Success)

AQ의 역사는 잘 알려져 있으므로 더 자세히 다룰 필요는 없다. 이 그룹의 진화에 대한 간략한 역사가 시사하듯이, AQ의 30년 역사는 처음부터 지속적으로 진화해 온 개체가 여러 세대에 걸쳐 적응해 온 시간이다. AQ의 적응은 결코 무작위적이지 않았다. 실제로 1980년대와 1990년대의 진화 경로는 스티븐 로젠의 개념 주도적 평시 혁신 개념을 긴밀하게 따랐다. 그러다 9/11 테러 이후에는 적의 행동에 대한 반응으로 전시 위협 주도적 공진화 형태로 변화했다. 더 넓게 보면, AQ는 우리가 '재앙적 성공'이라 부를 수 있는 명확한 순환 패턴을 보인다.[63] 1988년 창립 이래 비교적 정적이었던 AQ의 적합성 지형은 2001년 이후 미국이 9/11 테러에 반응하면서 갑자기 엄청나게 역동적으로 변했다. AQ는 반복적으로 눈부신 승리를 거두었지만, 각각의 경우 이러한 성공에 대한 반응은 적합성 지형을 너무나 근본적으로 변화시켜 거의 파괴될 뻔했고, 그 후 진화 및 회복으로 이어졌다.[64]

AQ의 첫 번째이자 가장 큰 성공은 명백히 9/11 테러였다. 그러나 그 성공은 AQ에게 치명적인 결과를 가져왔는데, 이는 그 테러가 불러온 반격이 AQ를 거의 소멸시킬 뻔했기 때문이다. 이는 앞 장에서 논의된 포식자 효과의 명확한 예시였다. 즉 AQ의 규모와 활동이 증가하여 9/11로 절정에 달했고, 이는 아프가니스탄에서 개체수 급감을 야기하는 대규모 반격을 촉발했다. 그 직후 미군이 이라크로 방향을 돌리면서 포식자의 수가 국지적으로 감소했고, 이는 AQ 잔존 세력에 대한 압력을 줄여 회복할 수 있도록 했다. AQ는 첫 번째 사투에서 살아남았고, 빈 라덴, 자와히리, 그리고 살아남은 지도자들이 파키스탄으로 탈출하여 네트워크를 재건하면서 진화적 변화를 겪었다. 그러나 이 잔존 세력의 살아남은 세포들은 9/11 이전의 AQ와는 달랐다. 새로운 AQ는 훨씬 더 분산된 형태를 띠었고, 중앙에서 지시하는 계층적 조직이라기보다는 느슨한 글로벌 운동에 가까웠다. 파키스탄에 있는 핵심 그룹은 망명 정부의 역할을 수행하며, 더 넓은 운동에 대한 선봉대이자 이념적 등대 역할을 했다. 스스로 모집하고 스스로 동기를 부여받은 개인들이 AQ의 이름으로 공격을 감행했고, 지부 조직들이 다음 진화 주기에서 지배적인 역할을 하게 되었다.

AQ의 동남아시아 지부인 제마 이슬라미야는 2002년과 2005년 발리 폭탄 테러를 비롯해 인도네시아에서 여러 차례 공격을 감행했다. 2006년 소말리아에서는 알-샤바브가 등장하여 곧 동아프리카 전역에 세포 조직을 확산시켰다. 안와르 알-아울라키와 사미르 칸은 예멘에 있는 강력한 AQ 지부와 연계되어 유럽, 호주, 미국을 공격하려는 야심을 품고 있었다. AQ로부터 파키스탄에서 훈련을 받았지만 독자적인 계획으로 움직인 모하메드 시디크 칸이 이끄는 자발적 팀은 런던 7/7 폭탄 테러를 일으켰다. 파키스탄의 지부 조직들은 인도 의회를 공격하고 뭄바이에서 치명적인 습격을 감행했다. 그러나 이 시기에 가장 전략적으로 결정적인 공격을 감행한 것은 유럽의 모로코 이민자 세포 조직이었다. 2004년 마드리드 열차 폭탄 테러로 193명이 사망하고 2천 명이 부상했으며, 스페인 정부를 무너뜨리고 이라크 '자유 연합'에서 스페인이 탈퇴하게 만들었다. 또한 미국 주도의 침공을 배경으로, 가장 강력한 AQ 지부인 요르단의 아부 무사브 알-자르카위가 이끄는 이라크 AQ(AQI)가 운동의 다음 재앙적인 성공을 거둔 곳도 이라크였다.

자르카위, 바그다디, 이슬람 유사 국가(Zarqawi, Baghdadi, and the Islamic Pseudo-State)

9/11 테러 직전, 자르카위는 아프가니스탄 서부 도시 헤라트에서 훈련 캠프를 운영하고 있었다.[65] 그의 캠프는 2001년 말 미국 주도의 침공으로 파괴되었고, 그의 작은 그룹은 흩어졌다. 자르카위 자신은 가슴에 부상을 입고 이란으로 도피하여 치료를 받았다. 늦어도 2002년 중반까지 그는 이라크에 있었다. 사담 후세인 자신은 아닌 듯하지만 다른 많은 사람들처럼 미국의 침공 이후 이라크 정권이 곧

전복될 것을 예상하고 있었다. 이에 그는 점령에 저항하는 전쟁을 준비하기 위해 지하 세포 조직을 만들고, 보조 네트워크를 구축하며, 무기 은닉처를 마련하기 시작했다.[66]

사담 후세인이 몰락한 지 5개월 후인 2003년 8월, AQI는 일련의 끔찍하고 극적인 공격을 통해 진화하는 반군 생태계의 최상위에서 이라크 저항 세력의 주도적인 지하드주의 파벌로 자리매김했다. 2005년에 이르자 반란은 최고조에 달했다. 2006년 6월 자르카위가 사망할 무렵, AQI는 전 세계 AQ 지부 중 단연코 가장 치명적이고 이념적으로 극단적이었으며, AQ 핵심부로부터 점차 독립적인 모습을 보였다. 그리고 자르카위가 줄곧 추구했던 종파적 목표에 따른 AQI의 반시아파 공격은 2006년 2월 사마라 폭탄 테러를 통해 이라크를 저항 전쟁에서 종파적 유혈 사태로 변화시키는 데 성공했다. 그러나 다시 한번, 이러한 성공은 치명적인 결과를 초래했다. 조직이 거의 완전히 붕괴될 정도로 심각한 반발을 불러왔기 때문이다. 2006년 AQI의 성공에 대한 직접적인 대응으로 이루어진, 대규모 미군 증파 및 전략적 전환이었던 2007년 증파 작전은 AQI를 거의 소멸시킬 뻔했다.

앞 장에서 언급했듯이, AQI의 이러한 급격한 성장과 갑작스러운 붕괴를 가장 잘 설명하는 메커니즘은 포식자 효과의 변형일 수 있다. 즉 2006년 AQI의 성공은 그룹이 활동하는 역동적인 적응 환경을 근본적으로 변화시켜 미국으로부터 대규모 대응을 이끌어냈고, 이는 다시 숫자와 사건 발생 건수 모두에서 AQI 인구의 붕괴를 촉발한 것이다. 이러한 AQI의 붕괴는 포식자 효과에 대해 우리가 알고 있는 바와 마찬가지로, 이라크에 주둔한 미군의 인구와 활동 수준의 감소로 이어졌다. 이는 부적응적인 개체와 세포를 제거하고 더 적합한 개체가 생존하고 번성할 수 있도록 함으로써 거의 죽을 뻔한 경험을 통해 변모한 AQI 잔존 세력이 2011년 이후 회복할 수 있도록 했다.

두 번째 죽을 고비를 넘긴 후, AQI는 연이은 변혁과 회복 단계를 거치면서 다른 지역의 AQ 지부들에게 밀려났다. 그동안 파키스탄과 예멘에 있는 AQ 핵심 지도자들은 더욱 분산된 '지도자 없는 지하드'를 조장했다. 동시에 2010년 4월 이후의 새 지도자 아부 바크르 알-바그다디와 모술 지역의 시리아 출신 사령관 모하메드 알-졸라니를 포함한 AQI 붕괴의 생존자들은 자신들의 패배로부터 교훈을 얻으려 했다.

이 두 사람은 자신들의 경험으로부터 극명하게 다른 결론을 내렸다. 이는 2011

년 아랍의 봄, 빈 라덴의 사망, 그리고 리비아, 예멘, 시리아에서의 내전이 다음 진화적 변혁의 물결을 가져왔을 때 명확해졌다. 이로 인해 바그다디의 세력과 더 넓은 AQ 네트워크 사이에 큰 분열이 발생했다. 바그다디의 세력은 이제 AQ로부터 공식적으로 분리되어 스스로를 ISIS라고 칭했다. 반면 졸라니의 그룹을 포함한 AQ 네트워크는 시리아에서 아사드 정권과 싸우며 '알-누스라 전선'이라고 불렸다. 두 그룹 모두 원래의 AQ 기반에서 나왔지만, 스탈린주의자와 트로츠키주의자들 또는 콜롬비아의 경쟁 마약 카르텔처럼 이제는 극적으로 다른 접근 방식을 가진 별개의 네트워크가 된 것이다.

바그다디의 운동은 종파적 증오를 더욱 강화하고, 지역 주민들을 위협하고 전 세계적인 모집을 강화하기 위한 방법으로 잔혹함과 극단적인 야만성을 광고하는 전략을 채택하여, 그룹의 타협 없는 이념의 순수성에 감명을 받거나 극단적인 폭력에 흥분한 개인들을 끌어들였다. 이슬람 국가는 빠르게 수천 명의 전사들을 거느릴 수 있었다. 탱크, 포병, 로켓과 같은 재래식 군사력을 구축하고, 국가와 유사한 실체로 조직화하여 게릴라나 테러 공격이 아닌 공개적인 재래식 정복 전쟁을 감행하려고 했다. 이러한 접근 방식은 다음 주기의 재앙적인 성공과 거의 붕괴에 가까운 상황을 초래했다.

2014년 중반 ISIS의 진격 속도와 맹렬함, 그리고 성공은 이들을 전 세계 지하드 운동의 정점으로 끌어올렸고, 이제는 앙숙이 된 AQ를 압도했으며, 바그다디와 그의 세력을 세간의 주목을 받게 했다. 2015년까지 이슬람 국가는 이라크와 시리아 전역의 십여 개가 넘는 도시들을 장악했는데, 이는 싱가포르 인구 규모에 필적하는 수준이었다. 또한 이들은 하루 백만 달러가 넘는 수익원을 창출하여 바그다디가 자칭한 칼리프 국가 건설에 필요한 자금을 조달했다. 이들의 성공은 전 세계에서 대규모의 조직원을 끌어모았는데, 여기에는 ISIS에 합류하기 위해 시리아로 건너간 최대 4만 명의 외국인 전사들과 수많은 가족, 또는 개별 여성 및 어린이들이 포함되었다. 정점에 달했을 때 ISIS는 9/11 테러 이전 전성기의 AQ보다 훨씬 더 거대하고, 정교했으며, 군사적으로도 강력했다. 실제로 바그다디의 '칼리프 국가'는 지하드 테러 그룹이 실제로 물리적 국가를 수립하는 데 가장 근접했던 사례였다.

그러나 성공은 파멸의 씨앗을 품고 있었다. 정치적으로는 그룹의 잔혹한 이념에 대한 반발을 불러일으켰기 때문이고, 군사적으로는 탱크와 대규모 전투 부대를 운용하며 대규모이자 공개적으로 도시를 점령하고 유지하려 했기 때문에 이슬람 국가는 미국과 그 동맹국들이 어려움을 겪었던 게릴라전과 테러에서 서방군이 탁월했던 재래식 공개 전쟁으로 갈등의 양상을 전환시켰기 때문이다. 게릴라전의 그림자 속 한계적 세계를 버리고, 이슬람 국가 전투원들은 칼리프 국가가 무너지고 시민 구조가 해체되면서 라마디, 티크리트, 모술, 라카, 마라위, 바구즈 등지에서 맞서 싸우다 죽어갔다. 오늘날 이슬람 국가는 사라지지 않았지만, 국가 건설 단계에서보다 훨씬 덜 가시적이다. 많은 증거들은 이들이 단순히 가장 최근의 진화적 변혁 주기를 겪고 있으며, 공개적인 재래식 전쟁에서 게릴라 모드로 전환하여 또 다른 회복 및 재건 단계에 진입하고 있음을 시사한다.

더 나은 지하디스트?(A Better Breed of Jihadist?)

바그다디의 숙적이자 모하메드 알-졸라니의 세력인 이전의 알-누스라 전선(2017년 1월 하야트 타흐리르 알샴, HTS로 개명)은 한때 지구상에서 가장 인상적이고 유능한 테러 그룹 중 하나였다. 2015년 중반부터 HTS는 시리아 북서부 이들리브 주의 상당 부분을 통제했다. 여기에는 정권으로부터 점령한(알레포 다음) 두 번째 주도와 지하디스트 반군이 통제하는 시리아 영토의 마지막 남은 구석이 포함되었다. HTS는 이 지역에 대한 장악력을 공고히 하면서 통치, 정치적 동맹 구축, 경제 발전, 군사 활동을 결합한 방식을 실행했는데, 이는 바그다디의 그룹과 차별화되었고 AQ 지부들 중에서도 독특한 존재로 만들었다.

바그다디가 종파적 증오를 강조하고 점점 더 잔혹해지는 처형 영상들을 통해 잔인함을 공개적으로 과시한 반면, 부드러운 말투의 졸라니는 적어도 공개적인 선전 차원에서는 인민 전선 전략을 택했다. 그는 다른 그룹들과 협력하겠다고 제안했고, 동맹을 모색했으며, HTS를 지하드주의의 온건하고 합리적인 버전으로 내세웠다. 그의 공개 연설과 인터뷰는 시리아 독재자 바샤르 알-아사드에 반대하고 다른 시리아인들과 협력해야 할 필요성을 강조했으며, 바그다디 식의 종말론적 글로벌 지하드를 추구하는 대신 이 점을 부각했다. 한 번은 그의 그룹이 시리아의 한 마을에서 이슬람 율법 해석을 놓고 이견을 보이는 경쟁 파벌들과 공개 토론을 벌였는데, AQI와 ISIS가 사소한 의견 차이 때문에 수백 명을 무자비하게 학살하는 것을 지켜봤던 우리 분석가들은 HTS(그리고 전 AQI 지도자 졸라니)가 차분히 앉아 이야기하는 모습을 보고 고개를 갸웃거렸다.

하지만 HTS는 더 온건한 이미지 뒤에 IS나 9/11 테러 이전 AQ와 같은 모든 군사적 역량을 갖추고 있었고, 나중에 논의할 헤즈볼라 같은 시아파 단체들이 가진 정치적 수완과 사회 · 정치적 활동 능력도 상당 부분 보유했다. 실제로 졸라니의 시리아 출신 배경과 HTS 형성기 당시 이라크에 헤즈볼라와 유사한 시아파 단체들의 존재를 고려할 때, HTS는 수평적으로 전이되는 진화의 한 예시일 가능성이 있으며, 이는 한 그룹에서 다른 그룹으로 특성이 교차 수분된 것을 의미한다. 2016년부터 2019년까지 HTS는 통제 지역에서 어느 정도 대중의 지지를 얻었고, 원한다면 튀르키예, 유럽 또는 더 먼 지역 등 해외를 타격할 수 있는 능력을 유지했다. 따라서 여러 면에서 HTS는 오사마 빈 라덴이 한 세대 전에 개척했던 원래의 AQ 개념 중 가장 성숙하고 유능한 반복을 대표했다. HTS의 성공이 점점 더 격렬한 반응을 불러일으켰음에도 불구하고, 그들의 지속력과 생존력은 강력해 보였다.

2019년 현재, HTS가 마치 1920년대 후반 스탈린이 트로츠키의 세계 영구 혁명론을 버리고 러시아의 국익을 강조하는 '일국 사회주의' 독트린을 채택했던 때인 소련이나 1980년대 물라들이 세계 혁명에 대한 이론적 약속은 유지하면서도 점차 전통적인 페르시아 통치자처럼 행동했을 때인 이란 이슬람 공화국이 '이들리브 이슬람 토후국'과 같은 형태로 정착할 가능성도 아주 희박하지만 존재했다. 만약 방해받지 않았다면, HTS는 국제체제 내에서 다른 국가들이 분명히 견제하려 할지라도, 국가들 중 하나의 국가로 진화했을 수도 있다.

만약 누군가 그러한 변혁을 이끌어낼 수 있다면, 그것은 졸라니와 그의 HTS 동료 지도자들이 될 것이다. 물론 정부들이 9/11 테러로부터 얻은 핵심 교훈은 지하드 집단이 영토를 통제하고, 주민을 관리하며, 경제 자원을 개발하도록 허용하는 것, 다시 말해 국가나 국가와 유사한 실체가 되도록 하는 것은 필연적으로 그 영토로부터 세계적인 테러 위협이 발생할 수 있는 용납할 수 없는 위험을 수반한다는 점이었다. 이는 민주적이든 아니든 어떤 정부도 그러한 결과를 용납하지 않을 가능성이 높다는 것을 의미했다. HTS 또는 그 후계자들과 같은 그룹이 세계 지하드를 공식적으로 포기하고 행동으로 외부 위협이 되지 않는다는 것을 보여줄 때까지, 각국 정부는 사실상 군사 활동을 유지할 것이 확실하다.

HTS가 전 세계 지하드를 포기할 가능성은 희박하며, 그런 일이 일어나지 않는 한 바그다디의 IS 세력은 현재의 침체기에서 조만간 회복될 것으로 예상되지만, 그들의 진화 역사를 미루어 볼 때 다음번에는 다른 모습을 띨 것이다. 서방 국가들에서는 ISIS 이념에 영감을 받은 소규모의 즉흥적인 세포 조직과 자체 모집된 개인들로부터 지속적인 위협이 있을 것으로 보인다. 호주, 뉴질랜드, 유럽, 북미, 러시아는 물론 이스라엘, 인도, 방글라데시, 미얀마, 스리랑카와 같은 다른 남아시아 국가들, 그리고 어느 정도는 중국도 계속해서 표적이 될 것이다. 병력은 줄었지만 아프리카, 아프가니스탄, 이라크에서 서방의 군사 개입이 계속되고 시리아, 예멘, 리비아에서는 내전이 격화되는 동안, 테러와의 영원한 전쟁은 계속해서 확산될 것이다. 이 전쟁의 확산은 9/11 테러 이후 첫 10년간 서방 국가들이 노력의 대부분을 감당했던 시기에서 2011년 이후 러시아, 이란, 헤즈볼라가 점차 이 싸움에 동참하게 된 시기로의 전환에서 가장 두드러진다.

앞에서 살펴본 것처럼, AQ는 중동의 특정한 배경 조건들로부터 나타났다. 여기에는 1918년 오스만 제국의 붕괴, 1924년 오스만 칼리프국의 몰락, 1920년대와 1930년대 국제연맹 위임통치하의 유럽 열강의 지배, 1950년대와 1960년대 세속적인 나세르주의와 아랍 사회주의가 추구한 대아랍 지역 구상의 실패가 포함된다. 또한 1948년 중동 심장부에 이스라엘이 혼란스럽게 등장하고 1956년, 1967년, 1973년에 이스라엘이 아랍 세력들을 격파했으며, 수니파 극단주의자들이 이집트, 요르단, 사우디아라비아 통치자들이 불신자 서방과 협력하여 이슬람의 통합성을 배신했다고 여긴 사건들도 배경이 되었다. 배교자 정권이라는 개념과 AQ의 시각을 형성한 '가까운 적/먼 적 (near-enemy/far-enemy)' 구도는 이러한 환경에서 그 기원을 찾을 수 있다. 그러나 AQ가 취한 특정한 형태는 그 창립 그룹이 자국에서 배교자 정권에 맞서 싸우고, 이후 아프가니스탄에서의 반소련 지하드를 거치면서 얻은 경험, 즉 초기 평화 시기의 개념 중심 혁신, 그리고 2001년 이후 치명적일 정도로 강렬한 압력 속에서 겪은 전시 진화에 의해 형성되었다.

마찬가지로 9/11 테러 이후 AQ의 변모와 요르단, 아프가니스탄, 이라크에서의 자르카위의 경험은 AQI의 등장을 촉발했지만, 그 진화는 이후 이라크의 전시 상황에서 치명적인 성공과 공진화라는 순환적 논리에 의해 추진되었다. 이라크에서 포식 압력하에 AQI의 진화는 매우 다른 두 후계자, 즉 졸라니 휘하의 HTS와 바그다디 휘하의 ISIS를 탄생시켰다. 이들은 각각 시리아의 AQI 내 창립 세포들로부터 치명적으로 경쟁적인 적합성 환경에서의 전시 적응을 통해 나타났다. 이는 어떤 면에서는 종 분화의 한 형태였는데, 갈등 생태계에서 서로 다른 생태적 지위에 적합하고 다른 적응 전략을 추구하는 다양한 종류의 테러리스트들이 출현한 것이다. 적합성 지형 은유를 사용하자면, 두 그룹 각각은 험난한 지형에서 별개의 적합성 정점을 향해 진화해 온 것이다.

하지만 갈등 생태계에서 직접적인 전시 적응을 통해 나타난 무장 단체의 가장 명확한 예시는 아마도 헤즈볼라일 것이다. 방금 논의한 수니파 집단들과는 매우 다른 기원과 진화 경로를 가졌기에, 이 레바논 시아파 집단은 자세히 논의할 가치가 있다.

헤즈볼라의 진화(The Evolution of Hezbollah)

레바논은 정치 생태학적으로 매우 복잡한 나라이며, 놀랍도록 아름다운 나이기도 하다. 평행한 산맥, 비옥한 중앙 계곡, 그리고 도시화된 해안 지대, 고르지 않게 분포된 물, 숲, 경작지, 그리고 지형적으로 분열된 배후지를 가진 이 작은 나라는 약 4,000제곱마일(약 1만 360제곱킬로미터)의 면적으로, 매우 분할된 지리를 가지고 있다.[67] 수천 년 동안 12개 이상의 그룹이 이 복잡한 지형에 걸쳐 인접한 고립 지역의 모자이크처럼 정착하여 물리적 및 인구 통계학적 생활 공간과 정치 권력을 놓고 경쟁을 벌여왔다. 거의 모든 레바논인은 민족적으로 아랍인이지만, 종교적으로는 분열되어 있다. 1982년 헤즈볼라가 창립된 해에 총 인구 260만 명 중 시아파, 수니파, 드루즈파, 마론파, 정교회, 가톨릭 교파는 17개 종교 공동체 중 가장 큰 그룹에 불과했다.

레바논은 유럽, 소아시아, 아프리카, 아라비아를 잇는 전략적 교차로이자 지중해 무역의 중심지라는 지정학적 위치, 그리고 최근에는 이스라엘 및 시리아와 국경을 맞대고 있는 최전선 국가로서 역동적이고 폭력적인 갈등과 정복, 피난과 반란의 역사를 겪어 왔다. 무역의 유인, 레반트 해안 도시들의 중계 무역항 역할, 그리고 19세기와 20세기에 걸친 일련의 전쟁과 위기들은 아르헨티나, 호주, 브라질, 캐나다, 가나, 파라과이, 세네갈, 스웨덴, 미국과 같은 멀리 떨어진 곳에서도 중간

상 소수민족으로서 상당한 영향력을 가진 레바논 디아스포라를 형성했다.[68]

이러한 모든 요소들은 레바논의 사회적, 종교-민족적 집단들에게 엄청난 적응 압력을 가했으며, 이들은 지역적 이점을 차지하기 위해 경제적, 정치적, 군사적 경쟁을 통해 함께 진화했다. 이러한 환경에서 집단 정체성은 공동체와 개인의 성공, 심지어 생존에까지 항상 결정적이었다. 시간이 흐르면서 장소, 혈연, 후견 관계에 대한 충성심은 종교적 충성심과 점차 합쳐져서, 종파적 소속은 집단 정체성과 동의어가 되었고, 사실상 벗어날 수 없는 것이 되었다.[69]

1516년부터 1918년까지 4세기 동안 이어진 오스만 제국의 느슨한 통치 아래, 레바논의 튀르키예 총독들은 일상적인 현지 통제를 도시의 수니파 엘리트들에게 위임했고, 이들은 다시 부족 및 공동체 원로들을 통해 배후지를 통치했다. 제국의 변방에서는 오스만 술탄들이 종종 잔인한 드루즈족과 쿠르드족 비정규 민병대를 통해 간접적으로 통치권을 행사했다.[70] 1918년 오스만 제국이 멸망한 후, 레바논은 1920년부터 1943년까지 국제연맹 위임통치령하에 프랑스의 지배를 받았다. 이때 중앙 정부의 정치 및 경제 기관을 독점한 수니파 무슬림과 마론파 기독교인들의 사실상의 동맹이 지배적이었다. 동시에 오스만 시대와 마찬가지로, 지역 봉건 영지들은 도시 엘리트들과의 후견-피후견 관계를 통해 상대적인 자율성을 유지했다.[71] 독립 후, 이러한 배치는 국가 협약으로 성문화되었는데, 이는 겉으로는 안정적이었지만 영구적인 시아파 하층 계급을 제도화했다.

레바논 남부의 1/3 지역, 베이루트 남부 외곽의 빈민가와 빈곤층 교외 지역, 그리고 레바논 중앙 베카 계곡 북부에 살고 있던 레바논 시아파는 인구 규모에 비해 정치적으로 과소 대표되었고, 경제적 · 사회적으로 소외되었으며, 국가 협약을 통해 다른 종파 경쟁자들에 의해 구조적으로 밀려났다. 이러한 상황과 더불어 1945년 이후 시아파의 출산율이 다른 집단들을 훨씬 앞지르면서 인구학적 압력이 증가했고, 이는 레바논 시아파 인구들 사이에 거대한 불만을 야기했으며, 국가의 정치 · 사회 질서를 재편해야 한다는 요구로 이어졌다.

시아파 무장 활동은 결국 다른 그룹들의 반발을 불러왔고, 국가가 시아파를 보호할 능력이 없거나 의지가 없다는 것이 드러나자 공동체 기반의 민병대 창설에 박차를 가하게 되었다. 1948년 아랍-이스라엘 전쟁 이후, 레바논 남부 시아파는 팔레스타인에서 온 난민들의 물결에 더욱 휩싸였다. 그리고 1971년 팔레스타인

해방 기구(PLO)가 요르단에서 레바논으로 추방되면서, 이스라엘군과 PLO 페다인 사이의 국경 분쟁에 점점 더 노출되었다.

이 모든 상황에 대응하여, 1974년 레바논계 이란 시아파 성직자 무사 알-사드르는 '소외된 자들의 운동(하르카트 알-마흐루민)'을 조직했다. 이 운동은 시아파 공동체 조직화와 정치적 동원에 중점을 두었고, 학교와 진료소 건설을 포함한 자조 노력을 장려했으며, 레바논 권력 구조에서 시아파의 더 큰 참여를 촉구했다. 종파적 색채가 강했지만, 사드르의 운동은 복지와 정의를 강조하며 사회 · 정치적 혁명뿐만 아니라 종교적 각성을 요구했다. 이라크 참전용사들은 여기서 외국인, 지역 엘리트, 비시아파 모두에 대한 반대, 그리고 종교적 무장 활동이 대중 경제 및 사회 정의 운동과 결합된 이념을 알아볼 수 있을 것이다. 이는 무사 알-사드르의 먼 친척인 무크타다 알-사드르와 그의 마흐디군의 이념과 유사하다.

따라서 헤즈볼라는 종교적으로 정의된 정체성 정치, 사회적 · 정치적 불평등, 변화하는 인구학적 현실에 적응하려 하지 않는 안일한 엘리트들의 태도, 그리고 점점 더 호전적으로 변해가는 소외된 집단들의 급진화 및 군사화를 포함한 개념 주도의 혁신이라는 맥락 속에서 진화했다. 평시 이러한 혁신 패턴은 1975년 마론파 기독교 민병대와 팔레스타인 페다인 간의 충돌로 촉발된 내전이 레바논 사회 전체로 확산되고, 이스라엘과 시리아 같은 지역 행위자들뿐만 아니라 UN 및 미국, 프랑스와 같은 글로벌 강대국들까지 끌어들이면서 전시 공진화 모드로 전환되었다. 사드르의 운동은 레바논 저항 연대(아말, 아랍어로 '희망'이라는 뜻)를 창설했고, 이 조직은 전쟁의 압력 속에서 창립자의 사상을 빠르게 넘어 진화했다.

1978년 8월 사드르가 리비아 방문 중 의심스러운 상황에서 실종되자, 아말은 당시 마론파 정치인 엘리아스 사르키스가 이끌던 시리아의 지원을 받는 레바논 정부와 동맹을 맺었다. 이후 헤즈볼라의 지도자가 된 하산 나스랄라를 포함한 많은 젊고 더 전투적인 아말 구성원들은 조직의 세속적인 전환에 불만을 품었고, 여러 그룹들이 아말로부터 분열되어 헤즈볼라의 초기 모집원이 되었다. 1년 후, 이란의 이슬람 혁명이 샤를 무너뜨리고 전 세계 시아파 공동체를 활성화시키면서, 이란의 종교적 무장 활동, 성직자 정부, 그리고 억압으로부터의 해방이라는 개념은 레바논에서 강하게 울려 퍼졌다. 이러한 내부 경쟁, 외부 불안정화, 그리고 PLO와 이란 혁명의 급진화 영향이라는 환경은 1982년 6월 이스라엘이 침공하면서 더욱 고

조되었다.

이스라엘은 침공을 통해 PLO를 국경에서 밀어내고, 레바논을 시리아의 영향권에서 벗어나게 하며, 베이루트에 종교 무장세력과 세속 팔레스타인 전사들을 모두 통제할 수 있는 정권을 수립하기를 희망했다. 그러나 그 침공은 오히려 헤즈볼라의 결성을 촉발했다. 2006년 이스라엘 총리 에후드 바락은 "우리가 레바논에 진입했을 때 헤즈볼라는 없었다. 우리는 남부의 시아파 사람들로부터 향기로운 쌀과 꽃으로 환영받았다. 그곳에 우리의 존재가 헤즈볼라를 만들어냈다"고 말했다.[72] 헤즈볼라 사무총장 하산 나스랄라도 만약 이스라엘이 침공하지 않았다면, "헤즈볼라라는 것이 탄생했을지 모르겠다. 나는 회의적이다"라고 언급했다.[73]

이스라엘 침공의 영향은 남부 시아파에게 불균형적으로 미쳤는데, 수많은 마을이 파괴되고 수천 명의 민간인이 사망했으며, 농지와 농작물이 황폐해졌고, 거의 50만 명의 남부 주민들이 베이루트 외곽으로 피난해야 했다. 이 전쟁은 새롭게 창설된 헤즈볼라를 정당화했다. 헤즈볼라는 1982년 중반 베카 계곡의 바알베크에서 이란의 자금, 무기, 고문들의 지원을 받아 설립되었고, 1985년이 되어서야 공식 발표되었지만, 침략자들과 레바논 협력자들, 그리고 국제 평화 유지군 모두에 저항하는 수단이 되었다.[74] 이스라엘의 초기 공세는 서부 베이루트까지 북쪽으로 진격했지만, 곧 이스라엘 방위군, 그 동맹군인 남레바논군, 그리고 일련의 소규모 세속 및 기독교 민병대에 의한 혹독한 점령으로 이어졌다. 이스라엘은 1986년 안전구역으로 철수했는데, 이곳에서의 파괴, 피난, 그리고 구금(한때 해당 지역 남성의 절반가량이 이스라엘 방위군이 운영하는 안사르 수용소에 수감된 것으로 알려짐)은 남부 시아파를 더욱 급진화시켰다.[75]

초라하게 시작했던 헤즈볼라는 빠르게 진화하여 점령에 저항하는 최고의 게릴라 그룹 중 하나로서 신뢰를 얻었다. 이스라엘군과 남레바논군에 대한 일련의 전술적 성공을 통해 명성을 높였고, 이러한 성공은 모방자들을 독려하고 조직원을 결집시켜 헤즈볼라의 방식이 확산되고 기반이 확대되는 데 기여했다. 그러나 처음부터 헤즈볼라는 단순한 게릴라 운동 그 이상이었다. 이는 사드르주의적 사회 정의 기원을 반영하여, 이스라엘군과 남레바논군에 대한 군사작전과 일련의 사회·정치 프로그램을 결합했다. 병원과 학교부터 재건 서비스, 고용 지원, 식량 원조에 이르기까지 통제 지역 주민들을 위한 모든 것을 제공했다. 군사 및 강압적 집행 역량과 행정적, 설득적 수단의 결합은 헤즈볼라가 아말과 세속 민병대 같은 경쟁자들을 밀어내는 데 도움이 되었다. 이러한 수단들은 1988년 5월 헤즈볼라가 아말과 전면적인 내전을 벌인 후에 특히 중요해졌다.[76]

1980년대 후반에 이르러 헤즈볼라는 고도로 구조화되고 다면적인 조직이 되었다. 이들은 군사 부문과 정치 부문으로 나뉘어 있었고, '정치 및 행정 평의회, 군사 및 보안 기관, 그리고 사회 단위, 보건 단위, 교육 단위, 정보 단위'를 포함한 특정 서비스 하위 부대들을 갖추었다. 또한 공동체 및 노동 조직화를 위한 간부들, '대외 관계 단위, 재정 단위, 그리고 참여 및 조정 단위'도 있었다.[77] 그 집행부는 중앙위원회에서 선출된 7명의 슈라 평의회로 구성되었는데, 이 중앙위원회는 다시 선출되고 200명의 위원들이 3년 임기로 봉사했다. 또한 레바논 좌파 정당들을 연상시키는 정치국과 의회 위원회도 있었다. 대부분의 지도자는 성직자였지만, 전문 기술을 가진 평신도 간부들도 핵심적인 역할을 수행했다. 지하드 평의회는 이란 혁명 수비대의 고문들을 포함하여 전략적 질문들을 결정했지만, 대부분의 전술적 결정은 이 운동의 군사 부문에 맡겼다.[78]

이러한 조합은 헤즈볼라에게 강압적, 행정적, 설득적 도구의 스펙트럼을 제공하여 불신받는 정부와 경멸받는 침략자 모두에 반대하여 스스로 구축한 시아파 준국가와 같은 회복력 있고 매우 유능한 조직으로 만들었다.[79] 헤즈볼라는 사회 및 경제적 지원을 제공하고, 범죄를 억 제했으며, 이스라엘의 행동으로 손상되거나 파괴된 주택을 재건했다. 또한 통제 지역의 전체 주민들, 즉 시아파뿐만 아니라 모든 주민들에게 통치 서비스를 제공하여 호소력을 확대하고 통제력을 공고히 하는 데 기여했다. 이는 헤즈볼라에게 베이루트의 거대한 남부 빈민가, 베카 계곡, 남부 레바논 전역의 조밀한 산꼭대기 마을 네트워크에서, 그리고 결정적으로 자신의 종파 집단뿐만 아니라 이 지역의 비시아파 주민들 사이에서도 충성스러운 지지층을 형성하게 했다.

돌이켜보면 헤즈볼라의 진화 과정에는 여러 단계가 있었음을 알 수 있다. 1982년 중반부터 1992년 2월 사무총장 아바스 알-무사위가 사망하기까지 첫 10년간, 헤즈볼라는 고전적인 전시 공진화 패턴을 보였다. 즉 이스라엘 방위군과 남레바논군의 행동에 대해 일련의 주고받는 적응과 역적응을 통해 대응했다. 남부 안보 지대에서의 전투는 선택 효과를 발생시킬 만큼 충분히 강렬했지만, 그룹에 심각한 피해를 주거나 성장을 방해할 정도는 아니었다. 이 시기는 헤즈볼라의 군사 부문을 형성했고, 뚜렷하게 분산된 소규모 부대 특성을 부여했다.

자살 폭탄 테러, 서방인 납치, 서방 대사관 및 군사 기지와 같은 주요 시설에 대한 공격을 포함한 초기 헤즈볼라의 여러 전술은 레바논 외부에서 그 그룹의 대중적 이미지를 정의하게 되었다.[80] 가장 충격적이었던 사건은 1983년 10월 베이루트 외곽의 다국적군 막사에 대한 대규모 트럭 폭탄 테러였는데, 이 테러로 미국 평화유지군 241명과 프랑스 평화유지군 58명, 그리고 6명의 현지 민간인 및 두 명의 폭탄 테러범이 사망했다.[81] 이스라엘과 미국 분석가들은 나중에 헤즈볼라, 시리아, 이란을 비난했지만, 공격자들이 사용한 이름은 '이슬람 지하드 조직'이었다. 헤즈볼라는 반복적으로 책임을 부인했지만, 공격의 정치적 결과, 즉 다국적군이 레바논에서 쫓겨난 것으로 얻은 명성은 받아들였다.[82] 폭탄 테러 몇 달 후 평화유지군의 철수는 20년 뒤 마드리드 공격과 유사한 전략적 중요성을 부여했고, 행위 주체의 모호성은 결정적인 보복을 막아 헤즈볼라가 AQ와 ISIS의 치명적인 성공 주기를 피하는 데 도움이 되었다.[83] 이런 점에서 이는 아마도 의도하지 않았겠지만, '경계선 기동(liminal maneuver)'의 초기 사례였다.

이러한 충격적인 공격들의 시범 효과, 즉 다른 무장 단체들이 무엇이 가능한지에 대해 인식하게 된 영향은 엄청나 즉시 모방자들을 양산했지만, 사실 헤즈볼라는 1991년 내전이 끝난 후 이러한 전술들에서 빠르게 벗어났다. 또한 1984년 평화유지군이 떠나고 1986년 이스라엘군이 안전 구역으로 철수한 후에는 이미 이러한 방법들이 고전적인 소규모 게릴라 전술로 대체되고 있었다. 샤나 마샬이 헤즈볼라에 대한 연구에서 지적했듯이, 초기 고위층 공격에 기반한 자살 폭탄 테러 실행으로 이 집단이 명성을 얻었음에도 불구하고, "이스라엘 점령 기간(1982–1986년) 동안 자살 공격의 대다수(81%)는 기독교인이나 세속 또는 좌파 정당의 관련자들이 수행했으며, 헤즈볼라의 공격 중 의도적으로 당원 요원이 사망한 경우는 단 12건에 불과했다."[84] 1980년대 중반까지 실제 전투는 남부에서의 게릴라전이었다.

헤즈볼라의 독특한 전투 특성이 진화한 남부 레바논의 구릉 지대에서 마을들은 작물과 삼림으로 둘러싸인 언덕 꼭대기에 모여 있었고, 버려진 마을과 농장은 소규모 그룹에게만 은폐를 제공했다. 이러한 지형은 대규모의 공개적인 병력 집결에 대해 불리하게 작용했다. 이는 헤즈볼라가 초기에 남레바논군 기지에 대해 시도했지만 막대한 손실 후 포기했던 이란식 인명 파도 공격에서 나타났다.[85] 대규모 그룹은 즉시 이스라엘 전투기의 탐지 및 공격을 받거나, 안전하게 후방에 배치되고 이스라엘의 전방 언덕 관측소 네트워크에서 통제되는 포격에 맞아 큰 효과 없이 전멸했다.

이곳은 경보병 지형으로, 탱크와 장갑차는 물론 어떤 종류의 차량도 운용하기 어려웠다. 반면, 보병들은 경화기와 중(重)박격포, 기관총, 로켓을 혼합하여 분산 이동하며 지형을 활용하여 기동할 수 있었다. 저격수, 박격포, 그리고 급조 폭발물이 이곳에서 중요했다. 헤즈볼라는 초기 파도 공격 전술에서 벗어나 신속하게 보병 중심의 분산 작전으로 진화했고, 지휘통제 구조를 평탄화하며 자율적인 전투 그룹의 활용을 늘렸다.[86] 마찬가지로 안전 구역 내 이스라엘의 신호정보는 상세한 계획 및 조율에서 발생하는 무선 전송을 가로채고 위치를 파악할 수 있을 만큼 충분히 우수했지만, 헤즈볼라 전투 그룹들은 자신들의 본거지에서 작전했기 때문에 높은 수준의 소규모 팀 자율성을 가지고 운용하는 법을 익히기만 한다면 '무선 침묵' 상태에서 그러한 활동을 수행할 수 있었고, 실제로 곧 그렇게 했다.[87]

지상에서의 전술적 진화와 비전투 요소들의 효과적인 경쟁적 통제 시스템으로의 정치적 성숙과 함께 헤즈볼라는 전 세계 레바논 디아스포라를 자금, 신병, 정보의 원천, 선전 메시지 전달 채널, 그리고 스페인, 아르헨티나 등지에서의 해외 작전을 통해 그들의 위상을 높이고 적들을 처벌하는 장소로 활용하기 시작했다. 그러나 우리가 보았듯이 전 세계 지역 게릴라 집단들의 선봉대 역할을 하며 위에서 아래로 자신들을 강요하려 했던 AQ와는 달리, 헤즈볼라의 전 세계적 영향력은 기존 디아스포라를 활용하고 해외 레바논인들 및 이란 멘토들로부터 자원과 지원을 얻는 능력을 통해 아래에서 위로 유기적으로 성장했다.

두 번째 시기인 1992년부터 2000년까지, 헤즈볼라는 1991년 레바논 내전 종식에 대응하여 이스라엘에 대한 남부 반란에 더욱 집중하면서도 동시에 레바논 정치에 진입했다. 의회 과정에 참여하면서 자신들의 반국가적 역량을 강화하고, 아말 및 레바논군, 시리아군과의 관계를 회복했다.[88] 동시에 헤즈볼라는 정치적 전쟁 능력을 개발하여 레바논 정당으로서 신뢰를 얻는 동시에 지역 지지를 공고히 하고 디아스포라를 더욱 동원하는 데 사용했다.[89] 1992년 2월 무사위가 살해된 후 아바스 알-무사위를 이어 헤즈볼라 사무총장이 된 하산 나스랄라의 뛰어난 재능은 이러한 전환에 핵심적인 역할을 했고, 이는 앞 장에서 언급했던 표적 살해를 통한 인위적 선택이 긍정적인 효과를 가져온 또 다른 예시였다.

군사 전선에서 헤즈볼라는 국경을 넘어 이스라엘을 타격할 수 있는 로켓과 포병 무기고를 구축하기 시작했다. 처음에는 이스라엘 방위군의 심층 포병 진지를 제압해야 할 필요성에 대한 지역적이고 진화적인 대응이었지만, 나중에는 그 자체로 전략적인 진화가 되었다. 그리고 점점 더 정교해지는 능력을 더욱 명확한 정치적 목적으로 사용했다. 1991년 이후 다른 그룹들이 무장 해제하는 동안 헤즈볼라는 남부에서의 지속적인 이스라엘에 대한 저항을 구실로 삼아 무기를 보유하면서 레바논에서 가장 강력한 군사적 세력으로 부상했다.

헤즈볼라는 정치 전쟁 역량의 성장을 반영하여, 정치적 효과를 위해 목표를 선정했고, 그 후 자신들의 라디오 방송국, 텔레비전 채널, 디아스포라 네트워크, 그리고 온라인을 통해 사회 연결망과 선전 활동으로 이러한 효과를 증폭시켰다. 이스라엘 방위군 예비군을 대상으로 공격이 이뤄졌으며, 이스라엘 국민의 사기를 저하시키기 위해 개별 병사를 살해하거나 납치했으며, 남레바논군에 대한 이스라엘 방위군의 신뢰를 약화시켜 이스라엘이 점령 유지를 위해 더 많은 돈과 인명을 소비하도록 강요하려고 했다.[90] 헤즈볼라는 남레바논군 대원들의 가족을 표적으로 삼고, 이스라엘이 잘 보호된 기지에 병력을 숨겨두고 더 취약한 남레바논군을 방패막이로 삼는 습관을 비꼬아 남레바논군을 '모래주머니'라고 조롱했다.[91]

이 시기 동안 헤즈볼라의 소모전 전략은 변함없이 유지되었지만, 그 전술은 고전적인 전시 공진화 패턴으로 끊임없이 진화했다. 아이버 가브리엘센이 지적했듯이, 이러한 진화는 이스라엘과 남레바논군이 고정 초소를 배치했을 때 헤즈볼라가 정면 공격을 감행하는 등 보복적인 방식으로 빠르게 진행되었다. 이스라엘이 이에 대응하여 초소를 강화했을 때, 헤즈볼라는 박격포와 로켓 공격으로 전환했다. 이스라엘군이 다시 전술을 변경하여 지상 작전을 수행하고 박격포와 로켓의 영향을 줄이기 위해 더 많은 기동 부대를 투입했을 때, 헤즈볼라는 매복과 급조 폭발물로 대응하고 첨단 미사일 시스템을 획득했다.[92] 마찬가지로, 이스라엘 방위군이 전선 기폭 폭탄을 탐지하기 위해 탐지견을 사용했을 때, 헤즈볼라는 유리 섬유 바위 안에 급조폭발물을 숨기고 무선 조종으로 폭탄을 터뜨리는 방식으로 대응했다. 이스라엘 방위군은 헤르몬 산의 감청 초소에서 무선 주파수를 차단하는 방식으로 대응했다. 그러자 헤즈볼라는 휴대폰 수신기를 사용하여 급조폭발물을 작동시키는 방식으로 전환했다. 급조폭발물은 휴대폰 신호를 방해하는 방식으로 대응했고, 헤즈볼라는 적외선 빔을 사용하여 급조폭발물을 작동시키는 방식으로 대응했다. 1999년 2월 말, 헤즈볼라는 이라크에서 나중에 매우 치명적인 것으로 입증된 폭발 성형 관통자형 급조폭발물로 레바논 주둔 이스라엘 최고 사령관인 에레즈 거슈타인을 살해하면서 급조폭발물 작전에서 가장 큰 성공을 거두었다."[93] 2000년 5월 이스라엘이 마침내 철수했을 때, 남레바논군은 빠르게 와해되었고 헤즈볼라는 그 공로를 인정받으며 레바논과 디아스포라에서 정치적, 사회적 영향력을 확대했다.

이스라엘이 철수한 다음 10년, 즉 2011년 시리아 내전이 발발하기까지의 기간 동안 헤즈볼라는 이스라엘 점령에 맞서는 레바논 게릴라 저항 운동에서, 국가적 목표를 추구하며 재래식 및 비정규적 방법을 결합하는 강력한 무기고를 갖춘 지역 행위자로 진화했다. 또한 2000년 9월 제2차 인티파다가 시작된 이후 특히 팔레스타인인들의 지역 보호자 역할을 맡았다. 헤즈볼라는 점점 더 발전된 로켓 및 미사일 시스템으로 이스라엘 북부를 공격했고, 레바논 내외에서 활동했으며, 2006년 이스라엘과의 7월 전쟁 이후 레바논 국가 내에서 이미 상당했던 정치적 영향력을 확대했다.

이스라엘 철수와 7월 전쟁 사이의 6년 동안 헤즈볼라의 초점은 이제 버려진 안전 구역에서의 게릴라 작전에서 정치전과 재래식 군사력 증강으로 옮겨갔다. 따라서 이스라엘 철수 이후 남부에서의 선택적 압력은 한동안 감소했다. 헤즈볼라는 골란고원 근처 레바논과 이스라엘 영토에 걸쳐 있는 셰바 농장에 대한 이스라엘의 통제에 맞서면서 낮은 강도의 보복적 교전을 계속했고, 많은 정치적 자본을 얻었지만 사상자는 거의 발생하지 않았다. 헤즈볼라의 인터넷 보급률과 정치전 능력 또한 크게 향상되었다. 조직의 중앙 인터넷 사무국은 2003년과 2007년에 이스라엘인을 살해하면 보상을 제공하고, 저항을 미화하며, 이스라엘을 악마화하고, 신병을 유치하는 비디오 게임을 출시했으며, 알마나르 TV는 전 세계적으로 방송을 시작했다. 헤즈볼라에게 갈등을 유지하는 목적은 주로 정치적이고 내부적이었기 때문에 이 모든 것이 완벽하게 이치에 맞았다. 즉 이스라엘의 남부에 원래 존재 이유가 사라진 후에도 레바논 정치에서 지속적인 영향력을 행사하기 위한 수단으로서 저항 세력의 자격을 유지하는 것이었다.

이 시기에 헤즈볼라의 전술은 더욱 진화하여 이스라엘로의 더 강력하고 장거리 로켓 공격, 강화된 감시 및 정찰 활동, 그리고 이스라엘 요새 습격과 이스라엘 방위군 병사 납치를 포함한 일련의 국경을 넘는 작전들을 시행했다.[94] 이란과 정도는 덜하지만 시리아는 이러한 노력에 자금을 지원하는 데 핵심적인 역할을 했지만, 이전과 마찬가지로 구체적인 군사적 결정은 헤즈볼라 자체에 맡겨졌다. 이스라엘은 레바논에 대한 포격과 공습으로 대응했지만, 헤즈볼라가 더 이상 명확한 군사 목표물을 제공하지 않았기 때문에, 이러한 공격은 산업 기반 시설이나 시리아 시설에 집중되었다.[95] 국경 순찰 중이던 이스라엘 방위군 병사 2명의 납치로 촉발된 2006년 7월 전쟁에서 헤즈볼라는 4천 발 이상의 로켓을 이스라엘에 발사하고, 이스라엘 방위군 지상 공격에 대해 정교한 진지 방어를 수행하는 등 정규군처럼 작전을 수행했다.[96]

7월 전쟁 초기에 헤즈볼라의 대체로 성공적인 남부 방어는 이스라엘로 하여금 점점 더 값비싼 일련의 지상 공세를 시작하게 했고, 그 초점을 레바논 전역으로 넓히게 했다. 그 결과 이스라엘의 공중 작전은 전국 곳곳의 목표물을 공격하고 베이루트 남부 지역에 막대한 피해를 입히면서 광범위한 재산 피해와 사상자를 발생시켰다. 이는 반감을 불러일으켰고, 헤즈볼라는 이를 정치전, 재건, 사회 서비스 역량을 통해 활용하여 지역적 영향력을 확대하고 레바논 의회에서 자신들의 입지를 넓혔다.[97] 헤즈볼라의 선전 도구들은 24시간 내내 가동되어 이스라엘의 국제적 명성을 훼손하고, 디아스포라를 동원하며, 휴전을 위한 국제적 압력을 형성하는 데 기여하는 이미지를 퍼뜨렸다. 이 전쟁의 궁극적인 결과는 헤즈볼라를 레바논 국가의 영구적인 존재로 굳히고, 국내의 다른 모든 무장 그룹들과 비교하여 그 위상을 높였으며, 이 그룹과 그 배후의 이란을 이스라엘의 주요 지역적 적 세력으로 만들었다.[98]

그러나 헤즈볼라의 진화, 즉 레바논 내 이스라엘에 저항하는 지역 게릴라 그룹에서 레바논 국경을 훨씬 넘어선 곳까지 영향력을 행사하는 지역 및 글로벌 행위자로의 진화는 2012년 시리아 내전에 대응하면서 완전히 정점을 찍었다. 그 해 바샤르 알-아사드 정권은 세속 반군과 수니파 테러 집단들의 압력을 받고 있었고, 이란과 헤즈볼라는 그를 지원하기 위해 결집했다.

초기에 헤즈볼라는 시리아 반군과 ISIS가 레바논 북동부로 진격하고 레바논-시리아 국경의 칼라문 지역으로 폭력이 확산되는 것에 방어적으로 대응했다. 헤즈볼라군은 2012년 말 반격으로 북동부로 이동하여 ISIS를 레바논에서 몰아냈지만, 그 후 서부 시리아로 계속 진격하여 세속 반군과 수니파 지하디스트 모두에 맞서 아사드 정권과 함께 싸웠다. 헤즈볼라는 또한 반군을 지원하는 레바논 그룹에 맞서 싸워 2012-2013년 레바논의 트리폴리와 시돈에서 세속 및 수니파 세력과 교전했다. 2013년 5월 25일, 전직 고위 헤즈볼라 인사를 포함한 레바논 내 다양한 지도자들의 비판에 직면하여, 나스랄라는 시리아 내전 참전을 공식 발표했다.[99] 그는 헤즈볼라의 사상 첫 대규모 해외 정규군 파병으로서, 알레포 전투에서 아사드를 지원하기 위한 원정군을 배치했다.

2015년까지 시리아 여러 지역에서 반군의 성공적인 공세로 아사드 정권이 붕괴 직전으로 치닫자, 헤즈볼라는 러시아, 이란과 함께 병력, 고문, 자금, 장비를 포함한 구원 패키지를 구성하여 궁극적으로 정권의 운을 되돌리고 시리아 영토 거의 전역에 대한 통제를 되찾는 데 일조했다.[100] 이후 헤즈볼라는 알레포 탈환, 정권의 시리아 중부 공세, 다라아 재점령, 그리고 다른 작전들에서 결정적인 역할을 수행했다. 1980년대와 1990년대 바샤르 알-아사드의 아버지 하페즈 알-아사드 치하에서 레바논을 통제하고 이스라엘을 불안정하게 만들려는 시리아의 오랜 계획에서 종속적이고 종종 무시당하는 존재였던 헤즈볼라는 이제 '시리아 전쟁에서 승리하고 있다'는 평가를 받았다.[101] 2019년 현재 헤즈볼라는 지역 강자로 활동하며, 과거보다 훨씬 더 동등한 입장에서 다마스쿠스와 협상하고 있으며, 이스라엘과의 충돌 가능성에 대한 우려를 불러일으키고 있다.[102]

헤즈볼라는 시리아 내전에서 장갑차, 중포 및 로켓, 대규모 전투 부대, 무장 드론 부대, 잘 조직된 병참 및 인사 시스템, 그리고 강력한 정보, 감시 및 정찰 능력 등 완전한 역량을 갖춘 정규 원정군을 운용했다.[103] 이러한 전투 병력 외에도 헤즈볼라는 아사드 정권이 자이시 알-샤아비(인민군)를 설립하는 데 도움을 주었다. 인민군은 후방 지역 보안을 위해 고안된 친정권 민병대였으나, 전쟁이 격화되면서 점차 직접적인 전투에 투입되었다. 시리아 여러 지역에서 인민군은 이제 공식적인 국가보다 훨씬 더 유능한 평행 통치 구조를 형성하고 있으며, 이는 이라크의 인민동원군과 매우 흡사하다.[104] 따라서 헤즈볼라 역사의 변혁이 암시하는 군사적 진화와는 별개로, 헤즈볼라의 정치적 진화는 진정으로 놀랍다.

상이한 진화 경로, 상이한 결과(DIFFERENT EVOLUTIONARY PATHWAYS, DIFFERENT OUTCOMES)

헤즈볼라의 진화는 이 장에서 논의한 다른 '뱀'들의 비극적 성공, 죽음 직전의 위기, 변신, 재탄생의 주기와 왜 그렇게 달랐을까? 분명한 것은 내부적 요인과 외부적 환경이 모두 영향을 미쳤다는 점이다.

앞서 살펴본 바와 같이 헤즈볼라는 내부적으로 종파적 경쟁과 공동체주의 정체성 정치라는 복잡한 내부 정치 생태계 속에서 발생했으며, 이는 레바논 시아파를 소외시키고 인구학적, 그리고 경제적 현실에 기반한 지속적인 구조조정 요구를 촉발시켰다. 따라서 헤즈볼라의 진화는 AQ나 ISIS의 '선봉대'처럼 자의식을 가진 외부 엘리트 그룹이 주도한 것이 아니라 실제 환경의 압력에 의해 뒤에서 밀어붙인 것이다.

1970년대 시아파의 정치 및 사회 조직은 자연스럽게 사드르의 하라캇 알-마흐루민 형성으로 이어졌다. 이는 다른 집단으로부터 군사적 저항에 부딪히면서 민병대 형성 및 아말의 출현으로 자연스럽게 연결되었다. 1975년 내전이 발발하자, 아말은 급진화되었고 그 규모가 커졌다. 이전 장에서 다룬 그룹 규모에 대한 연구를 한 인류학자 로빈 던바가 말했듯이 아말은 자연스럽게 분열하기 시작했다. 특히 이란 혁명, 남부 레바논의 PLO 주둔, 그리고 가장 주목할 만한 1982년 이스라엘의 침공과 같은 외부 요인들은 아말로부터의 집단 분열을 가속화했고, 이란의 후원과 자금을 통해 이들을 헤즈볼라의 창립 간부로 변모시키는 데 도움을 주었다.

이 신생 조직은 처음부터 내전과 남부의 혹독한 작전 환경, 즉 특정 행동에는 불이익을 주고 다른 행동에는 보상을 주는 작고 강렬한 전투 생태계에서 고전적인 전시 공진화 패턴을 보이며 적들과 함께 진화했다. 이곳은 사실상 헤즈볼라만의 독특한 스타일이 탄생한 전투 실험실이자 게릴라 대학이 되었다. 동시에, 남부 시아파 사이의 사회정치적 정의 운동에 뿌리를 둔 헤즈볼라의 사드르주의적 배경은 이스라엘의 행동과 안보 지대 내 헤즈볼라의 반격이 일련의 견인 요소를 만들어내는 가운데서도 그 진화를 계속해서 뒤에서 밀어붙였다. 이러한 두 가지 압력 아래에서 조직은 빠르게 이란 멘토들을 뛰어넘어 그들의 값비싼 인명 파도 전술을 버리고 자신들만의 독특한 작전 방식을 개발했다.

하지만 각각의 경우, 군사적 발전은 헤즈볼라가 대중적 기반의 지지를 받아 이미 취했던 정치적, 사회적 조치들을 따르며 이를 공고히 했다. 이러한 순서는 중요한데, 근본적인 사회적 흐름을 통해 대중 운동으로 발전하고, 점차 발전된 평행 국가 또는 반국가적 성격을 띠는 정치 조직으로 상향식으로 구축되는 과정이었다. 헤즈볼라는 먼저 지하 네트워크를 구축하고, 그 다음 보조 지원 시스템을 형성했으며, 그 이후에야 전투 부대를 만들었다. 이 전투 부대들은 처음에는 소규모의 비정규군으로 시작했지만, 시간이 지남에 따라 점점 더 유능해지고 정규군화되었다. 이러한 유기적인 발전은 헤즈볼라의 전방위적 경쟁 통제 시스템을 통해 탄력성을 만들어냈고, 이는 그들의 진화를 ISIS나 AQ보다 훨씬 덜 주기적으로 만들었다.

이러한 내부 요인 외에도 헤즈볼라의 비교적 최근 재래식 역량 확보는 주로 외부 환경의 부수적인 효과였다. 이러한 변화를 가장 명확하게 가져온 것은 1982년 이스라엘 침공으로, 이 사건은 헤즈볼라를 탄생시키고 초기 진화를 이끌었다. 다음으로 2006년 7월 전쟁은 레바논 내 헤즈볼라의 입지를 확고히 하고, 재래식 및 비정규군 역량을 모두 갖춘 하이브리드 행위자로서의 등장을 알리는 동시에 레바논 내 자체 준국가를 운영하는 계기가 되었다. 마지막으로 시리아 전쟁, 특히 2013년 5월 헤즈볼라의 직접 개입 이후부터 현재까지의 시리아 전쟁은 헤즈볼라를 지역 레바논 그룹에서 강력한 지역 플레이어로 격상시켰다. 헤즈볼라의 진화가 AQ, ISIS 또는 하야트 타흐리르 알샴(HTS)와는 다르면서도 궁극적으로는 더 성공적인 경로를 따랐지만, 헤즈볼라는 이들이 직면했던 것과 동일한 환경 조건, 즉 산발적인 제공권, 만연한 신호 정보, 점점 더 제한적인 자체 부과 제약 등에 대응하고 있었다는 점은 주목할 만하다. 다른 그룹과의 공모나 모방의 증거는 없지만(물론 졸라니의 AQ 분파인 HTS의 경우 어느 정도의 상호 교류가 있었지만), 헤즈볼라는 놀랍도록 유사한 일련의 기술을 독자적으로 터득한 것으로 보인다.

이 장과 이전 장에서 나는 이러한 현상의 상당 부분이 우리 자신의 행동 및 이스라엘과 같은 동맹국의 행동에서 비롯된 자연 선택 및 인위 선택 효과로 설명될 수 있다고 주장했다. 그러나 의식적인 혁신, 특히 헤즈볼라가 다른 그룹들에서 나타난 치명적인 과잉 확장을 피할 수 있게 해준 경계선 기동 기술 역시 핵심적인 역할을 했다는 것도 분명하다. 그리고 이는 다음 장에서 보여줄 것처럼 비국가 행위자에게만 해당되는 것이 아니다. 왜냐하면 그 기술의 진정한 대가이자 우리가 다음으로 살펴볼 적수는 바로 러시아이기 때문이다.

지도 2 남부레바논의 헤즈볼라 게릴라 실험실(Hezbollah's Guerrilla Laboratory in Southern Lebanon)

지도 3 노르웨이-러시아 국경(The Norwegian-Russian Border)

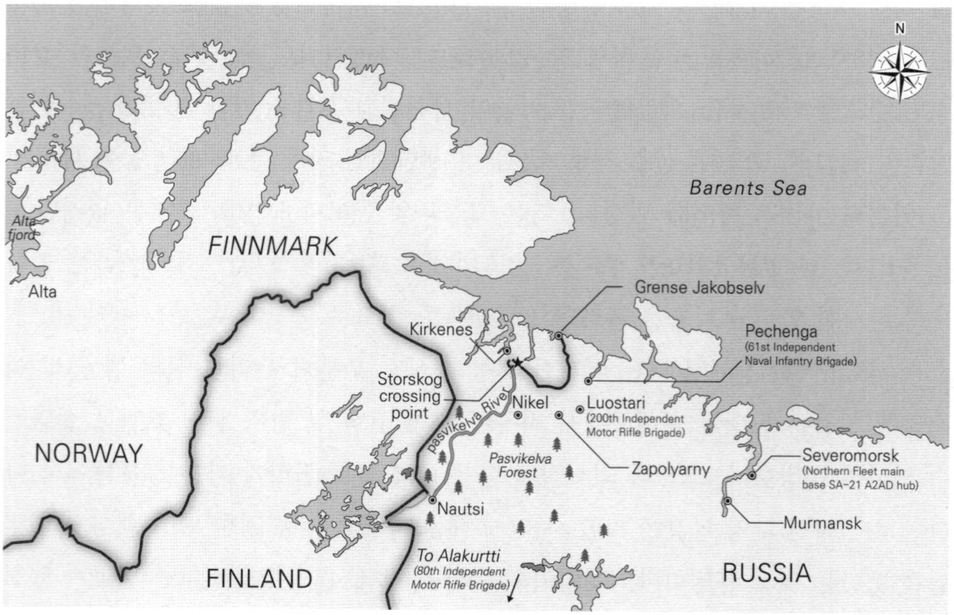

제4장

경계선 전쟁 (Liminal Warfare)

제4장

경계선 전쟁
(Liminal Warfare)

2016년 9월 18일 오후 5시 45분, 노르웨이-러시아 국경

나의 호위병 'J 상병'은 나무 데크 위 숲길을 따라 폴라리스 4륜 오토바이를 맹렬히 몰았다. 그의 등에 메인 소총은 흔들렸다.[1] 날이 저물어갔다. 오후의 햇살이 왼쪽 절벽에 빛나고 있었지만, 우리는 이제 그림자 속에 있었다. 차갑고 물이 고인 자작나무 숲을 지나 절벽 아래를 따라 북쪽으로 이동하고 있었다. 길은 오토바이의 울퉁불퉁한 전 지형용 타이어가 겨우 지나갈 정도로 좁았고, 타이어는 주기적으로 검은 진흙 속으로 미끄러졌다. 두 번째 폴라리스 오토바이가 생존 장비와 또 다른 무장 호위병을 싣고 뒤따랐다. 우리는 북극권에서 북쪽으로 220마일 떨어진 곳, 러시아로부터 약 25피트 떨어진 지점에 있었다.

나는 노르웨이의 북동쪽 국경을 순찰하는 특수 부대와 같이 있다. 국경을 따라 이틀째 이동하는 중인데, 숲을 자전거로 지나고 노르웨이 핀마르크주와 러시아 무르만스크주의 페첸스키구를 가르는 파스비켈바강을 보트로 따라가고 있다. 이 위도에서는 가을이 일찍 찾아온다. 아직 30분의 일광이 남아있지만, 기온은 급락하고 북동풍이 강해지고 있다. 바람은 콜라반도 너머 수평선 너머의 바렌츠해에서 곧장 불어온다.

우리 오른쪽에 있는 개울이 국경이다. 폭은 몇 피트 정도로 쉽게 건널 수 있으며, 노르웨이 쪽에는 검은색 꼭대기가 있는 노란색, 러시아 쪽에는 빨간색과 녹색 줄무늬가 있는 높은 나무 말뚝으로 표시되어 있다. 왼쪽으로 몇 야드 뒤에는 노르웨이가 철망 울타리를 세워 놓았다. 사람에게는 큰 장애물이 되지 않으며, 주로 야

생동물을 통제하고 EU가 부과한 국경 보안 장벽 요건을 충족하기 위함이다. 우리는 유럽의 가장자리를 따라 이동하고 있다. 국경 안쪽으로 몇 피트 들어와 있지만, 울타리 바깥에 있다. 러시아 쪽 강둑의 자작나무와 전나무 사이로는 거의 아무것도 보이지 않지만, 이는 속임수이다. 숲속에는 타워, 지뢰밭, 철조망이 배치되어 있으며, 이는 소련 KGB의 후신인 러시아 연방 보안국 국경 수비대가 순찰하는 복잡한 장애물 지대를 형성하고 있다.

땅거미가 질 무렵, 우리는 바람에 흔들리는 나무 꼭대기 아래서 지형도를 살핀다. 며칠 전, 국경에서 수 마일 떨어진 곳에서 나는 러시아 쪽 지도를 보았다. 그 지도에는 '가짜 국경'들이 표시되어 있었다. 그것들은 망명자들을 막다른 길로 유도하고, 강굽이에서 국경을 넘는 사람들을 가두거나, 도망자들이 이미 국경을 넘었다고 착각하게 만들면서도 실제로는 여전히 러시아 안에 있도록 속이려는 용도로 설치된 장애물이었다. 이들의 움직임은 감시탑에서 관찰되고 자동 카메라로 추적된다. 지도에서 분명한 것은 러시아의 방어 체계가 안쪽을 향하고 있다는 점이다. 노르웨이 국경이 외부 침입을 막기 위해 건설된 것과 달리, 소련이 건설한 이 시스템은 공산주의가 무너진 지 30년이 지난 지금도 여전히 사람들을 안으로 가두기 위해 설계되어 있다.

냉전 시기 노르웨이는 이 지역에 수천 명의 병력으로 구성된 여단을 유지했다. 영국, 네덜란드, 미 해병대 역시 산악 및 북극 훈련을 위해 정기적으로 노르웨이를 순환하며 NATO가 북부 측면을 신속하게 증원할 수 있음을 보여주었다. 그러나 1990년대 NATO가 재편되면서 노르웨이 여단은 해체되었다. 2017년에 이르러 발트해와 북극에서의 러시아의 공격적인 행동, 노르웨이 내 여러 명의 러시아인 간첩 혐의 체포, 그리고 러시아의 우크라이나 침공은 노르웨이가 국경을 강화하도록 촉구했다. 동시에 영국 왕립 해병대와 미 해병대는 2018년에 북부 노르웨이 순환 배치를 재개했다.[2] 그럼에도 불구하고 현재 러시아는 접경 지역에서 노르웨이보다 10배 이상 많은 병력을 항상 주둔시키고 있다.

러시아 연방보안국의 국경 장막 뒤에는 수천 명의 병력과 수백 대의 차량을 갖춘 세 개의 여단이 주둔하고 있다. 제61 독립 해군 보병 여단: 바렌츠해 연안 북부 페첸가 근처에 주둔하는 해병 상륙 여단이다. 제200 독립 전동 소총 여단: 몇 마일 남쪽 루오스타리에 주둔하는 기계화 부대이다. 제80 독립 전동 소총 여단: 콜라반도 알라쿠르티에 주둔하는 특수 북극 여단이다. 이 부대는 핀란드 국경에 더 가깝지만 노르웨이를 쉽게 타격할 수 있는 거리에 있다. 이러한 주요 부대들과 더불어, 지난 3년간 보즈두쉬노-데산트니 보이스카, 즉 러시아군의 별도 병과로 간주되는 정예 공수부대가 북극에 공중 강하 훈련을 실시하여 이 지역을 신속하게 증원할 수 있는 능력을 과시했다. 또한 이 지역에는 여러 특수 목적군 부대가 배치되어 있으며, 이들은 대테러 작전부터로 장거리 정찰 및 사보타주에 이르는 임무를 수행한다.

러시아 북해 함대의 수상함, 잠수함, 전투기, 특수부대 또한 인근에 주둔하고 있다. 이와 함께 미사일 시스템과 사이버, 전자 공격, 전파 방해, 도청 장비 등 정말 놀라운 수준의 장비들도 갖추고 있다. 러시아의 증가하는 핵 추진 쇄빙선 함대 중 여러 척은 무르만스크에 기지를 두고 있는데, 러시아는 현재 이러한 특수 선박 10척을 보유하고 있으며 훨씬 더 큰 함정이 현재 건조 중이다. 이 모든 것 위에는 세베로모르스크에 배치된 S-400 지대공 미사일(NATO에서는 SA-21 '그라울러'로 알려져 있으며 미 패트리어트와 거의 동등한 수준)이 제공하는 강력한 방공망이 자리 잡고 있다. 이는 기획자들이 '반접근/지역거부(A2/AD)' '버블'이라고 부르는 것으로, 노르웨이 깊숙이까지 미친다.

국경 근처에는 노르웨이로 신속하게 강을 건너기 위한 교량 재료들이 비축되어 있다. 어떤 지점에서는 국경 너머를 바라보니, 독일 국방군이 건설했다가 1944년 독일군 철수 시 버려진 다리 지지대 바로 옆, 러시아 쪽 타르파울린 아래에 교량 상판들이 쌓여 있는 것이 보였다. 러시아 부대들은 주기적으로 모의 공격을 실시한다. 대형을 갖추고 국경을 향해 돌진했다가 도달하기 직전에 방향을 바꾼다. 내가 북쪽으로 떠나기 전 오슬로에서 만난 한 분석가는, 최근 훈련 주기 동안 러시아의 각 여단이 노르웨이군 전체의 연간 할당량에 해당하는 탄약을 모두 소모했다고 했다.

이제 땀이 얼어붙어 몸이 떨리기 시작하는데, 어둠이 내리기 전에 다시 움직여야 한다. 계절이 이렇게 늦어지면 몇 피트 아래 영구 동토층이 녹은 물을 표면에 가두어 숲을 늪으로 만들면서 지면은 몇 인치 깊이로 침수된다. 몇 주 후면 이곳은 콘크리트처럼 꽁꽁 얼어붙어 러시아 기지의 T-80 탱크들이 핀마르크의 주요 도시이자 세계 최북단 주요 도시인 알타로 질주할 수 있을 것이다. 한 분석가가 나중에 내게 말하기를, S-400 대공 미사일 시스템의 엄호를 받고 공수부대의 공중 투하와 스페츠나츠의 기만 작전을 지원받는 해군 보병이 알타 피오르드를 침투하여 증원된다면, 러시아 기계화 부대는 약 하루 만에 노르웨이 최북단 지역을 점령할 수 있을 것이라고 했다. 이는 해당 지역을 노르웨이 본토로부터 차단하고선, 노르웨이 및 NATO에게 반격을 개시하여 분쟁 확대의 위험한 결과를 초래하거나 주요 협상 카드를 쥐게 된 적과 협상하는 것과 같이 어려운 선택을 강요하게 된다.

내가 북부에서 돌아온 지 몇 주 후, 랜드 연구소는 발트해와 유사한 시나리오를 검토한 워게임 결과를 발표했다. 이는 단 한 번의 기습적인 움직임으로 핵심 지역을 점령하는 '쿠데타' 방식의 신속한 공격 후, 우위를 점한 상태에서 정치적-외교적 협상을 진행하는 시나리오였다. 랜드 연구소의 분석가들은 "여러 번의 게임을 통해... 러시아군이 에스토니아와 라트비아의 수도인 탈린과 리가의 외곽에 도달하는 데 걸린 시간은 최대 60시간이었다"고 밝혔다.[3] 물론 러시아가 왜 그런 일을 하고 싶어 하는지는 별개의 문제이다.

한 시간 후 나는 스토르스코그 국경 검문소에서 뜨거운 코코아를 마시며 사령관과 이야기를 나누면서 몸을 녹였다. 최근 이곳에서 발생한 일련의 사건들은 러시아가 왜 그런 공격을 감행할 필요가 없을 수도 있는지, 그리고 설령 공격하더라도 러시아가 아마도 '형성 단계'라고 불리는 첫 번째 탱크가 국경을 넘기 전 군사 기획관들이 말하는 시기에 비전통적인 수단을 혼합하여 승리할 가능성이 높은 이유를 보여준다. 그렇게 되면 T-80 탱크는 아예 움직이지 않을 수도 있다. 이는 결국 울시의 주장처럼 원래 용이었던 러시아가 지난 25년간 어떻게 새롭고 훨씬 더 도전적인 적수로 진화했는지에 대한 실마리를 제공한다.

이 장에서 살펴보겠지만, 러시아는 1993년 울시가 묘사했던 몰락으로부터 완전히 회복했다. 러시아는 NATO의 확장, 미국의 단극적 군사 및 경제 지배, 서방이 모스크바가 '인접국'이라고 부르는 지역으로 침범하는 현상, 그리고 자국 내부 문제에 대한 간섭이라는 상황에 직면하여 냉전 이후, 특히 2008년 이후 '경계선 전쟁'이라고 부르는 형태의 기동으로 진화했다.

'리미널(liminal)'이라는 용어는 라틴어로 문턱을 뜻하는 단어에서 유래했으며, 인류학에서는 두 가지 상태 사이를 전환하는 사람이나 사회가 경험하는 모호함을 설명하는 데 사용된다.[4] 림보 상태에 있거나, 전환 중이거나, 주변부에 있는 것들,

즉 모호한 정치적, 법적, 심리적 지위를 갖거나 존재 자체가 논의되는 것들이 바로 '경계선'이다. 경계선 지리학은 문턱을 날카로운 선이 아니라 전환 지대로 인식한다. 전쟁에서는 게릴라, 민병대, 테러리스트, 저항 운동이 모두 경계선 행위자이며, 난민과 디아스포라도 마찬가지다. 러시아-노르웨이 국경과 같이 멀리서 보면 날카롭게 구분되어 보이는 문턱도 가까이서 보면 흐릿하고 모호하다는 것이 드러난다. 앞으로 살펴보겠지만, 그 흐릿한 경계선 안에서 많은 일이 벌어진다.

경계선 전쟁은 이러한 모호한 특성을 활용하여 흐릿한 영역, 즉 일부 서방 군사조직들이 '회색 지대'라고 부르는 곳에서 작전한다.[5] 기동의 한 형태로서 이는 완전히 공개적이지도, 완전히 은밀하지도 않다. 오히려 탐지 가능성의 경계를 타고 넘나들며, 때로는 잠재 의식적인 수준에서, 때로는 적이 반응하기 전에 이점을 포착하거나 이득을 공고히 하기 위해 완전히 공개적으로 나타난다. 마찬가지로 이 접근 방식은 정의되지 않거나 법적으로 모호한 공간과 범주를 활용한다. 이를 보복 없이 행동할 수 있는 은폐물로 삼는 것이다.

이 책에서 논의된 다른 진화적 발전과 마찬가지로, 러시아가 경계선 전쟁을 수용한 것은 냉전 이후 서방이 좁게 정의된 대칭적, 병력 대 병력 충돌 형태를 지배한 것에 대한 반응으로 가장 잘 이해될 수 있다. 이는 이러한 지배력에 대한 적응적 반응이며, 만연한 전자 감시, 정말 은밀하거나 부인 가능한 비밀 작전을 점점 더 어렵게 만드는 소셜 미디어 환경, 그리고 행동하기 전에 시간과 증거가 필요한 민주 정부에 대한 강화된 정치적, 법적 제약이라는 환경에 의해 형성되었다. 따라서 경계선 전쟁은 서방과 직접 경쟁할 능력이 부족하고, 재래식 전력을 재건하는 동시에 미래 이익을 위한 협상 공간을 확보할 수 있는 제한된 기회의 창을 마주하고 있는 강대국을 위한 생존 메커니즘이다.

북극의 시리아인(SYRIANS IN THE ARCTIC)

러시아-노르웨이 국경은 전형적인 경계 공간인데, 이곳의 모든 이들이 남쪽으로 1,200마일 떨어진 오슬로 정부를 지지하지는 않는다. 제2차 세계 대전 중 이 지역의 수백 명은 소련으로 도피하여 러시아인들과 훈련을 받고, 이후 KGB의 전신인 내무인민위원부가 통제하던 노르웨이 북부의 유격대인 게릴라 그룹에 합류했다.[6] 이 노르웨이인들은 오슬로에서 독일군의 점령을 방해하거나 베모르크의 중수소 공장을 파괴한 저항군(1965년 영화 '텔레마르크의 영웅들'에서 기념되었던, 영국의 특수작전집행부와 함께 노르웨이인들이 나치 원자폭탄 프로그램을 방해했던 작전)만큼이나 애국적이었을 수 있다. 그러나 냉전 시대에 러시아의 지원을 받은 유격대원들은 연합군의 자유 노르웨이군과는 매우 다르게 대우받았다. 이들은 영웅으로 칭송받기는커녕 1990년대까지 소련의 지원을 받은 노르웨이 유격대원들은 전시 복무에 대한 인정을 받지 못했고, 소련의 침략에 직면한 정부로부터 그들과 그들의 가족은 의심의 눈초리를 받았다.[7] 오늘날까지도 노르웨이 국경 순찰대는 때때로 이 집단이나 그 후손들로부터 모욕적인 제스처나 찡그린 표정을 마주하고 있다.[8]

러시아 군사 정보국(GRU, 현재는 러시아 총참모부 산하 정보총국인 GU로 불림) 소속 장교 8~10명 정도가 항상 국경의 노르웨이 측에서 활동하며, 정보를 수집하고 정찰을 수행하며, 분쟁 발생 시 활성화할 게릴라 세포와 사보타주 네트워크를 준비하고 있을 수 있다.[9] 이러한 활동은 업계에서 '작전 환경 준비'로 알려져 있는데, 사실상 입증하는 것이 거의 불가능하다. 물론 이러한 추정치가 정확하다고 해서 현지 주민들이 불충실하다는 의미는 아니지만, 노르웨이 북부의 러시아어 사용자들 사이에서는 그러한 고정관념이 여전히 남아 있기는 하다.[10] 오히려 이는 국경이 다른 어떤 국경과 마찬가지로 다양한 행위자, 여러 동시다발적인 중첩 활동, 그리고 조용히 유지해야 할 것들을 위한 충분한 은폐(인적 은폐 포함)를 가진 복잡하고 경계적인 공간임을 시사할 뿐이다.

대부분의 국경 활동은 사실상 합법적이고, 우호적이며, 협력적인 상업 활동이다. 국경을 넘는 사회, 공동체, 예술 행사가 있고, 다양한 개인 간 접촉과 강력한 전통 무역 관계가 존재한다. 러시아인들은 기저귀 등 소비재를 사거나, 지역 시장에서 수공예품을 팔거나, 키르케네스 공항에서 비행기를 타기 위해 정기적으로 노르웨이로 차를 몰고 온다.[11] 노르웨이인들 또한 노르웨이에서 비싼 휘발유와 술을 사기 위해 러시아로 간다. 2017년에는 노르웨이에서 약 35달러인 300크로네짜리 보드카 한 병이 러시아에서는 112크로네에 불과했고, 노르웨이에서 일반 승용차의 연료를 가득 채우는 데 825크로네가 들었던 반면 러시아에서는 302크로네였다.[12] 러시아 규정상 국경을 도보로 넘는 것은 불법이며, 노르웨이 법은 여권 없이 승객을 태운 운전자를 처벌한다. 하지만 양측 모두 자전거 이용을 허용하여 자전거로 국경을 넘는 허점이 생겨났다.

이러한 국경 규정의 법적 허점은 2015년 여름 몇 주 동안 실제로 중요한 의미를 가졌다. 시리아, 아프가니스탄, 이라크 출신 난민 5,500명 이상이 러시아의 공업 도시 니켈에서 자전거를 타고 국경을 넘어 스토르스코그에 자전거를 버리고 망명을 신청한 것이다.[13] 1년 뒤, 내가 방문하기 몇 주 전에도 또 다른 그룹이 같은 시도를 했다. 이는 노르웨이만의 문제가 아니었다. 러시아의 유럽 국경 전체에서 중동 난민들이 동일한 방식으로 국경을 넘으려 한 것이다. 이듬해 봄, 에스토니아, 라트비아, 리투아니아 등 발트 3국은 러시아 국경에 강화된 울타리를 건설하여 이와 유사한 침입을 저지하기 위해 협력했다.[14] 그해 겨울, 핀란드도 라플란드 지역으로 난민이 밀려드는 상황을 경험했다.[15]

몇 달 후 헬싱키에서 한 핀란드 보안 서비스 담당자가 나에게 말하길, 이주자들이 조직범죄의 도움을 받은 것은 분명하지만, 정부의 개입이 있었던 것이 거의 확실하다고 했다. 그녀가 이를 언급한 이유는 마치 누군가 수도꼭지를 튼 것처럼, 러시아의 스칸디나비아 및 발트 국경 전체에 걸쳐 같은 주에 국경 통과가 급증했는데, 이것은 난민 소셜 미디어의 소문만으로는 설명하기 어렵다는 것이었다. 또 다른 이유로 러시아의 노골적인 우크라이나 침공에 대해 러시아에 제재를 가한 후 노르웨이가 먼저 타격을 입었고, 그 후에 발트해 연안 3국이 그 뒤를 따랐다는 것이다. 러시아와의 관계가 역사적으로 노르웨이 못지않게 복잡한 핀란드는 처음에는 피해를 입지 않았지만, 러시아의 크림반도 점령을 비판한 후 난민 유입을 겪었다. 국경 지역에서 내가 직접 관찰한 바로는, 수많은 사람들이 같은 몇 주 안에, 사람들을 내보내기보다는 안에 가두도록 설계된 러시아 국경 시스템을 뚫고 국경을 넘는 것은 매우 드문 일이었다. 심지어 목격자들은 망명 신청자들이 국경을 넘는 것을 도와준 러시아 연방보안국 경비원들을 보았다고 주장하기도 했다.[16] 내 핀란드인 연락관은 "이것은 그냥 일어난 일이 아니다. 이 사람들은 전문적인 도움을 받았다"고 말했다.[17]

북극에서 쏟아져 들어오는 난민들을 다루는 인도주의적 문제, 망명 신청자들이 겪는 어려움, 이들의 신청을 처리하는 행정적 부담, 그리고 새로 유입된 이들을 복지 시스템에 통합하는 사회적, 재정적 비용을 넘어, 러시아가 유럽 국경을 시험하는 데에는 분명한 이점이 있었다. 첫째, 러시아는 이를 통해 러시아 연방보안국과 러시아군 정보총국에서 국경 병력이 사건에 얼마나 신속하게 대응할 수 있는지 평가하고 그들의 대응 역량을 파악할 수 있었다. 나중에 살펴보겠지만, 적의 의사결정 시간 등 반응 매개변수를 이해하는 것은 경계선 전쟁의 핵심 요소이다. 둘째, 테러 영향국에서 유입된 난민들은 이후 몇 달 동안 유럽 난민 정책에 대한 불만을 조장하는 러시아 정보 캠페인의 소재가 되었다.[18] 마지막으로, 난민 흐름을 가장하여 정보 자산을 투입함으로써 정보 장교들이 국경 시스템을 내부에서 파악할 수 있었다.

유럽 국경 지대에서 러시아가 지원한 이러한 활동들, 그리고 그 외 다수의 활동들에 대해 상당히 강력한 증거는 있지만, 결정적으로 실제적인 증거는 거의 없다. 모든 것이 모호하고, 입증되지 않았으며, 어떤 의미에서는 입증 불가능하다. 국경을 넘는 사람들은 '경계 행위자(liminal actors)'의 전형적인 예시이며, 러시아가 이들을 악용하는 능력 자체도 논쟁의 여지가 있다. 일부 관찰자들은 러시아 정부가 침입 및 유럽 주권 침해에 개입했다고 확신하는 반면, 다른 이들은 동일한 증거를 보고도 단순한 우연 이상의 의미는 없다고 의심한다.

마찬가지로 러시아 정부가 2016년 영국의 브렉시트 국민투표와 미국 대통령 선거, 2017년 스페인으로부터의 카탈루냐 분리독립 투표, 2018년 독일 연방 선거와 미국 중간선거, 2018년 몬테네그로의 NATO 가입, 그리고 그리스와 헝가리부터 오스트리아, 스웨덴, 프랑스에 이르는 극우(및 극좌) 정당들의 부상에 영향을 미치려 했다는 강력한 정황 증거가 있다.[19] 정의상 미국 사례에서 러시아군 정보총국의 지원을 받은 해커로 지목된 이들에 대한 기소는 유죄 판결이 아닌 혐의 제기에 불과하다. 또한 러시아가 절대 승인하지 않을 관계자들을 대상으로 한 이러한 기소들은 법정에서 혐의가 다뤄질 기회가 없다.[20]

2019년 4월에 발표된 뮬러 보고서는 트럼프 대통령이 자신의 선거 캠페인 조사에 대한 불평이 가득한 반응을 매우 부정적으로 묘사한다. 또한 보고서는 러시아군 정보총국의 사이버전 및 정보전 부대가 2016년 선거에 영향을 미치려 한 시도와 불법적으로 입수된 자료를 전달하는 데 위키리크스의 역할에 대한 세부 정보를 담았다. 하지만 보고서의 결론은 상당히 모호하여 미국 정치 양측의 지지자들은 자신들의 주장이 옳았다고 주장했다.[21] 보고서는 또한 몇 가지 핵심적인 질문들을 해결하지 못했는데, 예를 들어 소위 스틸 문서(Steele Dossier)의 기원과, 그것이 러시아군 정보총국 또는 어떤 중개자에 의해 미국 정보기관 및 트럼프 후보의 정치적 반대자들에게 미국 정치를 불안정하게 만들려는 도발로 흘러들어 갔는지 여부이다. 이 문제에서도 보고서는 로르샤흐 테스트가 되었다. 즉 관찰자들의 사전 가정과 개인적인 편견이 증거 자체보다 그들의 결론을 더 잘 설명했다. 이러한 종류의 반증 불가능한 현실 왜곡 현상은 경계성의 전형적인 특징인데, 어떤 현상을 보는지, 그리고 데이터를 어떻게 해석하는지는 주로 당신이 누구인지에 달려 있다.

마찬가지로 2017년 1월 트럼프 대통령 취임 전 퇴임하는 오바마 행정부 관계자들이 발표한 정보 기관의 평가는 다음과 같다. "러시아 대통령 블라디미르 푸틴이 2016년 미국 대선에 개입하기 위한 영향력 행사를 지시했다. 이는 미국 민주주의 과정에 대한 대중의 신뢰를 약화시키고, 클린턴 장관을 비방하며, 그녀의 당선 가능성과 잠재적 대통령직을 해치려는 목적이었다" 또한, "푸틴과 러시아 정부는 트럼프 당선인에게 명확한 선호를 가졌다"는 평가도 있었다.[22] 이러한 평가는 부분적이고 지속적으로 변하는 증거에 기반한 분석적 판단의 총합이며, 증명이라기보다는 개연성을 반영한다. 이 평가에 동의하지 않는다는 의미는 아니다. 나는 내용상 이 평가에 동의하지만, 단지 모든 분석가가 알고 있는 바를 지적하고 싶다. 즉 정보 평가는 그저 평가일 뿐이라는 점이다. 실제로 해당 문서의 부록 B에는 그 안에 있는 판단이 "우리가 어떤 것이 사실임을 보여주는 증거를 가지고 있다는 것을 의미하려는 것이 아니다. 평가는 종종 불완전하거나 단편적으로 수집된 정보뿐만 아니라 논리, 논증, 그리고 선례에 기반한다"고 명시되어 있다.[23]

뮬러 보고서와 관련 기소장에 내재된 모호성은 특정 활동의 탐지가 아니라 책임 귀속과 관련이 있다. 분석가들은 특정 활동이 발생했다고 믿을 수 있지만, 러시아 정부가 그 활동에 책임이 있음을 반드시 증명할 수는 없다. 2017년 6월 블라디미르 푸틴 대통령이 선거 해킹이 러시아에서 비롯되었을 이론적 가능성이 있다고 언급하면서도, 이를 '애국적인 마음을 가진' 러시아인들에게 돌린 것은 이러한 모호성을 악용한 것이다.[24] 마찬가지로, 2019년 4월 현재 미국 정보 기관의 가장 정확한 평가는 다수의 병렬적인 해킹 및 영향력 행사 활동이 있었음을 시사한다. 이 중 일부는 러시아 정부 직원과 관련되어 있고, 일부는 자원봉사자를 활용했다. 또한 타협적인 자료의 배포는 독립적인 행위자들의 분산된 집단을 통해 걸러졌는데, 이들 중 일부는 러시아의 허위 정보 작전에 의도적으로 참여했으며, 다른 일부는 무의식적인 참여자이거나 혹은 너무 정치적으로 당파적이어서 의심을 불러일으켰어야 할 자료를 액면 그대로 받아들였다.[25] 그리고 정보 평가에 대한 트럼프 대통령의 반응과 푸틴의 발언이 보여주듯이, 모호성의 주요 목표는 군 지휘관이나 정보 분석가가 아니라 정치적 의사 결정자들이다. 이 점은 나중에 다시 다룰 것이다.

2006년 11월 전 러시아 연방보안국 장교 알렉산더 리트비넨코의 방사능 중독 사건에서 연방보안국이 역할을 했다는 주장과 마찬가지로 2018년 3월 전 러시아 공수부대 및 러시아군 정보총국 장교 세르게이 스크리팔과 그의 딸 율리아의 독살 사건에 러시아군 정보총국이 개입했다는 주장이 영국 법원과 경찰에서 강력하게 제기되었지만, 러시아는 이를 부인하고 있다. 일부 관찰자들은 공격자들이 러시아 정부가 아닌 스페인에 있는 러시아 마피아를 위해 일했을 가능성을 제기한다. 공격 당시 스크리팔은 러시아 마피아 활동을 밝혀내기 위해 스페인 정보기관과 협력하고 있었으며, 리트비넨코 역시 스페인 법 집행 기관의 조직범죄 소탕을 도왔다고 알려져 있다.[26] 따라서 푸틴의 말을 빌리자면, 마피아와 연계된 정보 요원들이 러시아의 승인이나 인지 없이 자체적으로 이러한 공격을 저질렀을 이론적 가능성이 있다. 물론 가능하다고 해서 확실하다는 의미는 아니다. 사실 이러한 시나리오는 극히 비현실적이며 다른 증거들과도 모순된다. 하지만 가짜 뉴스와 당파적인 미디어 환경 속에서 정치적으로 부인하기 위한 모호성으로는 충분하다. 실제로, 분열되고 양극화된 정치 및 미디어 환경을 조성하는 것은 그 자체가 군사적 목표가 될 수 있는데, 이는 모호성의 영역을 넓혀 기동의 여지를 증가시키기 때문이다.

2014년 7월 말레이시아 항공 MH-17편을 격추하는 데 사용된 부크-4M 대공 미사일을 러시아군이 우크라이나 분리주의자들에게 제공했다는 주장, 그리고 그 해 2월과 3월 러시아 해군 보병대와 스페츠나츠가 크림반도를 점령하는 데 관여했다는 주장에 대한 증거는 더욱 강력하다.[27] 하지만 논쟁의 여지가 없는 증거의 부족과 러시아 지도자들이 뻔뻔하게 부인하는 것은 이러한 사건과 행위자들을 공개적이거나 진정으로 은밀하다기보다는 그 경계선에 있게 한다. 이는 또한 러시아가 정치적, 경제적 반발과는 달리 군사적인 보복을 거의 받지 않은 이유를 부분적으로 설명한다.

북극 국경은 러시아가 이러한 모호성을 활용하여 서방과의 대결의 가장자리를 넘나들며 경쟁을 벌이고 있는 여러 접경 지역 중 하나이다. 러시아는 다양한 지리적 영역, 기술, 그리고 활동 범주에 걸쳐 전쟁 직전의 수준에서 경쟁을 벌이지만, 주기적으로는 모호한 형태의 분쟁으로 경계를 넘나든다. 중동과 발트해가 그러한 다른 지역들이며, 사이버 공간, 에너지 시장, 전력망, 우주 및 미사일 시스템, 선전 및 선동, 그리고 NATO와 유럽, 라틴 아메리카, 아프리카 일부 지역에 대한 정치적 전쟁도 여기에 해당한다. 더 넓게 볼 때 러시아의 경계선 활동은 지난 5년 동안에 걸쳐 완전히 드러났지만, 돌이켜보면 냉전 이후부터 존재해 왔던 진화된 형태를 반영한다. 그 발전 과정을 추적하고 우리가 어떻게 여기까지 왔는지 이해하기 위해서는 울시의 증언이 있기 정확히 3년 전에 일어난 러시아와 서방 관계에서 역사상 가장 논란이 많았던 사건으로 거슬러 올라갈 필요가 있다.

냉전 이후의 러시아(RUSSIA AFTER THE COLD WAR)

1990년 2월, 동독 공산주의 붕괴 이후 외교적 혼란 속에서 서독 총리 헬무트 콜은 모스크바에서 소련 수상 미하일 고르바초프를 만났다. 이 자리에서 콜은 중요한 양보를 얻어냈는데, 고르바초프는 NATO가 독일의 동쪽 국경을 넘어 확장하지 않겠다는 약속을 받는 대가로 통일 독일의 NATO 가입에 동의하겠다고 콜에게 말한 것이다.[28] NATO가 소련 영역을 침범할 것이라는 위협을 제거함으로써, 콜은 물론이며 1990년 그 중요한 봄에 유사한 확신을 주었던 최소 9명의 다른 NATO 지도자들은 갈등의 위험을 줄였다. 이는 당시 소련이 동유럽 위성국들에 대한 통제력을 잃으면서 급증했던 위험이었다. 1990년 2월 9일 제임스 베이커 미 국무장관은 고르바초프에게 NATO가 "현재 위치에서 동쪽으로 단 1인치도 이동하지 않을 것"이라고 확언한 것이 대표적인 예이다.[29]

1989년 11월 베를린 장벽 붕괴부터 1991년 12월 소련의 최종 해체까지의 2년은 엄청나게 위험한 시기였는데, 이 전환기는 어떤 면에서는 냉전 전체를 통틀어 가장 위험했다. 유럽에서 소련의 통제가 연쇄적으로 붕괴하면서 초강대국들 사이에 존재했던 안정적인 억지의 균형이 무너졌고, NATO와 바르샤바 조약기구 사이의 중앙 전선이 교란되었으며, 재래식 전쟁이나 심지어 핵전쟁의 실제적인 위험이 발생했다. 무너져가는 소련 내부의 혼란스러운 권력 역학은 1991년 8월 고르바초프에 대한 쿠데타 시도로 절정에 달했는데, 이는 강경파가 통제권을 장악하고 권력을 유지하기 위해 분쟁에 뛰어들 위험을 증대했다.[30] 이러한 위험을 고려할 때, 서방 지도자들이 소련의 붕괴가 통제 불능 상태로 치닫는 것을 막기 위해 무엇이든 말해야만 했다는 것을 상상하거나 정당화하기는 어렵지 않다. 2017년에 기밀 해제된 외교 전문 및 내각 회의록에 문서화된 그들의 확언은 냉전을 평화롭게 종식시키는 데 확실히 기여했다.[31]

하지만 이러한 확언은 모스크바, 그리고 당시 동독 드레스덴에 주재하던 36세의 KGB 요원 블라디미르 푸틴의 마음속에 러시아가 기만당하여 물러섰고, NATO가 무심하게 무시한 헛된 안심에 배신당했다는 인식을 심어주었다. 러시아의 철수로 유럽에 권력 공백이 생기자, 서방 동맹국들은 너무나도 쉽게 이를 메우려 했고, 축소된 러시아의 문턱까지 NATO의 영역을 확장했다.

소련 붕괴 직전의 이 대화에서 무슨 말이 오고 갔는지에 관해서는 오늘날까지도 많은 논쟁이 있다. 어떤 면에서는 고르바초프, 그리고 그 후 보리스 옐친이 들었다고 믿는 것이 서방 지도자들이 말하고자 했던 것과 일치하는지는 크게 중요하지 않다.[32] 사실 기록 문서는 이 점에 대해 꽤 명확한 듯하다. 러시아의 평화로운 철수는 NATO가 그 공백을 메우기 위해 확장하지 않으리라는 약속을 전제로 한 것으로 보이며, 이 약속들은 곧 공허한 것으로 드러났다. 많은 러시아인들이 여전히 확신하듯이, NATO 지도자들이 거짓말을 했는지, 아니면 당시 서방 정치인들이 주장하듯이 단지 오해를 샀을 뿐인지는 중요하지 않다. 중요한 사실은 러시아 입장에서 NATO가 확장할 의도가 있음을 깨달았을 때는 고르바초프나 옐친, 혹은 그 누구도 이를 막기에는 너무 늦었다는 점이다.

이 모든 일이 여전히 러시아인들을 화나게 하고 있으며, 그래야만 한다. 사실 냉전 이후 러시아의 발전을 이해하려면 먼저 그 발전의 원동력을 인정해야 한다. 소련 붕괴 후 러시아가 겪은 강렬한 적응 압력, 미국의 단극 지배라는 적합성 지형(모두 1장에서 논의됨), 그리고 이러한 요인들이 러시아 군사 적응을 형성한 방식이 그것이다. 사실 러시아인들은 1990년대에 일어난 일에 대해 굴욕감을 느끼는 것이 당연하며, 소련 붕괴 후 엄청난 고통을 겪었고, 다른 어떤 나라와 마찬가지로 러시아 연방도 주권적 이익을 추구할 권리가 있다. 물론 이것이 시리아, 발트해,

우크라이나 같은 곳에서 행해진 러시아의 행동을 정당화하거나 러시아를 덜 위험한 적수로 만들지는 않는다. 또한 공감한다고 해서 승인을 의미하지도 않는다. 러시아는 자신의 이익을 추구할 권리가 있지만, 서방 강대국들도 마찬가지다. 이들 이익이 충돌할 때는 갈등이 발생할 것이고, 그 갈등은 때때로 전쟁 수준으로 고조될 수도 있다. 하지만 오늘날 강대국 간 전쟁 직전의 경쟁과 때때로 실제 충돌로 이어지는 대결 등 모든 경쟁은 냉전 시대와 극적으로 다르다. 이는 주로 1990년대 러시아에 일어난 일 때문이다. 따라서 러시아가 경계선적 전쟁으로 어떻게 진화했는지 이해하려면, 우리는 그들의 입장에서 생각해 볼 필요가 있다.

러시아의 관점에서 1990년대를 생각해 보면, 소련은 NATO의 확언에 따라 막강한 군사력인 주독 소련군을 철수시켰다. 주독 소련군은 CIA가 당시 유럽 대륙에서 가장 강력한 재래식 전투 부대라고 평가했던 338,000명의 병력을 가진 부대였다.[33] 동독 없이는 유럽에서 바르샤바 조약기구의 입지가 유지될 수 없는데, 소련은 독일의 평화적 통일을 허용하면서 결정적인 중추 국가인 동독을 잃게 되었다. 그 후 소련은 폴란드, 체코슬로바키아, 헝가리, 불가리아, 루마니아가 1989년에서 1990년에 걸쳐 친소 정권을 축출하는 것을 지켜만 봐야 했다. 1991년 1월 바르샤바 조약기구가 붕괴했고, 그해 8월 에스토니아, 라트비아, 리투아니아가 일방적으로 독립을 선언하면서 소련은 발트 3국을 잃었다. 이는 1945년 소련이 점령했던 동프로이센의 쾨니히스베르크였던 칼리닌그라드 고립 지역을 낙동강 오리알 신세로 만들었다. 오늘날 칼리닌그라드는 NATO를 향한 공격적인 교두보처럼 보인다. 이곳은 러시아 발트 함대 본부이자 독일을 겨냥한 핵 탑재 미사일과 발트해 전체를 아우르는 방공망을 갖춘 주요 군사 기지이다. 그러나 당시에는 일본해의 블라디보스토크까지 이어지는 소련 영토의 연속적인 서쪽 끝 부분에 불과했다. 그리고 1991년 12월 21일, 12개 소련 공화국 지도자들이 모여 소련 해체에 합의했다. 독립국가연합(CIS)이라는 계속적인 연방을 형성하려던 시도는 좌초되었고, 소련은 사라졌다.

러시아의 패배(RUSSIA IN DEFEAT)

소련 붕괴 이후, 서방 사업가들과 고문들이 모스크바로 몰려들었다. 이들은 하버드 경제학자 제프리 삭스와 서방 전문가 팀이 시행한 '충격 요법'이라는 깊은 상처를 남긴 정책과 국가 자산을 유력 인사들(미국인 투자자 빌 브라우더 같은 서방인을 포함한 영리한 입찰자들) 그리고 부패한 관리들에게 헐값에 매각하는 광범위하게 비난받은 민영화 계획을 주도했다. 이들은 러시아 경제의 붕괴와 국민들의 비참함을 통해 개인적으로 막대한 재산을 챙겼다.[34] 많은 러시아인들의 시각에서, 충격 요법과 민영화의 결합은 오직 적절한 시기에 적절한 장소에서, 자주 서방과의 적절한 연줄을 가지고 있었다는 것이 유일한 명성인 잔인하고 극도로 폭력적인 과두정치 세력이 지배하는 마피아 국가를 만들어냈다.

그 결과는 광범위하고 비참했다. 1990년대에 러시아 남성의 기대 수명은 8년, 여성은 2년 감소했다. 생산 능력은 1989년부터 2001년까지 연평균 8퍼센트씩 하락했고, 자본 유출은 월평균 15억 달러에 달했다. 구소련 전역의 빈곤층 인구는 1989년 1,400만 명에서 1998년 1억 4,700만 명으로 증가했다.[35] 마피아 살인은 급증하여 수백 명이 라이벌 갱단과 경쟁하는 과두정치 세력들이 새로 민영화된 수익성 높은 산업과 급성장하는 불법 사업의 통제권을 놓고 싸우면서 살해당했다.[36] 이는 평시에는 전례 없는 사회적, 인도주의적, 경제적 대재앙이었다. 냉전은 유럽에서 뜨겁게 달아오르지 않아 일부에서는 "실제 전쟁이 아니었다"고 말하기도 했다.[37] 그러나 러시아가 냉전에서 실질적으로 패배한 것이었고, 1920년대 독일이 겪었던 것과 유사한 결과를 초래했다. 충격 요법과 민영화가 절정에 달했던 1992년에서 1994년 사이 러시아의 GDP는 절반으로 줄었고, 사망률은 너무나 극적으로 상승하여 "인구학자들은 그 수치를 믿지 않았다. 살인, 자살, 심장마비, 사고로 인한 사망자 수는 러시아가 마치 전쟁 중인 국가의 사망률을 기록하게 했다."[38]

보리스 옐친은 1991년 쿠데타 시도를 막아선 민주주의의 아이콘으로 정점을 찍었었지만, 많은 러시아인들에게 소련 해체 이후의 비참함을 초래한 장본인으로 여겨지면서 1995년에는 지지율이 5.6퍼센트까지 추락했다.[39] 빌 브라우더가 2015년 회고록 『레드 노티스(Red Notice』에서 언급했듯이, "1억 5천만 명의 러시아인들이 대규모 민영화의 전리품을 나누어 갖는 대신, 러시아는 22명의 과두정치 세력이 경제의 39퍼센트를 소유하고 나머지 모든 사람들은 빈곤 속에 사는 결과를 낳았다. 생계를 유지하기 위해 교수들은 택시 운전사가 되고, 간호사들은 매춘부가 되었으며, 미술관은 벽에 걸린 그림들을 팔았다. 거의 모든 러시아인들은 위축되고 굴욕감을 느꼈으며, 이 때문에 옐친을 증오했다."[40]

설상가상으로 옐친이 러시아 사회 거의 모든 계층에서 큰 인기를 얻지 못했음에도 불구하고, 서방 정부들은 러시아 선거 과정에 개입하여 1996년 옐친의 재선을 확실히 하려 했다. 클린턴 행정부는 국제통화기금(IMF)으로부터 러시아에 102억 달러의 긴급 대출을 추진했고, 옐친은 이를 즉시, 그리고 불법적으로 자신의 라이벌인 공산당의 겐나디 주가노프에 맞선 선거 운동 자금으로 전용했다.[41] 미국 정치 공작원 팀이 모스크바로 건너가 크렘린궁 건너편 프레지던트 호텔에 선거 사무소를 설치하고 옐친 캠페인에 정책 조언과 정치적 자문을 제공하며 선거에 영향을 미치려 했다. 그들은 귀국 후 이를 인정했다.[42] 이는 초당적인 노력이었는데, 자문단은 공화당 소속이었지만, 민주당 소속인 클린턴 대통령과 협력하여 워싱턴에서 어떤 언급과 행동이 옐친에게 가장 큰 도움이 될지를 결정했다.

누군가는 이를 두고 최선의 의도에서 이루어진 일이라고 주장할 수도 있는데, 옐친은 많은 단점에도 불구하고 여전히 러시아 민주주의의 최고의 희망으로 여겨졌고, 주가노프의 당선은 냉전 대결로의 회귀를 의미할 수도 있었기 때문이다. 그러나 동기가 무엇이었든 간에, 미국의 지원은 옐친의 부정 행위와 러시아 중앙은행 자금의 선거 캠페인 유용이 미국의 '블랙 작전'으로 비쳤음을 의미했다. 옐친의 두 번째 임기 동안 발생한 수많은 부패, 만취, 경영 부실, 무능 또한 서방 탓으로 돌려졌다. 최근 러시아가 미국이나 유럽에 개입한 어떤 사례보다 심각성은 아닐지라도 직접적이었던 이러한 간섭은 러시아의 유사한 행동에 대한 선례를 만들었다.[43]

냉전기 러시아의 군사적 진화(MILITARY EVOLUTION IN POST-COLD WAR RUSSIA)

한때 340만 명의 병력을 가진 세계 최대 규모였던 러시아 군대는 이 시기에 걷잡을 수 없이 쇠퇴했다. 소련군의 해체와 후계 국가들로의 분배 이후, 러시아 연방은 새로운 환경에 부적합하고 감당하기 어려우며 비효율적인 거대한 잔여 군사 조직만을 떠안게 되었다. 분석가 미하일 바라바노프가 지적했듯이, 거대한 소련의 군사 구조는 속이 텅 비어 있었다. "육군의 대부분은 감편 부대(전시 정원 대비 50퍼센트 인원 충원)와 골격 부대(10~20퍼센트 인원 충원)로 구성되었다. 1991년 육군 내 132개 병과 혼성 사단 중 단 20개만이 전시 정원의 70퍼센트 수준으로 인원과 장비를 갖추고 있었다... 1991년 소련군에 복무했던 340만 명 중 거의 120만 명이 창고 담당 인원이었다" 이들은 소련군의 주요 전력이었던 대규모 전쟁 동원에 필요한 막대한 양의 구식 무기와 장비 비축량을 유지하고 있었다.[44]

러시아 군대는 이러한 모든 문제들을 물려받았을 뿐만 아니라, 1991년 이후 그들의 위치는 탈소련 러시아의 새로운 지리와 안보 도전 과제에 부적합했다. 주요 전략 자산과 국방 산업 기반 요소들이 이제 다른 나라에 위치하게 되었고, 과거에는 내륙 지구였던 저준비태세 부대가 국경 지역으로 변모했다.[45] 러시아가 직면한 막대한 도전 과제들을 고려할 때 옐친의 우선순위는 당연히 다른 곳에 있었고, 따라서 군대는 급격히 축소되었으며 예산은 삭감되었고, 심지어 할당된 자금조차 종종 사라지거나 집행되지 않았다. 예를 들어 1996년에는 예산 집행 부족액, 즉 정부가 국방에 할당한 금액과 실제로 집행된 금액의 차이가 250억 루블에 달했고, 많은 수의 장교들은 1만 루블의 체불 임금을 받지 못했다. 1997년에는 그 부족액이 340억 루블로 증가했으며, 병사들은 다른 직장에서 부업을 했고, 일부 부대는 식량을 위해 버섯을 따야 했다.[46] 1998년 세계 금융 위기 이후 자금 지원은 더욱 감소했다.[47] 러시아 역사상 최악의 위기 중 하나였던 시기에 엄청난 수의 병사들이 해고되어 거리에서 실업자로 나앉게 되었다.

숙련되고 경험 많은 인력, 특히 장교와 부사관 계층에서 나타난 이러한 손실은 전투력의 급격한 하락을 초래했다. 이는 1994년에서 1996년까지 이어진 제1차 체첸 전쟁에서 극명하게 드러났다. 당시 제대로 훈련받지 못한 러시아 병사들은 다수가 이전에 소련군에서 복무했었던 체첸 게릴라에 의해 포위되어 학살당했다.[48] 우크라이나와 러시아는 1992년부터 1997년까지 5년간 이어진 격렬한 분쟁 속에서 구소련 흑해 함대에 대한 소유권을 주장했다.[49] 마지막 소련 국방장관이자 탈소련 러시아군의 초대 사령관 예브게니 샤포시니코프는 우크라이나 몰래 해군 자산을 매각하고 탈영을 부추겼다는 비난을 받았다.[50]

샤포시니코프는 그만의 독특한 민영화 프로그램도 시행했다. 그는 대대장급 이상의 모든 지휘관에게 공군 소유의 '잉여 재산'을 처분할 권한을 부여하는 명령을 내렸다. 그들은 대금을 받고 적절한 구매자에게 이를 처분할 수 있었다.[51] 사실상 이는 국가 자산을 약탈하도록 공개적으로 허락한 것이나 다름없었다. 통째로 사라진 창고들, 비행대대, 탄약과 군복 비축량, 그리고 '고정되지 않은 모든 것'이 평화 시에는 전례 없는 사적 약탈과 암시장 무기 판매의 난장판 속에서 사라졌다.[52] 한편 핵무기 구성 요소들이 러시아뿐 아니라 벨라루스, 카자흐스탄, 우크라이나에도 있었기 때문에 소련 핵무기를 확보하기 위한 긴급 조치가 필요했다. 이는 우크라이나와의 심각한 분쟁과 '느슨해진 핵무기', 즉 구소련 출처의 핵물질 및 무기 시스템 확산에 대한 우려로 이어졌다. 마찬가지로, 구소련 무기들이 발칸반도, 아프리카, 중동으로 봇물처럼 쏟아져 들어갔다. 오히려 이 시기 러시아는 울시의 주장, 즉 주요 위협이 강력한 국가 적대국이 아니라 실패한 국가와 비국가 행위자들로부터 온다는 것을 완벽하게 보여주는 사례가 되었다.

NATO 확장(NATO EXPANSION)

이러한 실패한 국가들 중에서 유고슬라비아가 가장 두드러졌고, 러시아가 자신들의 영역으로 여기던 발칸반도에서 서방 강대국들이 군사력을 과시하기 시작했다. 다시 말해 서방의 관점에서 1992년 2월부터 UN 주도, 1994년부터는 NATO 주도의 보스니아 개입은 대량 학살을 막고 유럽 전체를 불안정하게 만들 수 있었던 혼란을 예방하기 위한 평화 유지 임무였다. 1999년 NATO의 유고슬라비아 폭격과 코소보 개입도 마찬가지였다. 이는 서방에서 코소보의 알바니아계 무슬림 인구에 대한 인종 청소를 막기 위한 강력한 인도주의적 개입으로 여겨졌다. 이 이야기에서는 미국이 인도주의적 재앙을 막기 위해 UN과 유럽 동맹국들의 요청으로 늦게, 이타적으로, 그리고 마지못해 개입했다고 본다. 1999년 5월 베오그라드의 중국 대사관 폭격은 비극적인 사고였으며, 미국의 전직 장성들이 이끄는 민간 군사 기업 MPRI가 1995년 크로아티아의 크라이나 침공에 결정적인 지원을 제공한 것은 러시아가 자신들의 영향권으로 여기던 국가를 해체하는 데 정부의 지원을 받는 미국 용병들이 도운 사례가 아니라, 단순히 자유 기업을 추구하는 민간 기업이었다는 사실이 서방의 공식 견해에 부합한다.[53] 말할 필요도 없이, 이는 모스크바나 상트페테르부르크(당시 푸틴이 시장실에서 대외 업무를 관리하던 곳)에서 바라본 상황은 그렇지 않았다.[54]

유고슬라비아 전쟁이 격화되면서 NATO는 확장하고 있었다. 베이커의 "동쪽으로 단 1인치도 안 된다"는 원칙을 따르기는커녕, NATO의 확장은 러시아 국경 지대로 직접 향했다. 이미 1991년에 NATO는 'NATO 회원국, 동유럽 국가 및 구소련 공화국 간의 협의를 위한 포럼'인 북대서양 협력 위원회를 설립했다.[55] 소련이 붕괴하기 전날, 그리고 바르샤바 조약이 해체된 지 몇 달 후에 설립된 이 위원회는 구소련 위성국 및 공화국에 서방 진영과의 대안적인 제휴를 제공하여 그들을 서방의 영향권으로 끌어들였다. 2년 후 보스니아에서의 작전이 강화됨에 따라, 이들 국가가 동맹과 협력할 수 있는 메커니즘을 만들기 위해 NATO의 평화를 위한 파트너십 프로그램이 준비되었다.[56] 러시아가 그들의 주권을 받아들이려 하지 않는다는 명백한 의지에 겁을 먹은 발트해 연안국들은 1994년 8월에 공동 군사 부대를 창설하기 시작했고, 1995년 2월에 공동 훈련을 위해 병력과 장비를 집결시켰으며, 1996년에는 영국과 덴마크 고문들과 함께 NATO 지휘 아래 보스니아에 파견했다.[57] 1999년에는 체코, 폴란드, 헝가리가 NATO에 가입한 최초의 구 바르샤바 조약 회원국이 되었으며, '동맹의 국경을 러시아 쪽으로 약 400마일 확장'시켰고, 2002년 11월에는 리투아니아, 에스토니아, 라트비아, 불가리아, 루마니아, 슬로바키아, 슬로베니아가 공식적으로 가입을 초청받았다.[58]

러시아의 관점에서 볼 때 이것이 얼마나 위협적으로 보였는지 아무리 강조해도 지나치지 않다. 아마도 다른 대부분의 나라들보다 러시아는 역사에 의해 규정되고 있으며, 거의 시달린다고 말할 수 있을 정도이다.[59] 150년도 채 되지 않는 기간 동안 서방으로부터 네 차례의 침략(1812년 나폴레옹; 1854년 크림 전쟁의 영국, 프랑스, 오스만 제국; 1914년 제국주의 독일과 오스트리아-헝가리; 1941년 히틀러)으로 상처를 입었던 러시아는 1945년 이후 국경을 따라 위성국 완충 지대를 구축했다. 조지 케넌이 1946년 2월 '긴 전보(long telegram)'에서 언급했듯이, 이는 이념적으로 추진된 소련의 전략이라기보다는 스탈린의 유무와 관계없이 존재했을 현실에 대한 러시아의 반응이었다.[60] 저명한 러시아 전문가 키어 자일스가 지적했듯이, 러시아가 이웃 국가들을 통제하고, 전복시키고, 불안정하게 만드는 관행은 "확보된 영토의 깊이가 얻어진 안보와 동일하다"는 인식과 "러시아의 육상 국경이 심각한 취약점을 안고 있으며, 자신을 보호하기 위해 러시아는 그 너머까지 통제력을 행사해야 한다"는 역사 전반에 걸친 영구적이고 지속적인 믿음에 기반을 두고 있다. 이는 크렘린의 특정 통치자의 이념과는 무관하다.[61] 자일스가 지적하듯이, 유일하게 안전한 러시아 국경은 양쪽에 러시아 군인이 서 있는 국경이라고 하는 러시아인들의 말은 농담에 불과하다.[62]

러시아의 지정학 이론가 알렉산드르 두긴은 이 점을 더욱 폭넓게 주장하며, "현대 러시아, 이전의 소련(USSR), 그리고 그 이전의 러시아 제국의 영토는 '심장부"이고, 이는 전체 유라시아 대륙의 핵심이다"라고 말한다.[63] 다음 장에서도 다루겠지만 두긴은 다채로운 인물이다. 신유라시아주의 철학자로서의 학문적 직책을 떠나 50대 중반에 친러시아 분리주의 단체를 위해 우크라이나에서 자원봉사자로 참전했으며, 분리주의 민병대를 이끌고 '도네츠크 인민 공화국 국방장관'을 지낸 러시아 베테랑이자 러시아군 정보총국 스페츠나츠 장교로 알려진 이고르 스트렐코프 대령과도 가까운 사이로 알려져 있다.[64]

러시아의 지정학 이론가 알렉산드르 두긴은 러시아 또는 현재 러시아 연방의 영토를 차지하는 어떠한 실체든지 간에, 그 지정학적 위치 때문에 지정학 이론가들이 '세계도(world-island)'라고 부르는 유럽, 아시아, 아프리카 전체를 포함하는 단일 연속 지형에서 지배적인 강대국이 되며, 해양 무역에 의존하는 해양 기반 세력, 즉 과거에는 영국이 이끌었고 현재는 미국이 이끄는 세력의 자연스러운 적수가 된다고 주장한다.[65] 그는 러시아의 거대한 영토 크기와 육지 기반 특성이 러시아를 자연스럽게 국가주의적이고 권위주의적으로 만든다고 역설한다. 이는 광대한 내부 공간, 다양한 인구, 막대한 자원, 그리고 취약한 육상 국경을 통제해야 할 필요성 때문이다. 반면 해양 기반 세력은 무역 의존성 때문에 자본주의적인 경향을 보이며, 안전한 해양 국경에 의존할 수 있으므로, 그리고 역사적으로 상비군이 필요 없었으므로 내부적으로 자유주의적인 경향을 띤다고 주장한다. 또한 두긴에 따르면 세계도를 지배하는 어떤 국가든 당연히 강대국 중 하나이며, 어쩌면 가장 위대한 강대국이므로 러시아가 그러한 지위를 추구하는 것은 자연스럽고 정당하다는 것이다. 두긴의 현대 러시아 정치에 대한 영향력은 논쟁의 여지가 있으며, 많은 지정학 이론가들의 것과 마찬가지로 그의 지리적 결정론 또한 논란이 많다. 하지만 그의 관점은 블라디미르 푸틴의 정당 입장과 유사하며, 냉전 이후 러시아 사상의 핵심적인 한 흐름을 반영하고 있다.

하지만 이는 지정학적인 문제만은 아니었다. 많은 러시아인들은 '러시아 세계'에 대한 깊은 정신적, 정서적 헌신을 가지고 있었다. 러시아 세계는 부분적으로는 지리적인 공간이지만, 공유된 러시아어와 문화, 정교회 종교, 혈연, 그리고 민족성에 의해 더 깊이 정의되는 문명적 공간이다.[66] 러시아인들은 자신들을 자국뿐만 아니라 발칸반도, 러시아 문명의 역사적 기원지인 우크라이나, 그리고 다른 슬라브 국가들, 중동 및 중앙아시아 일부 지역, 정교회가 행해지거나 러시아어가 사용되는 모든 곳, 심지어 원주민들이 시베리아와 연관성을 가진 알래스카와 일본 열도의 일부 지역까지 아우르는 지역의 보호자, 수호자, 그리고 자연적인 리더라고 생각한다. 소련 붕괴 이후, 발트해 연안국, 동유럽, 그리고 카프카스 및 중앙아시아의 구소련 공화국 전역에 걸쳐 러시아계 소수민족들이 고립되면서, '어머니 러시아'가 이 광대하고 스스로 선언한 문화적 세습 재산에 보호의 날개를 펼칠 수 없다는 사실은 고통스러웠다.[67] 특히 1991년 이후 발트해 연안국과 조지아에서 러시아계에 대한 차별은 강하게 느껴졌다. 물론 이들 국가가 러시아의 침략과 억압을 겪은 역사를 고려할 때 이는 전적으로 이해할 만한 일이다.[68]

압력 속 적응(ADAPTATION UNDER PRESSURE)

성공적인 군사적 적응은 대부분 패배에 의해 추진된다는 것이 냉혹한 현실이다. 1806년[69] 나폴레옹에게 패배한 후 프로이센의 개혁부터 1870년대[70] 식민지 재앙 이후 영국군의 현대화, 1916년 서부 전선[71]에서의 일련의 피비린내 나는 좌절 속에서 영국의 탱크전 발명, 1918년[72] 패배에 대한 대응으로 독일의 전격전 개발, 1942년[73] 일본군에게 패배한 후 호주의 사막전에서 정글전으로의 전환, 그리고 1980년 '데저트 원(Desert One)' 작전 실패 이후 미 특수작전사령부 창설까지 수많은 예가 있다.[74] 수십 가지의 더 많은 예를 들 수 있지만 요점은 명확하다. 지도자들은 자신들의 성공에 대한 설명을 찾기 위해 머리를 싸매는 경우가 드물며, 그들은 단순히 자신들의 순수한 전술적 탁월함이나 영감을 받은 리더십에 그 공을 돌리는 경향이 있다. 오히려 패배의 충격이 고통스러운 자기 성찰, 혁신, 그리고 미래 승리를 위한 탐색을 촉발하는 것이다. 한편으로 이것은 우리가 이전 장에서 탐구해 온 진화론적 주장을 조직적인 방식으로 구성하는 것에 불과하다. 러시아도 예외는 아니었다. 냉전에서의 패배, 소련 붕괴 후의 고통, 그리고 잃어버린 위대함을 되찾으려는 열망이 적응을 위한 가장 강력한 자극을 만들어냈다고 주장할 수 있다.

이 시기 러시아에서 나타났던 만연한 혼돈과 혼란은 적응 효과를 증폭시켰을 가능성이 있다. 1장에서 논의했듯이, 도미닉 존슨은 전쟁에서의 다윈주의적 선택에 관한 그의 저서에서 약한 세력이 종종 더 큰 다양성의 전투원들을 포함하여 더 큰 적응 잠재력을 가진다고 지적한다.[75] 그는 강한 세력은 약한 세력에게 "더 강한 선택 압력을 가하여 약한 세력이 더 빨리 적응하는 반면, 약한 세력은 수년 동안 같은 본토에서 싸우며 더 오랫동안 전투에 노출되어 경험과 학습을 촉진한다"고 말한다.[76] 존슨은 비국가 집단에 초점을 맞추지만, 그의 주장은 냉전 이후 러시아군에도 똑같이 적용된다. 우리가 보았듯이 러시아군은 큰 패배를 겪었고, 1990년대에 상당한 적응 압력을 받았으며, 구성, 구조, 무기 면에서 부대 간에 큰 차이를 보였다.[77]

2000년 블라디미르 푸틴이 집권할 당시 러시아군은 자국 영토 내에서 장기간 실전 경험을 쌓은 상태였다. 거의 10년 동안 분리주의자, 테러리스트, 분리 독립 지역을 상대로 끊임없는 국내 전쟁을 벌였으며, 인접국에 영향을 미치기 위한 대외 작전도 수행했다. 이처럼 축적된 상당한 경험은 러시아군의 발전에 밑거름이 되었다. 또한 1차 체첸전에서의 처참한 초기 성과는 러시아군의 변화를 촉발하는 결정적인 계기가 되었다. 이 충격적인 패배를 계기로 러시아군은 특수 부대를 창설하고 장비를 업그레이드하며 도시 및 비정규전의 새로운 전술을 도입하는 등 대대적인 적응을 거쳤고, 이는 2차 체첸전에서 빛을 발했다.[78] 나아가 소련으로부터 물려받은 허울뿐인 동원 체제의 실패는 지도자들로 하여금 새로운 혁신을 이끌어 냈다. 그들은 '상시 전투 준비 부대'라고 불리는 대대급 부대들을 창설했다. 이 부대들은 평시에는 낮은 준비 태세를 유지하는 사단 및 여단 구조에서 차출되었지만, 높은 수준의 인력, 훈련, 장비를 상시적으로 유지하여 위기나 분쟁 발생 시 신속하게 배치될 수 있도록 했다. 각 여단이나 사단은 인력과 장비를 끌어모아 완전히 자원이 갖춰진 대대급 부대를 편성하고, 작전 중 이를 유지하며, 기지에서 작전 지역으로 병력을 교대 투입하고, 필요한 경우 자산을 전용하여 배치된 하위 부대가 계속 작전을 수행할 수 있도록 책임졌다. 이 상시 준비 부대들은 결국 '대대 전술 집단'으로 발전했으며, 이는 이후 러시아가 조지아, 우크라이나, 시리아에 개입하는 데 있어 핵심적인 구성 요소가 되었다.[79]

이러한 적응은 코카서스 지역과 국경에서의 전쟁으로부터 비롯된 선택 압력에 대한 하나의 대응이었다. 하지만 이는 전반적으로 부정적인 배경에서 나온 예외적인 사례에 불과했다. 러시아 국방 산업은 민영화, 부패, 투자 부족으로 심하게 타격을 입었으며, 해군, 공군, 핵 능력은 위태로운 상태에 처해 있었다. 이러한 상황은 2000년 8월, 푸틴 대통령의 첫 임기 시작 4개월 만에 바렌츠해에서 훈련 중이던 핵잠수함 쿠르스크호가 승조원 118명 전원과 함께 침몰하는 비극적인 사건으로 여실히 드러났다. 모스크바가 좌초된 잠수함 안에 갇혀 있던 23명의 선원들을 구조하려는 영국과 노르웨이의 도움 제안을 거부하면서 희생자 수가 늘어났다는 점에서 이 재앙은 더욱 가중되었다.[80] 마찬가지로 1990년대 러시아는 소련 붕괴 당시 이미 수명을 다해가던 핵무기고를 현대화할 자금이 단순히 부족했고, 그 결과로 이후 10년 동안 핵무기고는 4~4.5배나 축소되었다.[81]

1999년 새해 전날 옐친에 의해 후계자로 지명될 당시 블라디미르 푸틴은 거의 알려지지 않은 인물이었다. 상트페테르부르크를 떠난 후 모스크바에서 관료로 일했고, 이후 연방보안국 국장으로서 고전적인 정보기관의 '회색 인물'로 활동했으며, 옐친의 마지막 대통령 재임 기간 동안 유능한 기술 관료형 총리를 지냈다. 하지만 그는 러시아의 명예를 회복하고, 국가를 굴욕에서 구하며, 지배력을 재확립하겠다는 분명한 목표를 가지고 있었다. 이러한 목표는 인접국에서 시작하여 러시아 전역으로, 궁극적으로는 그 너머까지 확장될 계획이었다. 그의 초기 접근 방식은 시간을 벌면서 정치, 경제, 군사 재건 프로그램을 실행하는 것이었다. 이 프로그램은 세 가지 군사적 축을 가지고 있었는데, 그것은 바로 핵, 재래식, 그리고 비대칭 전력이었다.

핵 전선에서 러시아는 우선 핵무기 사용의 폭을 넓히고자 했다. 단순히 전쟁을 억제하는 것을 넘어 실제로 전쟁에서 사용할 수 있는 저위력 핵무기를 개발하는 데 주력한 것이다. 2000년 8월 CIA 정보 보고서(2005년 기밀 해제)에 따르면, 1990년대부터 러시아 전략가들은 "재래식 무기에서 미국의 우위에 대한 '비대칭적 대응'으로서 장기 오염이 최소화된 소규모 핵무기 개발"을 주장해 왔다.[82] 푸틴 집권하에 러시아는 이러한 무기에 대한 투자를 늘렸다. 이 무기들은 TNT 300톤에 해당하는 낮은 위력을 가졌고, 방사능 낙진 면에서도 상대적으로 깨끗했으며, 전장의 군사 목표물을 파괴하도록 설계되었다. 이는 수백만 톤의 위력을 가지고 정확도가 떨어지며 도시 전체를 파멸시키도록 설계된 전략 핵무기와는 구별된다. 러시아 전략가들은 자신들의 재래식 전력 부족을 인식하고, NATO의 세력권 침범 위협을 느끼면서, 전면적인 핵 교환을 일으키지 않으면서도 재래식 분쟁에서 거대한 포병처럼 사용될 수 있는 핵무기를 개발함으로써 그 약점을 보완했다.

러시아의 핵 전략에 대한 한 가지 관점(이는 모스크바의 자체적인 시각이라기보다는 NATO 정보기관의 인식을 더 반영하는 것일 수 있음)은 저위력 핵무기가 러시아로 하여금 '확전하여 긴장 완화(escalate to de-escalate)할 수 있게 해준다는 것이었다. 이는 갈등 초기 군사 목표물에 대한 핵 공격을 통해 분쟁을 신속히 종결시키는 방안이다.[83] 이 구상의 핵심은 예를 들어, 해상에서 미 항공모함 전단을 침몰시키거나 NATO 증원군이 유럽에 도달하기 전에 파괴함으로써 러시아가 상대방의 재래식 전투 능력을 제거하는 동시에 최소한의 부수적 피해만 입히고 민간인 사상자를 거의 또는 전혀 발생시키지 않으며 미국 본토에 대한 공격을 피할 수 있다는 것이다. 이렇게 되면 러시아는 우월한 입장에서 협상하여 분쟁을 종결하거나 확전을 억제할 수 있을 것이었다.[84] 이러한 공격은 상대적으로 우월한 NATO의 재래식 전력에 직면한 러시아 전략가들에게 매력적일 수 있다고 여겨졌다. 그들은 순수하게 군사적 목표물에 대한 국지적 공격에 대한 보복으로 전 세계적인 전쟁을 시작하여 수백만 명의 자국 민간인을 살해하는 것은 서방 지도자들에게 비합리적일 것이므로, 이러한 공격이 전 세계적인 열핵 교환의 위험을 거의 수반하지 않는다고 믿을 수 있었다. 결과적으로 저위력 핵무기는 제한된 전쟁에서도 사용이 가능하게 되어 러시아의 재래식 전력 약점을 상쇄하고 핵과 재래식 분쟁의 구분을 모호하게 만들 수 있었다.[85]

러시아 전문가들 사이에서는 이러한 종류의 군사 독트린이 과연 공식적으로 존재했는지에 대한 의견이 분분하다.[86] 하지만 이러한 개념은 내가 앞서 북부 노르웨이 및 발트해와 관련하여 설명했던 '기습 공격(coup de main)' 개념과 일맥상통한다. 즉 기습적인 일격으로 적에게 기정사실화를 제공함으로써 정치 지도자들이 우월한 위치에서 협상할 수 있도록 하는 것이다. 이는 추후 상세히 논의될 조지아 전쟁에 대한 러시아의 접근 방식, 시리아에서의 고성능 미사일 시스템 사용, 그리고 2017년 주요 군사 훈련인 '자파드-17(Zapad-17)'에서 사용된 시나리오와도 일치한다.[87] 이듬해 진행된 '보스토크-18(Vostok-18)' 훈련 역시 유사한 접근 방식의 요소를 담고 있었으며, 동시에 러시아 역사상 최대 규모의 훈련에 참가한 중국군에게 러시아의 경험을 배울 기회를 제공하기도 했다.[88]

더 넓은 관점에서 볼 때, 이러한 논의는 러시아와 서방 전략가들이 핵 미사일을 바라보는 방식에 현저한 차이가 있음을 보여준다. 서방이 핵무기를 주로 억지력을 위한, 군사적으로는 사용할 수 없는 초강력 무기로 여기는 반면, 러시아는 이를 제한전을 위한 통합적인 전술 수단의 일부로 간주한다. 러시아 이론가들은 오랫동안 '화력과 전력의 상호 교환성' 이라는 개념을 믿어 왔다. 이는 전장의 특정 병력 수가 특정 규모의 집중 화력과 동일하다는 생각으로, 핵, 재래식, 전자, 사이버 등 화력의 무게가 물리적 병력의 부족을 상쇄할 수 있다는 의미이다.[89] 소련의 심층 작전 이론에 스며들어 있는 질량, 동시성, 종심, 고립의 원칙들, 그리고 이러한 상호 교환성 개념을 활용하는 것은 오늘날 러시아군에 여전히 큰 영향을 미치고 있다. 아이러니하게도, 이러한 원칙들은 미군과 다른 NATO 군에서도 여전히 영향력을 행사하고 있다.[90]

동시에 전술적이든 전략적이든 핵무기는 단순한 무기를 넘어선 지위의 상징이다. 핵무기는 소유국에 강대국으로서의 지위를 부여하고, 배타적인 글로벌 클럽의 일원으로 인정하며, 전쟁 직전까지 적국을 위협하거나 불안정하게 만드는 무력 시위를 가능하게 한다. 블라디미르 푸틴 대통령은 이전 러시아 지도자들과 마찬가지로 일종의 핵 함포 외교로서 이러한 방식을 정기적으로 활용했다.[91] 다른 어떤 이유가 없더라도, 러시아는 전략 핵무기만 가지고서도 소련 붕괴 이후 최저점에서도 여전히 세계적인 강대국 지위를 주장할 수 있었다. 이러한 이유로 러시아는 전략 로켓 부대 현대화에도 박차를 가했다. 2001년 12월 CIA의 전 세계 미사일 개발 평가 보고서는 러시아가 갈 길이 멀다고 지적하며, "자원 문제, 프로그램 개발 실패, 무기 시스템 노후화, 소련 해체, 군비 통제 조약으로 인한 전력 구조 결정이 지난 10년간 러시아 전략 핵 전력의 급격한 감소를 초래했다"고 주장했다.[92] 그러나 이 평가 이후 10년 동안, 즉 2011년까지 러시아는 전략 핵 현대화, 핵탄두 연구 및 개발, 첨단 미사일 시스템에 막대한 투자를 감행했다. 그리고 2017~2018년에는 군사 훈련에서 새로운 미사일과 탄두 설계를 시험하기에 이르렀다.[93] 2018년 초 푸틴 대통령이 발표한 새로운 최후의 무기들은 이러한 무력 시위 기능을 더욱 강화했다. 여기에는 이론적으로 무제한 사거리를 가진 핵 추진 순항 미사일, 대부분의 현대 미사일 방어 체계를 무력화할 수 있다고 알려진 극초음속 미사일, 그리고 해안 도시를 전멸시킬 수 있는 100메가톤급 열핵탄두를 탑재할 수 있는 '스테이터스-6(Status-6)'로 알려진 대형 수중 드론 등이 포함된다.[94] 우연의 일치는 아니지만, 러시아의 전략적 움직임은 당시 서방 국가들이 계속해서 자금을 지출할 의무가 있었던 영역에서 서방 정보 분석가들의 주의를 분산시키는 '반짝이는 물체' 역할도 했다. 이는 러시아의 진정한 변혁이 비대칭 및 재래식 전쟁 영역에서 일어나는 중이었음에도 불구하고 서방의 관심과 자원을 계속해서 소모시켰다.

재래식 전력 분야에서 러시아군은 능력을 향상시키기 위해 노력했지만, 초기에는 제한적인 성공만 거둘 수 있었다. 1990년대 후반부터 2000년대 초반까지 체첸 전쟁에서 얻은 교훈을 바탕으로 여러 차례 군 개혁을 시도했음에도 불구하고, 러시아는 두 가지 상충되는 현실에 직면했다. 첫째는 작전 환경이 요구하는 적응 압력이었다. 이는 소규모의 전문적이고 기동성이 뛰어난 첨단 경량 또는 중량 부대를 필요로 했다. 그러나 러시아의 경제 상황은 이러한 병력을 감당하기 어려웠고, 대신 대규모의 숙련도가 낮은 징집병을 기반으로 한 대량 동원 체제에 의존할 수밖에 없었다. 둘째는 거시 전략적 필요성과 단기적인 필요성 사이의 갈등이었다. 러시아의 강대국 지위를 증명하기 위해 NATO와 싸울 수 있는 군대를 유지해야 한다는 거시 전략적 요구와, 러시아 및 인접국 내에서 대테러, 대반란, 국내 안보, 평화 유지 작전에 적합한 병력이 필요하다는 단기적 요구 사이에서 갈등했다. 이러한 상황은 1998년부터 2004년까지 이어진 제2차 체첸 전쟁, 코카서스 지역의 대테러 작전, 공백을 메우기 위한 대대 전술 집단의 등장, 그리고 2003년부터 2005년까지 상시 준비 부대의 전문화를 시도한 프로그램에도 불구하고 크게 변하지 않았다. 러시아가 결정적인 전환점을 맞은 사건은 2008년 조지아와의 5일 전쟁이었다.

5일 전쟁(THE FIVE-DAY WAR)

1917년까지 러시아의 지배를 받았던 조지아는 혁명 후 짧은 독립 기간을 거쳐 1921년 강제로 소련에 편입되어 조지아 소비에트 사회주의 공화국이 되었다.[95] 조지아의 중요성은 트랜스코카서스 지역에 위치한다는 점에서 비롯된다. 트랜스코카서스는 튀르키예와 이란을 러시아와 연결하고, 전략적으로 중요한 흑해와 석유가 풍부한 카스피해 분지를 분리한다. 이 나라는 코카서스 산맥을 가로지르는 주요 산악 통로를 통제하며, 이는 러시아의 남쪽 접근로를 압박하는 길목 역할을 한다. 러시아와 이슬람 동방 사이의 완충지 역할, 그리고 아제르바이잔, 이란, 튀르키예에서 유럽으로 가는 석유 수송 경로 역할과 더불어 조지아의 지정학적 중요성 때문에 볼셰비키는 러시아 혁명 직후 이 나라를 장악했다. 이는 그들이 우크라이나를 통제하고 에스토니아, 라트비아, 리투아니아를 합병하여 서부 측면을 안정화하려 했던 것과 마찬가지로, 남부 접근로를 확보하기 위함이었다.[96] 소련의 독재자 이오시프 스탈린, 악명 높은 내무인민위원회 수장 라브렌티 베리야, 정치국원 세르고 오르조니키제, 외무부 장관 에두아르트 셰바르드나제가 모두 조지아인이었다는 사실은 모스크바가 조지아 소비에트 사회주의 공화국을 얼마나 강력하게 통제했는지를 더욱 부각시켰다.

하지만 이러한 강압적인 통제는 발트해 연안 소비에트 사회주의 공화국의 많은 주민들처럼 조지아인들에게도 소련의 러시아 중심주의에 대한 반감을 불러일으켰고, 1980년대 후반 소련이 해체되면서 강력한 민족주의적 정서가 급증하는 계기가 되었다. 조지아는 발트해 지역을 제외하고는 소련 구성국 중 최초로 1991년 4월 9일 독립을 선언했다. 이에 대한 러시아의 대응은 조지아 내 두 민족 분리주의 지역, 즉 북서부의 압하지아와 북부의 남오세티아를 지원하는 것이었다. 한편으로는 보리스 옐친이 '해외 동포'"라고 부르며 공산주의 붕괴로 인해 단절된 이들을 보호하려는 목적도 있었다.[97] 또 다른 한편으로는, 이는 조지아의 통합을 약화시키고 내정에 간섭할 구실을 만들기 위해 분리주의를 부추기는 전통적인 러시아식 국경 전략이었다. 소련 붕괴 이후 쇠락기 동안 조지아를 통제할 힘이 없었던 러시아는 이웃 국가의 주권을 불안정하게 만들고 전복시키는 것이 자신들의 안보 이익에 부합한다고 보았다. 이는 우리가 앞에서 보았듯이 러시아 정권이 국경 지역에서

일관되게 적용해 온 접근 방식이다.[98]

1991년 조지아 정부와 남오세티아 분리주의자들 사이에 분쟁이 발생하자, 러시아는 1992년 6월 휴전을 강제하고 평화유지군을 파견했다. 1992년에서 1993년 사이 압하지아에서도 유사한 분쟁이 일어나면서 러시아는 또 다른 분리 독립 지역을 만들어냈고, 이는 1998년과 2001년에 주기적으로 재연되는 지속적인 대치와 저강도 폭력으로 이어졌다. 이는 탈소련 시대 '동결 분쟁'의 초기 사례였다. 러시아는 대치 상황에서 승리하기보다는 이를 영구화함으로써 목표를 달성했고, 영국 국제 관계 학자 닐 맥팔레인은 이를 "대규모 적대 행위는 없지만(소규모 폭력은 있을 수 있음), 영구적으로 상호 합의된 휴전이 존재하며, 정치적 합의나 평화 노력이 성공적이지 못한 분쟁"이라고 정의했다.[99] 2003년, '장미 혁명'으로 친유럽, 친미 성향의 미하일 사카슈빌리 정부가 조지아의 수도 트빌리시에 들어설 무렵, 러시아는 이미 이들 분리 독립 지역에 대한 사실상의 보호령을 구축한 상태였다.

미하일 사카슈빌리가 이끄는 조지아의 새로운 민주 정부는 기존의 현상 유지 체제를 뒤흔들었다. 이 정부는 아프가니스탄에서 미국을 지원하기 위해 군대를 파병하고, 조지아 경제를 유럽과 미국 중심으로 전환하며, 무엇보다 압하지아와 남오세티아의 재통합을 적극적으로 추진했다. 2006년 조지아 의회는 러시아의 위협에도 불구하고 NATO 가입을 추진하기로 결의했다. 이는 러시아의 서부 국경에서 NATO가 동유럽과 발트해 지역으로 이미 확장되고 있는 상황에서, NATO가 러시아의 남동쪽 뒷마당까지 잠재적으로 침범하려는 시도였고, 이러한 상황이 러시아에게는 초기 단계의 포위망 형성으로 간주되었기 때문에 그 상황을 절대 용납할 수 없었다.

2007년 초부터 러시아는 조지아 내 분리 독립 지역을 자국에 더욱 편입시키고 조지아를 불안정하게 만들려는 노력을 강화했다는 사실이 훗날 유출된 미국 외교 전문을 통해 밝혀졌다. 이러한 움직임은 공개적인 충돌 수위는 넘지 않으면서도 다양한 방식으로 진행되었다. 러시아는 압하지아와 남오세티아 주민들에게 러시아 여권을 발급하여, 러시아가 '보호할 책임'을 주장할 수 있는 러시아 시민 집단을 만들어냈다. 또한 분리주의 민병대에게 대공 및 지상 공격 미사일을 제공하고, 조지아 통제 지역에 박격포 및 로켓 공격을 감행했으며, 사카슈빌리 대통령의 신뢰를 떨어뜨리기 위한 허위 정보를 유포했다. 이 외에도 최소 한 명의 정치인에 대한 암살을 시도하는 등 수많은 경계선 작전들을 벌였다.[100] 러시아 대변인들은 남오세티아 상황을 NATO가 유고슬라비아로부터 강제로 분리시켰던 코소보에 비유하며, 러시아 역시 조지아 분리 독립 지역에 대해 동일한 보호 책임을 주장한다고 밝혔다.[101] 연방보안국 고문들은 남오세티아 및 압하지아 분리주의 지도자들에게 정치적 지원을 아끼지 않았고, 러시아군 정보총국 장교들은 이들의 민병대를 훈련시키고 무장시켰다.[102]

만약 러시아의 이러한 활동이 조지아의 NATO 가입을 저지하기 위한 것이었다면 그 시도는 큰 역효과를 낳았다. 러시아의 행동에 대한 반응으로 2008년 1월에 실시된 국민투표에서 조지아 국민들은 압도적으로 NATO 가입에 찬성표를 던졌다.[103] 같은 해 4월, 푸틴은 드미트리 메드베데프 총리와 자리를 맞바꿀 준비를 하고 있었다. 메드베데프는 대통령이 되고, 푸틴은 러시아의 임기 제한 규정을 지키기 위해 4년 동안 총리 역할을 수행할 예정이었다. 푸틴은 부쿠레슈티에서 열린 NATO 정상회담에 참석하여 서방 지도자들에게 경고했다. 그는 "우크라이나와 조지아로 동진하려는 그들의 계획은 우리 관계의 신뢰와 예측 가능성에 기여하지 않으며, 러시아 안보에 대한 직접적인 위협으로 받아들여질 것"이라고 강력히 주장하며 "NATO가 러시아를 겨냥한 것이 아니라는 발언만으로는 충분하지 않다"고 덧붙였다.[104] 부쿠레슈티의 지도자들이 이 경고를 정확히 이해했는지는 불확실하지만, 어떤 면에서는 이미 늦은 상황이었다. 조지아의 상황은 빠르게 전쟁으로 향하고 있었기 때문이다.

2008년 8월 7일 저녁 해가 진 직후 조지아군은 남오세티아 분리주의자 진지에 로켓포 및 포병 공격을 시작했고, 다음 날 아침에는 해당 지역을 침공했다. 사카슈빌리 정부의 이러한 움직임은 몇 달 동안 분리 독립 지역에서 조지아 통제 지역으로 이어지던 박격포 공격과 총격이 연중 내내 고조되어 온 것에 대한 대응이었다. 결정적인 계기는 8월 1일에 발생했다. 남오세티아에서 저격 행위가 더욱 증가하던 중, 민병대원들이 분리주의자 수도 츠힌발리 근처에서 사제 폭발물로 조지아 경찰 트럭을 파괴한 것이다. 2007년부터 러시아에서 적극적 조치로 알려진 비밀 작전들이 계속되던 상황에서, 조지아는 마침내 인내심의 한계에 달했고, 조지아의 영토 보전을 회복하고 분리 독립 지역 주변의 동결된 분쟁을 해소하기 위해 움직였다.[105] 조지아가 선제공격을 감행하도록 도발하는 것이 러시아 기획 작전의 목표였을 가능성이 높다. 2007년 8월의 미국 외교 전문에 따르면, "크렘린의 한 가지 목표는 사카슈빌리를 제거하는 것이지만, 다양한 적극적 조치의 범위와 강도는 더 깊은 목표가 조지아를 유로-대서양(Euro- Atlantic) 지향성에서 벗어나 다시 러시아의 품으로 되돌리고, 조지아 지도부를 경솔한 반응으로 유도하여 조지아를 서방과 더욱 멀어지게 하는 것"이라고 지적했다.[106]

조지아군이 남오세티아에 진입한 바로 그날, 러시아군은 남오세티아 진입을 위해 동원되기 시작했다. 이미 약 만 명의 러시아 병력이 인근 북캅카스 지역에 주둔하며, 해당 작전 시나리오를 포함한 대규모 훈련 '캅카스-2008'을 막 마친 상태였다. 이들은 러시아에서 남오세티아로 이어지는 유일한 도로 통로이자 코카서스 산맥 해발 6,600피트에 위치한 2.3마일 길이의 고속도로 터널인 로키 터널이라는 병목 지점을 통과했다. 터널을 통과한 러시아군은 츠힌발리 남쪽 가장자리에서 진격하는 조지아군과 조우하여 공세를 저지하고, 이어서 조지아 통제 지역으로 진격했다.[107] 이는 총 19,000명의 병력이 참여한 신속한 제병 합동 기동 작전이었다. 기갑 종대, 공습, 중포 및 로켓 포격, 종심 작전을 수행하는 스페츠나츠, 그리고 조지아의 주요 항구인 포티를 봉쇄하는 흑해 함대 전함들을 동원하여 두 전선에서 진격했다.[108] 개입 5일 후, 러시아 제58군의 전차 및 차량화 소총 부대 종대와 다른 부대들의 대대 전술 집단이 합류하여 트빌리시에서 서쪽으로 불과 50마일 떨어진 전략적 요충지인 '고리'의 주도를 점령했다. 동시에 민병대의 지원을 받는 러시아군이 압하지아에서 진격했다. 러시아 항공기는 트빌리시를 타격했고, 공수부대가 포티를 점령하여 조지아를 외부 지원으로부터 차단했으며, 차량화 소총 연대가 조지아 제2 도시 쿠타이시에서 30마일 이내까지 진격했다.[109] 8월 12일이 되자, EU가 중재하는 휴전 협상이 진행 중이었다. 러시아는 분쟁 초기에 영토와 항구, 도로, 철도 교차로 등 기반 시설을 신속하게 점령하고, 고리를 장악하며 트빌리시를 빠르게 위협함으로써 강력한 협상 위치를 구축했다. 드미트리 메드베데프 신임 대통령은 이 위치를 협상에서 효과적으로 활용하여, 전쟁 초기에 얻은 영토를 영구적인 정치적 이점으로 교환했다. 이는 비록 핵무기를 사용하지 않았지만, 확전하여 긴장을 완화시키는 전술의 전형적인 사례였다.

조지아 전쟁은 단순히 물리적 공간에서의 충돌을 넘어, 사이버전 및 정보전이라는 새로운 가상 전장을 포함했다. 이전에도 러시아가 지원하는 사이버 공격은 있었다. 특히 2007년 4월, 탈린의 소련 시대 전쟁 기념물을 둘러싼 분쟁 이후 에스토니아에 대한 공격이 대표적인데, 당시 러시아 기반 해커들은 조지아에서 사용된 것과 동일한 기술을 많이 사용했다. 하지만 조지아 전장은 사이버 활동이 물리적 전투 작전과 직접적으로 조율되고 지원된 최초의 사례 중 하나였다. 이를 우리는 "사이버-키네틱(cyberkinetic)" 또는 "정보-키네틱(info-kinetic)" 기동이라고 부를 수 있다.[110] 여기서도 가장 중요한 작전의 상당 부분은 첫 전차가 진격하기 전의 형성 단계에서 일어났다. 그리고 이러한 작전은 '경계선의 행위자들', 다시 말해 국가가 정한 지침 내에서 자발적으로 행동하는 '애국적인 시민 해커들'과 자발적으로 모집된 '사이버-민간 해커'들에 의해 수행되었다.[111]

조지아 웹사이트와 서버에 대한 공격은 7월 20일경, 즉 '캅카스-2008' 훈련이 종료되고 분리주의자들의 행동이 고조되어 조지아가 분리 독립 지역에 대한 군사적 움직임을 시작하기 열흘 전에 시작되었다. 이러한 공격에는 조지아 웹사이트와 서버를 과부하시키는 분산 서비스 거부(DDOS) 공격뿐만 아니라, 선전 메시지로 웹사이트를 훼손하거나 간헐적으로 트래픽을 차단하는 해킹도 포함되었다.[112] 공격자들은 수천 대의 좀비 컴퓨터로 구성된 봇넷을 활용했는데, 이 중 일부는 미국에 위치해 있었다. DDOS 공격은 사카슈빌리 대통령 웹사이트, 언론, 통신 및 교통 관련 웹사이트, 그리고 조지아 국립은행을 포함한 정부 부처들을 표적으로 삼았으며, 8월 7일 전투가 시작되자 급속도로 확산되었다.[113] 러시아 웹사이트 2곳에서는 조지아를 공격하려는 모든 사람에게 DDOS 소프트웨어를 제공했으며, 조지아의 인터넷 기반 시설 대부분이 마비되는 상황에서도 러시아 통신 회사들은 조지아 트래픽을 자신들의 서버를 통해 우회시켰다.

2008년 조지아 사이버 공격에서 가장 큰 문제는 침입 탐지가 아니라 귀속이었다. 연구자들은 이 활동을 상트페테르부르크에 있는 러시아 조직 범죄 집단과 빠르게 연결했다. "주말 전쟁이 시작되기 전 그들은 봇넷이 공격 준비를 위해 준비되는 것을 지켜봤고, 8월 9일 러시아 공습이 시작되기 직전에 활성화되었다."[114] 2018년 평가에 따르면 "54개의 뉴스, 정부, 금융 웹사이트가 훼손되거나 서비스 거부 공격을 받았으며, 평균 서비스 거부 시간은 2시간 15분, 가장 길게는 6시간 동안 지속되었다. 조지아 인터넷 네트워크의 35%가 공격 중 기능 저하를 겪었으며, 온라인 활동의 최고조는 8월 8일, 9일, 10일 러시아의 남오세티아 침공과 일치했다. 심지어 조지아 국립은행은 8월 8일부터 8월 19일까지 모든 전자 서비스를 중단해야 했다." "공격이 러시아 국가에 의해 고무되었다는 강력한 정치적 및 정황적 증거가 있지만, 결정적인 기술적 귀속, 그리고 그에 따른 법적 책임은 여전히 파악하기 어렵다."[115] 실제로 귀속은 여전히 매우 까다롭고 종종 논란이 많은 문제여서, 존경받는 사이버 위협 정보 분석가인 제프리 카는 해석에 치중하고 실제 증거는 부족한 최근의 많은 귀속 노력을 '신앙 기반 귀속'이라고 묘사하기도 했다.[116]

10년이 넘는 조사에도 불구하고 러시아 정부에 대한 책임을 명확히 규명할 수 없었다는 점은, 경계선 행위자를 활용하는 것이 얼마나 큰 이점을 제공하는지를 보여준다. 이 사례에서는 자발적으로 조직되고 모집된 사이버 민병대가 부인할 수 있지만, 실제로는 은밀하지도 비밀스럽지도 않은 작전을 수행했다. 마찬가지로 조지아 전장에서의 사이버 기동은 관찰자의 편향에 따라 범죄, 전쟁, 또는 단순히 애국심으로 해석될 수 있는 모호한 활동을 포함했다. 이러한 공격은 전장 자체에는 거의 영향을 미치지 않았다. 그러나 "사이버 공격은 조지아 정부의 대응, 반응, 소통 능력을 방해함으로써, 러시아가 분쟁의 중요한 초기 단계에서 국제적 여론을 형성할 시간과 공간을 만들어냈다." 이 점은 곧 다시 논의할 것이다.

정치-전략적 차원에서 볼 때 러시아는 5일 전쟁에서 의심할 여지 없이 승리했다. 조지아는 8월 14일 휴전에 동의했고, 그 결과 두 분리 독립 지역은 확고하고 영구적으로 러시아의 통제 아래 놓이게 되었다. 러시아는 조지아 영토에 영구적인 육·해·공 군사 기지를 설립했으며, 가장 중요하게는 조지아의 NATO 가입 구상은 완전히 보류되었다. 작전 수준에서 러시아군은 체첸에서의 성과보다 현저히 향상된 모습을 보였다. 신속한 제병 합동 기동을 수행하고, 보병과 기갑 및 포병을 효과적으로 조율했으며, 러시아군 정보총국 스페츠나츠의 심층 작전을 개시하고, 주요 수상 전투함, 잠수함, 대형 상륙 돌격함을 포함한 해군력을 이용하여 연안 기동을 수행했다.[117] 이들의 기만 전술, 압하지아와 남오세티아에서 동시에 두 방향으로 공격을 감행하여 조지아군이 어느 한쪽 전선에 병력을 집중하지 못하게 한 복합적인 기동 계획, 포티 항구의 기습 점령, 그리고 공수부대와 지상 및 해상 전력의 조율 또한 인상적이었다.[118] 이전 분쟁보다 항공기와 포병이 더 높은 비율로 정밀 유도 무기를 사용하여, 체첸에서 보였던 광범위한 도시 파괴와 융단 폭격을 피했다. 고리와 루시 마을에서 사용된 집속탄이 민간인 사상자를 냈지만, 러시아

는 이러한 사실 자체를 전면 부인했다.[119]

조지아 전쟁에서 러시아군은 전략적, 작전적 차원에서는 성공적인 모습을 보였으나, 전술적 수준에서는 몇 가지 약점들이 명백히 드러났다. 우선 러시아 공군은 조지아가 통합 방공 시스템을 갖추고 있지 않았음에도 불구하고 Tu-22 전략 폭격기를 포함한 여러 대의 군용기와 최소 3대의 Su-25 지상 공격기를 잃었다.[120] 또한 제58군 사령관 아나톨리 흐룰로프 중장은 정찰 부족으로 인해 츠힌발리 외곽에서 조지아군의 매복에 걸려 부상을 입었으며, 러시아군은 로키 터널을 빠져나올 때 부적절한 공간 협조로 인해 손실을 입었다.[121] 휴전 3주 후, 당시 러시아의 공식 국제 통신사였던 RIA 노보스티가 발표한 놀랍도록 비판적인 보고서에서 기자 니키타 페트로프는 일련의 실패들을 다음과 같이 열거했다. 주요 내용은 제58군의 느린 동원; 부실한 정찰로 인한 조지아군 포병, 로켓, 전차 진지 파악 실패; 무인항공기 부족으로 인해 조종사가 탑승한 항공기가 조지아 방공망 위를 비행해야 했고, 그 중 일부가 격추됨; 항법 및 표적 장치, 레이더 조준경, 비가시선 미사일, 정밀 탄약 부족, 열악한 유지보수, 승무원 숙련도 미흡을 포함한 노후화된 항공 시스템; 전자전 자산의 조지아 시스템 교란 실패; 전차용 야간 조준경 부족 및 누락된 장갑 부품으로 인한 차량 및 승무원 손실; 산악 및 시가전을 위한 전차 지원 전투 차량 부재; 장갑 종대에 대한 공격 헬리콥터 지원 부재; 통합 지휘 통제 시스템 부재 등이다.[122] 페트로프의 비판 중 일부는 불공평한 면도 있었다. 구형 장갑차가 주로 사용된 것은 사실이지만, 개량된 전차도 목격되었고 지상군은 체첸에서 얻은 전술적 교훈을 적용한 신형 장비를 사용했다. 또한, 공중 및 포병 지원에 문제가 있었음에도 불구하고, 러시아 기준으로 평가할 때 비교적 적은 부수적 피해로 마을과 주요 송유관에 대한 효과적인 정밀 타격이 이루어졌다.[123]

1년 후 스웨덴 분석가 카롤리나 팔린과 프레드리크 베스터룬드가 발표한 보다 신중한 비판 보고서는 소련 전략에서 현대 서방식 전쟁으로의 진화를 언급하며[124], 조지아 전장이 "1990년대에 비해 러시아 군사 능력이 상당히 향상되었음을 부인할 수 없는 증거를 제공했지만, 전쟁 기록은 군사 분석가들로 하여금 러시아군의 미래에 대한 우려를 제기하게 만들었다"고 지적했다.[125] 이들 역시 노후화된 장비, 지휘 통제 및 지상-공중 협력의 문제, 미흡한 전자전 능력, 정밀 무기 부족을 지적하며, "재래식 군사 기술에서 러시아는 일부 핵심 분야에서 서방에 뒤처져 있다"고 평가했다.[126] 당시 공개적으로 논의되지 않았지만, 이 분쟁의 사이버 기동 측면 또한 내부적으로 비판의 대상이 되었다. 러시아군 내부 논의는 정보 영역에서의 부진한 성과에 초점을 맞추었으며, 이는 러시아군 내에서 전방위적 정보 작전을 수행할 수 있는 정보 부대의 필요성에 대한 증거로 제시되었다.[127] 이는 단순히 사이버전과 전자전뿐만 아니라 네트워크 공학 및 교란, 광섬유 엔지니어 및 전자기 펄스(EMP) 무기 운용 능력까지 갖춘 전문 부대 개발로 이어졌다.[128]

나는 앞서 대부분의 군사적 적응이 패배의 고통에 의해 촉발된다고 언급했다. 그러나 그러한 적응이 일어나려면, 군대는 자신이 실제로 패배했다는 사실을 먼저 인지해야 한다. 명백한 반대 증거에도 불구하고 스스로의 성공을 확신하는 조직은 적응할 가능성이 낮다. 반대로 전반적인 성공에도 불구하고 스스로를 실패하고 있다고, 또는 아슬아슬한 위기를 겪었다고 보는 조직은 그 결과 이후 진화할 수 있다. 이것이 바로 조지아 전쟁 이후 러시아의 경우였다. 메드베데프 대통령과 푸틴 총리 모두 군대의 성과에 만족하지 못했고, 2007년 2월 관료 및 재정 개혁가로 외부에서 영입된 아나톨리 세르듀코프 국방장관은 이에 대한 대응으로 대규모 현대화 프로그램인 '뉴 룩(New Look)'을 시작했다.

'뉴 룩'은 '1917년 볼셰비키 혁명 이후 적군 창설 이래 가장 급진적인 군사 개혁', '지난 세기 동안 사용된 접근 방식과의 극명한 단절', 그리고 크림, 우크라이나, 시리아에서의 '러시아군 전투 능력과 전투 준비 태세에 상당한 개선'을 가져온 원인으로 평가받는다.[129] 이 개혁은 5일 전쟁, 코카서스 전역, 그리고 1991년 이후 발생한 다른 분쟁들에서 확인된 주요 부족한 분야를 해결하고자 했다. 개혁의 핵심은 크렘린의 새로운 전략적 방향이었다. 소련 붕괴 후 거의 20년 만에, 러시아군은 마침내 소련 시대의 구조와 탈냉전 시대 환경 사이의 모순을 해결하고, 옛 소련 영토 내의 지역 분쟁에 최적화된 군사력을 구축했다.[130] 다른 식으로 표현하자면, 조직이 마침내 역동적인 적합성 지형의 변화에 적응한 것이다. 이제 NATO를 억제하고 필요하다면 싸우는 역할은 핵 전력에 맡겨졌고, 러시아의 재래식 군대는 체첸, 조지아, 그리고 우크라이나 및 발트해 연안국을 포함한 다른 옛 소련 국가들과 같은 지역에서의 단기적, 제한적인 전쟁에 집중하게 되었다.

2008년 10월부터 2012년 12월까지 시행된 이 개혁에는 군대 축소, 장교단 축소, 훈련 집중화, 사령부 통폐합 및 군 지구 수 감축을 통한 지휘 효율화, 병참의 민간화 및 상업화, 모든 부대의 상시 준비태세 전환, 예비군 구조조정, 사병의 의무복무 징집병 유지, 전문 장기복무 부사관 및 장교 경력직 신설 등이 포함되었다.[131] 이 개혁은 또한 허울뿐인 부대들을 해체하고, 기존의 사단 및 연대 구조 대신 새롭게 설계된 여단 중심으로 육군을 재편했다. 공군과 방공군은 항공 기지 및 항공우주 방어 사령부를 중심으로 재편되었고, 해군 역시 구조를 개편했다. 특히 주목할 만한 점은 사이버 사령부와 특수작전사령부를 창설했다는 것이다.[132]

2013년 무렵, 조지아 전쟁에서 드러났던 많은 약점들이 해결되었으며, 다시 대통령이 된 푸틴이 향후 작전에서 사용할 재래식 및 핵무기들이 갖춰졌다. 또한 비대칭 자산들이 빠르게 발전하고 있었다. 이러한 비대칭 자산들에는 통제 가능한 해커들, 사이버 민병대, 조직 범죄 네트워크와의 관계, 노르웨이 사례에서 논의되었던 이민자 유입 조작, 선전 도구, 서방에서 레닌이 '유용한 바보들'이라고 불렀던 정치 극단주의자, 분리주의 단체, 심지어 대선 캠페인에 관련된 이들을 포함하는 집단들과의 동맹, 광범위한 정보망 개발, 암살과 사보타주를 포함하는 적극적 조치 능력 구축 등이 포함되었다. 체첸과 코카서스 전쟁에서의 전시 진화와 조지아 전쟁 이후 '뉴 룩'이라는 평시 혁신은 러시아 재기의 기반을 마련했으며, 따라서 이를 뒷받침하는 이론을 탐구해 볼 가치가 있다.

경계선 전쟁 이론(THE THEORY OF LIMINAL WARFARE)

이 장을 시작하기 전에, 최근 러시아의 작전들을 설명하는 많은 용어에 더해 또 다른 용어를 사용하게 된 점에 대해 사과해야 할 것 같다.[133] 현재 '하이브리드 전쟁,'[134] '비대칭 전쟁,'[135] '비선형 전쟁,'[136] '신세대 전쟁,'[137] '회색 지대 작전'[138], 그리고 '게라시모프 독트린(발레리 게라시모프 국방부 차관 겸 러시아 총참모장 이름을 딴)'[139] 등 많은 용어들이 사용되고 있다. 각 용어는 우리가 목격하고 있는 적응 과정의 특정 측면을 강조하며 유용하게 쓰인다. 그렇다면 왜 또 다른 용어를 도입해야 할까? 주된 이유는 '뉴 룩' 개혁 이후 러시아의 관행에서 나타나는 또 다른 측면, 즉 경계선 요소, 혹은 임계점 조작 요소를 강조하기 위함이다. 이 요소는 적어도 소련 시대부터 러시아의 사고방식에 존재해 왔다고 볼 수 있다.

러시아가 핵심적인 정치적 목표를 달성하기 위해 충분히 적고 모호한 행동을 취하면서도 군사적 반응을 유발할 정도는 아닌, 경계선을 타는 능력은 내가 앞에서 '경계선 기동'이라고 불렀던 것의 한 예시이며, 이는 러시아가 재래식으로는 매우 잘 무장되어 있지만 정치적으로는 극도로 제약된 적수들을 마주하는 환경에 대한 적응적 대응으로 설명된다. 이름에서 알 수 있듯이 경계선 현상은 감각적 또는 지각적 임계점에 걸쳐 있다. 거의 감지하기 어렵거나, 관찰 가능성의 경계에 있거나, 감지 가능성의 안팎을 오가는 행동들을 경계선 작전으로 볼 수 있으며, 이러한 작전을 최적화하는 전쟁 방식이 바로 경계선 기동이다.

경계선 기동은 러시아와 같이 상대적으로 약한 플레이어에게 이상적인데, 상대방이 훨씬 더 강력한 군사력을 가졌지만 엄격한 정치적, 법적 제약에 묶여 있는 적합성 지형에 적응하는 방식이기 때문이다. 또한 뉴스 및 소셜 미디어가 너무나 만연하여 은밀하거나 비밀스러운 작전을 실행하기가 극도로 어려운 환경에서도 효과적이다. 동시에 이러한 미디어가 가짜 뉴스나 서명 조작에 취약하여, 결단력 있는 지도자들이 살인 행위까지도 모호하게 넘길 수 있을 만큼 충분한 모호성을 만들어 낼 수 있다. 다시 말해 이 접근 방식은 2장에서 설명했듯이 1993년 이후 러시아를 비롯한 여러 다른 국가들이 직면해 온 환경에 아주 잘 적응된 전략이라 할 수 있다.

여기서 말하는 탐지 임계점은 고정된 것이 아니다. 오히려 이는 정보 · 감시 · 정찰(ISR) 역량에 의해 정의되며, 따라서 적의 행동 유형, 규모, 특성뿐만 아니라 가용 ISR 품질과 범위에 따라 변화한다. 만약 우리가 ISR 역량이 부족하고 적이 은밀하게, 소규모 집단으로 간헐적인 행동을 취한다면, 탐지 임계점은 매우 높아질 수 있다. 이 경우 우리는 무슨 일이 벌어지고 있는지 알아채기도 전에 적이 많은 것을 해낼 수 있다. 반대로 ISR 범위가 더 좋거나 적이 더 높은 특성이나 속도로, 또한 더 큰 집단으로 활동한다면 그 임계점은 극적으로 낮아질 수 있으며, 그 결과 감지되지 않는 적의 행동은 거의 없을 것이다.

경계선 기동 공간(The Liminal Maneuver Space)

따라서 탐지 임계점은 한편으로는 비밀 작전과 은밀 작전 사이의, 다른 한편으로는 공개적 행동 사이의 움직이는 경계선을 나타낸다. 나는 그림 4.1에서 이 임계점 주변의 활동을 피라미드 또는 삼각형으로 그렸는데, 이는 공개적인 전투가 분쟁의 아주 작은 부분, 즉 빙산의 일각에 불과하며 행동의 대부분은 수면 아래 적과의 직접적인 폭력적 접촉으로부터 한참 떨어진 곳에서 발생하기 때문이다. 일부 군대, 예를 들어 호주군과 영국군은 전쟁의 임계점 아래에서의 경쟁적 행동을 직접적인 전투와 구분한다. 미국은 '무력 충돌에 못 미치는 경쟁'에 대해 이야기한다.[140] 심지어 전쟁 자체 내에서도 전투에 참여하는 비율은 극히 낮다. 예를 들어 일반적인 게릴라 운동에서 개별 병력의 3%에 불과하며, 1941년 이후 미군을 기준으로 하는 재래식 군대도 평균적으로 약 32.5%의 병력만이 전투 역할에 참여한다.[141] 이 전투 병력 중 실제로 배치되는 병력은 훨씬 적고(전체 병력의 7~10%), 배치된 병력 중 특정 시점에 전투 중인 병력은 더욱 적으며, 이 중 실제로 무기를 발사하는 병력은 20~80%에 불과하여 능동적인 전투원의 총 비율은 반군 및 민병대의 경우와 거의 동일한 수준의 극히 작은 비율로 줄어든다.[142] 저항 전쟁, 특히 도시 게릴라전이나 앞서 설명한 종류의 사이버-키네틱 작전에서는 전투원 수가 훨씬 더 적을 수 있다.

그림 4.1 경계선 전쟁

대부분이 수면 아래에 잠겨 있는 빙산 이미지가 유용하긴 하지만, 실제로는 '수면선'이라는 개념이 한계를 드러낸다. 왜냐하면 무력 충돌과 경쟁 사이의 경계는 사실상 하나의 선이 아니라, 오히려 과도기적인 공간 또는 경계선 구역이기 때문

이다. 물리적 세계의 실제 수면선도 마찬가지라고 볼 수 있다.

제시된 다이어그램이 보여주듯이, 경계선 구역은 적이 작전의 존재를 처음 인지하는 탐지 임계점에서 시작한다. 이 임계점을 기준으로 작전의 성격이 달라진다. 탐지 임계점 아래에서는 활동이 은밀하다. 즉 작전의 존재와 후원자의 신원 모두 인지되지 않는 상태이다. 탐지 임계점 위에서는 활동이 비밀이다. 작전은 탐지되지만, 후원자의 신원은 알려지지 않거나 그럴듯하게 부인할 수 있는 상태를 유지한다. 여기서는 영연방식 용어법을 따르고 있다는 점을 참고할 수 있다. 미군 교리에서는 비밀과 은밀의 구분을 다르게 정의한다. 하지만 영연방식 용어가 더 유용하다고 할 수 있는데, 그 이유는 적이 작전의 존재 자체를 전혀 알지 못하는 은밀 수준과 적이 작전은 탐지했으나 누가 수행하는지 파악할 수 없는 비밀 수준을 더 명확하게 구분하기 때문이다. 예를 들어 간첩 행위, 특정 형태의 사이버 침입, 정치적 전복, 또는 지하 네트워크 조직 등 일부 활동들은 이론적으로 영원히 은밀한 상태로 남아있을 수 있다. 반면 습격, 테러, 사보타주, 국경 침범과 같은 다른 활동들은 후원자의 신원이 숨겨져 있더라도 사실상 항상 결국 탐지된다. 이러한 경우 해당 활동은 은밀이 아닌 비밀 작전으로 분류된다.

어느 시점에 이르면 적은 탐지된 활동에 대한 책임을 특정 후원자에게 귀속시킬 만큼 충분한 데이터를 확보하게 된다. 이 지점이 바로 귀속 임계점이다. 이 임계점을 넘어서는 작전은 더 이상 은밀하거나 비밀스럽지 않다. 하지만 그렇다고 완전히 공개적인 것도 아니다. 특히 사이버 공격, 사보타주 또는 테러 활동의 경우는 귀속이 어렵고, 앞서 상세히 살펴보았던 정치적-법적 제약들을 고려할 때, 효과적으로 또 다른 전이 공간이 존재한다. 이는 바로 모호한 활동의 영역이다. 이 영역은 비밀 작전 위에 있지만, 적이 대응할 충분한 확신과 정치적 지지를 확보하여 전투 행동이 완전히 공개적으로 변하는 대응 임계점 아래에 위치한다. 따라서 탐지 임계점과 대응 임계점 사이의 영역은 경계선 기동이 발생하는 활동 공간을 형성한다. 사실상 경계선 전쟁 이론은 단순한 공개-은밀 이분법을 넘어선다. 공개 활동과 은밀 활동 사이의 모호성 영역이 그 자체로 기동 공간을 창출하며, 이곳에서 경계선 행위자들과 그들의 후원자들이 탐지, 귀속, 그리고 대응 사이의 틈새에서 작전할 수 있는 공간을 만든다는 점을 인식한다.

매우 중요한 점은, 하위의 탐지 및 귀속 임계점과 달리 대응 임계점은 ISR 역량이 아닌 의사 결정 능력에 의해 결정된다는 것이다. 따라서 이는 군사적 또는 정보적 임계점이라기보다는 정치적, 외교적 임계점이다. 미국과 서방 동맹국 같은 민주주의 국가들은 국내외 여론, 국제 규범, 법치주의에 의해 제약을 받거나 NATO처럼 집단 행동 개시 전에 합의를 요구하는 동맹 또는 공개적으로 대응 기준을 명시하는 국가들은 높고 예측 가능한 대응 임계점을 가지는 경향이 있다. 이는 스스로에게 상당한 취약점을 만들면서도 적들에게는 경계선 전쟁의 공간을 확대시켜 준다. 심지어 정치적 대응 임계점이 높게 유지된다면, 탐지 및 귀속 임계점을 낮추는 ISR 역량의 극적인 개선조차도 오히려 경계선 전쟁의 공간만 더 넓히는 결과를 낳는다는 것을 알 수 있다.

반대로 지도자들이 예측 불가능하게 행동하고, 공개적인 레드라인을 피하거나, 위협에 신속하고 일방적으로 대응하는 국가들(이스라엘이 명백한 예이며 프랑스도 해당)은 이러한 경계선 공간을 붕괴시킬 수 있다. 이들은 ISR 역량과 관계없이 대응 임계점을 낮추거나 모호하게 만들어 적들에게 기동의 여지를 주지 않는다. 가장 극단적인 경우, 러시아와 같은 국가들은 지도자들이 자국 군대나 그들이 후원하는 행위자들의 명백한 행동에 대해 전면적으로 부인을 할 의지가 있다. MH-17 격추, 스크리팔 및 리트비넨코 공격, 에스토니아 및 조지아 사이버 공격 등이 그 예이다. 이런 국가들은 비논리적 부인 영역을 창출하여 외부의 정치적 압력이 영향력을 잃게 만든다. 따라서 사람들이 러시아가 특정 행동에 책임이 있다고 믿더라도, 러시아의 지도자들은 아무 일도 없었던 것처럼 계속 행동하는 것이다.

대응 임계점이 역량 의존적이기보다는 정치적으로 좌우된다는 사실은 경계선 전쟁이 곧 정치 전쟁의 한 형태임을 강조한다. 이는 본질적으로 정치적인 목표를 달성하기 위해 군사적 수단과 비군사적 수단을 결합하여 적용하는 것을 의미한다. 1장에서 논의했듯이 지난 20년간 연결성과 소셜 미디어의 폭발적인 증가는 사용 가능한 방법들을 변화시켰지만, 이러한 전쟁의 대상은 여전히 동일하다. 바로 정치 기관, 지도자, 그리고 의사 결정 과정의 정당성, 결속력, 그리고 효율성이다. 이러한 대상들을 약화시키는 것은 시간을 벌어주며, 적이 대응하기 전에 작전이 성공할 수 있도록 한다. 적의 정치적 한계, 즉 대응 시간, 예상되는 대응의 범위와 성격, 그리고 의사 결정권자에게 가해지는 제약 등 예상되는 반응의 매개변수를 이해하는 것은 경계선 기동을 위한 공간을 창출한다. 바로 이것이 앞서 언급했듯이 조지아에 대한 러시아의 사이버 작전이 전장에는 거의 영향을 미치지 않았음에도 불구하고 가치가 있었던 이유이며, 노르웨이 북부로의 이민 흐름 조작이 러시아 정보기관에게 가치 있는 활동이었던 이유이다.

이것은 2016년 미국 대선을 교란하려 했다고 알려진 러시아군 정보총국의 의도에 대한 설명을 제공할 수도 있다. 이는 영구적인 효과를 달성하려는 시도라기보다는, 2016년 후반에서 2017년 초에 걸쳐 일시적인 기회의 창을 만들려는 시도였다. 당시 러시아 계획자들을 포함한 거의 모든 사람은 힐러리 클린턴 행정부가 들어설 것이라고 가정했던 것으로 보인다. 러시아는 이 시기에 클린턴 행정부가 내부 분열로 마비되어 러시아가 여러 전선에서 움직이는 것을 방해할 수 없을 것이라고 판단했다. 실제로 대선 직후는 러시아의 주요 움직임과 일치했다. 시리아: 러시아 지원군은 2016년 12월 시리아 제2 도시 알레포를 점령하고, 이어서 2017년 1월 동알레포 공세를 개시하여 시리아 북부의 핵심 지역을 탈환했다. 우크라이나: 러시아와 우크라이나 분리주의군은 2017년 1월 아브디이우카 공세를 시작하여 2014년 전쟁 시작 이래 가장 격렬한 전투를 촉발했다. 이러한 움직임은 미국의 어떠한 반대도 없이 극적으로 성공했는데, 이는 2016년 대선을 둘러싸고 러시아가 후원한 정치 전쟁 작전으로 인해 발생한 극심한 혼란 덕분이라고 할 수 있다.

이 글에서 러시아군 정보총국 요원들은 일시적인 정치적 효과를 목표로 삼았다고 했다. 그 목적은 다른 곳에서의 물리적 기동을 위한 시간과 공간을 확보하는 것이었다. 특히 중요한 점은, 이 작전의 효과는 탐지를 통해 오히려 강화되었을 것이라는 사실이다. 작전의 핵심이 불화를 조장하는 것이었기에 그 성공을 위해 작전이 은밀하거나 비밀스러울 필요가 없었다. 오히려 그 반대였다. 작전의 존재가 알려지고 러시아의 후원이 최소한 의심받아야만 편집증, 의심, 주장과 반박, 그리고 그 이후 미국 행정부를 덮친 불법성의 그림자와 같은 완전한 교란 효과를 일으킬 수 있었다.[143]

앞에서 살펴보았듯이, 광범위한 감시와 편재하는 미디어의 시대에는 영구적으로 은밀한 작전이라는 것은 존재하기 어렵다는 점 때문에 이러한 논의는 매우 중요하다. 사실상 모든 작전은 결국 노출될 것이며, 조만간 후원자의 신원도 드러나게 된다. 그러나 동시에, 소셜 미디어의 확산과 현실 및 진실의 논쟁적인 특성은 기만의 기회를 증대시킨다. 이는 행위자들이 대놓고 숨어 있거나 다른 이들을 모방하고, 가짜 뉴스를 활용하며, 물리적 및 전자적 흔적을 조작하여 모호성을 증대시킬 수 있도록 해준다.

정보전 차원(The Information Warfare Dimension)

러시아의 '거짓의 소방호스' 정보전 모델은 이러한 특징을 악용하고 있다. 연구자 크리스토퍼 폴과 미리암 매튜스가 지적하듯이, 이는 조지아 전쟁 이후 러시아의 선전 방식에 있어 놀라운 진화를 보여주며, "현대 정보 환경의 특성에 의해 추진되는 완전히 새로운 방식"이다.[144] 사실 이 방법은 1960년대부터 시작된 소련의 사상에 크게 의존하고 있다. 여기서 작전 주체는 "표적이 자신도 모르게 선동가의 이익에 부합하도록 행동하게 만드는 것"을 추구한다.[145] 반사적 통제는 "파트너나 상대방에게 특별히 준비된 정보를 전달하여, 행동 주도자가 원하는 미리 정해진 결정을 자발적으로 내리도록 유도하는 수단"이다.[146] 이러한 행동에는 상황에 대한 특정 프레임을 표적의 마음에 전달하거나, 표적을 위한 목표를 설정하고, 표적이 사실이라고 믿거나 믿고 싶어 하는 것에 기대어 초기 행동의 효과를 증폭시키기 위해 표적 자신의 반응을 이용하는 것이 포함될 수 있다.[147] 목표는 단순히 전통적인 선전에서처럼 인식 조작이나 특정 사안에 대한 청중을 설득하는 것을 넘어, 상대방의 현실에 대한 전체적인 프레임을 조작하고, 그들의 의사 결정 과정을 왜곡하며, 그 결과로 나타나는 행동을 악용하는 것이다. 러시아 이론가 S. A. 코모프는 1996년에 글을 썼지만, 1960년대 및 그 이전 소련의 사상에 기반하여 반사적 통제의 구성 요소를 "주의 분산, 과부하, 마비, 소진, 기만, 분열, 진정, 억제, 도발, 암시, 그리고 압력이며, 이 모든 것이 조작을 의도한다"라고 묘사했다.[148] 이 이론은 21세기 연결성 폭발 이전에 존재했지만, 폴과 매튜스가 지적하듯이 오늘날의 환경은 이를 실현할 수 있는 일련의 새로운 기회와 도구를 만들어내고 있다.[149]

2016년 대선 이후 미국 케이블 뉴스 네트워크의 어떤 5분짜리 클립을 보더라도 이 과정이 실제로 어떻게 작동하는지 알 수 있다. 미국 뉴스 미디어는 2017년 미국 정보기관 평가, 2018년 인터넷 연구소 및 다른 러시아 행위자들에 대한 기소, 그리고 뮬러 보고서에서 기껏해야 '보잘것없는 러시아 영향력 작전'으로 묘사된 것을 심화시키고, 확장하며, 그 불안정화 효과를 증폭시켰다.[150] 케이블 뉴스 진행자들은 2016년에 있었던 과거 러시아 정보 작전이라고 규정한 것에 대해 말 그대로 수천 시간을 떠들어댔다. 반면 러시아의 시각에서 보면, 그 작전은 계속 진행 중이며 바로 이 뉴스 진행자들 덕분에 이제 스스로 지속력을 갖게 되었다. 이것이 바로 고전적인 반사적 통제의 사례이다. 작전을 끊임없이 한탄하는 바로 그 논평가 그룹이 이제 스스로 작전의 일부가 된 것이다.[151] 원래는 제한적인 형성 작전, 즉 러시아가 알레포 및 아브디이우카 공세를 완료하는 동안 미국을 바쁘게 묶어둘 3개월간의 기회의 창을 만들려는 의도였을지 모르지만, 이 작전은 이제 스스로 생명력을 얻게 되었다. 모스크바 외곽 호딘카에 위치한 러시아군 정보총국 본부의 '아쿠아리움'에서 결과를 지켜보는 러시아군 정보총국 지도자들은 자신들의 보잘것없는 투자에 대한 엄청난 결과에 놀라고 만족하고 있을 것이라 생각한다.

더 넓게 보면 폴과 매튜스가 묘사하는 러시아 모델은 청중을 동시에 즐겁게 하고, 혼란시키며, 또한 압도하도록 설계된다.[152] 이를 위해 이 모델은 '고용량 및 다채널' 방식을 채택하여 수많은 메시지를 동시에 여러 채널을 통해 대상에게 쏟아붓는다. 이 모델은 '부분적인 진실이나 완전한 허구를 부끄럼 없이 유포하려는 의지'를 보여주며, 따라서 객관적인 현실에 대한 헌신이 없다. 또한 빠르고, 지속적이며, 반복적인 동시에 일관성에 대한 헌신이 없다.[153] 이 마지막 특징은 일부 관찰자들을 당혹스럽게 만들기도 한다. 그러나 단절된 현실, 극도로 빠른 뉴스 주기, 그리고 파편화된 담론의 시대에 특정 사안의 세부 사항에 대한 대상의 장기 기억 부족은 정보 작전 주체들이 모순된 메시지를 거리낌 없이 띄울 수 있도록 허용한다. 물론 이것이 러시아 정보전의 새로운 특징은 아니다. 조지 오웰과 아서 쾨슬러 두 사람 모두 1940년대에 지적했듯이, 끊임없이 변화하는 당 노선에 대한 엄격한 준수가 소련의 선전 방식에서 보이는 특징이었다.[154]

시간적 차원(The Temporal Dimension)

이러한 흔적 관리 및 정치 전쟁 요소 외에도, 만약 모든 작전이 결국에는 노출되지만 즉시 드러나지 않는다면 경계선 기동에는 시간적 차원 또한 존재한다. 핵심 목표를 달성하기 위해 경계선 행위자들과 그 후원자들은 영구적인 부인 가능성이 아니라 단지 일시적인 모호성만 필요하다. 일단 적의 대응 임계점과 반응 시간이 파악되면 작전 수행자들은 사용 가능한 시간 창을 계산할 수 있는데, 이는 적의 대응이 발생하기 전에 목표를 달성하거나 그 대응을 무력화하거나, 또는 아예 방지하기 위함이다. 마치 할리우드 강도 영화에서 악당들이 경찰의 출동 시간을 알고 은행 금고를 터는 순간 스톱워치를 누르는 것처럼, 적의 반응 시간에 대한 정확한 이해 혹은 더 나아가 이를 연장하고 교란하는 능력은 성공적인 공격 작전의 매개변수를 정의할 수 있다.

이러한 맥락에서 반응 시간은 다섯 가지 구성 요소로 이루어지며, 각각은 기획자들이 정량화하거나 작전 수행자들이 영향을 미칠 수 있다. 그림 4.2에 제시된 이 요소들은 다음과 같다. 탐지 시간: ISR 자산이 작전의 존재를 탐지하는 데 걸리는 시간, 귀속 시간: 분석가들이 작전의 실행자와 후원자를 식별하는 데 걸리는 시간, 결정 시간: 정치 지도자들이 행동하도록 설득하고 무엇을 할지 결정하며, 행동에 대한 대중적 및 국제적 지지를 구축하는 데 필요한 시간이다. 이 중 결정 시간이 반응 시간의 가장 긴 구성 요소이다. 이 시간은 다른 구성 요소들에 비해 매우 가변적이며 본질적으로 정치적인 성격을 띤다. 따라서 이 시기는 반사적 통제, 정치적 전복, 사이버 공격, 외교적 협상 등 정치적 행동이 가장 큰 효과를 발휘하는 기회의 창이 된다. 이러한 효과는 매우 중요할 수 있다. 왜냐하면 결정을 24시간 지연시키거나, 동맹 파트너들이 행동하도록 설득하는 데 하루를 더 필요로 할 만큼 충분한 모호성을 조성하는 것은 목표를 달성할 시간을 벌어주는 동시에 적의 대응을 늦추거나, 방해하거나, 아예 막을 수 있기 때문이다.

그림 4.2 경제선 전쟁 작전의 순서

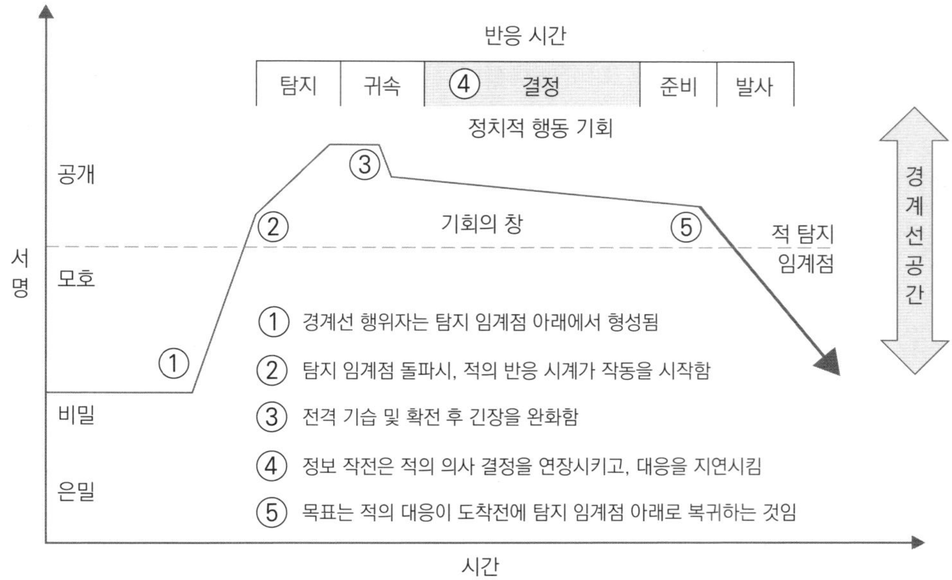

2016년 러시아의 미국 대선 해킹 의혹을 다시 예로 들어보면, 미국의 정치 과정을 불안정하게 만들고 기관을 약화시키며, 지도자들의 신뢰를 떨어뜨리는 작전은 전략적으로 가치 있기 위해 영구적인 영향을 미칠 필요가 없으며, 어떤 정치인이 대통령으로 선출되었는지도 상관없었다. 오히려 그러한 작전은 단지 시선을 분산시키는 효과를 내고, 이를 통해 워싱턴의 혼란을 틈타 시리아, 우크라이나 등지에서 성공할 수 있는 '기회의 창'을 만들 필요가 있었다. 반응 시간의 마지막 두 가지 구성 요소인 준비 시간과 발사 시간은 군사적 요인에 달려 있다. 여기에는 준비태세, 동원 시간, 전개 속도, 그리고 전장 내 자산의 생존 가능성 등이 포함된다. 이 요소들은 주로 하드웨어에 의존하기 때문에 외부 행위자가 영향을 미치기 더 어렵다. 따라서 다섯 가지 구성 요소 중, 처음 두 가지(탐지 및 귀속)는 정보와 관련되어 있고, 중간 요소(결정)는 주로 정치적이며, 마지막 두 가지(준비 및 발사)는 주로 군사적 요인에 해당한다.

다이어그램의 화살표는 경계선 행위자가 생성하는 서명, 즉 흔적을 나타낸다. 이 서명은 물리적, 전자적, 가상적 또는 미디어 기반의 탐지 가능한 신호이다. 그림에서 보듯이, 행위자는 무소불위의 시민 미디어, 감시 시스템, 그리고 뉴스 기관이 진정으로 은밀하거나 비밀스러운 활동을 불가능하게 만들 것이라는 점을 인지하면서도, 가능한 마지막 순간까지 적의 탐지 임계점 아래에 머물려고 노력한다. 그 결과 형성 단계에서의 목표는 모호성이다. 즉 일시적인 의심과 혼란을 야기하고, 적이 책임을 귀속시키기 어렵게 만들며, 적 정보 장교들이 정치 지도자들을 설득하여 대응하게 하는 임무를 복잡하게 만들기 위해 인식을 불분명하게 하거나, 혼란시키거나, 또는 조작하는 것이다.

그러나 일단 탐지 임계점이 돌파되면 시계는 작동을 시작하기 때문에 작전의 필수 요소는 즉시 은밀함에서 속도로 전환된다. 형성 단계에서 가능한 한 많은 것을 달성했다면, 이제 목표는 은밀함 여부와 관계없이 남은 목표를 가능한 한 신속하게 확보하는 것이다. 이 단계에서는 기습, 속도, 그리고 행동의 폭력성-모든 전투 병사에게 익숙한 공격의 원칙-이 가장 중요해진다. 그 결과 고전적인 기습 공격에서처럼 행위자의 서명은 급상승하고 중요한 목표를 점령하는 동안 높은 수준을 유지한다.

목표를 확보하는 즉시 경계선 행위자는 활동 수준을 줄이고 서명을 최소화하려고 노력한다. 가장 중요한 것은 잠재적 대응자에 대한 위협 인식을 낮추는 동시에 정치 전쟁 및 외교적 행동을 시작하여 대응을 가능한 한 오랫동안 지연시키는 것이다. 이는 전형적인 '확전하여 긴장 완화'하는 전형적인 접근 방식이다. 비록 정치적 행동으로 중점이 전환되더라도 작전 요소는 계속해서 서명을 줄이면서 상대방의 반격이 가해지기 전에 탐지 임계점 아래, 또는 최소한 모호성 영역으로 다시 돌아가려고 시도한다. 물론 이 작전은 공개적인 단계가 끝나더라도 여기서 끝나지 않고 오히려 임계점 아래에서 형성 노력으로 계속 이어진다.

형성 작전의 우위(The Primacy of Shaping Operations)

경계선 기동에서 이러한 시간적 측면은 환경 · 작전 · 준비 또는 형성 작전의 우위를 다시 한번 강조한다. 이상적으로 경계선 전쟁에서, 예를 들어 우크라이나, 압하지아, 남오세티아 민병대, 북극의 시리아 난민들, 에스토니아와 조지아의 사이버 민병대 및 애국 해커들, 그리고 미국 대선 해킹 사례의 위키리크스 등 지상의 행위자들은 전투 부대의 재래식 형성 작전 또는 핵무기를 사용한 전략적 태세에 대한 부속적 역할을 한다. 이는 첫 공습이 시작되거나, 첫 공격 부대가 상륙 지점에 도달하거나, 첫 전차가 출발선을 넘기 전에 전역 목표가 달성되도록 하는 것을 의미한다.

그리고 이상적으로는, 만약 재래식 작전이 시작되기도 전에 핵심 목표들을 달성할 수 있다면—만약 전투의 목적이 경계선 전쟁(예를 들어 저항 운동, 사이버 민병대, 또는 전복 활동)이 정치 전쟁 및 재래식 형성 작전과 조율되어 이미 얻어낸 이득을 확고히 하는 것에 불과하다면—재래식 전투 작전은 더 이상 결정적이지 않게 되며, 실제로 아예 발생하지 않을 수도 있다. 만약 첫 전차가 움직이기도 전에 적을 물리칠 수 있다면, 전차는 아예 움직일 필요가 없을 수도 있다. 분명히 러시아 또는 1993년 이래 서방의 다른 어떤 적수라도 이처럼 재래식 전투 능력이 부족한 플레이어에게는 그러한 상황이 이상적일 것이다. 마찬가지로 만약 결정적인 형성 작전과 경계선 활동이 전투 없이 목표를 달성할 수 있다면, 빙산은 결코 수면 위로 모습을 드러내지 않을 수도 있다. 즉 경쟁과 저항 전쟁은 영구적으로 전투 임계점 아래에 머물면서, 매우 제한적이고 소규모의 폭력 행위만을 동반하더라도 여전히 군사적 목표를 달성할 수 있는 것이다.

게라시모프 독트린(THE "GERASIMOV DOCTRINE")

앞서 인정했듯이 나는 경계선 전쟁이라는 용어를 만들어냈다. 이 용어는 러시아 문헌에서는 찾아볼 수 없을 것이다. 그러나 나는 그 개념을 발명한 것이 아니며, 이 개념은 역사적, 그리고 현대적 러시아 사고방식에 매우 분명하게 존재한다. 최근 잘 알려진 사례 중 하나는 앞서 언급했듯이 러시아 총참모장이자 국방부 차관인 발레리 게라시모프 육군 대장의 글이다.[155] 2013년 2월, '뉴 룩' 개혁이 막 완료되던 시점에 그는 '군사 산업 특사'에 미래 전쟁에 관한 기고문을 발표했다.[156] 2014년 7월 크림반도에서 '작은 녹색 인간들'이 기습 공격을 감행한 지 5개월 후, 러시아 학자 마크 갈레오티는 이 기사를 번역하여, 이 기고문이 "우리가 '게라시모프 독트린'이라고 부를 수 있는 것에 대한 가장 훌륭하고 권위 있는 진술을 대표한다"고 주장하면서 크림반도와 우크라이나에서의 러시아 접근 방식을 예고했다고 설명했다.[157] 갈레오티는 나중에 자신의 제목 선택을 후회하며, 게라시모프가 제시한 것은 통합된 독트린이 아니라고 강조했다. 그는 게라시모프의 글이 러시아의 접근 방식을 묘사하기보다는 러시아 총참모부가 현대 서방의 전쟁 방식을 어떻게 해석하는지에 대한 설명에 가깝다고 말했다.[158] 그럼에도 불구하고 게라시모프의 아이디어는 조지아 전쟁 그리고 '뉴 룩' 이후 러시아의 실제 관행과 놀랍도록 유사하다. 게라시모프는 2014년 5월 모스크바에서 열린 군사 회의에서도 유사한 아이디어를 제시했으며, 그의 영향력 있는 지위를 고려할 때, 그의 생각은 충분히 고려할 가치가 있다.[159]

게라시모프는 유럽과 옛 소련의 '색깔 혁명', '아랍의 봄' 봉기, 그리고 이라크, 아프가니스탄, 리비아, 시리아에서의 서방 작전들이 정치-군사적 목표를 달성하기 위한 새로운 접근 방식을 보여준다고 주장했다.[160] 그는 경제 제재, 외교 관계 단절, 정치적 · 외교적 압력 등 간접적이고 비대칭적인 방법과 비군사적 수단과 군사적 수단의 대략 4대 1 비율을 강조했다.[161] 간접 및 비대칭 작전에 대한 그의 강조와 더불어, 게라시모프는 전통적인 형태와 방법(다이어그램에서 '군사력 사용'이라고 명명함)을 "정치적, 외교적, 경제적, 기타 비군사적 조치를 군사력 사용과 결합하는 것"이라고 부르는 새로운 형태와 대조했다.[162] 군사 분석가 찰스 바틀스가 지적하듯이, 게라시모프 프레임의 한 가지 핵심 측면은 서방이 이러한 비군사적 조치를 전쟁을 피하는 방법으로 간주하는 반면, 러시아는 이를 전쟁의 일부로 간주한다는 점이다.[163] 따라서 게라시모프는 당시 미국과 동맹국의 사고에서 통용되던 전쟁 개념보다 훨씬 더 넓은 전쟁의 정의를 제시하고 있었다. 우리가 살펴본 것처럼, 그 당시의 개념은 전장에서 전투 부대 간의 무력 대결이라는 극히 좁은 전쟁 개념을 포함하고 있었다.

게라시모프는 전통적인 접근 방식이 병력의 전략적 배치 후에만 군사 작전을 개시하는 것으로 보았던 반면, 새로운 방법들은 평시 주둔지에서부터 군사 작전을 개시할 수 있게 한다고 주장했다. 옛 방식이 주로 지상군 위주의 대규모 전투 부대 간의 정면 충돌을 강조했다면, 새로운 형태의 전쟁은 합동군에 의한 기동적인 비접촉 작전, 즉 미사일 공격과 같은 원거리 타격, 드론 공격과 같은 원격 전쟁을 포함한다. 전통적인 전쟁이 인명 및 무기 파괴, 적 방어선 점령, 영토 장악을 강조했던 것과 달리, 새로운 접근 방식은 적의 군사-경제적 잠재력을 약화시키기 위해 핵심 민간 및 군사 기반 시설의 신속한 파괴에 의존할 것이라고 했다. 전통적인 방법이 육상, 공중, 해상 작전에 집중했다면, 미래의 분쟁 형태는 모든 물리적 환경과 정보 공간에서 동시에 전쟁을 벌여 '적 영토의 전 범위에 걸쳐 전투 부대와 적 시설에 동시적인 효과를 달성하는 것'을 목표로 할 것이다.[164] 새로운 형태의 전쟁은 정밀 유도 탄약, 대규모 특수 작전 부대, 로봇 시스템, 그리고 새로운 물리적 원리에 기반한 무기의 대량 사용을 특징으로 할 것이다. 또한, 전통적인 접근 방식이 엄격하게 조직된 계층적 지휘 통제를 포함했던 반면, 새로운 접근 방식은 통합된 정보 공간에서 병력과 자산을 지휘 통제하는 것을 포함하며 전투 작전에 민간-군사 요소의 참여도 포함할 것이라고 보았다.[165]

물론 이 마지막 두 가지 지점은 걸프전 이후 미국과 서방이 보인 작전 방식의 특징이었으므로 러시아의 관점에서만 새로운 것이라 할 수 있다. 러시아의 입장에서 게라시모프의 기고문이 현재의 역량이 아닌 미래의 열망에 초점을 맞추었다는 점도 중요하다. 그리고 갈레오티가 언급했듯이, 게라시모프는 표면적으로 러시아 방식이 아닌 서방 방식에 대해 이야기하고 있었다. 그럼에도 불구하고 서방의 적응에 대응하여 러시아가 진화해야 할 필요성을 강조함으로써 게라시모프는 아마도 무의식적으로 러시아가 스티븐 로젠이 말한 '평시 혁신'에서 확인된 적의 움직임에 대응하는 '전시 공진화'로 전환했음을 드러낸 것이다. 만약 러시아가 이미 전쟁 태세에 돌입하여 미국을 군사 계획가들이 '기준 위협(pacing threat)'이라고 부르는, 즉 군사력이 자신의 역량을 측정하는 기준으로 삼는 적수로 간주하고 있었다면, 게다가 이것이 크림반도 사태 1년 전, 오바마 대통령이 러시아가 위협이 될 수 있다는 생각을 경멸적으로 일축한 지 불과 3개월 후에 일어난 일이라면 이것 자체로 많은 것을 시사한다.[166]

게라시모프는 또한 분쟁 전 형성의 우위를 강조했는데, 이는 조지아 전쟁 이후 러시아의 실제 관행에서도 우리가 주목한 부분이다. 그는 소련의 군사 이론가 게오르기 이세르손의 말을 인용하며 승인했다. 이세르손은 "전쟁은 일반적으로 선포되지 않는다. 그것은 이미 전개된 군사력으로 단순히 시작된다. 1914년의 경우처럼 전쟁 상태가 시작된 이후가 아니라, 그보다 훨씬 이전에 눈치채지 못하게 동원과 집중이 진행된다"라고 기술했다.[167] 이러한 분쟁 전 형성에 대한 강조, 가능한 한 오랫동안 은폐 상태를 유지할 필요성, 은폐를 벗은 후 목표를 신속하게 점령하고 그 다음 신속하게 긴장을 완화하며 우월한 위치에서 협상하는 것은 게라시모프 기고문의 또 다른 다이어그램에서도 부각되었다. 그림 4.2처럼 이 다이어그램은 분쟁의 은밀한 기원에서부터 심화되는 모순, 초기 갈등(즉 형성) 행동, 위기 대응, 분쟁의 국지화, 무력화, 그리고 해결로 이어지는 시간의 흐름 위에서 은밀한 위협에서 잠재적 위협, 표적화된 위협, 직접적인 군사적 위협을 거쳐 명백한 군사적 충돌로 진행되는 과정을 묘사했다. 다이어그램은 실제 전투 이전에 적을 패배시키거나, 만약 전투가 발생하더라도 신속하게 목표를 확보한 후 협상하면서 긴장을 완화하기 위한 군사적 및 비군사적 조치들의 조합을 보여주었다.[168] 따라서 비록 경계선 전쟁이라는 용어가 게라시모프의 글 또는 이듬해 그의 학회 발표에 전혀 나타나지 않더라도, 이는 내가 경계선 전쟁이라고 명명한 것을 매우 명확하게 묘사하고 있다고 말할 수 있다.

러시아가 서방과 싸우는 법을 배운 방법(HOW RUSSIA LEARNED TO FIGHT THE WEST)

나는 2014년 러시아의 크림반도와 우크라이나 개입, 그리고 2015년 이후 시리아 개입에 대해 다른 곳에서 서술한 바 있다. 분명히 북극, 발트해, 서유럽 및 동유럽, 아프리카, 라틴 아메리카에서의 러시아 행동과 마찬가지로, 이러한 각 사례는 다르며 각각은 사용되는 수단 선택에 영향을 미치는 고유한 지배 논리를 가지고 있다. 그러나 이 모든 것에는 명확한 패턴이 존재한다.

이 장에서 내가 설명한 기술 조합과 적응의 역사를 통해 러시아는 군사적 수단으로 적들을 정치적으로 약화시키고, 정치적 수단을 활용하여 적들을 군사적으로 약화시킬 수 있게 되었다. 이러한 조합은 블라디미르 푸틴의 부인할 수 없는 천재성과 더불어 러시아, 즉 울시가 말한 원래의 용을 다시 실제 위협으로 부활시키는 데 매우 효과적이었음이 입증되었다. 물론 러시아는 시작점이 달랐고, 다른 근본 개념들을 사용했으며, 이전 장에서 논의했던 비국가 행위자들과는 극적으로 다른 종류의 실체였다. 하지만 지난 25년간 러시아의 진화에서 가장 눈에 띄는 점 중 하나는 비슷한 선택 압력에 대한 반응으로 그들의 전쟁 방식이 얼마나 유사해졌는지이다. 그리고 1993년 이후 놀라울 정도로 유사한 접근 방식으로 진화한 국가 행위자는 러시아만이 아니다. 앞에서 자세히 논의했던 이란과 북한도 그렇고, 다음 장의 주제인 중국도 마찬가지이다.

지도 4 러시아-조지아 전쟁

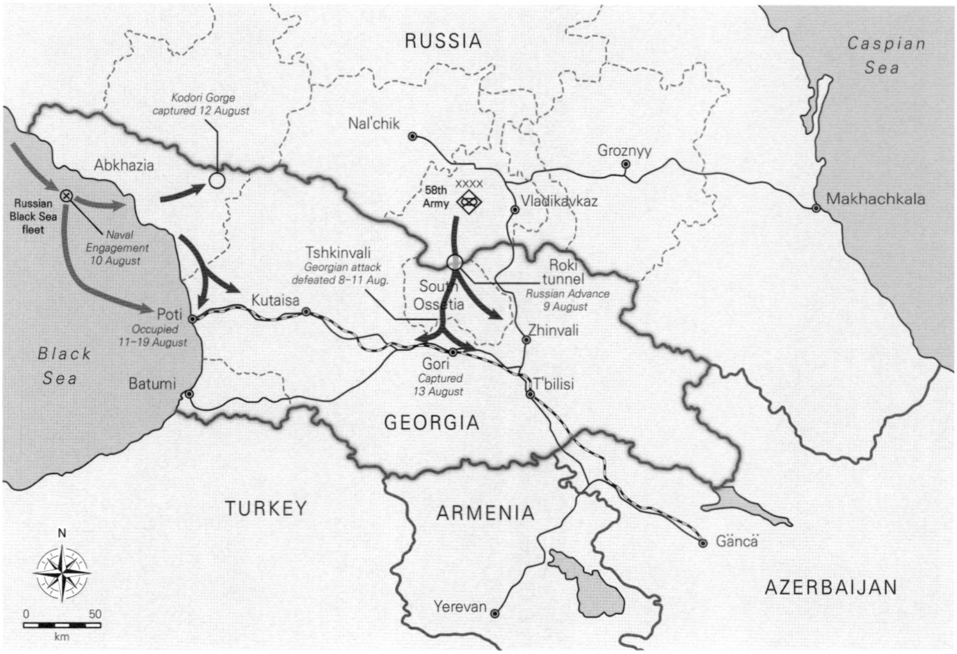

지도 5 중국-베트남 전쟁

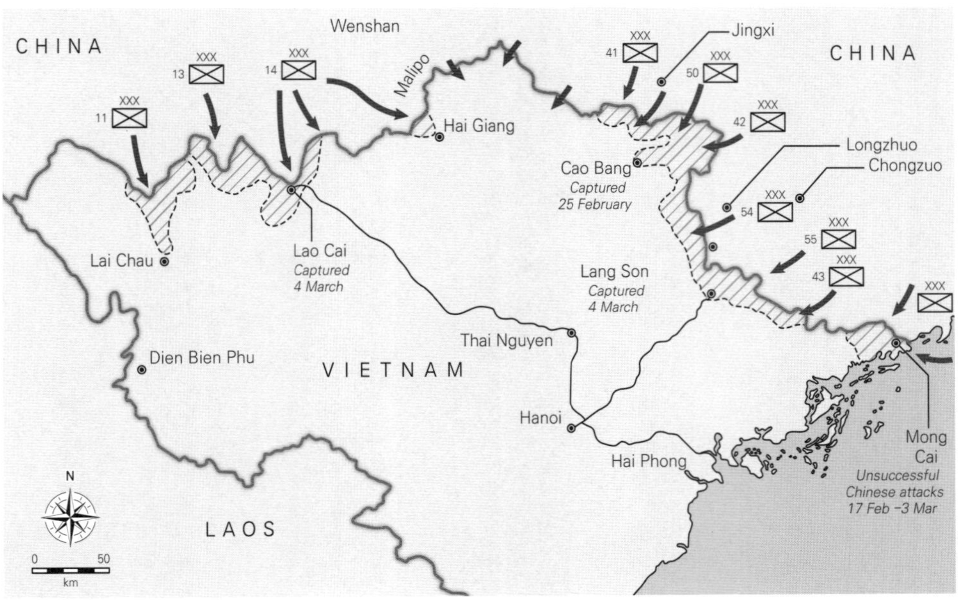

제5장

개념적 포위
(Conceptual Envelopment)

제5장

개념적 포위
(Conceptual Envelopment)

2016년 8월 2일 오후 7시 15분, 캘리포니아주 호텔 델 코로나도

나는 델 코로나도 호텔의 선 데크 바 하얀색 천막 아래 앉아 있다. 아름다운 남부 캘리포니아의 저녁이다. 흩어진 구름 사이로 해가 지고 맨해튼의 얼음이 녹는 동안, 따뜻한 대화 소리가 나를 감싼다. 1888년에 개장한 델은 세계적인 대형 호텔 중 하나로, 독특하고 매력적인 디자인의 목조 건물이며, 긴 훈련 후 해변에서 음료를 마시기에 훌륭한 장소이다. 또한 이곳은 세계에서 해군력이 가장 밀집된 지역 중 한가운데에 위치해 있다.

지금 포인트 로마 뒤로 해가 넘어가고 있다. 포인트 로마는 제11 잠수함 전대 소속 로스앤젤레스급 핵 추진 공격 잠수함 5척의 모항이자, 미 해군의 전 세계 지휘통제망을 담당하는 우주해군전투체계사령부, 그리고 태평양 및 인도양에서 미 해군 정보의 핵심인 태평양함대 정보사령부가 있는 곳이다. 내 오른쪽 해변을 따라서는 제1 항모강습단(CSG-1)의 모항인 노스 아일랜드 해군 항공 기지가 있는데, 이곳은 핵 추진 항공모함 USS 칼 빈슨함이 주력이다. 샌디에이고와 태평양을 분리하는 모래톱인 실버 스트랜드를 따라 왼쪽에는 코로나도 해군 상륙 기지가 있고, 그 바로 뒤에는 미 해군 특수부대인 네이비 실의 본거지인 해군 특수전 사령부가 있다. 내 뒤편 샌디에이고 해군 기지 본부에는 항공모함 USS 시어도어 루스벨트함을 중심으로 하는 제9 항모강습단(CSG-9)이 있다. 많은 기지, 보급창, 사령부가 항구를 둘러싸고 있으며, 라디오 마스트, 회전하는 레이더 안테나, 위성 접시가 주변에 가득하다. 나는 앉은 자리에서 칵테일 잔을 손에 들고 다섯 척의 군함을 볼

수 있다. 시호크 헬리콥터와 MV-22 오스프리 틸트로터가 만 주변을 오가고 있으며, F/A-18로 보이는 두 대의 전투기가 해질녘에 착륙을 위해 들어오고 있다.

하지만 내가 볼 수 없는 것은 엄청난 양의 군사 전자 트래픽이다. 즉, 무전 통화와 휴대전화 통화, 마이크로파 및 위성 신호, Wi-Fi 및 센서 피드, 레이더 전파, GPS, 항법 및 타이밍 신호가 만을 가로지르며 오가는 것이다. 만약 이 트래픽을 지도에 표시한다면, 델 호텔의 높고 원뿔형의 본관이 성조기로 장식된 채 거의 중앙에 있는 거미줄 같은 방출을 보게 될 것이다. 이 건물 상부에 있는 관찰자나 센서는 세계에서 가장 큰 해군 시설 중 하나를 시각적으로나 전자적으로 계속 감시할 수 있으며, 이는 호텔 소유주에게 미국 서해안의 가장 중요한 기지에 대한 최전방 관측 좌석을 제공하는 셈이다. 그 밖의 다른 이유가 무엇이든 델은 거의 완벽한 도청 기지이다.

내가 델 코로나도 호텔에 묵기 5개월 전인 2016년 3월, 베이징에 기반을 둔 다각화 지주회사인 안방보험그룹은 약 10억 달러에 델 코로나도 호텔을 인수하는 계약을 체결했다. 당시 안방보험은 비상장 회사였으나, 이후 중국 정부에 인수되었다.[1] 안방보험의 고문은 천샤오루였다. 그는 마오쩌둥과 동시대 인물이자 유명한 PLA 사령관이었고, 후에 중국 외교부 장관이 된 천이 원수의 아들이다. 2018년 초 사망한 천샤오루는 전 PLA 대령이자 홍위병 출신으로, 1992년 군을 떠난 뒤 공산당과의 인맥을 활용하여 사업 제국을 건설했다. 그는 1990년대 중국이 시장개혁을 도입하면서 정치적 영향력을 경제적 권력으로 전환한 중국 최초의 '태자당' 중 한 명이다.[2] 천샤오루를 고문으로 두면서 안방보험은 중국에서 가장 정치적 연줄이 강한 기업 중 하나가 되었다.[3]

세계의 다른 편, 샌디에이고에서 비행기로 15시간 거리에 로슬리아 홀 호텔이 게어 호수로 튀어나온 곶의 끝자락에 자리 잡고 있다. 자주 안개에 덮이는 이 좁고 북쪽에 위치한 후미는 코로나도의 햇살 가득한 화려함과는 극명한 대비를 이룬다. 이곳은 인구가 희박하며(마지막으로 확인했을 때 트립어드바이저가 인구 1,970명의 루(Rhu) 마을에서 로슬리아 홀을 '1개 호텔 중 1위'로 평가했다), 종종 황량하게 바람이 불고 혹독하게 춥다. 그리고 스코틀랜드 최대 도시이자 가장 중요한 항구인 글래스고 서쪽의 복잡한 해안 수로인 클라이드 강 어귀와 연결된다. 모든 면에서 로슬리아 홀은 쾌적한 곳으로, 편안한 객실과 훌륭한 음식, 그리고 친절한 직원을 갖추고 있다. 아마도 괜찮은 맨해튼도 칵테일도 제공할 것이지만, 싱글 몰트 위스키가 현지 스타일에 더 가깝다.

호텔에서 4마일(약 6.4km)이 채 안 되는 거리에, 바다 호수의 상류에는 파슬레인, 즉 정식 명칭으로는 '클라이드 왕립 해군 기지(Her Majesty's Naval Base Clyde)'가 위치해 있다. 이곳은 영국 전체의 뱅가드급 미사일 잠수함 4척과 영국 유일의 핵억제력의 본거지이다.[4] 게어 호수에서 출항하는 잠수함들은 거의 즉시 로슬리아 홀에서 직접적인 시각 및 전자 시야 범위 안에 들어온다. 이들은 동쪽 해안의 루와 서쪽의 산업 도시 로스네스 사이의 좁은 수로를 통과하며 호텔에서 300야드(약 274m) 이내를 지나야 한다. 이 병목 구간을 통과한 후에도 잠수함이 대서양에 도달하기까지는 몇 시간이 더 걸릴 수 있으며, 이 과정에서 출항 시간, 위치, 속도, 그리고 항로가 해안의 모든 감시자에게 노출된다. 이 지역 역시 영국 해군 보급창, 영국 해병 코만도 기지 및 기타 시설들로 가득하며, 전자 트래픽의 양은 엄청나다. 특히 잠수함이 해군 수상 부대 및 해병 고속정 호위대와 교신할 때 이 트래픽의 상당 부분이 로슬리아 홀 근처를 지난다. 따라서 델 호텔과는 거의 모든 면에서 다르지만, 이곳 역시 완벽한 도청 기지이다. 이 호텔은 2018년 초에 세 명의 소유주가 모두 중국 국적자인 회사가 매입했는데, 이 회사는 오로지 이 목적만을 위해 설립된 것으로 보이며 알려진 다른 부동산이나 사업체는 없다.[5] 회사 설립 후 6개월, 호텔 매입 후 2개월 만에 세 명의 소유주 모두 회사 문서에 기록된 국적을 중국인에서 홍콩인으로 변경했다.[6]

이 지점에서 나는 명확하게 밝히고 싶다. 나는 어떤 식으로든 두 호텔의 매각 또는 매입에 관여한 사람이 자의든 타의든 중국 정보기관과 관련이 있다고 주장할 의도가 전혀 없다. 그러한 주장을 뒷받침할 어떤 증거도 없다. 로슬리아 홀의 경우, 로열 뱅크 오브 스코틀랜드(Royal Bank of Scotland)가 거래 자금을 지원했으므로 은행 관계자들과 영국 정부가 승인하기 전에 실사를 완료했다고 가정할 수 있을 뿐이다.[7] 대조적으로 델 호텔의 경우, 2016년 9월 미국 외국인 투자 위원회(CFIUS)의 반대로 인해 안방보험의 인수가 저지되었다. CFIUS는 미국 재무부가 주관하며 국토안보부, 국무부, 국방부, 국가안보회의가 포함된 기관이다.[8] CFIUS는 이번 인수가 국가 안보에 위험을 초래한다고 판단하여 반대 의사를 표명했다. 이는 미 해군 지도부가 제기한 방첩 우려에 대한 대응이었던 것으로 알려져 있다. 하지만 위원회의 심의는 비공개이며 2016년 보고서도 아직 공개되지 않아 구체적인 내용은 일반에 알려지지 않았다.[9]

호주 북부의 다윈은 코로나도와 패슬레인에서 거의 같은 거리에 위치하며, 세계에서 가장 아름다운 해변을 자랑한다. 하지만 이 해변들은 위험하기도 하다. 파수꾼들은 '솔티(salties)'라고 불리는 크고 공격적인 바닷물 악어를 경계하고, 우기에는 치명적인 해파리들이 수영객들을 위협하기 때문이다. 다윈은 또한 호주의 중요한 군사 기지이다. 제2차 세계대전 중 일본군에게 64차례 폭격을 당했던 다윈은 호주의 뉴기니 전쟁과 더글러스 맥아더 장군이 이끈 1942~1945년 태평양 전역에서 군수보급의 허브 역할을 수행했다.[10] 최근 동티모르, 파푸아뉴기니, 태평양 제도 및 호주 북부 해상 국경을 넘나드는 호주의 작전들이 다윈에서 지원되었으며, 호주-미국 연합군의 태평양 및 남중국해 작전 또한 마찬가지이다. 다윈에는 중요한 호주 육군 기지인 로버트슨 배럭스가 있는데, 이곳은 호주에서 가장 강력한 연합군 전투 편성 중 하나인 제1 여단과 제1 항공연대의 공격 헬기들이 주둔하는 곳이다. 호주 공군 다윈 기지는 종종 미 공군 B-52, B1-B 폭격기와 F-22 전투기들이 호주 항공기와 함께 훈련하는 장소로 활용되며, 근처 폭격장에서 공습을 지휘하는 합동 최종 공격 통제관들도 이곳에서 근무한다. 다윈에는 인도양, 동남아시아, 태평양을 연결하는 상업용 민간 항구가 있다. 2012년부터는 약 2,500명의 지상군, 항공기, 수륙양용함으로 구성된 미 해병대 해상-항공 기동대(MAGTF)가 몇 달마다 다윈에 순환 배치된다.[11] 2015년 국방 검토의 일환으로 호주는 이미 상당한 규모의 다윈 군사 주둔을 대폭 업그레이드할 계획을 발표했으며, 향후 20년간 다윈의 군사 인프라에 200억 호주 달러를 투자할 예정이다.[12] 같은 해, 중국의 산둥 랜드브리지 그룹은 5억 600만 호주 달러를 들여 다윈 항구의 지배 지분을 인수했다.

안방(Anbang)과 마찬가지로 랜드브리지 그룹은 민간 기업이다. 하지만 다윈 항구 지분 인수에 대한 우려는 빠르게 확산되었는데, 다음과 같은 여러 이유 때문이다. 첫째, 랜드브리지 그룹이 중국군과 연계되어 있다는 점이다. 이 회사는 중국 북동부 도시인 르자오에 있는 또 다른 주요 항구에서 PLA를 지원하는 '인민 무장 민병대'를 운영하고 있으며, 전 PLA 장교가 이끄는 200명 규모의 공산당 지부를 두고 있다. 둘째, 노던 준주(Northern Territory) 정부가 중국 회사와 직접 계약을 체결했다는 점이다. 하지만 가장 큰 이유는 호주의 가장 가까운 조약 동맹국인 미국과 호주 연방 정부가 이번 거래를 논의하지 않은 것으로 알려졌기 때문이다.[13]

나에게 이 문제를 제기한 미국 관리들 중 모두는 호주가 자국 영토에 대해 주권을 행사하는 것에 어떠한 우려도 표명하지 않았다. 하지만 일부는 사전 통보가 있었으면 좋았을 것이라고 말했다. 특히 미 해병대 항공-지상 태스크포스가 다윈을 순환 배치되기 시작한 이래 미국이 다윈의 일부 시설 개선에 대규모 투자를 했고, 다윈이 역내 수많은 미국-호주 연합 활동의 남쪽 거점이기 때문이다. 거시적으로 다윈은 코로나도나 패슬레인에 견줄 만하거나 그 이상의 정보수집 거점일 뿐만 아니라, 이제는 중국의 통제를 받을 가능성이 있는 핵심 기반 시설이라는 점이 문제로 부상하고 있다.

당시에는 일부 비판들이 다소 과장된 측면이 있는 것처럼 보였다. 결국 중국 자본도 다른 어느 나라의 자본만큼 좋고, 다윈과 샌디에이고는 존경받는 중국인 공동체와 중국과의 오랜 유대 관계를 가지고 있다(내가 아는 한 패슬레인은 그렇지 않다). 1990년대까지 군대가 국방 예산 충당을 위해 많은 상업 기업을 소유했기 때문에 많은 중국 기업들이 PLA와 연계되어 있는 것은 사실이다.[14] 또한 공산당의 엄격한 통제하에 있는 중국에서는 사실상 모든 학교, 사무실, 공장, 농장에 당 지부가 있다. 이는 안방이나 랜드브리지 그룹이 이런 면에서 특별한 것이 아님을 시사한다. 따라서 세계에서 가장 빠르게 성장하는 경제국 중 하나가 단순한 상업 활동을 넘어 다른 어떤 것을 하고 있다고 주장하려면 훨씬 더 많은 증거가 필요했을 것이다.

마찬가지로 해외 화교들이 중국 정부의 지시를 따른다는 오래된 이중 충성심 비난은 호주, 동남아시아, 미주 등지에서 매우 추악한 역사를 지닌다. 중국 항만 노동자들이 다윈을 위협하거나 중국 호텔업자들이 영국이나 미국의 해군력을 훼손한다고 걱정하는 것은 편집증적으로 보인다. 러시아 신흥 재벌이 영국 축구팀을 사거나, 사우디아라비아 셰이크가 사보이 호텔을 소유하거나, 벨그라비아의 미국 은행가들이 영국의 금융 건전성을 위협하는 것보다 더 심각하다고 볼 수는 없다. 하지만 여기에 하나의 사실 패턴이 존재하며, 이를 완성하기 위해 몇 가지를 더 추가해야 한다.

중국의 다윈 투자는 '21세기 해상 실크로드'라는 전반적인 계획의 일부이다. 이 계획에는 파키스탄의 과다르, 말레이시아의 쿠안탄, 말라카, 케다, 클랑 항구, 그리고 퀸즐랜드의 타운즈빌(호주의 또 다른 주요 육군, 해군, 공군 기지) 등지에 중국이 소유하거나 또는 운영하는 항만 시설이 포함된다.[15] 이는 지난 25년간 두 자릿수 경제 성장을 경험한 중국이 강화된 경제력을 외교적 영향력과 군사적 영향력으로 전환하려는 패턴의 일부이다. 처음에는 중국 역내에 집중되었으나, 점차 전 세계적으로 확대되는 추세에 있다.

유럽의 경우 중국 국유기업인 중국원양운송그룹(COSCO)은 현재 그리스 최대 해군 기지이자 지중해 NATO 작전 및 미 해군 제6 함대의 허브인 피레우스 항구를 통제한다.[16] 이 동일한 정부 통제 기업은 최근 벨기에 제브뤼헤의 유럽 최대 컨테이너 터미널과 스페인 항만 운영사 노아툼 포트 홀딩스(Noatum Port Holdings)의 대부분 지분을 인수했다. 이는 전 세계적인 추세이다.[17] 2016년 기준으로 전 세계 상위 10대 컨테이너 항구 중 8곳은 중국에 위치하거나, 중국이 대주주이거나, 중국의 막대한 투자를 받은 항구이다.[18] 2017년에는 PLA와 연계되고 대만 강경파로 여겨지는 중국인민정치협상회의 위원인 가오 징더가 이끄는 컨소시엄이 스웨덴 남서부 뤼세킬에 스칸디나비아 최대 규모의 항구를 건설하려 했으나, 스톡홀름에서 국가 안보를 이유로 반발하자 계획을 철회한 바 있다.[19]

아프리카에서는 중국 건설 회사들이 아프리카 연합의 본부이자 아프리카에서 가장 빠르게 성장하는 경제의 중심지인 에티오피아 수도 아디스아바바의 도시 개발 대부분을 맡았다.[20] 2018년 아프리카의 뿔 지역에 있는 소말릴란드(Somaliland)(자칭 독립 국가이자 국제적으로는 인정받지 못하지만, 민주적으로 잘 통치되는 공화국)에서 현장 조사를 진행하면서 아디스아바바를 여러 번 경유했다. 그곳에서 고속도로, 철도, 호텔부터 도시의 국제공항과 통신망에 이르기까지 모든 것을 건설하는 중국 기업들의 광범위한 흔적을 보았다.[21] 이 중 많은 부분이 2012년 이후 아프리카 최대 대출기관이 된 중국 수출입은행(중국 상품 및 서비스의 국제 시장 개발을 담당하는 국영 기관)에 의해 자금이 지원되고 있다.[22] 소말릴란드는 아프리카에서 중국 투자가 제한적인 몇 안 되는 곳 중 하나인데, 그 이유는 중국 정부의 관점에서 소말릴란드를 공화국으로 인정하는 것이 티베트와 대만 같은 영토에 위험한 선례를 만들 수 있기 때문이다.

소말릴란드 국경에서 차로 30분도 채 걸리지 않는, 최근 포장된 해안 고속도로를 따라가면 지부티의 르모니에 캠프에 있는 미군 기지가 있다. 이 도시는 이제 중국의 첫 해외 군사 기지와 함께 존재한다. 이 중국 기지에서 PLA 해군은 전 세계 해상 무역량의 최소 12%가 통과하는 주요 해상 통로인 홍해와 아덴만으로 군함을 파견한다.[23] PLAN 기지는 도시 서쪽으로 몇 마일 떨어진 도랄레 컨테이너 터미널 옆에 위치한다. 이 터미널은 지부티가 2018년 두바이 항만 공사와의 기존 계약에도 불구하고 중국의 경제적 압력에 굴복하여 국유화한 이후, 중국 국유기업인 차이나 머천츠 포트 홀딩스(China Merchants Port Holdings)가 운영하고 있다.[24] COSCO를 포함하여 중국 기업들은 현재 중국의 일대일로 구상의 일환으로 아디스아바바에서 지부티까지 철도를 건설 중이다.[25] 중국은 또한 이 기지를 아덴만에서 대(對)해적 해군작전을 지원하고, 콩고민주공화국, 라이베리아, 말리, 수단, 남수단 등 아프리카 전역의 평화 유지 임무에 파견된 약 2,000명의 PLA 병력을 지원하는 허브 기지로 사용하고 있다.[26] 따라서 9/11 테러 이후 미국이 옛 프랑스 외인부대 시설인 르모니에 캠프를 인수한 이래로 미국과 동맹국의 대테러 부대를 주둔시켜 온 아프리카의 뿔 지역의 전략적 전초기지인 지부티는 이제 아프리카 내 미국의 주요 지정학적 경쟁자를 함께 주둔시키고 있는 상황이다.

지부티에서 동쪽으로 약 6,000해리(8,100km) 떨어진 중앙 태평양의 미국령 북마리아나 제도에서는 또 다른 중국 기업인 임페리얼 퍼시픽이 자회사 베스트 선샤인 인터내셔널을 통해 사이판 섬에서 호화로운 카지노를 운영한다. 이 카지노는 상하이, 홍콩, 마카오에서 온 도박 조직들을 대상으로 하며, 북마리아나 제도를 통해 막대한 양의 현금을 유통시킨다. 이는 필리핀과 일본 중간, 그리고 괌에 있는 중요한 미 해군 및 해병대 기지에서 불과 135마일 떨어진 미국령에 임페리얼 퍼시픽이 상당한 정치적, 경제적 영향력을 행사하게 만든다.[27] 또 다른 핵심 미군 기지 근처의 오키나와에서도 유사한 일이 있었는데, 2016년 12월 일본 정보기관은 중국이 일본으로부터의 독립과 미군 주둔에 반대하는 오키나와의 분리주의 운동을 지원하고 있다고 주장했다.[28] 중국은 일본의 가장 남쪽 본토인 규슈에서 대만까지 뻗어 있으며 2016년 해상 대치 사건이 발생했던 센카쿠 열도를 포함하는 류큐 열도에 대한 일본의 주권을 인정하지 않는다.[29] 그리고 2017년, 스리랑카 남해안의 함반토타에서는 PLA와 연계된 중국 컨소시엄이 스리랑카 정부를 위해 건설한 항만에 대해 99년간의 임차권을 확보했다. 이는 스리랑카가 곧 상환할 수 없게 된 4억 3,500만 달러의 대출을 통해 건설 자금을 조달한 결과이며, 이후 부채와 자산

교환을 통해 중국은 이 인도양 항구의 70% 지분을 소유하게 되었다.[30]

이 모든 것이 전쟁이나 미국의 재래식 군사 우위에 대한 진화적 대응으로서 우리가 검토해 온 적응과 무슨 관계가 있는지 의문이 들 수 있다. 중국의 활동 대부분은 베이징의 일대일로 구상과 관련된 상업적 성격을 띤다. 이는 운송 및 무역 인프라를 통해 유럽, 아시아, 아프리카를 연결하려는 목적이다. 중국은 세계 2위 경제 대국이자 중상주의적 관점을 가진 신흥 강대국이며, 세계적 역할을 수행한다. 중국의 투자는 어디론가 향해야 한다: 유럽, 아프리카, 호주, 태평양, 그리고 미국으로 가면 안 되는 이유는 무엇일까?

개념적 포위(CONCEPTUAL ENVELOPMENT)

나는 이 장에서 냉전 이후 미국의 군사적 지배로 인해 조성된 외부 환경, 즉 특성 조합과 적응 압력을 포함하는 적합성 지형에 대한 중국의 적응적 대응이 단순히 군 현대화, 영토 확장, 사이버전, 그리고 경제 · 기술 경쟁에만 국한되지 않았음을 주장할 것이다. 이는 또한 전쟁의 정의 자체를 확장하는 결과를 가져왔으며, 그 결과 서방의 기획자들은 내가 '개념적 포위'라고 부르는 위험에 직면하게 되었다. 개념적 포위는 적의 전쟁 개념이 우리보다 훨씬 광범위하여 두 가지 위험한 상황이 발생할 수 있는 상태이다. 첫째, 적은 자신들이 전쟁으로 간주하는 방식으로 행동할 수 있으나, 더 좁은 전쟁 개념을 가진 우리는 그 사실을 무심히 인지하지 못하게 된다. 따라서 우리가 전쟁 중임을 깨달았을 때는 이미 패배한 상태일 수 있다. 둘째, 그리고 이는 더 위험한 상황인데, 우리가 정상적인 평시 경쟁으로 정의하는 행동을 갈등의 광범위한 개념을 가진 경쟁자가 전쟁 행위로 보고 그에 따라 대응할 수 있다. 최악의 경우, 양측이 상대방의 동기, 전략, 그리고 관점을 완전히 오해하여 치명적인 오판의 위험을 초래할 수 있다.

전략가들은 수직적 확대(vertical escalation, 특정 위치, 경쟁 범주 또는 환경 영역 내에서 행동의 강도를 높이는 것)와 수평적 확대(horizontal escalation, 특정 위치에서 강도를 높이거나 높이지 않고 행동의 지리, 범주 및 범위를 확장하는 것)를 구분한다.[31] 이러한 틀에서 보면, 이전 장에서 러시아가 추구했던 경계선 전쟁은 수직적 기동에 해당한다. 이는 행동의 강도와 탐지 가능성을 조작하는 일종의 벼랑 끝 전술로, 핵심 목표를 달성하기에 충분하면서도 즉각적인 군사적 대응을 촉발하지 않을 정도의 강도를 추구하는 것이다. 이와 대조적으로 본 장에서 다룰 중국의 접근 방식은 수평적 기동이다. 이는 경쟁의 스펙트럼을 상대방이 대처할 수 있는 역량 이상으로 확장함으로써 상대방에게 대역폭 문제를 제기하는 방식이다. 이는 동시에 발생하는 수많은 작은 도전을 생성하여 상대방이 특정 행동에 효과적으로 대응하는 능력을 방해하거나, 심지어 전반적인 상황을 전쟁으로 인식하는 것 자체를 어렵게 만든다.

이 경우 개념적 포위의 위험은 오판이나 오해로 인해 우리가 의도치 않게 중국과 전쟁을 벌이게 되거나, 눈에 띄지 않게 대치 상황으로 빠져들거나, 심지어 우리가 싸우고 있다는 사실조차 인식하지 못하는 잠재적 갈등에서 무의식적으로 패배하게 될 수 있다는 점이다. 추정컨대 중국과 미국 모두 서로 전쟁을 벌이기를 원하지는 않는다. 막대한 인적 손실은 별개로 하더라도, 그러한 분쟁은 설령 핵무기를 사용하지 않더라도 중국의 수십 년간의 번영을 향한 발전을 파괴하고, 세계 경제를 망가뜨리며, 워싱턴의 전 세계적 우위(특히 2018년 12월 기준, 미국 국가 부채의 가장 큰 해외 보유국이 1조 1,200억 달러, 즉 총액의 28%를 보유한 중국이라는 점)를 지워버릴 것이다.[32] 오히려 위험은 전통적인 안보 딜레마-국가들이 스스로는 방어적이라고 여기는 방식으로 행동하지만 타국이 이를 공격적으로 해석하여, 원치 않는 갈등이 발생할 때까지 경쟁자들이 행동을 강화하게 만드는 상황-의 변형된 형태로 나타난다. 개념적 포위는 한쪽 또는 양측이 자신들의 행동이 초래하는 확전의 영향을 미처 인식하지 못하는 상황을 야기할 수 있다. 중국의 진화 과정과 현재의 개념적 포위 패턴의 맥락을 이해하기 위해서는, 이전 두 장에서 그랬듯이 우리가 어떻게 이 지점에 도달했는지에 대한 역사를 좀 더 거슬러 올라가 살펴볼 필요가 있다.

1980년대와 1990년대의 중국 군대(THE CHINESE MILITARY IN THE 1980S AND 1990S)

1992년, 천샤오루 대령(이후 안방보험의 호텔 델라웨어 거래 자문역)이 사업 경력을 시작하기 위해 PLA에서 퇴역할 당시, 중국 사상가들은 이라크에 방금 일어난 사태를 이해하고자 치열한 토론에 참여하고 있었다. 첫 장에서 언급되었듯이, 걸프전은 중국에게 혹독한 경각심을 불러일으키는 사건이었다. 특히 쿠웨이트를 침공하기 불과 2년 전에 사담 후세인이 이란-이라크 전쟁에서 중국이 부분적으로 지원하고 장비를 제공한 이란군을 격파했기 때문이다.[33] 만약 이라크군이 중국의 장비를 갖춘 이란을 격파했음에도 불구하고 미국에 의해 쉽게 무력화될 수 있었다면, 중국은 미국의 군사적 지배가 특징인 탈냉전 시대의 지형에 적응하는 데 분명히 최소한 두 단계 이상 뒤처져 있었다.

중국은 1979년 중월전쟁 이후 재래식 육상 공격 작전을 수행한 적이 없으며, 현대 중국 해군은 주요 해상 교전에 참전한 적이 없다. 중국 전함이 대양 해군 적과 마지막으로 전투를 벌인 것은 1894년 9월 17일 압록강 해전으로, 당시 일본 제국 해군은 규모는 더 컸으나 능력이 떨어지는 청나라의 북양 함대를 격파하였다.[34] 1955년 제1차 대만 해협 위기 당시, PLA 해군 기동 부대가 본토에서 8마일 떨어진 연안 섬에 대한 상륙 작전을 지원했던 이장산 전투(Battle of Yijiangshan)는 대만군을 상대로 심각한 연안 기동과 사상자가 많이 발생하는 지상 전투를 포함했다. 이는 PLA가 수행한 가장 복잡한 제병 합동 작전이었으나, 65년 전의 일이었다.[35] 그 이후로는 1974년 1월 서사 군도(파라셀 제도) 인근 해전과 1988년 남사 군도(스프래틀리 군도)의 '존슨 사우스 리프' 근해에서 베트남인 64명을 사망하게 한 소규모 교전이 중국이 한 세대 동안 치열한 해전에 가장 근접한 사례이다.[36] 그 결과 이전 장에서 전쟁 경험을 통해 진화한 주체들과 달리, 중국군은 특히 공군 및 해군 작전 측면에서 미국 분석가들이 '타인의 전쟁에서 얻은 교훈'이라고 부르는 것에 의존하는 경향이 있다.[37]

1990년대 초의 토론은 중국과 PLA에 매우 중요한 시기에서 이루어졌다. 1953년 소련의 스탈린 사망과 마찬가지로, 1976년 9월 마오쩌둥의 사망은 중국의 거대한 혼란기 종말의 시작이었다. 마오쩌둥은 중국 사회의 모든 측면을 변화시켰지만 그의 지속적인 혁명 교리는 막대한 대가를 초래하였다. 여기에는 1958~1962년 대약진 운동의 강압적 혼란과 그로 인해 1959~1961년에 최대 5,500만 명을 굶주려 죽게 만든 기근이 포함된다. 또한 1966~1976년 문화대혁명 기간에는 어린 천샤오루를 포함한 광신적인 십대 홍위병들이 노인, 교사, 그리고 계급 집단을 희생시켰고, 이로 인해 아마도 200만~300만 명이 더 사망했으며, 경제를 파괴하고 세대 · 사회 · 가족 간 결속력을 파괴하는 혼란을 야기했다.[38] 1976년 마오쩌둥의 사망과 그의 후계자들인 극단적 마오주의 4인방의 체포 이후, 공산당 주석 화궈펑은 마오의 가장 파괴적인 정책들을 해체하기 시작했다. 1978년 화궈펑의 후계자인 덩샤오핑은 개혁을 가속화했고, 1981년 당은 마오의 유산 중 핵심 요소들을 부인하며 문화대혁명이 "중화인민공화국 건국 이래 가장 심각한 좌절과 막대한 손실을 초래했다"고 선언했다.[39]

1980년대 내내 덩샤오핑은 시장 기반 경제 개혁을 통해 엄격한 정치적 통제와 증가하는 경제적 자유를 결합했다.[40] 국가, 당, 군, 정부의 공식적인 수장 직책을 단 한 번도 맡지 않았으나(그럼에도 불구하고 시스템의 이 네 가지 요소를 효과적으로 통제했던) 존경받는 전 PLA 사령관인 덩샤오핑 체제하에서, 중국은 마오의 중앙 집중형 개인 숭배에서 벗어나 막후 지도자들에 의해 이끌리는 위원회 중심의 집단 책임 체제로 나아갔다.[41]

마오쩌둥 이후의 중국 군대(China's Military after Mao)

마오쩌둥의 군대는 대규모, 저기술, 장기적이며 주로 농촌 중심의 '인민 전쟁(people's war)'에 최적화되어 있었으며, 부차적인 기능으로는 내부 안보 및 국가 건설이 있었다. 게릴라 부대로 시작한 PLA는 이스라엘, 러시아, 미국을 포함하여 반란군으로 시작한 다른 많은 군대와 마찬가지로 그들의 기원인 게릴라 환경에는 잘 맞았지만, 승리 후 국가의 상비군이 되면서 더 이상 적절하지 않게 된 몇몇 특성들을 물려받았다.

국가군으로 전환된 다른 많은 전 게릴라 부대와 마찬가지로, PLA 역시 공산당이 반혁명 분자 진압 운동, 대약진 운동, 문화대혁명 기간 동안 마오쩌둥의 종종 모순되고 대중에게 인기 없는 정책에 공동체를 순응시키고 저항을 억압하기 위해 인민을 대상으로 사용한 내부 억압 부대였다.[42] 이제 마오쩌둥 이후 시대의 환경은 새로운 선택적 압력을 부과했는데, 특히 PLA가 당의 결정에 따라 정치에서 경제로, 계급 투쟁에서 현대화로 초점을 전환하도록 지원해야 하는 요구 사항이 발생했다.[43] 덩샤오핑은 '제한된 지역전'과 '현대화 조건하의 인민 전쟁' 교리를 선언하였으며, 이는 마오쩌둥 치하의 군대를 특징지었던 '대중 참여를 강조한 게릴라전' 대신 더 작고 전문적인 PLA와 더 현대적인 기술의 습득을 요구한 것이다.[44]

준 토이펠 드레이어는 "마오주의 군대 모델은 다기능성, 구조적 확산성, 그리고 정치화로 특징지어졌다."고 지적했다.[45] 마오쩌둥 치하의 PLA는 정치적 역할을 수행했으며, 그 지도부는 당 및 1949년 이후 국가의 지도부와 중첩되었다. PLA는 창설 이래 기술적으로는 중국 국가의 군대가 아니라 공산당의 군대였다. 따라서 병사들이 군사적 역할과 함께 정치적, 경제적, 문화적 임무를 수행하는 것은 합리적이었다.[46] 또한 PLA는 자체적으로 식량, 의류, 주거를 조달하여 당에 대한 비용을 최소화하도록 자립이 기대되었는데, 이는 종종 비군사적 활동에 노력을 집중하게 만드는 요구 사항이었다.[47]

문화대혁명 기간 동안, 이전의 전문화 시도에도 불구하고 인민군대 모델이 이데올로기적으로 고착되면서 PLA의 발전은 정체되었고 역행했다. 여기에서 러시아와의 추가적인 유사점이 있다.[48] 1930년대 스탈린의 숙청은 소련 군사 인재의 정수를 파괴하고 정치적으로 소심한 평범한 군인들을 선호했다. 이들은 자국 정부의 치명적인 약탈에서 살아남는 데는 잘 적응했지만, 몇 년 후 더욱 치명적인 나치의 맹공 앞에서는 실패했다. 마찬가지로 문화대혁명 기간 동안 경험이 풍부하지만 정치적으로 의심받는 간부들의 축출은 PLA 지도부를 크게 약화시켰고, 군의 전문성 대부분을 파괴했으며, 전투 경험이 가장 많고 유능한 장교들 다수를 숙청했다. 군 개혁과 전문화를 포함하는 4가지 현대화를 추진한 덩샤오핑 치하에서 비로소 PLA는 다시 전문화 및 현대화를 시작했다. 또한 초기에 PLA는 해상 또는 공중 작전에 대한 경험이나 전문성이 거의 없는 주로 지상군 중심의 부대였다. 이러한 지상 중심의 접근 방식은 덩샤오핑의 지도하에 발생한 중국의 첫 분쟁인 1979년 2월~3월의 중월전쟁에서 드러났다.

고통스러운 작은 전쟁(A Painful Little War)

중국과 베트남 사이의 400마일 국경을 따라 산악과 정글로 뒤덮인 지형 및 북부 베트남의 여러 도시에서 벌어진 중월전쟁은 범위가 제한적이었다. PLA 해군 및 공군은 오직 억제 및 지원 역할로만 배치되었고, 거대하지만 장비가 열악했던 33만 명의 지상군 병력이 북부 베트남에서 3주간의 집중적인 전투 동안 전체 전투 부담을 짊어졌다.[49] 이 기간 동안 중요한 공중 또는 해상 교전은 없었다.[50] 한국전쟁의 회귀처럼 보이는 인해전술을 사용하여, 중국군은 수적 우위를 통해 더 작지만 더 잘 훈련된 베트남군을 압도하려고 했다. 이러한 접근 방식은 PLA의 기술 부족을 강조했을 뿐만 아니라 최소 63,000명의 중국군 사상자를 초래했다.[51] 이는 마치 문화대혁명과 그에 수반된 자해적 혼란이 PLA를 1950년대에 고립시킨 반면, 베트남 인민군은 기술적으로 발전된 미국과의 최근 전쟁과 캄보디아, 라오스에서 진행 중인 지역 분쟁에서의 광범위한 경험을 통해 얻은 선택 효과의 이점을 누리며 앞서 나간 것과 같았다.[52]

중국의 목표는 북부 베트남의 방어 체계를 파괴하고, 1978년에만 1,100회 이상 발생하여 약 300명의 중국군과 민간인을 사망에 이르게 한 국경 충돌을 종식시키며, 중국의 고객인 캄보디아의 학살적인 크메르루즈 정권에 대한 압력을 완화하는 것을 포함했다.[53] 크메르루즈는 베트남의 공격을 받고 있었고, 베트남군은 1979년 1월 7일 크메르루즈의 수도 프놈펜을 점령했다.[54] 프놈펜 함락이 이 분쟁의 직접적인 원인이었다. 중국은 베트남을 침공함으로써 베트남 인민군 사령관들이 북쪽의 위협에 대응하기 위해 캄보디아에서 병력을 철수하도록 강제하여, 크메르루즈 동맹을 구출하고자 했다.[55] 전쟁이 시작되기 전에 덩샤오핑은 장성들에게 전쟁의 제한적이고 지상 중심적인 성격을 강조했으며, 이 목표들을 달성하는 데 며칠밖에 걸리지 않을 것이라고 예상했다.

결과적으로 전쟁은 3주간 지속되었고, 크메르루즈의 패배를 막을 만큼 충분한 압력을 완화하지 못했으며, 주 목표였던 베트남 인민군 정규군을 포위하여 파괴하는 데 실패했다. 다만 하노이에서 불과 80마일 떨어진 북부 베트남의 가장 중요한 성도 중 하나인 랑선시를 비롯한 몇몇 도시들은 심각한 피해를 입었다.[56] 3월 4일 랑선 함락은 중국이 승리를 선언하고 철수할 편리한 구실을 제공했다. 전략적 차원에서는 전쟁이 중국의 승리로 그려졌지만, 작전 및 전술적 차원에서는 PLA에 혹독한 교훈을 가져다주었다. 이로 인해 일부 참전 용사들은 이 분쟁을 '고통스러운 작은 전쟁'으로 불렀다.[57]

존 파이크는 "어떠한 전략적 선전도 중월전쟁에서 PLA의 전술적 실패를 덮을 수 없다. 이 작전은 훈련 및 준비부터 PLA가 수행할 훈련, 자원, 경험이 없는 붉은 군대식 '고기 분쇄기' 전술 사용에 이르기까지 실책으로 가득했다"고 주장했다.[58] 지도와 나침반 부족은 물론이고 형편없는 항법 능력으로 인해 병력들은 길을 잃었고, 이는 이미 과도하게 복잡했던 험난한 지형을 가로지르는 26개의 분리된 진격

축을 가진 다각적 작전을 혼란에 빠뜨렸다.[59] 지휘통제는 고도로 중앙집권화되어 있었고 하향식 지시에 의존했다. 그러나 이러한 계층적 지휘통제에 필요한 무선 통신은 조악하게 제조된 장비와 훈련되지 않은 운용병들로 인해 작동 불능 상태가 되었다. 한 사건에서는 동부 지역 PLA 사령관 쉬스유 장군이 제67 연대에 랑선을 공격하라고 지시했으나, 이 명령은 군단 및 사단 사령부를 거치면서 "어찌 된 일인지 대기 및 방어 명령으로 바뀌었다." 결과적으로 해당 연대는 랑선 총공격에 합류하지 못했다.[60]

마찬가지로 병참은 빠르게 붕괴되었고, 전쟁 전 훈련에서도 일부 부대가 첫 접촉 후 24시간에서 48시간 동안 물 없이 지냈다. 전투에서는 상황이 훨씬 더 나빴다.[61] 초기 전투에서 대규모 인해전술 공격이 처참하게 실패했기 때문에 주 전투가 전개되자 중대장들은 베트남군의 견고한 진지를 공격하기 전에 전차와 무반동총 지원을 기다리는 것을 선호했다. 최전선 부대는 심신이 소진되어 계획보다 훨씬 일찍 재보급을 강요했다.[62] 무기, 탄약, 장비의 품질은 열악한 것으로 드러났지만, 장비 자체보다는 전술 운용이 핵심적인 약점이었다. 특히 베트남 인민군과 같은 적을 상대할 때 그러했는데, 이들의 병력은 훈련과 장비 면에서 중국군과 비슷했으나, PLA의 전술을 깊이 이해하고 있었으므로 모든 중국의 취약점을 이용할 수 있었다.[63] 전반적인 교훈은 PLA가 '현대화 조건하의 인민 전쟁'에 준비되어 있지 않았다는 점이었다. 그 결과, 중국 지도자들은 여러 조직적, 전술적, 기술적 결함들을 파악하고, 그 후 몇 년에 걸쳐 일련의 개혁을 단행했다.[64]

중국의 마지막 주요 전쟁에서 얻은 교훈(Learning from China's Last Major War)

에드워드 오다우드와 존 코벳이 분쟁으로부터 중국이 얻은 교훈에 대한 설명에서 관찰했듯이, PLA는 전쟁으로부터 얻은 2가지 교훈 세트를 출판했다. 이는 1979년 광저우 군구(쉬스유 장군 지휘부)의 보병 학교가 작성한 통찰력 모음집과 중국 최고 수준의 군사 싱크탱크인 PLA 군사과학원이 1997년에 발표한 연구였다.[65] 1979년 보고서는 열악한 보병 전술, 비효율적인 포병 사격 통제, 전투 공병 역량 부족, 강 도하 수행 불가능 및 지뢰밭 탐지 및 제거 능력 부족 · 군복 · 신발 · 식량 · 물 부족, 심지어 약 35마일의 짧은 재보급 경로에서의 수송 및 보급 실패와 같은 문제점들을 식별했다.[66] 이 보고서는 실사격 훈련을 포함한 더 현실적인 훈련, 정치적 세뇌보다는 기술 및 군사 과목에 대한 집중, 그리고 작전 예상 지역의 지리, 기후 및 예상되는 전투 조건에 맞춘 훈련을 권고했다. 어떤 전문적인 군인에게든 이는 놀라울 정도로 기본적인 당연한 사항들의 목록이었다. 1979년 광저우 교관들이 이러한 내용들을 보고할 가치가 있는 통찰력으로 보았다는 사실은 문화대혁명 기간 동안 PLA가 얼마나 몰락했는지를 보여준다.[67] 오다우드와 코벳은 『해방군보(Liberation Army Daily)』의 한 작가가 1978년에 "군사 훈련은 엄격하지 않았고, 때로는 훈련 자체가 전혀 이루어지지 않았다. 일부 병사들은 수년간 군대에 있었으면서도 소총을 만져본 적이 없었고, 일부 간부들은 부대를 이끌 수 없었다. 전체 무장 부대의 전투 역량은 현저히 저하되었다"고 언급한 내용을 인용했다.[68]

전쟁 이후 18년이 지나고 여러 차례의 개혁 노력이 이루어진 시점인 1997년에 군사과학원은 상당히 다른 교훈들을 강조했다. 이 싱크탱크는 지휘관들의 전투 경험 부족, 신체적 및 교육적 측면에서 전투 병력의 낮은 질, 비효율적인 전술, 그리고 열악한 협동을 지적했다. 1997년 연구는 더 현대적인 무기와 지휘 및 통제 시스템의 필요성을 강조했으며, PLA의 문제점들을 문화대혁명, 4인방, 그리고 실각한 전 PLA 사령관 린뱌오의 탓으로 돌렸다.[69] 따라서 1979년 연구와 일부 동일한 기본 사항들을 다루면서도, 1997년 보고서는 지난 20년간의 기간 동안 시야를 넓혔으며 이제 현대 첨단기술 조건하의 합동 및 제병 협동전의 도전에 대해 더욱 기술 중심적으로 접근하는 PLA 기관의 모습을 보여주었다.

이러한 교훈에 의해 추진되어 1980년대에는 느리게, 그리고 걸프전 이후에는 점차 활발하게 시행된 개혁에는 보병 · 포병 · 공병 장비 및 전술의 개선, 부대가 자체 기동 수단으로 전장 주변을 이동할 수 있게 하는 기계화, 군수의 전문화, 그리고 가장 중요하게는 보병 중심의 사단과 군단에서 모든 병과를 균형 있게 혼합한 '제병 협동군'으로의 전환이 포함되었다.[70] 1990년대 중국 장교단은 더 나은 교육을 받고, 더 전문화되었으며, 더 젊어졌다. 동시에 PLA는 규모가 축소되었고, 비대했던 마오쩌둥 시대의 구조는 정리되었으며, 군의 평균 교육 수준은 크게 증가했다. 이러한 점에서 1990년대 중국의 문제는 이전 장에서 보았듯이 핵심 요소가 공백인 러시아의 문제와는 정반대였다. 러시아는 너무 많은 부대에 비해 인력을 채울 인원이 부족한 구조였다.

반면 PLA는 수십 년간 저기술의 대규모 지상군으로 존재했으며, 상당수의 병사들이 무기를 다뤄본 적도 없이 전투와 무관한 상업적, 산업적, 농업적 또는 사회적 임무에 집중하는 거대한 일자리 제공 프로그램이라는 무시할 수 없는 부차적 역할에서 벗어나고 있었다. 양에서 질로 초점을 전환하고 규모를 줄이면서 전문성을 높이는 것이 핵심 목표가 되었다. 이를 반영하여, 1980년대와 1990년대에 걸쳐 PLA 훈련의 속도, 규모, 복잡성이 크게 증가했으며 제병 합동 기동에 대한 집중도가 높아졌다.[71] 부대 편성은 더 소형화되고 기동성이 높아졌으며, 헬기 부대, 서방식 특수 작전 부대, 신속 대응 부대와 같은 새로운 유형의 병력이 1990년대에 등장했다. 또한 PLA는 역사적인 지상 중심의 병력 구조를 탈피하기 위해 해군 및 공군의 역량을 점차 강조했다.

천안문 사태 이후의 개혁(Reform after Tiananmen)

이는 부분적으로 1993년에 주석이 된 덩샤오핑의 후계자 장쩌민이 강조한 내용을 반영했다. 장쩌민은 군사 예산 증액, 무기 개선, PLA가 '기술적으로 발전된 조건에서 제한된 전쟁'을 수행할 역량, 그리고 그가 '중국 특색의 군사 혁명'이라고 부른 것을 추구하는 데 중점을 두었다.[72] 또한 이는 1989년에 덩샤오핑이 강요했던 억압으로의 회귀에서 벗어나기 위한 방편으로, 외부 작전을 위한 전문화를 추구하려는 PLA 지도부의 열망을 반영했다.

덩샤오핑의 개혁은 엄격한 공산당의 정치적 통제하에서는 쉽게 충족될 수 없는 번영과 시민 권리에 대한 열망을 불러일으켰다. 도시화 · 산업화로 인한 이촌향도 현상은 수백만 명의 임시 · 무주택 · 비인가 농업 노동자들이 중국 도시에서 일자리를 찾는 유동적인 도시 외곽 인구를 형성했다. 그리고 지방 행정에 대한 당 통제력의 철회는 1989년 봄과 여름에 절정에 달한 일련의 압박들을 만들어냈다.[73] 덩샤오핑(막후)과 리펑(공식적으로 중국 총리)은 1989년 5월 20일 계엄령을 선포하고 전국에서 PLA 30개 사단을 동원했다. 6월 3일 저녁, 덩샤오핑은 일부 사령관들의 반대, 그리고 시위대와의 대화를 선호했던 당 총서기 자오쯔양의 반대에도 불구하고

PLA에 베이징 천안문 광장을 중심으로 한 민주화 운동을 진압하라고 명령했다. 일부 부대는 명령을 거부했지만, 다른 부대들은 복종하여 서방에서는 '천안문 광장 학살', 중국에서는 '6 · 4 사태'로 알려진 사건에서 최대 1만 명의 민간인을 살해했다. 두 용어 모두 잘못된 명칭이다. 이 억압은 전차와 중화기를 동원한 극도로 폭력적인 것이었으며 단순한 사태를 훨씬 넘어선 것이었고, 천안문에만 국한되지 않고 중국 전역의 400개 이상의 도시에서 시위대에 대한 조치가 이루어졌다.[74]

진압 이후 시위대 학살에 나서지 않고 항명했던 부대들뿐만 아니라 PLA 내부 전반에 걸쳐 강한 불만이 있었다. 군 지도자들은 자신들이 당의 정책 실패에 대한 희생양이 되었다고 느꼈다. 그 결과 당은 내부 안보 및 준군사적 반대 진압 역할을 맡을 완전히 새로운 무장 서비스인 인민무장경찰을 창설할 수밖에 없었고, 이에 따라 불만을 품은 PLA에게서 해당 역할을 수행할 의무를 덜어주었다.[75] 수천 명의 장교들, 특히 1980년대 개혁 · 개방 기간 동안 부상했던 젊고 더 나은 교육을 받은 리더들이 1990년대 초에 기소되거나 숙청되거나 강제 퇴역당했는데, 이는 1993년 장쩌민이 덩샤오핑의 뒤를 이었을 때도 여전히 진행 중인 과정이었다.[76] 시위는 중국 인민의 증가하는 번영에 걸맞은 정치적 자유에 대한 열망을 충족시키지 못한 덩샤오핑 모델의 실패를 강조했으며, 시위 진압은 덩샤오핑의 신뢰를 떨어뜨리는 동시에 PLA에 대한 대중적 지지를 약화시켰다. 중국의 경제 성장, 도시화, 산업화, 그리고 공동 농업의 개인 농업으로의 대체가 전통적으로 PLA의 주요 모집 기반이었던 농촌 젊은이들에게 군 복무의 매력이 떨어지면서 병력 모집은 이미 감소하고 있었다.[77]

장쩌민과 그의 후계자인 후진타오와 시진핑에 이르기까지 장쩌민이 처음 제시했던 중국 특색의 군사 혁명 개념과 그에 수반된 재래식 현대화는 중국 군사 발전의 가장 두드러진 경로였다. 이는 PLA 지상군뿐만 아니라 해군, 공군, 그리고 PLA 로켓군(2016년까지 제2포병부대로 알려짐)에서도 이루어졌다. 이러한 발전은 부분적으로 PLA 내부의 자체 적응, 지난 25년간 중국 사회의 거대한 변화, 그리고 외부 환경의 변화에 의해 형성되었다. 걸프전과 더불어 1999년 미국이 베오그라드 주재 중국 대사관을 폭격한 사건은 그 전환점이 되었다.

베오그라드 대사관 폭격(THE BELGRADE EMBASSY BOMBING)

우리는 이미 코소보 전쟁과 코소보 알바니아인들의 인종 청소를 막기 위한 NATO의 세르비아 공습이 러시아에 미친 영향에 대해 논의했다. 러시아의 관점에서 볼 때 새롭게 발견된 '보호 책임'을 지원하기 위해 무력을 사용하려는 의지 속에서 서방은 마치 다른 의견 공동체는 존재하지 않는 것처럼, 오만하게 스스로를 '국제 사회' 또는 '글로벌 여론'으로 칭하며 세르비아의 주권을 서방 세력의 바람에 종속시켰다.[78] 이러한 새로운 규범들은 이후 NATO에 의해 일방적으로 집행되었는데, 이는 러시아가 합법적인 정부의 자국민에 대한 대우로 간주한 것에 대한 보복으로 공습과 지상군을 사용한 것이었다. 주권 국가의 내정 불간섭과 분쟁 해결 수단으로서의 전쟁 거부 등 서방이 자국의 규범을 무시한 것과는 별개로, NATO의 독선적인 오만함과 모스크바와의 협의 실패는 러시아 지도자들을 격분시켰다. NATO가 코소보를 점령하고 결국 세르비아로부터 코소보를 분리시키면서 그들의 분노는 더욱 깊어졌다.[79]

이 모든 상황이 1999년 5월 7일 밤까지는 중국에 직접적인 영향을 미치지 않았다. 이날 미군의 B-2 스텔스 폭격기가 재래식 폭탄을 정밀 무기로 전환하는 위성 기반 시스템인 합동정밀직격탄 유도 장치가 장착된 폭탄 5발을 세르비아 수도 베오그라드에 있는 중국 대사관 건물에 투하하여 언론인 3명을 살해하고 민간인 20명에게 부상을 입혔다.[80] 중국의 관리들뿐만 아니라 중국 대중 역시 격분하며 반응했다.[81] 중국은 스스로를 코소보 분쟁에도 국제적 대응에도 관여하지 않은 베오그라드의 무고한 방관자라고 여겼다. 또한 중국은 거의 완벽한 ISR 및 매핑 역량, GPS 위성 시스템, 그리고 사실상 무제한적인 정밀 무기 공급 능력을 갖춘 미국이 단순히 실수를 저질렀다는 것을 믿기 어려웠다.

그러나 이는 미 관리들이 주장한 내용 그대로였다. 그들은 이번 공습이 코소보에서 세르비아의 군사 작전을 지원하는 것으로 의심되던 인근 무기 관련 기관을 겨냥한 것이었으나, 해당 좌표가 500야드 떨어진 중국 외교 공관의 좌표와 혼동되었다고 주장했다.[82] 조지 테닛 CIA 국장은 이후 버지니아주 랭글리에 있는 CIA 본부 분석가들이 지도를 통해 이 목표물을 선택했으며, 해당 작전 기간 동안 이런 방식으로 선택된 유일한 목표물이었고, 지도상의 오류가 이 실수에 책임이 있다고 증언했다.[83] 클린턴 대통령은 폭격 다음 날 장쩌민에게 사과를 시도했으며, 톰 피커링 국무부 차관이 이끄는 대표단이 워싱턴의 주장을 입증하기 위한 문서와 지도를 가지고 베이징으로 향했다.[84]

중국 관리들은 미국의 설명을 결코 받아들이지 않았으며, 이 폭격을 "야만적 행위이자 중국 주권의 중대한 침해"로 규정하고 오늘날까지 고의적인 행위로 간주한다.[85] 중국 관리들은 대규모 시위가 폭발하는 동안 클린턴 대통령의 사과 방송을 나흘간 차단했다.[86] 일부 서방 언론은 중국의 해석을 지지했다. 가디언(The Guardian)은 1999년 10월에 세르비아 정부가 통신 시스템을 무력화하려는 동맹의 시도에도 불구하고 NATO가 기능을 유지할 수 있도록 하는 통신 노드 역할을 했기 때문에 대사관을 의도적으로 목표로 삼았다고 주장했다.[87] 폭격 직후부터 유포되어 수년간 언론을 비롯해 적어도 하나의 학술 연구에서 반복된 지속적인 소문들은 대사관이 작전 초기에 격추된 F-117A 스텔스기 잔해를 보관하고 있었다고 주장했다. 이는 해당 공격이 PLA 기술 정보팀이 항공기의 스텔스 기술을 연구하거나 부품을 중국으로 보내는 것을 막기 위해 계획되었으며, 왜 이 공격(그리고 이 공격만이)이 미국 CIA에서 계획되었는지를 설명한다고 시사했다.[88]

이러한 예외적인 주장들에도 불구하고, 당시의 합의는-기억해야 할 것은 1999년이 '역사의 종언(end of history)'이 절정에 달했던 시기였으며, 세계 언론은 압도적으로 서방에 지배되었고 NATO, UN, 미국은 자신들의 독선적인 예외주의에 대한 거의 노력 없는 확신을 가지고 도덕적 우위를 주장할 수 있었다- 미국이 선한 명분을 위한 비극적인 실수를 저지른 것 외에는 어떠한 잘못도 없으며, 따라서 중국 내의 모든 분노는 진실성이 없거나 공산주의 선전에 의해 조작된 것이 틀림없다는 것이었다.[89]

그러나 피터 헤이즈 그리스가 당시 보여주었듯이, 그 분노는 결코 가짜가 아니었다. 이 폭격은 '전 세계 중국인들의 대규모 시위'를 촉발했다. 유럽과 미국에 있는 중국 학생들은 자신들이 'NATO 파시즘'이라고 부르는 것에 항의하며 시위를 벌였다. 청두에 있는 미국 영사 관저에 화염병이 투척되었다. 베이징에서는 중국 학생들이 '피에는 피!'를 외치며 복수를 요구했고, 다른 이들은 PLA이 지켜보는 가운데 미국 대사관 건물에 벽돌을 던졌으며, 제임스 새서 대사와 다른 미국 외교관들은 며칠 동안 건물 안에 갇혔다.[90] 국가 주도의 시위와 자발적인 감정을 구별하기 위해 중국 주요 일간지 독자 투고 수백 건을 분석한 그리스의 연구는 베오그라드 폭격에 대한 중국의 분노가 진심에서 우러나온 것이었으며 실제로 자발적이었음을 시사했다.

그리스는 이것이 "미국과 세계 시스템에 대한 중국 대중의 인식 변화를 촉발했다"고 주장했다. '마니교적(Manichean)'인 흑백 논리적 미중 관계 관점이 베오그라드 사건 이후의 중국에서 더 넓게 통용되기 시작한 것으로 보였다. 미국에서도 중국에 대한 유사한 마니교적 관점이 나타나고 있음을 고려할 때, 이러한 전개는 미국과 중국의 국가 정체성을 위험한 '부정적 상호 의존성' 상태에 가두어 모든 미국의 이득이 중국의 손실로 인식되고, 그 반대도 마찬가지인 상황을 초래했다. 태평양 양안에서 미중 관계에 대한 제로섬 관점이 출현하는 것은 21세기 평화에 심각한 영향을 미칠 수 있었다.[91]

9/11 테러가 많은 미국인들의 주의를 분산시켰지만, 세기가 전환되던 시점인 빌 클린턴 행정부에서 조지 W. 부시 행정부로 교체되던 때 중국과의 긴장이 상당한 우려의 원인이었음을 기억할 필요가 있다. 2001년 4월 남중국해 하이난 근해에서 미 해군 EP-3 신호정보 정찰기와 PLA 해군 J-8 전투기가 충돌하여 중국 해군 조종사 왕웨이 중령이 사망하고 EP-3 승무원들이 하이난에 비상 착륙 및 억류된 사건은 새로 출범한 행정부의 위기였다. 이 사건은 몇 달 후 9/11 테러가 발생하지 않았다면 부시 대통령 첫 임기의 이정표로 남았을 것이다.[92] 거의 20년이 지난 지금 되돌아보면, 그리스의 주장이 옳았음이 분명해 보인다. 베오그라드 폭격은 실제로 전환점이었고, 그 이후 미국과 중국은 그들의 관계를 점점 더 제로섬 경쟁으로 설정하게 되었다.

2000년대 내내 '베오그라드의 교훈'은 중국 내부에서 분노의 원천이자 군 현대화의 동력으로 지속되었다. 2017년 연구자들은 "미군에 대응할 수 없었던 경험이 PLA와 공산당에게 깊은 굴욕감을 주었다"고 밝혔으며, "'멀리 보고, 멀리 쏘고, 정확하게 쏠 수 있는' '살수검' 무기를 개발하려는 PLA의 비전은 1999년 대사관 폭격에 의해 추진되었다."[93] 이와 동시에 이라크와 아프가니스탄 전쟁에 몰두하고 거의 모든 안보 문제를 테러와의 전쟁이라는 관점으로 보았던 미국 행정부와 미국인들에게 중국과의 경쟁은 부차적인 관심사가 되었다. 그러나 또 다른 주목할 만한 점은 중미 관계가 '태평양 양안'에 걸쳐 있다는 그리스의 설명이다.

해양 세력이자 대륙 세력으로서의 중국(CHINA AS BOTH A MARITIME AND A CONTINENTAL POWER)

중국을 태평양 세력으로 보는 이러한 관점은 미국, 멕시코, 캐나다가 적도 북쪽 동태평양 연안을 장악하고 있는 반면, 중국은 그 거대한 대양의 서쪽 주변부에 있는 가장 큰 국가라는 명백한 지리적 사실에 기반한 지극히 미국적인 인식이었다. 그러나 스스로를 세계 시스템에서 중심적인 위치를 차지하는 '중국'으로 여기는 중국의 입장에서, 이 나라가 주로 태평양 세력인지 또는 실제로 해양 세력인지는 명확하지 않았다. 대륙적, 즉 지상 전력 중심 전략과 해양적 전략 사이에는 뚜렷한 차이가 있어 PLA의 발전에도 중요했다.[94]

앞에서 언급했듯이 1990년대까지 PLA는 대체로 지상 전력이었으며, 중국을 유라시아 심장부의 강대국으로 보고 군사력을 지상군 중심으로 바라보는 대륙적 관점을 반영했다. 이는 인도, 러시아, 그리고 소련의 주요 관계 국가였던 베트남과 북한을 포함하여 자국 영토 내부의 위협에 초점을 맞추었다. 일본이라는 주목할 만한 예외를 제외하고, 중앙아시아 초원의 흉노, 선비, 몽골부터 저 멀리 서쪽의 튀르크 부족과 동이란계 갈족에 이르기까지 제국 시대 중국의 전통적인 적들은 모두 대륙 기반이었다. 고대 중국의 대표적인 업적인 만리장성은 전적으로 대륙 기반이었던 위협에 대한 지상 중심의 대응이었다. 더 최근에는 파키스탄, 이란, 크메르루즈 치하의 캄보디아, 그리고 냉전 이후의 북한 등 중국의 동맹국들이 중국의 대륙 경계선을 따라 위치하고 있다. 공산주의 중국이 해상 기반의 적을 가졌다면 1949년 이후의 대만이었지만, 중국 전략가들, 그리고 중국과 대만 상당수 대중의 인식에 대만은 중국의 일부로 여겨졌고, 1950년대 이후 여러 위기 동안 대만에 대한 중국의 작전은 대부분 대양 작전이라기보다는 연안 작전이었다.

그러나 20세기 마지막 20년 동안의 상황은 중요한 함의를 가지고 변화하기 시작했다. 만약 중국이 대륙 세력이라면, 장기적인 적수는 유라시아 대륙을 통제하기 위해 경쟁하는 러시아와 인도 등 다른 육상 세력인 경향이 있었다. 반대로 이 나라가 해양 세력이라면, 궁극적인 경쟁 상대는 미국과 그 동맹국들, 즉 호주, 일본 및 서방 궤도에 속하는 다른 해양 기반 세력이 될 것이다. 그러나 중국은 이 두 가지 모두이며, 실제로 중국의 전략은 대륙 영역과 해양 영역 모두에서 지역별로

상당한 차이를 보이고 있다.[95]

이전 장에서 언급했던 러시아의 지정학자 알렉산드르 두긴은 중국을 지상 기반의 전통적 사회의 사례로 분류했다.[96] 그러나 유라시아 세계 대륙을 지배하는 텔루로크라틱('육지 지배,' 대륙적이며 두긴의 관점에서는 본질적으로 권위주의적인) 세력과 지구의 해양 주변부를 통제하는 탈라소크라틱('해양 지배.' 해상 무역 국가로, 그가 본질적으로 자본주의적이고 자유주의적이라고 보는) 세력 간의 그의 구분은 중국의 사례에서 무너진다. 두긴의 주장은 광범위한 탐험가 정화 제독의 일곱 번째이자 마지막 항해인 1433년 이후 수백 년 동안 중국 정부가 고립주의적이고 주로 육상 기반의 관점을 가졌다는 점에서 어느 정도 옳다.[97] 그러나 중국은 오랜 항해 전통을 가지고 있으며, 그 해군 역사는 이보다 더 복잡하다.

정화의 함대보다 앞서 시작된 첫 해금령을 포함하여 명나라와 이후 청나라 시대에 걸쳐 내려진 제국 해금령(海禁令)은 결과적으로 200년간의 해상 무역 금지, 선박과 항구의 파괴, 해안 지역의 인구 감소, 고립주의, 그리고 대륙 지향적인 정책을 초래했다.[98] 그럼에도 불구하고 우리가 보았듯이 중국은 청나라 시대에 비록 효과적이지는 않았지만 해군 함대를 유지했으며 18세기와 19세기 내내 연안 및 강 작전을 수행했다. 아편 전쟁(1839~1860) 동안 중국 전함들은 영국에 맞서 봉쇄와 해군 원정을 감행했고, 1850~1871년 태평천국 운동 동안 강에서 작전을 수행했으며, 1875년에는 일본에 맞서 대만으로 해군 원정을 시작했다. 이들은 또한 러시아, 일본, 한국과 해상에서 싸웠다. 해금령이 시행 중이었음에도 불구하고 정화는 황제의 후원을 받은 여러 탐험 항해를 완수할 수 있었다.[99] 잭 골드스톤과 로널드 C. 포와 같은 학자들은 중국이 15세기에 또는 그 이후 어느 시기에 바다에 등을 돌렸다고 상상하는 것은 역사적이지 않다고 주장했다. 그들은 중국이 역사 대부분 동안 상당한 전 세계적 영향력과 함께 대륙적 역할과 해양적 역할을 모두 수행한 아시아의 거인이라고 보았다.[100] 실제로 아편 전쟁 이후 중국의 '치욕의 세기'와 마오쩌둥 치하의 대륙 중심적 갈등은 예외적인 현상으로 볼 수 있으며, 최근 해양으로 방향을 다시 전환한 것은 정상으로의 복귀라고 할 수 있다.

대륙 세력은 거대 인구를 통제하고 긴 지상 국경을 방어해야 하기 때문에 본질적으로 권위주의적이며, 해양 세력은 상업에 의존하고 보호를 위해 대양에 의지할 수 있으므로 자유주의적이고 자본주의적인 경향이 있다는 두긴의 주장은 중국의 경우에서도 제한적인 의미만 가졌다. 중국은 방대한 지상 면적뿐만 아니라 광범위한 해양 영유권 주장을 내세운다. 두긴에 따르면, 중국은 약 14,000마일의 육지 국경과 더불어 지구상에서 가장 넓은 면적과 가장 많은 인구를 가진 국가 중 하나로, 권위주의적이고 중앙집권적인 경향을 시사했다. 그러나 중국은 또한 세계에서 열 번째로 긴 9,000마일의 해안선을 가지고 있으며 해상 상업에 크게 의존하는데, 이는 무역, 시장 경제, 그리고 해양 지향성을 강조한다는 것을 시사했다. 마찬가지로, 중국 남쪽의 군사적으로 난공불락인 히말라야 산맥과 서쪽의 거대한 중앙아시아 사막은 상당한 수준의 국경 안보를 제공했다. 따라서 정치적 권위주의와 경제적 자유화를 병행하는 양면 정책을 추구한 덩샤오핑과 후임 지도자들의 접근 방식은 대륙 세력이자 해양 세력인 중국의 상황에 합리적이고 적절하다고 볼 수 있다.

이러한 점은 중국만이 유일한 것은 아니다. 인도는 해양적 특성과 대륙적 특성을 모두 가지며 경제적 번영과 정치적 안정 사이의 지속적인 긴장을 겪는 또 다른 거대한 국가의 사례였다.[101] 러시아 또한 마찬가지였으나, 25,000마일로 중국보다 거의 세 배 긴 러시아의 해안선 대부분이 북극에 위치하여 역사적으로 얼어붙어 있었다는 점이 달랐다. 물론 기후 변화가 이를 변화시키고 있으며, 따라서 러시아, 인도, 중국 모두 두긴의 텔루로크라틱-탈라소크라틱 구분에 대한 예외가 되어 실제적인 측면에서 그 구분을 무의미하게 만들 수도 있다.

확실한 것은 마오쩌둥 및 덩샤오핑 치하의 초기 개혁 기간 동안 중국군이 압도적으로 육상 기반이었다는 점이었다. 이는 우리가 앞서 보았듯이 부분적으로 그들의 게릴라 유산을 반영한 것이었다. 소수의 반란군만이 항공기나 선박을 보유했다. 또 다른 부분에서는 자원 부족을 반영했다. 해군 및 공군 자산은 기술 및 자본 집약적이며, 1980년대까지 중국에 대체로 부족했던 산업 기반과 교육받은 기술 인력을 필요로 했다. 또한 마오쩌둥의 탄압 기간 동안에는 거의 전적으로 육상 기반의 활동인 내부 안보가 PLA의 핵심 임무였다.

그러나 1980년대와 1990년대에 펼쳤던 시장 개혁이 경제 성장을 가져오면서 중국은 산업화와 도시화의 동력을 얻기 위해 해상 무역과 석유 제품 및 원자재 수입에 점점 더 의존하게 되었다. 산업화가 진전됨에 따라 제조업 수출은 중국의 번영에 매우 중요해졌고, 중국의 내륙 지역과는 대조적으로 해안 도시들이 크게 발전했다. 이는 연안화, 즉 인구, 주거지, 기반 시설이 해안선에 집중되는 경향을 가져왔다. 2008년까지 중국 국제 무역의 거의 85%가 해상으로 이루어졌으며, 2011년에는 해외 무역이 경제의 60~70%를 차지했다.[102] 연안 산업화와 해상 무역에 대한 의존은 무역로를 보호하고 공급망을 보장하며 해상 교통로를 통제할 필요성을 가져왔고, 이는 결국 유능한 해군의 필요성을 의미했다.

분명한 것은 공산주의 중국이 항상 해군력을 운용했다는 것이다. 이장산 전투, 1950년대 이후의 여러 대만 해협 위기, 그리고 앞서 언급된 파라셀 및 스프래틀리 군도에서의 충돌 외에도 해군 작전은(주로 연안 해역에서) PLA의 작전 범위의 일부였다. 그러나 초기 PLA 해군은 재래식 해군처럼 운용되지 않았다. 대신 대만과의 산발적이고 장기적인 해상 전투 동안 현대식 주력함의 불리함을 보완하기 위해 '해상 게릴라전'과 해군식 '인민 전쟁'을 채택했다. 여기에는 레이더를 피해 대형 상선 뒤에 어뢰정을 숨겨 비밀리에 이동시키는 것, 소수의 대형 대만 해군 전함에 맞서 다수의 소형 포함과 어뢰정으로 정교하게 짜인 '집단 공격' 및 '분할' 전술, 신중하게 준비된 해상 기습, 그리고 반복적인 야간 교전이 포함되었다.[103] 그러나 전 세계적 이익을 확보하려는 현대 해양 강대국은 재래식 해군을 필요로 했다.

이로 인해 중국의 해양 지향성 및 바다에 대한 의존도가 증가함에 따라, 중국은 재정적으로 가능해진 1990년대 초부터 PLA 해군의 전력 증강을 시작했다. 2015년 군사 전략에서 중국 정부는 이러한 전력 증강을 변화하는 국가의 경제적, 전략적 상황과 관련지어 설명했다. 정부는 "대륙이 해양보다 우선이라는 전통적인 사고방식을 버려야 한다"고 언급하며, "국가 안보 및 발전 이익에 부합하는 현대적인 해양 군사력 구조를 개발하여, 국가 주권과 해양 권익을 수호하고, 전략적 해상 교통로(sea lines of communication) 및 해외 이익의 안전을 보호하며, 국제 해양 협력에 참여함으로써 해양 강대국 건설을 위한 전략적 지원을 제공하는 것이 중국에 필요하다"고 밝혔다.[104]

그러나 1995~1996년의 제3차 대만 해협 위기, 1999년 베오그라드 대사관 폭격, 그리고 그 뒤를 이은 제로섬 경쟁은 미국과 중국 모두 이 군사력 증강을 위협적으로 보기 시작했음을 의미했다. 이는 중국의 성장하는 번영과 세계 경제와의 통합의 자연스러운 결과라기보다는 미국의 글로벌 패권에 대한 중국의 도전으로 인식되었다. 미국 분석가들은 PLA 해군의 현대화를 미 해군의 해상 공간 통제에 도전하려는 노력으로 보았으며, 이를 '냉전 종식 이후 미 해군이 직면한 최초의 도전'으로 간주했다.[105] 중국의 해군 역량은 남중국해에서의 인공섬 건설 프로그램과 발전하고 있는 A2/AD 및 대함 탄도미사일 프로그램과 함께, 워싱턴에서는 '서태평양의 주요 군사 강국으로서 미국의 오랜 지위'에 대한 광범위한 위협의 일부로 간주되었다.[106]

1996년 대만 위기 이후 현대화(MODERNIZATION AFTER THE 1996 TAIWAN CRISIS)

중국의 해군력 증강은 1980년대 후반부터 PLA 해군을 위한 새로운 등급의 군함(주로 호위함, 잠수함, 구축함) 설계를 시작으로 서서히 시작되었다. 1991년 걸프전의 충격 이후, 해군 현대화 예산이 증가했으며, 어뢰, 미사일, 기뢰, 해군 항공기를 포함한 조선 및 해군 무기 개발도 활발해졌다. 그러나 중국 해군에게 가장 큰 충격은 제3차 대만 해협 위기였다. 1996년 3월, 미 해군은 PLA 해군과 PLA 로켓군의 해상 및 미사일 위협에 맞서 니미츠 항모강습단(CSG-5)과 헬기 강습상륙함 '벨로 우드'를 기반으로 한 상륙 전단을 대만과 본토 사이에 진입시켰다. 미국은 또한 또 다른 인디펜던스 항모강습단(CSG-7)을 인근에 배치했는데, 이는 베트남 전쟁 이후 미 해군이 태평양에서 보여준 가장 큰 무력 시위였다.[107]

앞서 언급했듯이 군대는 성공보다는 좌절을 통해 발전하며, 중국의 지도자들은 1995~1996년 위기를 분명한 좌절로 보았다. 대만의 독립 추진 움직임을 막기 위해 압박한다는 당이 설정한 정치적 목표를 PLA 해군이 달성하지 못했을 뿐만 아니라, 미 해군의 항모강습단 및 벨로 우드의 상륙 전력에 의해 제압당했으며 군사적으로도 실패했기 때문이다.[108] 마찬가지로 이전 장들에서 설명했듯이 평시 혁신은 개념 주도적이고 역량 기반인 경향이 있는 반면, 전시에는 적대국이 주요 적과 보조를 맞춰 함께 진화하며 시간이 지나면서 그 적을 닮게 되는 경우가 많았다. 1996년 이후, 특히 1999년 대사관 폭격과 2001년 하이난 사건 이후 중국의 군사력 증강은 주로 중국의 연안화와 해양 지향성 증가에 의해 추진되던 평시 패턴에서, PLA 해군이 '기준 위협'인 미 해군을 모방하고 그 방향으로 진화하기 시작하는 전시 패턴으로의 전환을 보여주었다. 이는 그리스가 주장한 '부정적 상호 의존성'

이라는 개념을 설명하는 또 다른 방식이었다. 즉, 9/11 테러 이후, 그리고 2003년 이후 이라크에서 자초한 수렁에서 벗어나려 노력하면서 미국이 테러리즘에 지나치게 집중하여 중국의 도전에 맞설 자원을 거의 확보할 수 없었음에도 불구하고, 중국은 미국을 모방하거나 경쟁하기 위해 진화했다.

20년 후인 2016년에 코르테즈 쿠퍼는 1995~1996년 대만 해협 위기와 대사관 폭격이 중국 지도부로 하여금 대만을 지원하러 오는 미국을 막기 위해 할 수 있는 일이 거의 없다는 사실을 직시하게 만들었다고 지적했다. 이는 중국 전략가들에게 '고도로 연결된 지휘 통제, 정찰 및 감시(C4ISR)'에 의해 지원되는 정밀 타격 및 표적화 역량을 통한 전장 지배력으로 정의되는 '새로운 형태의 전쟁'에 직면했음을 보여주었다.[109] 중국 지도자들이 얻은 교훈은 '아시아 작전 지역으로 진입하려는 첨단 적을 저지, 지연시키거나 진입을 거부하기' 위한 A2/AD 역량의 필요성이었다.[110]

2018년 미국 보고서는 중국의 해군 현대화가 대만과의 전쟁 대비, 분쟁 중인 섬 주변의 200마일 배타적 경제 수역(EEZ)을 포함한 남중국해 및 동중국해에서의 중국 주권 방어, 중동발 석유 등 무역로 방어, '서태평양에서 미국 영향력 축출', 그리고 지역 및 세계적 강대국으로서 중국의 지위 확립에 역량을 집중하는 것으로 평가했다.[111] 보고서에서는 이러한 목표를 지원하기 위해 "중국은 자국 군대가 대만 또는 기타 문제와 관련된 중국의 근해 지역 분쟁에서 미국의 개입을 저지할 수 있는 A2/AD 전력으로 활동하거나, 그것이 실패할 경우 개입하려는 미군의 도착을 지연시키거나 효력을 감소시킬 수 있는 역량을 갖추기를 원한다"고 언급했다.[112] 추가적인 임무에는 해상 안보, 해적 퇴치, 비전투원 대피, 인도적 지원, 재난 대응 등이 포함될 수 있었다.[113]

따라서 중국 해군의 발전은 2가지 상호 보완적인 역량 세트를 확보하려는 추진력에 의해 지배되었다. 하나는 미국의 전 세계적 역할을 모방하는 도구였고, 다른 하나는 중국의 영향권 내에서 미국의 작전에 대응하는 도구였다. 첫 번째는 현대적인 수상, 수중, 그리고 항공 역량을 요구했다. 중국의 수상 전투 함대는 1990년대 후반 러시아로부터 4척의 소브레멘니급 구축함을 구매하면서 확장 및 개선되기 시작했는데, 이 함정들은 2000년대 중반에 취역하면서 미국에 상당한 우려를 불러일으켰다.[114] 그 후 10년간 PLA 해군은 이 함정들을 개선하고 여러 새로운 등

급의 호위함과 구축함을 도입했으며, 이 과정에서 세계 최대의 조선 산업을 발전시켰다.[115] 수중 전력의 경우, PLA 해군은 다시 러시아제인 12척의 재래식 킬로급 잠수함으로 시작한 후, 점차 정교해지는 중국 자체 설계 디젤-전기 잠수함 시리즈를 추가하는 동시에 원자력 탄도미사일 잠수함을 개발했다.[116] 미국 해군 정보국에 따르면 PLA 2020년 기준 해군의 잠수함 함대는 약 74척이었으며, 이 중 11척이 원자력 추진이었는데, 이는 제3차 대만 해협 위기 당시의 재래식 잠수함 2척에서 증가한 수치였다.[117]

이렇듯 해군력에서 미국과 소련 양국에 크게 뒤처졌던 1990년대의 느린 출발에도 불구하고, 중국은 현대 시대로 도약하여 러시아를 능가하고 미국과 경쟁하는 위치에 올랐다. 첨단 기술을 습득하여 현대화하려는 필요성은 산업 및 기술 스파이 활동의 핵심 동력이었다. 이는 로스앨러모스 국립연구소와 같은 미국의 연구시설에서 일하는 중국 과학자들을 본국으로 회유하려는 노력, 그리고 중국 기업들을 서방 파트너들에게 악명 높게 만든 강제 기술 이전으로 이어졌다.[118] 전형적인 접근 방식은 소련의 기본 플랫폼을 획득하고, 작동법을 익히면서 이를 개선하며, 이후 합법적이든 불법적이든 획득했거나, 특히 미국 소스로부터 역설계한 기술을 중국 자체 설계와 통합하는 것이었다. 중국은 품질에 우선적으로 집중하며 초기 플랫폼을 복제하고 개선한 다음 규모를 확장해 나가려 했다.

이러한 패턴은 해군 항공 분야에서도 적용되었는데, 중국은 초기에 소련 시대의 쿠즈네초프 제독급 항공모함을 획득했으며, 이는 PLA 해군에 편입되어 랴오닝함으로 명명되었다. 1998년 소련 붕괴 후 파산 직전이었던 우크라이나 조선소에서 녹슬고 절반만 완성된 상태로 구매된 랴오닝함은 2012년 9월에 취역하여, 중국 역사상 최초의 항공모함으로서 중요한 이정표를 세웠다.[119] 중국은 우크라이나 기술진을 고문 및 기술자로 초빙하고, 이들을 중심으로 숙련된 중국 인력을 양성했으며, 원 설계를 개선하기 위해 미국 및 기타 기술을 획득하거나 복제했다.[120] 그 이후, PLA 해군은 J-15 함재기를 항공모함 갑판에서 운용하는 까다로운 과정을 거치고 있으며, 동시에 랴오닝함보다 더 크고 랴오닝함의 스키점프 방식보다 훨씬 발전된 사출 시스템을 갖춘 항공모함 2척을 추가로 건조하고 있다. 이 중 적어도 1척은 완전한 자체 설계로 알려졌다.[121] 앞서 언급된 패턴에 따르면 중국의 첫 항공모함은 함대 방공 능력에 제한이 있는 운용 플랫폼에 불과하다.[122] 반면 후속 함정들은 진정한 항모 항공 능력을 보여주며, 현재 건조 중인 진보된 항공모함은 PLA 해군의 성숙한 전력 투사 플랫폼의 기반이 될 것이다. 중국은 2030년까지 4~6개의 항모전투단을 운용하는 것을 목표로 한다.[123]

유사한 패턴이 상륙함정 분야에서도 나타난다. 여기에는 러시아제 주브르급 장갑 돌격 호버크라프트와 헬리콥터를 사용하여 수평선 너머 상륙 돌격 능력을 갖춘 위자오급 상륙함(LPD)을 포함해, 신형 헬기강습함(LPH) 개발과 부유식 해상 기지 설계가 포함된다. 수평선 너머 레이더, 전자광학/적외선 및 레이더 위성, 해저 음파 탐지기 네트워크 등 센서가 구축되고 있으며, 무인항공기(UAV) 또한 개발 중이다. 중국은 2023년까지 최대 4만 1,800대의 드론을 계획했으며, 일부는 해상 함정에서 운용 가능한 스텔스 시스템이 될 것으로 보인다.[124]

두 번째 능력인 A2/AD는 대함 및 기타 정밀 탄도 미사일, 지상 및 해상 기반 장거리 방공 시스템, 그리고 대함 및 지상 공격 역할을 수행하는 장거리 지상 발사, 해저 발사 및 공중 발사 순항 미사일로 구성되었다.[125] 2000년대 후반부터 PLA 로켓군은 매우 장거리의 다연장 로켓 시스템을 획득했다. 여기에는 단일 일제 사격으로 300mm 보정 로켓 10발을 발사하며 사거리 400마일인 A-100과 220mm 유도 로켓 12발 또는 122mm 유도 로켓 40발을 최대 600마일 사거리로 발사하는 SR-5가 포함된다.[126] 이 무기들은 본토에서 100마일 미만 내 위치한 대만을 쉽게 타격할 수 있으며, 섬 너머까지 도달하여 접근하는 지원군을 위협하고 지연시키거나 저지할 수 있다. 따라서 장거리 다연장 로켓 시스템 획득은 1996년 3차 대만해협 위기 당시 중국이 미국의 대만 증원군 진입을 막기 위해 필요로 했을 바로 그 능력을 제공하며, 사실상 그 위기에 대한 직접적인 대응 적응을 나타낸다.

중국은 또한 DF-21과 DF-26과 같은 장거리 대함 시스템을 획득하기 위해 대규모 산업 및 기술적 노력을 기울였다. 이른바 '항모 킬러' 탄도 미사일은 2,000마일 이상 떨어진 거리에 재래식 또는 핵탄두를 탑재할 수 있으며, 레이더와 기타 센서를 사용하여 해상 이동 표적을 타격할 수 있는 기동 재진입체를 갖추고 있다.[127] 잠수함이나 수상함에서 발사되어 마하 3 이상의 속도로 표적에 접근하는 초음속 '스프린트 차량'을 가진 YJ-18 대함 순항 미사일, 함정 방어망을 회피하기 위해 초음속 기동이 가능한 공중 발사형 YJ-12 대함 미사일, 그리고 새로운 종류의 극초음속 미사일이 이러한 탄도 시스템을 보완한다. 이는 중국 본토 또는 연안 도서에 접근하려는 모든 전력에 심각한 생존 문제를 야기한다.

만약 해당 전력이 코로나도, 괌, 오키나와, 사이판, 또는 다윈 인근에서 발진한다면, 이미 확인했듯이 이 모든 위치에 존재할 수 있는 도청 기지의 존재는 중국의 경고 시간에 중대한 영향을 미칠 것이다. 지면이 충분하지 못해 여기서는 PLA 공군이나 로켓군을 자세히 다루지는 않는다. 그러나 1990년대 후반부터 시작된 전시 공동 진화의 동일한 패턴-품질에 집중한 다음 수량에 집중하고, 전 세계적으로 경쟁을 가능하게 하는 능력과 지역적으로 미국을 저지하는 데 필요한 대응 개입 능력이라는 2가지 능력 세트를 획득하는 것은 해상 및 육상 영역에서와 마찬가지로 항공우주, UAV, 미사일 시스템, 스텔스, 사이버전 및 사이버 공간에서도 분명하게 나타난다.

중국의 이 모든 능력들은 지난 20년간 등장했으며, 모두 미국을 겨냥하고 있고 1995~1996년의 치욕적인 사건들의 재발을 막는 것을 목표로 한다. 그러나 이는 재래식 A2/AD이며, 어떤 면에서는 비재래식 측면이 더욱 중요했다. 이는 이미 논의된 중국의 상업적 침투에서 반영된다. 이는 국가들에게 미국의 접근을 제한하도록 경제적 유인을 제공하고, 미군이 더 먼 곳에서 작전하도록 강제함으로써 미국의 대응을 늦추며, 결과적으로 미국과 호주, 일본 같은 동맹국들에게 쉽지 않은 작전 환경을 조성한다. 그러나 아마도 가장 중요한 비재래식 A2/AD 노력은 남중국해에서의 중국의 인공섬 건설 및 요새화 캠페인이다.

불침 항공모함(UNSINKABLE AIRCRAFT CARRIERS)

남중국해는 중국 본토 남동쪽과 전략가들이 '제1 도련'이라고 부르는 지역 사이에 위치하며, 6개 국가(중국, 대만, 베트남, 브루나이, 말레이시아, 필리핀)가 영유권을 두고 다투는 섬, 암초, 암석 및 사주(모래톱)를 포함한다.[128] 아시아 본토를 따라 이어지는 일련의 도련 개념은 원래 미국에서 유래한 것으로, 당시 국무장관이었던 존 포스터 덜레스가 1951년 한국 전쟁에 대한 중국의 개입에 맞서 태평양 국가들을 결집시키려는 노력의 일환으로 제기했다.[129] 덜레스의 구상은 일본에서 대만, 필리핀에 이르는 제1 도련선을 이용해 중국과 러시아를 봉쇄하고, 공산주의 확장을 이오지마를 포함한 군도에서 마리아나를 거쳐 뉴기니에 이르는 제2 도련선이나 알류샨 열도에서 하와이를 거쳐 오스트랄라시아에 이르는 제3 도련선으로 막는 것이었다. 당연하게도 중국 전략가들은 이 개념을 도발적으로 여겼고, 이에 맞서 장기적인 전략을 개발했다. 1950년대의 중국은 이를 뒷받침할 자원이 없었기 때문에 이러한 대응은 장기적일 수밖에 없었다.[130]

1974년에서 75년에 걸쳐, PLA 해군은 베트남 전쟁의 절정기에 남베트남이 다른 곳에 신경 쓰는 틈을 이용하여 남중국해 북부의 파라셀 군도를 점령했다. 이후 2014년까지 40년 동안, 중국은 완전히 통제하는 파라셀 군도에 730개의 시설물을 건설했으며, 남쪽으로 더 떨어진 여러 국가들이 점유하고 있는 스프래틀리 군도에도 병영, 활주로, 선착장을 포함한 소수의 시설물을 건설했다.[131] 2015년경, 부분적으로는 오바마 행정부의 아시아 재균형 정책에 대응하여, 중국은 스프래틀리 군도로 초점을 옮겼다. 중국은 모래, 산호 및 기타 해저 물질을 준설하여 매립 방식으로 암초, 환초, 사주를 인공섬으로 탈바꿈시켰다.[132] 2017년까지 중국은 양쪽 군도에 걸쳐 총 1,652개의 시설물을 구축했으며, 이는 다른 모든 영유권 주장국들의 시설물을 합친 것보다 3배 이상 많은 수치였다.[133] 중국군은 스프래틀리 군도 내 수비 암초, 파이어리 크로스 암초, 미스치프 암초에 3개의 대규모 기지를 건설하고, 이 지역 전반에 걸쳐 병영, 센서 시설, 항구 및 활주로를 건설했다. 파라셀 군도의 우디 섬은 2015년경 이미 잘 개발된 기지였으나, 이후 레이더와 장거리 방공 미사일을 장착하여 이 지역의 상당 부분에 A2/AD 버블을 확장했다.[134]

중국은 남중국해를 자국 EEZ의 일부라고 주장하며, 이전에는 자국의 인공섬 및 기지 건설 프로그램이 주로 해상 생명 보호, 영구 거주지 확립, 경제적 이익 강화를 위해 설계되었고 국제법에 따라 이 지역에 대한 자국의 주장을 뒷받침하는 것이라고 시사했다.[135] 그러나 이 주장은 2016년 헤이그의 상설중재재판소가 스프래틀리 군도 분쟁에서 중국의 주장에 반하여 필리핀의 손을 들어줌으로써 약화되었다.[136] 중국은 점차 이 프로그램이 언제나 그래 보였던 것처럼, 논쟁이 되는 지역을 지배하고 타국의 접근을 막기 위한 일련의 '불침 항공모함'을 건설하려는 노력임을 인정했다. 그 동기는 부분적으로는 경제적이고 합법적이지만(사람이 거주하는 섬은 독립적으로 생명을 유지할 수 있어 EEZ 주장의 일부가 될 수 있지만, 물에 잠긴 바위, 암초, 사람이 살지 않는 암초는 그렇지 않다) 군사적 목적도 분명히 있다. 중국은 이 지역 전역의 센서, 전자전 시스템, 공군 기지, 미사일 기지 네트워크를 통해 남동쪽 측면 전체를 제1 도련선까지 지배할 수 있으며, 금세기 후반에 제2 또는 제3 도련선까지 추가 확장을 위한 확고한 기반을 제공하는 동시에 필리핀과 같은 지역 플레이어를 압박할 수 있는 능력을 강화할 수 있다. 그리고 핵 전략 문제도 있다.

중국의 핵무기고는 역사적으로 고정 및 이동 발사 플랫폼을 갖춘 지상 기반 미사일에 의존했으며, 2010년까지만 해도 중요한 잠수함 발사 시스템은 없었다.[137] 그 이후 중국의 성장하는 전략핵잠수함(SSBN) 함대는 PLA 해군에 잠수함 기반의 핵 옵션을 제공했다. 그러나 효과적인 핵 억제력이 되려면 잠수함의 생존이 보장되어야 한다. 미국(지상, 공중, 잠수함 발사 핵무기로 구성된 '3축 체제'를 갖추고 있음)과 러시아(이전 장에서 논의된 북극 잠수함 기지를 보유함)는 미사일 잠수함을 해상에 숨길 수 있다. 이는 이들 국가에 핵 공격에서 살아남아 보복하는 이른바 '2격 능력'을 부여하며, 따라서 다른 핵 보유국들의 선제공격을 억제한다. 영국은 바로 이러한 이유로 패슬레인 기지 잠수함 중 적어도 한 척을 지속적으로 해상에 유지한다.

그러나 매년 수천 건에 달하는 미군의 남중국해 정찰 비행은 하이난섬의 위린 동부에 SSBN 기지가 있음에도 불구하고, PLA 해군이 잠수함을 숨기는 데 어려움을 겪어 중국의 2격 능력을 제한한다는 것을 의미한다.[138] 미사일, 초계 함정, 항공기, 그리고 레이더 및 센서로 완비되어 미국과 다른 국가들이 거리를 유지하도록 강제하는 남중국해의 A2/AD 버블은 그러한 능력을 제공할 수 있다.[139] 물론 이는 나쁜 것만은 아닐 수 있다. 보장된 2격 능력은 상호 억지를 통해 미중 관계를 안정시키는 데 도움이 될 수 있다. 그러나 이는 PLA 해군의 SSBN 함대 성장과 밀접하게 연관되어 진행된 인공섬 건설 및 기지 건설의 급증을 설명하는 데 도움이 된다.

이렇듯 1990년대 이후 중국은 변화하는 내부 상황과 외부 환경의 변화에 의해 추진되고 일련의 충격과 굴욕에 자극받아 전 영역에 걸쳐 재래식 전력의 현대화를 단행했다. 이는 태평양에서 미국의 우위를 직접적으로 위협하며 점차 중국이 전 세계적으로 경쟁할 수 있게 한다. 이것은 지난 25년간 중국의 발전에 있어 가장 광범위하게 논의된 측면이었다. 그러나 규모가 작고 덜 두드러진 또 다른 그룹은 동시에 완전히 미국의 우위를 우회하려고 시도했으며, 이들은 다르고 더 비대칭적인 경로를 따랐다.

초한전(UNRESTRICTED WARFARE)

1999년 2월, PLA의 고위 대령인 공군의 차오량과 육군의 왕샹수이는 전쟁에 관한 짧은 책을 출판했다.[140] 제3차 대만 해협 위기와 1997~1998년 아시아 금융 위기 이후, 코소보 전쟁, 베오그라드 폭격, Y2K 문제, 닷컴 붕괴, 그리고 9/11 테러 이전에 집필된 저서인 '초한전(Unrestricted Warfare)'은 그 시대의 산물이자 세기 전환기의 기록이지만, 동시에 놀랍도록 선견지명이 있는 문서였다. 이 책은 PLA 출판사에서 발행되었고, 당 신문에서 논의되었으며, 장쩌민과 당시 국방부장관 츠하오톈이 읽었다는 점에서 공식적인 승인을 시사했지만, 반드시 권위 있는 것은 아니었다[141]. 오히려 초한전은 앞서 언급했듯이 1991년부터 PLA를 뒤흔들었던 전략, 능력, 기술에 대한 논쟁의 산물이었다.

이 책은 해당 논쟁에서 인민 전쟁으로의 회귀를 추구하는 전통주의자, 방금 논의된 A2/AD 및 전력 투사 능력을 추진하는 신전통주의자, 그리고 '중국적 특성을 지닌 군사 혁명'을 주장하는 기술주의자 등 3가지 주요 학파를 초월했다. 대신 이 책은 걸프전이 전쟁 자체에 미친 혁신적인 영향에 대한 응답을 제시했다.[142] 2001년 호주 지휘 및 참모 대학에서 초한전을 읽었던 학생으로서, 나는 이 책의 가장 흥미로운 측면 중 하나가 PLA 내부에 활발하고 엄밀하며 어느 정도 공개적이고 전문적인 논쟁이 존재한다는 점을 정확히 보여준다는 것을 발견했다. 영어 부제가 시사했던 '미국을 파괴하기 위한 마스터플랜'과는 거리가 멀게, 초한전은 실제 세기 전환기에 중국의 사고가 얼마나 유동적이었는지를 강조했다.

당시 공산당 신문과의 인터뷰에서 차오는 미국이 1991년 승리를 통해 전쟁의 규칙을 재정립했다고 주장했는데, 그는 "강대국은 규칙을 만들지만, 신흥국은 그 규칙을 깨고 허점을 이용한다"고 말했다. 또한 "미국은 자체 규칙을 준수해야 하며, 그렇지 않으면 전 세계가 미국을 신뢰하지 않을 것"이라고 덧붙였다.[143] 미국이 냉전 이후 유일한 초강대국으로서 전후 구도를 지배하며 전장의 지배자가 되었지만, 적국은 제약받지 않는 반면 스스로 만든 규칙 기반 질서에 제약받는다는 미국의 개념은 초한전의 핵심 주제 중 하나이다.

하지만 이 책의 가장 두드러진 특징은 전쟁의 정의를 전장의 지배력을 넘어 극적으로 확장하는 데 있다. 책에서는 전쟁이 더 이상 "무력으로 적이 자신의 의지에 복종하도록 강요하는 것"이 아니라고 제안했다. 대신 "무력 또는 비무력, 군사적 및 비군사적, 치명적 및 비치명적 수단을 포함한 모든 수단을 사용하여 적이 자신의 이익을 수용하도록 강요하는 것"이라고 정의했다. 또한 "비전쟁 행위가 미래 전쟁을 구성하는 새로운 요소가 될 수 있다"고 주장했다.[144] 저자들은 주요 행위자의 직접적인 통제하에 있든 아니든 사회, 기술, 그리고 국제 시스템의 모든 측면이 전쟁 목표 달성을 위해 활용되는 '초군사적' 및 '비군사적 전쟁 작전'에 대해 저술했다. 여기에는 금융 교란, 통화 및 주식 시장 조작, 무역 전쟁, 인도적 지원 및 해외 원조 악용, 사이버 전쟁 및 정보전, 마약 밀매, 밀수 및 기타 범죄 활동, 생태 전쟁(인공 지진 또는 쓰나미 생성 및 활용 포함), 핵심 기술 또는 미래 기술 표준 통제권 장악, 전쟁에서의 이점을 위한 규칙 및 규범 조작 또는 무력 충돌의 대체 수단이 되는 '법률전'과 같은 행위들이 포함될 수 있다.

차오와 왕은 갈등의 범위 확장과 더불어 지리적 확장도 주장한다. 그들은 "전장은 어디에나 있다"고 봤으며, "전쟁과 비전쟁, 군사와 비군사의 두 세계 사이에 놓인 모든 경계가 완전히 파괴될 것"이라고 언급했다. 심지어 "전쟁의 규칙도 재작성될 필요가 있을 수 있다"고 말했다.[145] 초한전에 제시된 목표는 "무력을 사용하는 수단과 무력을 사용하지 않는 수단, 군사력을 포함하는 수단과 군사력을 포함하지 않는 수단, 사상자를 초래하는 수단과 사상자를 초래하지 않는 수단 등 모든 수단을 사용하여 적이 자신의 이익에 부합하도록 강제하는 것"이다.[146] 이러한 비전과 코르테즈 쿠퍼가 정밀 타격 및 첨단 지휘통제와 ISR을 통한 전장 지배력으로 특징지어진 새로운 전쟁 방식에 대해 언급한 미국적 관점 사이의 차이는 극명하다. 실제로 초한전은 전통적으로 국가 간 조직된 폭력으로 정의되는 무력 충돌과 전쟁 이전 단계의 경쟁 사이의 구분을 생략하고 있다.

차오와 왕은 세기의 전환기 시기인 이라크전 이전 절정기에 존재했던 미국의 재래식 군사 우위에 대해 통찰력 있는 분석을 제공했다. 그들은 미국식 전쟁 방식이 기술 의존성, 사상자 기피, 국제적 지원 필요성 등 주요 취약점을 지닌다고 지적했다. 9/11 테러 이후 적응력이 뛰어난 적들과의 싸움을 예견하며, 그들은 "비국가 적들에 비해 전문적인 군대는 이 새로운 시대에 그 크기에 걸맞은 힘이 부족한 거대한 공룡과 같다"고 언급했다. 또한 "반면 그들의 적들은 뛰어난 생존력을 가진 설치류이며, 날카로운 이빨을 사용하여 세계의 상당 부분을 괴롭힐 수 있다"고 말했다.[147] 차오와 왕은 미국의 네트워크 중심 전쟁이 "단일 기술에 대한 과도한 의존으로 인해 취약한 '전자 마지노선'을 만들 수 있다"고 주장했다.[148] 초한전이 출판되었을 당시 인터넷과 GPS는 아직 유아기였고, 소셜 미디어와 스마트폰은 발명되지 않았으며, 전자 시스템 체계와 사이버 기반 인프라에 대한 서방의 의존도가 오늘날에 비해 미미했다는 점을 고려할 때, 이러한 분석은 선견지명이 있는 것이다. 한 가지 비판은 길게 인용할 가치가 있다:

> 전쟁에서 미국인들의 무절제한 사치는 이미 중독이 되었다. 걸프전을 시작하자마자 미군 장성들이 610억 달러가 소요된 이 무제한의 전투 만찬에 그렇게 많은 돈을 쓸 필요가 없다는 것을 알았더라도, '황금 총알로 새를 공격하는' 것과 같은 과시적인 전투 방식을 사용하는 그들의 지나친 사치는 막을 수 없었을 것이다. 미국산 폭격기는 마치 날아다니는 황금산과 같으며, 많은 목표물보다 비용이 많이 든다. 알아야 할 것은 이들이 인명 손실을 치르려 하지 않았던 민족이라는 것이다. '사상자 제로 추구'라는 이 완전히 자비로운 단순한 구호는 실제로 미국식의 사치스러운 전쟁을 만드는 주요 동기가 되었다. 따라서 스텔스기, 정밀 탄약, 신형 전차, 헬리콥터의 무분별한 사용과 장거리 공격, 융단 폭격이 걸프전을 미국이 대표가 된 호화로운 첨단 무기 국제 박람회로 만들었다. 그 결과 미국식의 사치스러운 전쟁 방식이 전 세계적으로 확산하기 시작했다.[149]

차오와 왕은 현재 오직 바보만이 미국의 방식대로 대칭적인, 병력 대 병력의 교전으로 미국과 싸우려고 할 것이라고 주장했다. 그들은 냉전 이후 지배적인 미군 병력이 "온갖 정교한 무기 열매를 주렁주렁 매달고 멍청하고 우둔한 토끼가 와서 부딪히기를 홀로 기다리는 지켜보는 나무로 쪼그라들었다"고 희화적 유머가 담긴 구절로 묘사했다. 그러나 "사담 후세인이 이 나무 밑동에 머리를 부딪혀 정신을 잃은 후, 누가 이 두 번째 유형의 토끼가 되겠는가?"라고 말했다.[150] 물론 아이러니하게도, 다음 토끼는 다시 사담 후세인이었다. 2003년 그의 패배가 모든 이들에게 미국의 방식대로 싸우는 것이 무의미함을 상기시켰지만, 이후의 반란은 미국이 무정형의 저항 전쟁에 얼마나 취약했는지를 보여주었다.

따라서 차오와 왕은 대칭적으로 싸우는 대신, 미국의 우위에 대처하기 위한 2가지 일반적인 접근 방식을 제안한다. 우리가 보았듯이, 첫 번째 접근 방식은 전쟁의 정의를 확장하고, 비전통적인 갈등 범주를 끌어들이며, 국제 시스템의 측면을 활용하여 미국을 제약하는 것을 포함한다. 이는 워싱턴이 중국 활동의 전체 범위를 인지하는 것조차 어려워하고 일관되게 대응하기는 더더욱 힘들게 만드는 '대역폭 문제'를 야기한다. 이는 2장에서 논의된 AQ와 같은 국제 테러 집단이 채택한 '집합 모델'이나 마르크스주의 사상가들이 제안한 '모든 형태의 투쟁 결합'과 유사한 전쟁 수행 전략을 의미한다.[151] 역량 측면에서는 비군사 네트워크, 시민 단체, 범죄 네트워크, 그리고 동맹국(인지하든 인지하지 못하든)을 사용하여 '초군사적' 또는 '비군사적' 전쟁 작전을 생성하는 동시에, 경제, 기술, 법률, 사이버 및 정보 작전을 위한 PLA의 가용 도구를 확장해야 한다. 정의상 이러한 많은 도구들은 PLA가 소유하고 있지 않으며, 이는 PLA 지휘관이 아닌 국가 기관에 의한 범정부적 또는 국제적으로 연결된 작전을 의미한다.

개념적 포위에 대한 내용에서 논의되었듯이, 이런 방식으로 전쟁의 경계를 확장하는 것은 지리와 범위 측면에서 수평적 확대로 간주될 수 있으며, 표 5.1과 같이 그래픽으로 나타낼 수 있다. 표 하단에는 서방의 전쟁 대학에서 사용되는 'PMESII 모델(정치, 군사, 경제, 사회, 인프라, 정보)'을 기반으로 한 활동 범주들이 있다. 여기에 범죄, 법률, 사이버, 우주, 환경 범주가 추가되어 초한전의 다른 요소들을 포착하고 스펙트럼으로 구성되었다.[152] 미국의 가장 강력한 역량은 경제에서 군사, 우주, 사이버 역량에 이르기까지 스펙트럼의 중심에 집중되어 있다. 따라서 이 스펙트럼 부분에서 확대하려는 중국의 시도는 대칭적 대결과 잠재적인 충돌을 수반할 것이다. 그 대결 구역 외부에 있는 사회, 법률, 인프라 활동 범주에서는 미국의 역량이 더 약하고, 미국 지도자들이 이러한 활동을 갈등 스펙트럼의 일부로 간주하지 않을 수 있다는 사실을 고려할 때, 중국이 경쟁하기에 더 유리한 위치에 있을 것이다. 반면 초한전 구성을 적용하는 중국 전략가들은 이를 갈등의 일부로 간주할 것이다. 마지막으로 차오와 왕이 제시한 범죄, 정치, 환경 전쟁과 같은 경계 영역 활동에 있어서는 이러한 역량이 미국의 전쟁 개념에서 매우 벗어나 있기 때문에 중국의 활동은 무시할 만한 수준의 반대만을 초래할 것이다. 이는 중국이 악용할 수 있는 회피 구역을 만들어낸다. 우리는 또한 이러한 경계 영역에서의 활동이 이전 장에서 논의된 경계선 전쟁의 정의에 부합한다는 점에 주목할 필요가 있다. 다만, 이는 우리가 러시아에 대해 탐구했던 탐지 가능성과 대응의 경계를 넘나드는 수직적 관점이 아니라 수평적 관점에서의 임계 전쟁이다.

그림 5.1 **제한 없는 전쟁**

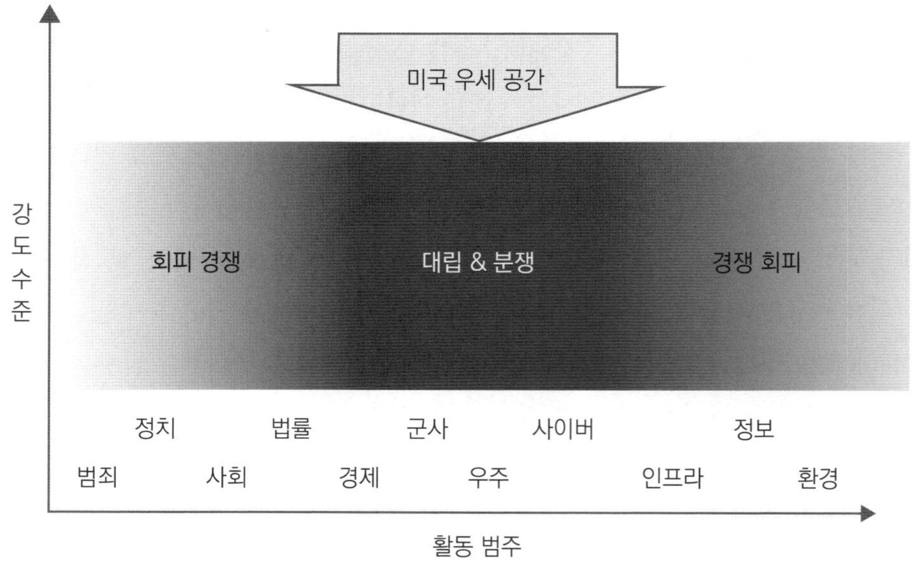

사실 초한전에서 '전쟁'으로 간주될 수 있는 활동의 스펙트럼에 대한 나의 광범위한 묘사조차도 차오와 왕의 것보다는 상당히 좁다. 그들의 저서에서 발췌한 표 5.1은 그 스펙트럼이 얼마나 넓을 수 있는지뿐만 아니라, '초군사적' 및 '비군사적' 전쟁 방향으로 얼마나 크게 기울어져 있는지를 보여준다.

차오와 왕이 '마약 전쟁'이라 부르는 것과 그들이 '자원 전쟁'이라 칭하는 것 등 2가지의 사례가 떠오른다. 중국에서 대량 생산되어 산업적인 규모의 분말 형태로 미국에 직접 운송되거나, 종종 합법적인 의약품 공급으로 위장되어 캐나다와 멕시코로 운송된 후 불법적으로 미국으로 밀매되는 합성 오피오이드 펜타닐은 2017년에만 미국에서 최대 3만 명의 사망자를 발생시켰다.[153] 중국은 2018년 12월 펜타닐 생산 단속에 동의하고 2019년 4월 펜타닐을 공식적으로 통제 약물로 지정했음에도 불구하고, 서방 사회를 약화시키기 위해 '역아편 전쟁'을 벌이고 있다는 비난을 받았다.[154] 이는 거의 확실히 과장인데, 중국 정부가 펜타닐 밀수에 자금을 지원했다는 증거는 없다. 오히려 중국 사법 당국의 느슨한 법 집행, 미흡한 규제, 그리고 개인의 부패가 주된 원인인 것으로 보인다.[155] 그러나 초한전은 적을 약화시키고 적의 노력을 법 집행 및 내부 보건 위기로 돌리기 위한 마약 수출 지원, 또는 의도적으로 눈감아주는 행위가 '비군사적 전쟁 작전'의 형태로 간주될 수 있는 개념적 틀을 제공한다.

표 5.1 제한 없는 전쟁의 군사적, 초군사적, 비군사적 방법

초한전의 종류

군사	초군사	비군사
핵전	외교전	금융전
재래식전	네트워크전	무역전
생화학전	정보전	자원전
우주전	심리전	생태전
전술전	게릴라전	경제원조전
전자전	테러전	규제전
	가상전	밀수전
		마약전
		제재전
		미디어전
		이념전

'자원 전쟁' 또한 마찬가지이다. 2017년 11월 중순 짐바브웨 지도자 로버트 무가베가 전복되었을 때, 초기 뉴스들은 집권 여당인 ZANU-PF 당이 93세인 그의 권력을 독립 투쟁에 전혀 참여하지 않은 50세 아내 그레이스에게 이양하려는 계획에 대해 대부분 1980년대 이후 짐바브웨를 지배해 온 독립 전쟁 참전 용사들의 분노 때문에 그의 축출을 획책했다고 시사했다.[156] 그러나 곧 짐바브웨 국방장관 콘스탄티노 치웽가 장군이 쿠데타 직전에 중국을 방문하여 중국 국방장관 및 중앙군사위원회 위원들을 만났으며, 무가베를 전복시킬 승인을 받았다는 의혹이 제기되었는데, 중국 정부는 이를 강력히 부인했다.[157]

나는 쿠데타 직후 남아프리카공화국에 있었는데, 짐바브웨 민주화 운동가들과 사흘을 보냈고 그들은 다른 이야기를 했다. 그들에 따르면 군부가 무가베를 축출한 이유는 그가 짐바브웨 국방군과 중국 PLA 소유 기업이 공동 소유한 광산 벤처사업을 국유화하려 했기 때문이다.[158] 짐바브웨 정보국과 짐바브웨 경찰 또한 무가베의 행보로 위협을 받는 중국 국영 기업과의 공동 광산 벤처 사업에 큰 지분을 가지고 있었다.[159] 다이아몬드 및 금 채굴과 함께 짐바브웨 정부는 짐바브웨 국방군의 백금 및 희토류 채굴 관여를 인정했다. 그리고 군사적 연관성을 가진 러시아 및 중국 기업들은 아프리카 대륙의 자원을 통제하기 위해 짐바브웨 및 아프리카의 다른 지역에서 군부 지원 기업들과 합작 투자를 형성했다.[160]

2017년까지 중국은 스마트폰, GPS 장치 및 기타 현대 전자기기의 필수 소재인 '희토류' 생산의 압도적 다수를 차지했을 뿐만 아니라 전 세계 희토류 정제 능력의 80% 이상을 보유하여 21세기 핵심 기술 자원에 대한 통제권을 가졌다.[161] 2015년부터 무가베는 PLA와 짐바브웨 국방군의 합작 광산 벤처 사업들 여러 곳을 국유화했으며, 이는 군 수입과 중국의 통제권을 모두 위협했다. 쿠데타 발생 후 몇 주 내에 짐바브웨의 새 대통령 에머슨 음낭가과는 중국 광산의 국유화를 철회했다. 2018년까지 PLA의 지원을 받는 중국 기업과 러시아 방산 기업들은 이전에 국유화되었던 광산 지역으로 복귀했고, 2019년 3월 짐바브웨는 PLA와 연관된 중국 국영 기업인 '안진 투자(Anjin Investments)'가 짐바브웨 국방군의 투자 부문인 매트 브론즈와 협력하여 분쟁 중인 다이아몬드 채굴 구역으로 돌아올 것이라고 발표했다.[162] 한 달 후 짐바브웨는 러시아와 공동 소유의 백금 광산에 대해 40억 달러 규모의 협정을 체결했다.[163]

다시 말하지만 여기서도 모호함이 있거나 최소한 책임 귀속의 어려움이 있다. 이 모든 것은 짐바브웨의 흔들리는 ZANU-PF 정치 체제 내의 내부 정치와, 군 및 정보기관 구성원들의 부패, 그리고 우연히 PLA와 연관된 중국 기업들의 상업적 침투가 결합된 결과일 수 있다. 마찬가지로 중국이 주장하듯이, 치웽가 장군이 베이징 회담을 마치고 짐바브웨로 돌아와 즉시 쿠데타를 일으킨 것이 짐바브웨 국방군과 PLA로부터 핵심 자원을 박탈하려는 무가베의 계획과 전혀 관련이 없을 수도 있다. 그러나 초한전은 그러한 전 세계적 자원을 통제하기 위한 행동, 즉 자원을 확보하기 위한 쿠데타에 대한 비밀 지원 등을 전반적인 전쟁 수행 전략 내의 '초군사적' 또는 '비군사적' 작전으로 간주할 것이다.

미국 군사력의 재래식 우위를 피하고 주변부를 활용하려는 적의 개념은 다소 사소한 관찰이자 이미 오래된 것이다. 2005~2006년에 미국 국가 국방 전략 및 4개년 국방 검토는 이러한 회피 행동을 상세히 검토했다.[164] 그러나 사실 초한전이 출판된 이후 지난 20년간 중국으로부터 우리가 목격한 것은 실제로는 회피가 아니라 복합 전략이다.[165] 앞 장에서 논의된 중국의 재래식 군사 현대화는 미국의 강점 분야를 직접적으로 위협하여, 미국의 전략가들이 계속해서 재래식 개념과 역량을 개발하도록 강제하며, 미국이 매우 비싼 전쟁 수행 방식을 지원하기 위해 고가의 무기와 고성능 플랫폼에 지속적으로 돈을 쏟아붓도록 조장한다. 예를 들어 중국의 항모강습단, 5세대 전투기, 스텔스 드론 확보는 기술 이전 조작, 민간 행위자에 의한 사이버 전쟁 활용, 핵심 광물 자원 통제, 전략적 부동산 구매 등을 통해 우리가 전쟁으로 간주하지 않는 다른 영역에서 결정적인 행동이 이루어질 수 있음에도 불구하고, 미국이 그러한 역량에 계속 지출하도록 유도한다. 동시에 주변부에서 중국은 서방 전투원들의 이해 범위를 벗어나는 분야(5G 이동통신, 사이버 작전, 나노기술, 인공지능, 로봇공학, 인간 능력 향상, 양자 컴퓨팅, 유전체학 및 생명공학, 정치전쟁, 금융 조작 등)에서 신속하고 상당한 발전을 이루었으며, 이로 인해 제한적으로 직접적인 군사 경쟁을 불러일으킨다. 9/11 테러 이후 우리의 터널 시야 또한 도움이 되었다. 차오와 왕이 말했듯이, "군대가 특정 유형의 적을 상대하는 데 지나치게 집중하면 시야 밖의 다른 적에게 공격받고 패배할 수 있다."[166]

전쟁의 정의를 확대하는 것은 가산과 조합을 포함한다. 이는 최대 범위의 갈등 범주를 활용하고 이를 새로운 방식으로 결합하여 적이 이해하지 못하거나 대응할 능력이 없는 통합된 도전을 제기하는 것이다. 차오와 왕은 "위에 언급된 어떤 유형의 작전 방식도 다른 것과 결합하여... 완전히 새로운 작전 방식을 형성할 수 있다"고 제안한다.[167] 미국이 재래식 역량에 집중하도록 조장하면서 동시에 대체적이고 비대칭적인 옵션들을 개발하는 이러한 조합 전략은 차오와 왕이 미국의 우위를 다루기 위해 권장하는 두 번째 접근 방식을 반영한다.

'측면-주체(측-정) 규칙'이라는 제목의 장에서 그들은 역사적 사례를 통해, 우월한 적이 일련의 정면 공격에 힘을 소모하도록 유도한 후 예상치 못한 방향에서 오거나, 예상치 못한 형태를 취하거나, 적이 고려하지 않은 요소를 적용하는 결정적인 일격으로 대응하는 전쟁 수행 접근법을 설명한다. 방어적이지만 정면적인 측면(정)은 승리를 가져다주지 않으며, 결정적이지만 간접적인 일격(측)이 약해진 적을 격파하기 전에 적의 힘을 흡수한다. 그들은 "측-정 규칙은 모든 형태의 병렬 배치, 균형, 대칭에 반대하며, 대신 검으로 측면을 베는 것을 옹호한다'고 주장한다.[168] 다시 말해 이는 서방 전략가들에게 익숙한 비대칭 전쟁 또는 간접 접근의 단순한 재진술처럼 보일 수 있으나, 차오와 왕은 이것이 군사 전략보다 훨씬 높은 수준에서 작동한다고 본다.

오히려 그들의 구상에서 재래식이든 아니든, 모든 종류의 군사적 수단은 방어적이거나 흡수적인 요소로 간주될 수 있으며, 결정적인 요소는 비군사적 수단의 새롭고 유기적인 결합으로 구성된다. "전쟁에서 군사적 행동을 자동으로 지배적인 수단으로, 다른 수단들을 보조 수단으로 간주하는 것은 구식화되고 있다... 전쟁의 영역이 지상, 해상, 공중, 우주, 전자 영역 외에 정치, 경제, 외교, 문화, 심리적 영역을 포함하도록 확장됨에 따라, 모든 요인 간의 상호 작용은 군사 영역이 모든 전쟁에서 자동적으로 지배적인 영역 역할을 하는 것을 어렵게 만들었다. 전쟁은 비전쟁 영역에서 수행될 것이다. 우리는 관련 국가들의 삶 모든 영역에 영향을 미치며 군사적 행동이 지배적이지 않은 영역에서 수행될 수 있는 전쟁을 수행할 준비가 되어 있어야 한다... 전장을 넘어선 전쟁에서 싸우고 승리할 것이다."[169]

개념적 포섭의 이면(THE FLIP SIDE OF CONCEPTUAL ENVELOPMENT)

만약 초한전이 상대방은 전쟁 같은 행동에 참여하고 있음에도 우리가 이를 인식하지 못하는 개념적 포위의 한 측면을 나타낸다면, 이 현상의 이면은 우리가 단순한 평시 경쟁으로 간주하는 우리의 행동을 상대방이 전쟁으로 해석할 수 있다는 것이다. 양측은 전쟁에 대한 서로의 개념을 상반되게 잘못 이해하여 결국 우발적으로 서로 싸우게 될 수 있다.

우리는 이전 장에서 표면적으로는 미국과 싸우는 영리하고 교활한 접근 방식으로 보이는 게라시모프 독트린이 실제로는 미국이 어떻게 작동하는지에 대한 러시아의 해석을 나타낼 수 있음을 보았다. 즉 미국의 힘을 약화시키기 위한 공세적인 비대칭 접근 방식의 청사진이라기보다는, 언급된 대로 실제로는 독트린이 아닌 이 '독트린'은 러시아가 우리로부터 직면하는 위협을 이해하려는 방어적인 시도일 수 있다. 우리가 보았듯이 러시아 전략가들은 경계선 전쟁 역량을 개발하면서 서방의 기존 비대칭 공세에 대응하고 있다고 믿을 수 있다. 2016년 미국 선거를 약화시키려 했을 때, 그들은 2012년과 1996년에 대한 보복을 하면서 미국으로부터의 잠재적인 유사한 미래 위협을 무력화하고 있다고 생각했을 수도 있다. 1999년 이후 초한전 및 그 저자들에게 일어난 일을 간략히 살펴보면, 중국의 경우에도 이와 유사한 현상이 벌어지고 있음을 알 수 있다.

초한전이 출판된 지 20년이 지났는데, 출판 당시에는 이 개념이 중국 사상 주류에 속하는지, 이단적인 아웃라이어인지, PLA 논쟁에서 부상하거나 몰락하는 파벌의 대표자인지, 아니면 단순히 자유 사상가인지 등 공식적인 지지 정도를 판단하기 어려웠다. 그러나 지금 20년이 지난 시간을 다시 되돌아보면, 초한전이 실제로 작동하는 것을 볼 수 있다. 2003년에 중국은 초한전을 기반으로 '삼전(三戰) 독트린'을 공식적으로 채택하여 '심리전, 여론전, 법률전' 역량을 구축했다.[170] 같은 해에 중국은 해외 전략 투자를 포함하는 '정교한 신(新)중상주의 공세'인 '해외 진출' 정책을 시작했다. 동시에 PLA는 사이버 전쟁을 위한 첫 부대를 조직했고, 이른바 '타이탄 레인'이라 불리는 중국 해커들의 공세 규모는 중국 정부 자체의 개입 정도에 대한 의문을 제기했다.[171] 2008년까지 미국 국무부는 삼중의 비동력 전쟁이 이미 진행 중이라고 결론 내렸다.[172] 2009년에는 '중국의 금융 전쟁 및 사이버 전쟁 역량에 대한 커지는 우려'에 자극받아 미국은 새로운 사이버 사령부를 창설하기로 결정했다.[173] 그리고 우리가 보았듯이, 2017년까지 중국은 펜타닐 밀수 및 핵심 자원 통제 유지를 위한 짐바브웨 쿠데타 지원 혐의를 받았다. 만약 실제로 국가가 후원했다면, 이 2가지 행동은 초한전의 비군사적 및 초군사적 작전 정의에 부합한다. 다시 말해 초한전은 고립되거나 순전히 이론적인 추측 작업이 아니라, 적어도 실행에 옮겨졌다고 주장할 수 있을 것으로 보인다. 1999년 이후 차오와 왕의 경력 또한 그들의 사상이 이단적이지 않았음을 시사한다.

왕샹수이는 중국 최고 연구 대학 중 하나인 베이항 대학의 교수가 되었다. 이 대학은 과학, 기술, 공학, 수학에 중점을 두며, 항공, 우주선, 로봇 공학, 컴퓨터 과학 분야에서 높은 평가를 받는 프로젝트들을 진행하고 있다. 차오량은 중국 PLA 공군 소장으로 전역했으며, 중국 공군 창작부 부부장과 국가안보정책연구위원회 부사무총장을 역임했고, 다섯 편의 미래 군사 소설을 저술했다. 2015년 기준으로 그는 중국의 전쟁 대학인 국방대학교 교직원으로, PLA 차세대 고위 장교 교육을 위한 교육 과정 설계를 담당했다.[174]

그해 7월 국방대학교에서 열린 PLA 전쟁 대학 학생들을 대상으로 한 연설에서, 차오량은 제2차 세계 대전 이후 미국의 세계적 주도권 역사를 개괄하며, 그 주도권이 부분적으로 미국이 "세 가지 세계 체제, 즉 정치 체제인 UN, 무역 체제인 GATT(이후 WTO가 됨), 그리고 통화 및 금융 체제인 브레튼우즈 체제를 수립한 것에 기반하고 있다"고 지적했다.[175] 그는 미국이 이러한 규칙 기반 체제를 통해 패권을 달성했으나, 규칙이 불편해지자 1971년 금본위제를 포기하는 등 스스로 규칙을 어길 의지가 있음을 보여주었다고 주장했다.

차오량은 계속해서 미국의 전 세계적 패권 유지를 위한 자국 통화의 의도적인 조작을 강조하면서 미국 정부가 조작한 약세와 강세 달러 환율의 16년 주기 패턴을 파악했다. 그는 다른 국가들의 경제 성장을 통제하기 위해 미국이 의도적으로 라틴 아메리카(1979년)와 동아시아(1997년)에서의 금융 위기를 유발했고, 달러 기반의 석유 거래 통제 유지를 위해 이라크와 아프가니스탄에서 전쟁을 시작한 미국의 결정을 조사했다. 그는 금융가 조지 소로스를 언급했는데, 초한전에서 소로스를 '금융 테러리스트'로 묘사하는 여러 구절을 인용하며, 그를 미국의 금융 제국주의 보존을 위한 타인 조작 방식의 한 도구로 부각했다.[176] 차오량은 미국이 2012년 홍콩의 '센트럴 점령' 운동을 후원했으며, 그 시기를 연방준비은행의 양적 완화 프로그램의 단계적 축소 시점과 정확히 일치시켰다고 설명했다. 그는 계속해서 고위 PLA 청중들에게 미국이 어떻게 우크라이나를 의도적으로 약화시켰는지, 유럽 투자 환경을 악화시켜 EU를 공격할 목적으로 비밀리에 색깔 혁명을 후원했는지, 미국이 새롭게 도입된 유로를 달러의 잠재적 경쟁 통화로서 약화시키기 위해 코소보 전쟁을 시작했는지, 2012년 중일 센카쿠 열도 분쟁을 유발했는지, 그리고 달러에 대한 위안화의 도전 역량을 약화시키기 위해 남중국해에서 중국에 대한 필리핀의 반대를 조작했는지를 설명했다.[177] 다시 말해 전략가로서 그의 통찰력이 아무리 뛰어나다고 해도, 2015년 당시 차오량의 미국에 대한 이해는 적나라하게 말하자면 완전히 엉터리라는 것이다.

차오량은 깊은 음모론에 빠져 있을 뿐만 아니라, 아마도 마이클 무어, 노엄 촘스키, 올리버 스톤을 제외한 대부분의 미국인들이 의도적인 악의라기보다는 우연한 무능력 행위로 간주할 일들에 대해 주체적인 의도를 부여하는 경향이 있다. 게다가 그가 묘사하는 미국의 동기는 워싱턴의 의사결정자들이 거의 인식하지 못할 만한 것이다. 미국을 유능함은 고사하고라도 단일하고 합리적인 행위자로 취급하는 기본적인 오류를 넘어, 차오량은 미국의 의도를 거의 완전히 오독하거나 미국이 스스로를 이해하는 방식과 거의 또는 전혀 닮지 않은 미국의 모습을 제시한다. 이러한 의미에서 PLA의 레퍼토리에 초한전이 부상하는 것의 가장 무서운 점은 중국 전략가들이 우리보다 우리의 취약점을 더 잘 이해한다는 것이 아니라, 우리 중 어느 누구도 서로의 머릿속에서 무슨 일이 벌어지는지 전혀 모른다는 것일 수 있다. 이것이 바로 개념적 포위의 이면이다. 중국의 전쟁 접근 방식은 이제 미국과 다른 서방 국가들에게 대역폭 도전을 제기할 만큼 광범위할 뿐만 아니라, 미국의 역량, 능력, 그리고 의도에 대한 근본적으로 결함 있는 이해에 기반하고 있을 수도 있다.

물론 이는 또 다른 명백한 질문을 제기한다: 중국 의사결정자들이 중국에 대한 우리(서방 분석가들)의 이해를 인정할까? 그들은 서방 분석가들이 인식하는, 재래식 군사 현대화와 초한전을 통합하는 여기 설명된 정교한 복합 전략을 인정할까? 함반토타, 지부티, 다윈 항구 인수, 델 호텔 매입 시도, 사이버 스파이 활동 및 강제 기술 이전, 랴오닝함 구매와 삼전, 희토류 시장 독점, 펜타닐 밀수업자와의 공모 등 이러한 행동들이 모두 신중하게 고려된 통합 전략의 요소였을까? 아니면 단지 그 방식을 보려고 이미 준비된 관찰자들에게만 계획된 것처럼 보이는 일련의 무작위 사건들이었을까?

도대체 중국은 얼마나 단일한 행위자인가? 중국의 전략은 미국의 우위를 피하려는 의식적인 노력인가, 외부 적합성 환경에 대한 무의식적인 적응적 반응인가, 아니면 단지 환상인가? 즉 우리가 우리에 대한 그들의 인식을 인정하지 않듯이, 중국 전략가들은 스스로에게서 인식하지 못하지만 서방 관찰자들의 눈에만 존재하는 명백한 패턴일 뿐인가? 다음이자 마지막 장이 보여주듯이 오산의 위험, 즉 적들과의 전쟁으로 스스로를 몰아넣는 것, 혹은 전략가들이 서로의 행동을 오해하여 세기의 전쟁으로 끝나는 긴장 고조의 안보 딜레마를 유발하는 것은 용들이 돌아왔지만 뱀처럼 싸우는 법을 배웠고, 의심할 여지 없는 미국의 재래식 전쟁 우위가 이제 과거의 유물이 된 환경의 여러 불안한 의미 중 하나일 뿐이다.

그림 6.1 남중국해

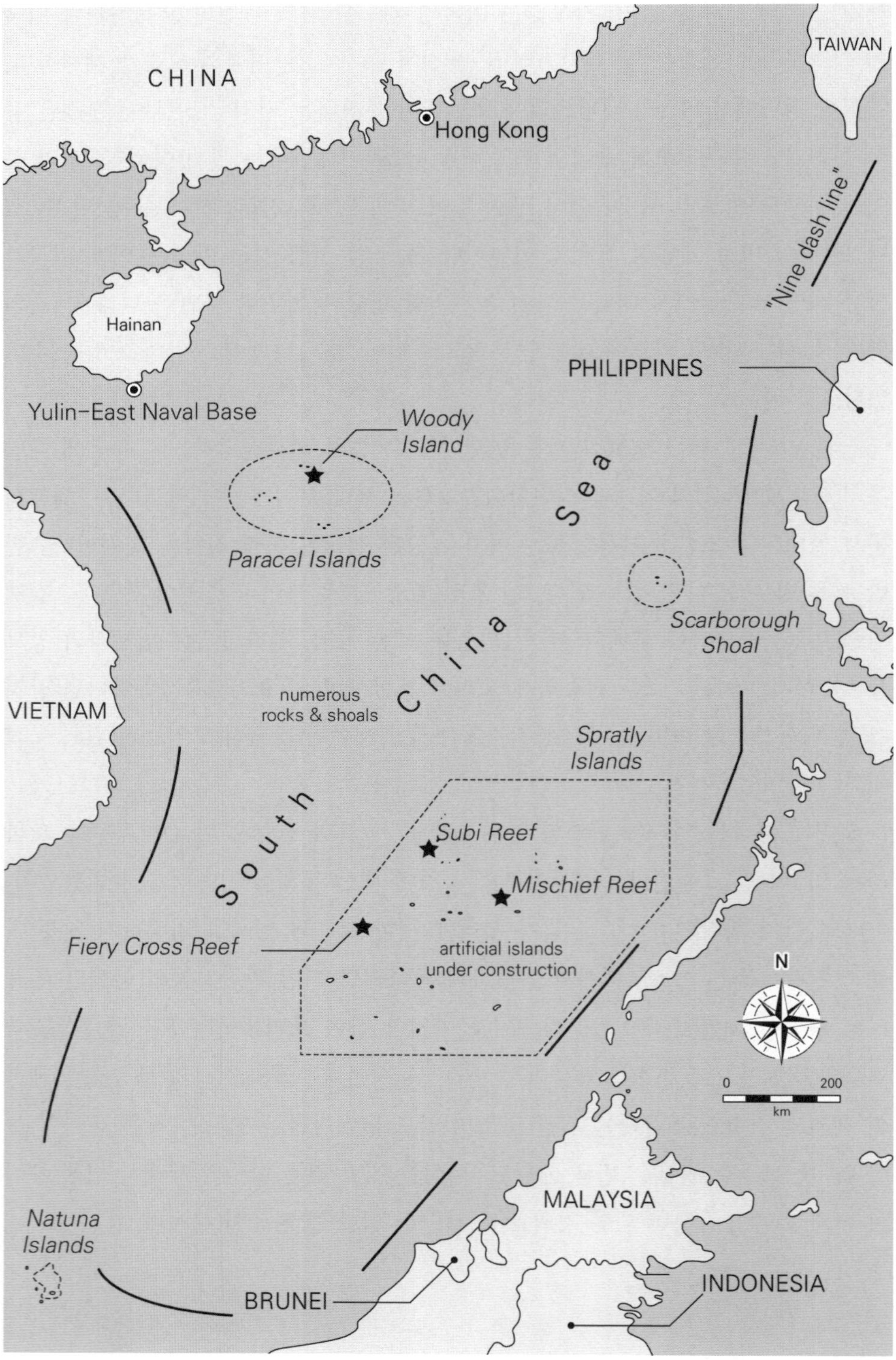
CHINA
Hong Kong
TAIWAN
"Nine dash line"
Hainan
Yulin-East Naval Base
PHILIPPINES
Woody Island
Paracel Islands
South China Sea
Scarborough Shoal
VIETNAM
numerous rocks & shoals
Spratly Islands
Subi Reef
Mischief Reef
Fiery Cross Reef
artificial islands under construction
N
0
200
km
MALAYSIA
Natuna Islands
BRUNEI
INDONESIA

제6장

서방의 썰물
(Ebb Tide of the West)

제6장

서방의 썰물
(Ebb Tide of the West)

미국 남북 전쟁 역사가들은 남부 연합(Confederacy)이 정확히 언제, 어디서 정점에 달했는지에 대해 여전히 논쟁 중이다. 한 학파에 따르면 그것은 1863년 7월 3일 무더운 오후 2시 30분, 펜실베이니아주 게티즈버그 남쪽 연합군 방어선 약 3분의 1 지점에 위치한 돌담의 굽이진 부분인 '디 앵글'이라는 곳이었다. 게티즈버그 묘지 능선에서 피켓의 돌격이 연합군 병사들의 총격과 임시 방어선에 좌절되었을 때, 남부 연합 루이스 아미스테드 준장은 디 앵글에 도달했다. 그는 버지니아 여단의 선두 부대와 함께 담을 뛰어넘어 아직 뜨거운 연합군 대포의 포신에 손을 얹었었고, 연방군 전선 바로 안쪽에서 즉시 총에 맞아 쓰러졌다.[1] 전장을 남쪽에서 내려다보는 언덕인 '리틀 라운드 탑'에 서면, 훗날 '남부 연합의 만조'라고 불리게 된 것을 명확히 볼 수 있다.[2] 아미스테드가 쓰러진 지점은 게티즈버그에서 남부 연합의 공격으로부터 가장 멀리 떨어진 곳이었으며, 이 게티즈버그 전투 자체가 전쟁 중 남부의 공세 중 가장 먼 연방 영토로 진입한 것이다.[3] 물론 당시에 아무도 그것을 알지 못했으며, 돌이켜봤을 때 남부에게는 그때부터 모든 것이 내리막길이었음이 분명해졌다.

전쟁에서 우리는 이러한 순간들을 '정점'이라고 부른다. 이는 전세가 바뀌고, 진격하는 측의 에너지가 썰물처럼 빠지기 시작하며 그 적들이 처음에는 감지할 수 없을 정도로 밀어내기 시작하는 때를 말한다.[4] 미래의 역사가들은 서방의 만조, 즉 우리의 탈냉전 군사적 우위의 정점이 2003년 3월 20일 현지 시간 오전 5시 30분, 바그다드 남쪽 외곽의 도라 농장 단지에서 왔다고 판단할 수 있다. 그 순간 미국은 이라크 전쟁 직전 선제적으로 사담 후세인과 그의 아들 우다이 및 쿠사이를 제거하기 위한 참수 공격을 감행했으나 실패했다.

공격이 시작된 호주 동부 시간 오후 1시 30분, 나는 멜버른에서 캔버라 육군 본부로 돌아가는 비행기를 놓칠까봐 렌터카를 매우 빨리 몰았다. 우리 모두는 전쟁이 임박했음을 알고 있었다. 아직 선전포고는 되지 않았지만, 동료들과 나는 몇 달 동안 계획을 인지하고 있었으며, 호주 특수부대가 거의 24시간 전에 이미 이라크-요르단 국경을 넘었다는 것을 우리 정부가 아직 인정하지 않았음에도 알고 있었다. 이제 연합군 최후통첩의 마지막 몇 분이 지나가면서 호주군은 이미 이라크 서부 사막 깊숙이 들어가 어둠 속에서 빠르게 이동하며 전쟁의 첫 지상전 중 하나를 치를 참이었다. 멜버른 시간 오후 2시 15분, 자동차 라디오에서 부시 대통령이 전쟁 시작을 선언하는 소리가 들려왔다. 나는 한적한 곳에 차를 세우고 따뜻한 오후 햇살 아래 길가에 앉아 몇 시간의 생중계를 들었다. 서쪽으로 해가 지기 시작할 때까지 그곳에 머물렀고, 결국 비행기를 놓쳤다.

돌이켜보면, 도라(Dora)는 재래식, 탈냉전 형태의 서방 군사력에 있어 정점이었음이 분명해 보인다. 이는 고도의 기술을 사용하고 정보에 기반한 정밀 타격 모델의 전장 우위, 그리고 전장 우위가 곧 전쟁의 성공과 같다는 관련 개념의 정점을 나타냈다. 미국이 1991년에 개척했고, 그 이후 동맹과 적을 불문하고 모두가 염두에 둘 수밖에 없었던 그 방식의 전쟁은 이때부터 쇠퇴하기 시작했다.

전술적인 측면에서 보면 이 공격은 걸작이었다. 미 공군 제8 전투비행대대 소속의 F-117 스텔스 지상 공격기 2대가 마크 호인 소령과 데이브 투미 중령의 조종하에, 완전히 탐지되지 않은 채 지구상에서 가장 강력한 대공 방어망 일부를 뚫고 진입했다. 이들은 미 해군 EA-6B 전자전 공격기 한 쌍과 미 공군 F-16 전투기 두 대의 지원을 받았다. KC-135 스트라토탱커는 목표물로 향하는 도중 공중에서 이들에게 연료를 보급했다.[5] 바그다드 시간 오전 5시 30분, 호인과 투미는 새롭게 개발된 2,000파운드 크기의 GPS 유도 '벙커 버스터' 폭탄인 EGBU-27 4발을 투하했다. 이 폭탄들은 도라에 있는 사담과 그의 아들들이 머무는 것으로 추정되는 벙커와 같은 강화된 구조물을 관통하도록 설계되었다. 두 조종사와 그들의 고가 항공기(각각 평균 1억 1,120만 달러의 단가)는 카타르의 알-우데이드 기지로 무사히 귀환했다.[6] 이 공격을 처음 알게 된 것은 BBC가 오전 5시 33분에 보도한 4차례의 거대한 폭발이 하늘을 갈랐을 때였다.

CIA 본부 분석가들과 백악관 의사결정권자들의 견해에 따르면 전쟁 전체를 막을 수도 있었던 긴급 목표물인 사담과 그의 아들들을 제거하기 위해, 미 공군은 불과 5시간도 채 안 되는 시간 안에 사전 통보 없이 전체 공격 패키지를 준비했다.[7] 원래 이라크 고위 지도부 전체를 타격하려던 계획을 추구하는 대신, 의사결정권자들은 공군에게 최신 기술을 사용하여 사담과 그의 직계 혈족만을 대상으로 단 한 번의 외과적 정밀 타격을 감행하도록 지시했다. 공습과 동시에, 홍해와 아라비아만에 있던 미 해군 수상함과 잠수함들이 같은 목표물에 40발의 토마호크 순항 미사일을 발사했다.[8]

극도로 지엽적인 임무에 대해 정교한 수준의 정밀함과 고도의 전문성을 보여주는 이러한 종류의 전장 우수성은 1991년 이래로 실행된 서방 전쟁 방식의 특징이다. 그러나 그것은 결함 있는 정보에 바탕을 둔 전술적 우수성이었으며, 부실하게 고려된 전략과 실현 가능한 출구 계획이 없었다. 또한 이는 엄청나게 값비싼 것이었는데, 초한전에서 차오량과 왕샹수이가 묘사한 '하늘을 나는 황금 산'과 같았다.

사담과 그의 아들들은 도라에 없었다. 신호정보 분석가가 도청된 대화를 오해했으며, 사담은 1995년 이후 그 장소를 방문한 적이 없었다는 것이 밝혀졌다.[9] 폭탄과 순항 미사일은 궁전을 빗나갔고, 한 발은 완전히 단지 외부에 떨어졌다. 그리고 벙커 버스터는 불필요한 것으로 판명되었다. 몇 주 후 지상군이 현장에 도착했을 때 발견했듯이, 사담과 그의 아들들이 숨어 있었다고 추정되는 벙커는 존재하지도 않았기 때문이다.[10] 그 막대한 비용의 화력이 무언가를 타격하기는 했지만, 국제 적십자 위원회의 후속 연구는 이 공격이 민간인 1명을 죽이고 여성 9명과 어린이 1명을 포함해 14명에게 부상을 입혔지만, 이라크 지도자나 사담의 측근은 한 명도 죽이지 못했음을 밝혀냈다.[11] 처음도 아니고 마지막도 아니겠지만, 실행은 인상적이었으나 그 이면의 생각에는 결함이 있었다.

사담을 제거하면 전쟁이 불필요해질 것이라는 전략적 평가는 훨씬 더 결함이 있었다. 이는 마치 사담이 곧 이라크이고, 바트당(Ba'ath Party)이 모든 이라크 도시에서 게릴라와 저항 조직을 결집시킬 수 있는 국가 내 단일하고 가장 효과적인 기관이 아니라고 여긴 것과 같았다. 실제로 몇 달 후 바트당은 그렇게 했다. 이는 독재자가 죽으면 이라크인들이 사담의 마법에서 벗어나 오즈의 마법사에서 이스트의 사악한 마녀의 죽음을 축하하는 먼치킨들처럼 연합군을 환영할 것이라고 상상하는 것만큼이나 비현실적이었다.

탈냉전 세계의 종말, 즉 의심할 여지 없는 서방 군사 우위의 긴 10년-중국을 놀라게 하고, 러시아를 굴욕시켰으며, 북한을 겁먹게 하고, 이란을 주춤하게 만들었던 탁월한 전쟁 수행 능력-의 시작은 서방의 도라 공격을 그 시점으로 볼 수 있다. 따라서 바그다드 외곽의 이 공격은 1991년의 '죽음의 고속도로'에 대한 종지부였다. 걸프전이 모두에게 서방의 강점을 보여주었듯이, 도라 공격과 그에 이은 이라크 침공 및 점령은 모두에게 서방의 약점을 보여주었다. 부정확한 정보에 대한 정밀 시스템의 취약성, 데이터와 연결성에 대한 의존성, 그리고 우리가 거의 이해하지 못하는 사회와 문화의 물리적 및 인적 지형에 스며든 무정형의 세포 기반 적에 대한 그들의 무관련성은 전쟁이 장기화됨에 따라 점점 더 명확해졌다. 우리는 간혹 아슬아슬하게 빗나가거나 몇몇 불행한 민간인 사상자가 발생하더라도 원하는 어떤 창문에든 폭탄을 투하할 수 있었다. 그러나 그 창문 뒤에 누가 있는지, 더 넓은 범위의 영향이 어떨지, 혹은 폭탄 폭발을 전략적 결과로 전환하는 방법은 별개의 문제였다. 제2장에서 이스라엘 정보국장 아브라함 샬롬의 언급을 반복하자면, "전략은 없었고, 오직 전술만 있었다."[12]

서방 전쟁 방식의 쇠퇴(EBB TIDE OF THE WESTERN WAY OF WAR)

그 이후로 서방의 전쟁 방식은 쇠퇴해왔고, 이는 게티즈버그의 경우처럼 오직 회고했을 때만 쇠퇴했음이 분명해졌을지라도 마찬가지이다. 이라크에 발이 묶이고 아프가니스탄이 혼돈에 빠지는 것을 막을 자원을 할애할 수 없게 되면서, 우리는 당장의 문제를 넘어선 이슈들을 처리할 인지적 대역폭이 부족했다. 도라 임무를 수행한 조종사들이 사용하는 용어를 빌리자면, 우리는 '임무 과부하' 상태였다.[13] 의사결정권자들이 북한의 핵무장을 억제하고, 러시아의 부활에 대응하며, 중국의 팽창주의와 경쟁하기 위해 이라크와 아프가니스탄에서의 일상적인 싸움에서 눈을 떼려 용감하게 노력했지만, 우리는 중동에 갇혀 헤어 나오지 못했다. 군사용어로 우리는 꼼짝 못하게 고착된 반면, 다른 이들은 우리 주변에서 기동했다.

우리가 테러와의 전쟁에서 싸운 비국가 적대자들인 뱀들은 제2장과 제3장에서 내가 묘사한 전시 공진화의 한 형태에 관여했다. 그들은 우리의 적응에 직접적으로 반응하여 진화했고, 우리 또한 그들의 적응에 맞추어 진화하여 시간이 지나면서 우리는 점차 서로 닮아가게 되었다. 적응에 실패한 적들은 파괴되었고, 특정한 핵심 특성들을 개발한(또는 운 좋게도 선행 적응으로서 이미 가지고 있던) 적들은 살아남았다. 이러한 특성들은 대면 접촉, 인간 네트워크 내의 사회적 학습, 그리고 지구상의 모든 사람이 이용할 수 있게 된 극적으로 증가한 전자 연결성을 통한 데이터 공유를 통해 가상으로 확산되었다. 게릴라 집단과 테러 네트워크는 분열과 합병을 반복했으며, 새로운 네트워크는 선행자들로부터 의식적으로 배운 교훈과 맹목적인 자연 선택의 무의식적 효과를 모두 반영했다. 우리는 전투 생태계의 뚜렷한 틈새에 다양한 종류의 비국가 적들이 출현하는 종의 분화를 보기 시작했다.

동시에 우리의 행동은 인위적인 선택을 통해 더 나은 종류의 적을 키웠고, 살아남은 적들은 이라크와 아프가니스탄에서의 병력 증강으로 촉발되거나, 파키스탄, 예멘, 소말리아 등지에서 목표물을 타격하는 데 사용된 실제 포식자인 MQ-1 '프레데터' 드론(및 이후의 MQ-9 '리퍼')에 의해 발생한 포식자 효과에 수반된 주기적인 개체군 감소를 더 잘 감당할 수 있었다. 거의 죽음에 이르는 경험이 반복되는 순환에서 살아남은 이들은 시간이 지남에 따라 더 강인하고, 더 영리하며, 더 은밀하고, 훨씬 더 치명적인 존재가 되었는데, 이는 확실히 적자생존이었다. 그들은 또한 점차 우리처럼 보이기 시작했는데, ISIS는 특수부대, 드론, 공병, 그리고 궁극적으로는 탱크와 포병까지 배치했다.

이러한 공진화 과정이 우리에게 미친 영향 역시 극적이었다. 우리는 주요 위협에 맞춰 스스로를 조정하며, 정밀 타격, 드론 전쟁, 대반란 작전, 특수 작전 습격, 그리고 기타 여러 도구와 기술에 대한 역량을 지속적으로 향상시켰다. 위협이 진화함에 따라 우리도 진화했는데, 양측은 적응적인 2인 댄스를 통해 서로에게서 진화적 신호를 얻었다. 이는 당시 위험한 적대자들을 다루는 데 절대적으로 필요했으며, 물론 우리를 작전적으로 더 우수하게 만들었다. 그러나 혁신이 이루어질 때마다 그에 상응하는 적의 개선이 이루어졌고, 이는 다른 도전 과제들이 확산되는 중에도 끝없이 이어지는 듯한, 그리고 점점 더 비용이 많이 드는 진화적 군비 경쟁이었다. 그리고 국가 기반의 위협이 증가하는 중에도 우리가 비국가 적에 더 잘 적응할수록, 우리는 더욱 전문화되고 집중되어 다른 적대자들에게 덜 적합해졌다.

테러와의 전쟁에 직접적으로 관여하지 않은 국가 적대자들인 용들은 한 발 물러서서 관찰하며, 처음에는 스티븐 로젠의 틀에 따라 제1장과 제2장에서 내가 묘사한 개념 주도 혁신의 평시 패턴을 따르는 방식으로 더 의식적으로 혁신할 수 있었다. 그러나 그들 역시 우리를 기준 위협으로 간주하고 우리의 능력과 약점에 맞춰 그들의 발전을 조율하기 시작하면서 전시 모드로 전환했다. 제4장에서 설명했듯이, 러시아의 경우 전시 태세로의 전환은 2011년경에 시작되어 2014년까지 완전히 갖추어졌다. 체첸과 조지아에서의 미흡한 성과로 인해 촉발된 '뉴 룩' 개혁은 러시아군의 현대화를 도왔고, 이후 크림반도, 우크라이나, 시리아에서의 성공 기반을 마련했다. 동시에, 경계선 전쟁-애국적 해커, 민병대, 정치적 전쟁인 '거짓의 소방호스', 속도, 기습, 모호성, 정치적 영향력에 최적화된 쿠데타 작전 등을 포함하는-은 구소련의 아이디어, 반사적 통제와 같은 새로운 개념, 그리고 소셜 미디어와 같은 신흥 기술의 혼합으로부터 진화했다. 대공 방어, 전술 핵무기, 미사일 기술의 대규모 개선은 러시아가 발트해, 우크라이나, 시리아와 같은 핵심 지역에 A2/AD 버블을 개발하는 데 도움을 주었다. 그리고 세계에서 두 번째로 큰 열핵무기 비축량은 궁극적으로 억제 우산을 제공했다.

중국은 여러 전선에서 동시에 움직였다. 1989년부터 2018년까지 연평균 9.55%의 GDP 성장률을 기록한 중국의 산업화, 도시화, 경제 발전은 시장 영향력을 극적으로 증가시켰고, 중국 지도자들은 이를 정치적, 군사적 영향력으로 전환하기 위한 의식적인 조치를 했다.[14] 제5장에서 논의했듯이 1991년 걸프전은 중국 지도자들에게 재래식 역량에서 따라잡아야 한다는 확신을 주었고, 중국군은 항공 및 우주 역량을 현대화하고, 거의 백지 상태에서 대양 해군을 건설하며, PLA의 전문화 및 정보화에 투자함으로써 이를 확실히 달성했다. 오늘날 PLA는 현재로서는 전투 경험이 부족하지만, 첨단화된 지상, 항공, 해군, 우주, 사이버, 로켓 군을 갖추고 규모와 역량 면에서 미군에 이어 2위이다.[15] 남중국해의 불침 항공모함 건설을 포함한 매우 강력한 A2/AD 시스템들은 중국이 제1 도련선까지 해상 공간을 지배하는 데 도움을 주고 있다. DF-26 대함 탄도 미사일과 같은 첨단 장거리 미사일 시스템은 이제 중국이 괌 서쪽 또는 뉴기니 북쪽 해상의 어느 곳에서든 이동 중인 미 항모강습단을 격침시킬 수 있는 능력을 부여한다고 주장할 수 있다.[16] 따라서 군사적 관점에서 중국은 부상하고 있는 것이 아니라 이미 부상했다. 그리고 중국이 15세기 중반 이래 처음으로 세계적 영향력을 가진 해양 강국으로 귀환하는 것은 세계 질서의 판도를 바꾸는 일이다.

1999년 6월, 미국의 베오그라드 중국 대사관 폭격에 대한 분노로 중국 역시 전시 적응 모드에 돌입하여 미국을 기준 위협으로 간주하고, 구체적으로 미국에 맞서 경쟁하기 위한 역량을 개발했다. 초한전은 덧셈과 조합의 원칙, 그리고 제5장에서 논의된 '비군사적 전쟁 작전'으로 분쟁 개념을 확장하는 방식을 가지고 이때 등장했다. 이는 가장 광범위한 범주와 지역에 걸쳐 여러 개의 작은 도전을 통해 우리를 압도하고, 우리의 좁고 값비싼 전쟁 방식의 경계를 허물어 그 약점을 이용하려 했다. 4년 후 중국이 삼전 교리를 공식적으로 채택하면서 이 접근 방식은 공식적으로 승인받았다. 이후 중국의 전략적 부동산 취득, 기술 획득, 산업 규모의 사이버 전쟁, 5G 이동통신과 같은 미래 기술 통제 시도, 법률전, 우주 전쟁, 조직 범죄 연계, 서방에서의 첩보 및 영향력 작전 등을 통해 이 교리는 완전히 실행되어 왔다.

중국과 러시아는 상황이 다르기 때문에 확연히 다른 진화적 경로를 택했으며, 오늘날 그들이 제기하는 위협 또한 다르다. 중국의 위협은 개념적 포위, 즉 우리가 너무 늦을 때까지 분쟁 중이라는 사실을 깨닫지 못하거나 양측 모두가 반드시 전쟁을 원하지는 않더라도 결국 서로 싸우게 될 수 있는 지점까지의 전쟁의 수평적 확장이다. 러시아의 위협은 수직적 신호 조작, 잠재적 형성 및 경계선 기동에 뒤이은 갑작스럽고 모호한 타격으로, 심지어 그 순간에도 실제로 일어나고 있는지 확신하지 못할 수 있다는 점이다. 위협은 우리가 결정적으로 형성되어, 첫 번째 탱크가 굴러가기도 전에 이미 패배했을 수 있다는 것이다. 중국의 접근 방식이 사고방식의 전환이라면, 러시아의 접근 방식은 시간의 전환을 반영한다. 우리의 우월한 전장 역량이 유의미해지기 전에 우리를 패배시키기 위해 결정적 행동을 시간상으로 앞당기는 것이다. 그러나 이러한 차이에도 불구하고, 주목할 만한 2가지 핵심적인 유사점이 있다.

첫째, 중국과 러시아 모두 순전히 재래식 또는 오직 비재래식 경로만을 추구하는 것이 아니라, 오히려 각각은 두 가지를 동시에 따르고 있다. 이는 우리가 단순히 함선을 건조하거나 탱크와 항공기를 구매하는 것을 멈추고 전적으로 비대칭 방식으로 갈 수 없다는 것을 의미한다. 만약 그렇게 한다면, 우리는 곧 재래식 전력에서 압도당하게 되어 전쟁의 위험성과 가능성을 더 높이게 될 것이다. 반면에, 이미 쇠퇴하고 있는 전장 우위 모델에 의존하여 재래식 역량에만 집중한다면, 우리는 차오량과 왕샹수이가 '측-주 규칙'이라고 불렀던 것에 우리 자신을 노출하게 된다. 이는 우리의 전통적인 강점 영역에 지나치게 몰입하도록 의도적으로 부추기는 적에 맞서 스스로를 소모하는 동시에, 예상치 못한 방향에서 비재래식 측면 공격을 준비하는 것이다.

첫 번째 유사점이 무섭다고 한다면 두 번째는 더 무서운데, 그것은 우리 지도자들 중 누구도 실제로 서로를 전혀 이해하지 못할 가능성이다. 제5장 말미에 나는 차오량의 연설을 인용했는데, 이는 그가 초한전에서 보여준 개념적 천재성에도 불구하고, 서방의 동기와 방법에 대해 충격적으로 왜곡된 인식을 가지고 있음을 시사한다. 그는 미국이 유로화를 약화시키기 위해 코소보 전쟁을 시작했고, 조지 소로스가 금융 테러리스트이며, 미국이 지정학적 경쟁자들을 통제하는 방법으로 경제 위기를 촉발하기 위해 16년 주기마다 의식적으로 경제와 통화를 조작한다고 주장했다. 물론 차오량의 주장에 대한 가장 쉬운 반박은, 설령 미 정부가 이러한 일을 원한다고 해도 단순히 그것을 조정할 능력이 부족하다는 것이다. 수년 전 CIA에 근무하는 한 친구가 이런 종류의 음모론에 대해 논하며 "만약, 제기랄, 그랬다면 좋았을 텐데"하고 말한 적이 있다.

그러나 이는 도널드 트럼프 당선 이후 미국 언론의 광란에 반응하는 러시아인들로부터 듣는 것과 동일한 주장이다. 러시아의 언론을 읽거나 러시아인들이 '러시아 게이트'에 대해 서로 이야기하는 것을 들어보면, 많은 이들이 자신들에게 갑자기 향하는 편집증과 적의에 당혹해하며, 그들의 정부가 제기된 음모들을 실행할 만큼 유능하다고 여겨지거나 푸틴과 그의 측근들이 그럴 만한 통제력을 가지고 있다는 생각에 어리둥절해 한다는 것이 분명하다.[17] 그 이름이 붙은 교리의 저자로 추정되는 발레리 게라시모프는 자신이 러시아의 전쟁 방식이 아닌 우리의 전쟁 방식을 묘사하고 있다고 생각했던 것 같다. 그리고 러시아 기획자들은 일부 서방인들이 자신들에 대해 믿는 것과 똑같은 악마적 천재성을 우리에게 귀속시키는 경향이 있다. 다시 말해 우리 중 누구도 실제로 무엇을 하고 있는지 모를 가능성이 충분히 있으며, 교활하게 실행된 마스터플랜을 가지고 있기는커녕 우리는 모두 본능적으로, 종종 무능하게 순간에 반응하고 있으며, 안개 속을 거닐며 서로를 진정으로 이해하지 못한 채 부딪히고 있는 것이다. 이러한 상호 이해 부족은 오판, 특히 '핵 오판'의 원인이 된다.

지면의 제약으로 인해 북한과 이란에 대한 특정 장을 포함하지 않았지만, 앞서 설명했듯이 이들 작은 용 각각은 러시아와 중국과 같은 더 큰 용들과 유사한 특징을 보인다. 북한은 핵무기 프로그램을 지속적으로 발전시키면서 모든 강대국으로부터 양보를 이끌어내는 기술을 통해 핵 비축량을 구축했을 뿐만 아니라, 이제 미국 본토 어디든 열핵 또는 강화된 핵탄두를 전달할 수 있는 대륙간탄도미사일(ICBM)을 거의 확실히 보유하게 되었다.[18] 따라서 김정은이 내부 권력을 공고히 하고, ICBM 프로그램 완성 및 트럼프, 시진핑, 푸틴 대통령과의 일련의 정상회담을 통해 명성과 신뢰도 면에서 이점을 얻는 와중에도, 한반도 전쟁의 위험은 그 어느 때보다 높아졌다. 북한은 러시아와 중국처럼 재래식 및 비재래식 수단을 통해 목표를 추구하는데, 한편으로는 핵무기, 첨단 재래식 포병과 비핵 로켓, 그리고 대규모 군사력을 사용하고, 다른 한편으로는 사이버 전쟁, 국가 지원 마약 밀매 및 기타 조직 범죄, 그리고 첩보 및 영향력 작전을 사용한다.[19]

아시아의 다른 한쪽 끝에서는 이란 이슬람 공화국이 오늘날 이라크 전쟁과 아랍의 봄의 가장 큰 수혜자이다. 2015~2017년 바샤르 알아사드의 구출에 성공한 이후 이라크에서 전례 없는 영향력을 가지며 시리아에서도 강력한 위치를 확보했다. 이란은 러시아 및 헤즈볼라와 함께 현재 다마스쿠스의 사건들을 형성하며, 아프가니스탄과의 이란 국경부터 골란고원의 이스라엘 국경까지 이어지는 회랑을 실질적으로 통제한다. 2015년 핵 협정 이후 무기 프로그램이 둔화된 것으로 보이지만, 이란은 핵 야망과 완전한 핵연료 주기를 유지하고 있으며, 러시아로부터 A2/AD 및 미사일 시스템을 적극적으로 확보하고, 수출 및 여행 제한 해제를 이용하여 지역에서 영향력을 강화하고 있다.[20] 동시에 북한과 마찬가지로 이란은 국제 포럼에서나 경제적, 군사적 측면에서 러시아와 중국의 지원을 요청할 수 있다. 크고 작은 용들은 단일체는 아니지만, 그들은 협력하고 있다.

여기서 내가 사용한 서방이라는 용어는 단일체가 아니며, 논쟁의 여지는 있지만 결코 단일체였던 적이 없다. 오히려 이는 공유된 역사, 가치, 문화, 그리고 이해관계를 가지고 있지만 전략적 상황은 극적으로 다른 국가들의 느슨한 집합체이다. 예를 들어, 이란, 중국, 러시아에 대한 호주, 캐나다, 독일, 영국 등의 정책은 모두 미국의 정책과 다르다. 마찬가지로, 각국은 고유한 안보 요구와 예산 사용의 제약이 있으며, 동맹국들 역시 지난 25년간 적국만큼이나 독특하게 지배적인 미국의 전쟁 방식에 적응해야 했다.

일부 국가의 목표는 핵심 분야에서만 미국의 역량을 따라잡는 것이었는데, 호주의 경우, 여기에는 5세대 전투기, 최고 수준의 특수부대, 중형 항공모함 역할도 할 수 있는 상륙용 헬기 강습함, 성장하는 잠수함 전단, 그리고 세계적 수준의 신호정보가 포함된다. 새로운 호주 우주국 설립, 호주 사이버 사령부 창설, 그리고 탄도 미사일 방어 개선 노력은 우주, 사이버, 미사일 위협에 대한 호주의 우려가 증대되었다는 것을 보여준다.[21] 영국에서는 2척의 새로운 대형 항공모함 구매가 국방의 핵심이 되었고 브렉시트 이후의 국가적 위신에 중요한 사안이 되었다. 영국은 자체적인 예산 및 인력 제약으로 인해 더 넓은 범위의 영역에서 질적인 측면은 유지하지만, 양적인 측면에서는 타협하고 있다. 이는 항공모함이 국방 예산의 막대한 부분을 차지할 것이라는 점을 고려할 때 필요한 선택이다.

다른 국가들–독일이 떠오르지만, 많은 NATO 국가들이 같은 처지이다–의 경우, 국방비 지출 부족을 상쇄하기 위해 미국의 전략적 억제에 의존하는 능력 덕분에, 대규모 방위 산업 수출을 유지하면서 국제 원조와 같은 다른 분야에 집중하거나 산업 자원을 민간 제조업에 투입할 수 있었다. 그리고 발트해 및 스칸디나비아 국가들, 그리고 일본을 포함한 세 번째 그룹의 국가들은 이제 최전선에 서서 러시아나 중국의 A2/AD 버블(일본의 경우 2곳 모두) 안에 살고 있으며, 제4장에서 노르웨이에 대해 설명된 국경 침입 및 은밀한 교란에 노출되어 있다. 이 국가들은 악의적인 활동을 억제하고, 회복력을 구축하며, 잠재적 공격자에게 더 어려운 목표물이 되기 위해 방어적 게릴라전을 포함하여 할 수 있는 모든 것을 하고 있다. 그러나 이들은 또한 군사적 우위가 쇠퇴하고 있음에도 불구하고 인내심과 헌신이 줄어들고 있는 것처럼 보이는 분열된 미국을 계속해서 어깨 너머로 바라보고 있다.

서방의 쇠퇴?(DECLINE OF THE WEST?)

서방의 쇠퇴에 대한 이야기가 최근 몇 년간 많이 나왔다. 파리드 자카리아는 서방의 세계 경제 발전 및 정치 자유화 의제가 성공하면서 다른 국가들이 부상했고, 이는 곧 미국과 동맹국들의 상대적 쇠퇴를 가능하게 했다는 식으로 '탈(脫)미국 시대'에 대해 대체로 긍정적인 평가를 했다.[22] 그는 자신의 책에서 "이것은 미국의 쇠퇴가 아니라 다른 모두의 부상에 관한 것이다"라는 희망적인 주장으로 시작하는데, 이 주장은 2008년에도 지나치게 낙관적으로 들렸지만, 글로벌 금융 위기, 리비아, 시리아, 크림반도, ISIS, 유럽 이주 위기, 2016년 선거, 브렉시트, 러시아 게이트를 겪은 후에는 훨씬 더 설득력이 떨어진다.[23]

조나 골드버그의 책에 따르면, 이 모든 사건이 일어난 후에 출판된 그의 저서에서 우리는 '서방의 자살'에 직면해 있다고 한다. 부족주의, 포퓰리즘, 민족주의, 정체성 정치의 부활이 미국 민주주의를 파괴하고 있다는 것이다.[24] 자카리아와 골드버그는 정치 스펙트럼에서 다른 주파수를 가지는데, 두 사람 모두 다 주로 군사 문제에 집중하지는 않지만, 미국에서 일어나는 일이 더 넓은 서방의 운명과 연결되어 있다고 보는 경향이 있다. 또한 서방의 군사적 쇠퇴를 전반적인 추세와 연관을 지어 이해한다. 이들의 가장 큰 차이점은 불가피성에 대한 견해이다. 골드버그는 결론 장을 시작하며 칼럼니스트 칼 크라우트하머의 말을 인용, "쇠퇴는 선택"이라고 주장한다.[25] 반면 자카리아는 서문에서 영국 역사가 아놀드 토인비의 말을 인용한다. 토인비는 "성장은 도전이 성공적인 반응을 이끌어내고, 이것이 다시 더 나아가 다른 도전을 이끌어낼 때마다 일어난다"고 주장하며, 비록 "대부분의 문명이 역사적으로 실패했지만" 이 과정이 무한히 반복될 수 있다고 말한다.[26]

토인비에게 큰 영향을 준 인물 중 한 명은 독일의 역사 철학자 오스발트 슈펭글러이다. 슈펭글러의 가장 잘 알려진 저서인 『서방의 쇠퇴(The Decline of the West)』는 1918년과 1923년에 각각 출판되었다. 슈펭글러는 문명을 탄생, 성장, 번영, 쇠퇴, 죽음의 단계를 거치는 생명 주기를 따르는 초유기체로 보았으며, 서방 문명은 서서히 쇠퇴하여 2000년경 위기 상태에 도달할 것이라고 예측했다.[27] 이러한 생각은 1차 세계대전이 끝날 무렵 모든 방면에서 문명에 대한 자신감이 붕괴했던 상황을 부분적으로 반영한다. 예를 들어 유기적 쇠퇴에 대한 비슷한 이미지는 영국계 미국 시인 에즈라 파운드의 1920년 탄식에서도 나타나는데, 그는 전쟁 중에 "수많은 이들이, 그들 중 최고들이, 늙고 이 빠진 암캐(old bitch)를 위해, 망가진 문명을 위해 죽었다"고 한탄했다.[28]

거시적으로 슈펭글러는 문명을 분석 단위로 삼고 생물학적 시스템을 사회 변화에 대한 비유로 사용하는 사회 순환 이론이라는 오랜 지적 전통을 활용했다. 이러한 전통은 1864년 적자생존이라는 문구를 만들었던 허버트 스펜서를 거쳐 미국 및 프랑스 혁명 기간인 1776년에서 1789년 사이에 출판된 에드워드 기번의 『로마제국 쇠망사(History of the Decline and Fall of the Roman Empire)』로 이어진다. 더 나아가 이븐 할둔의 1377년 『무카디마(Muqaddimah)』와 플라톤의 『국가(The Republic)』, 아리스토텔레스의 『정치학(Politics)』에서 발전된 사회 및 국가에 대한 유기체 이론까지 거슬러 올라간다.[29] 토인비 이후로 많은 현대 작가들은 문명의 생명 주기 개념을 사용했다. 캐롤 퀴글리의 『문명의 진화(The Evolution of Civilizations)』, 폴 케네디의 『강대국의 흥망성쇠(The Rise and Fall of the Great Powers)』, 니얼 퍼거슨의 『제국(Empire)』, 새뮤얼 헌팅턴의 『문명의 충돌(Clash of Civilizations)』은 수많은 예시 중 일부에 불과하다. 이처럼 자주 언급되는 것을 보면 불가피한 쇠퇴라는 개념이 직관적으로 설득력이 있음을 알 수 있다.[30]

지정학적 또는 세계사적 관점에서 서방의 쇠퇴가 불가피한지에 관한 여부와 관계없이, 현재 서방 군사 모델이 기술 및 기법의 집합으로서 효용성이 희미해지고 있다는 점은 분명해 보인다. 시간이 지남에 따라 효과를 잃는 경향은 아마도 모든 성공적인 군사 시스템에 내재되어 있을 것이다. 2장에서 제시했듯이, 특정 방법이 성공적일수록 적들에게 가하는 선택 압력은 커지고, 따라서 적들은 더 빠르게 반응하여 적응한다. 미국이 1991년에 개척한 전장 지배 모델은 동맹국과 적대국 모두에게 환경을 변화시켰다. 그 모델은 대략 1998년에서 2003년 사이에 정점에 달했고, 이후 다른 국가들이 우리와 싸우는 법을 알아내면서 계속해서 약화하고 있다.

전략적 대응(STRATEGIC RESPONSES)

현재 나타나는 약화에 대응하여 우리가 지금 취하는 행동이 쇠퇴를 가속화하거나 지연시킬 수 있고, 또한 급격한 몰락으로 이끌거나 혹은 완만한 연착륙을 달성할 수 있을 것으로 보인다. 물론 확실한 것은 아니다. 심지어 새로운 군사 모델을 개척하여 적대국들에게 역동적인 적합성 환경을 다시 한번 재구성하는 것도 가능할지 모른다. 우리가 어떻게 대응할지 고려할 때, 전략적 차원에서 본질적으로 세 가지 행동 방침을 취할 수 있다. 우리는 이를 '2배로 투자하기', '힘든 상황을 받아들이기', 그리고 '비잔틴식 접근'이라고 부를 수 있다.

2배로 투자하기(Doubling Down)

2배로 투자하는 전략은 서방의 쇠퇴가 불가피하다는 철학적 입장을 거부하는 데서 시작할 것이다. 이 전략은 토인비, 슈펭글러, 퍼거슨, 케네디 등과 달리 미국의 지배력이 영원히 지속되지 못할 본질적인 이유가 없다고 주장할 것이며, 그 우위를 보존하기 위해 필요한 모든 지출과 행동을 다하는 데 전념할 것이다. 이 전략은 냉전 이후의 질서, 즉 1990년대의 국제 사회를 규정했던 정치, 경제, 안보 제도들을 보장하는 미국의 역할을 국제 시스템에 유익하고 필수적인 것으로 간주할 것이다. 실제로 이것은 냉전 종식 이후 미국 엘리트들 사이에서 합의된 사항이었다.

이러한 관점에서 미국은 대체로 이로운 국제 질서를 지탱하기 때문에, 미국에 좋은 것이라면 정의상 세계와 다른 모든 나라에도 좋다고 본다. 따라서 미국에 반대하는 자는 기껏해야 크게 잘못 알고 있거나, 국제 사회의 적이며, 이 공동체를 보호하고 보존하는 미국의 독점적인 역할은 미국에게 필요한 모든 것을 할 수 있는 독점적인 권리를 부여한다고 결론짓는다. 심지어 어쩌면 다른 어떤 강대국에게는 용납될 수 없는 일들을 하는 것까지도 포함한다. 그러므로 미국은 서방 주도 세계 질서의 창조자이자 유지자로서 항상 전체 시스템의 최선의 이익을 위해 행동할 것이라고 믿을 수 있기 때문에, 국제 규범에 의해 공식적으로 제약받을 필요가 없다고 본다.

지금 이 자유주의적 개입주의 처방이 터무니없이 순진하게 들린다면, 1990년대 많은 정책 입안자들에게 이런 생각들이 자명한 진실처럼 보였다는 점을 기억할 가치가 있다. 실제로 이 생각들은 너무나도 당연해서 워싱턴의 정치권 양쪽에서 한 세대의 외교 정책, 언론, 국가 안보 엘리트들을 형성했다. 이 공식은 매들린 올브라이트 국무장관이 1998년 2월 TV 진행자 맷 라우어에게 말한 내용에서 가장 간결하게 나타난다. 그녀는 "우리가 무력을 사용해야 한다면, 그것은 우리가 미국이기 때문이다. 우리는 필수불가결한 국가이다. 우리는 당당하게 서 있다. 우리는 미래를 더 멀리 내다본다"라고 말했다.[31] 이런 생각은 올브라이트나 민주당에만 국한된 것이 아니었고, 1990년대에 끝난 것도 아니었다. 오히려 그것들은 레이건과 클린턴 행정부, 두 부시 대통령 재임 기간, 그리고 버락 오바마 대통령 시기 내내 통용되었다.(트럼프 대통령에 대해서는 잠시 후에 다룰 것이다).

올브라이트식의 거침없는 미국 예외주의는 더 이상 모든 잠재적 적수들에 대해 확실한 압도적 우위를 제공하는 군사 모델에 의존할 수 없을 때 유지하기가 더 어려워진다. 특히 그 적수들이 이라크, 아프가니스탄, 시리아, 리비아, 우크라이나 같은 곳에서 미국이 '미래를 더 멀리 내다보거나' '당당하게 서지 못하는' 것을 눈에 띄게 지켜봤을 때 더욱 그렇다. 앞서 언급했듯이, 도라 공습이 실패하고 사담의 WMD가 그의 가상 벙커만큼이나 덧없는 것으로 드러난 순간부터, 그 군사 모델과 기획자의 신뢰성은 점점 사라져가고 있다.

결과적으로 미국의 재래식 군사적 우위에 2배로 투자하는 전략에는 두 가지 주요 문제가 있다. 미국의 우위를 보존하는 데 필요한 영구적인 역량 업그레이드에 자금을 댈 수 있다고 하더라도, 첫 번째 문제는 우리가 이 책에서 탐구했던 것, 즉 진화하는 국가 및 비국가 적대 세력으로부터의 적응적 대응이다. 만약 우리 적들이 우리의 재래식 모델을 무효화하는 방법을 알아냈다면, 우리는 이미 한계 효용 체감 지점을 넘어선 것이다. 우리가 재래식 역량에 더 많이 지출할수록, 우리의 지출이 가져오는 이점은 줄어든다. DF-26 항모 킬러 미사일은 항모 기반 항공기의 공격 반경보다 더 저렴하고, 더 빠르게 제작되며, 사거리도 더 길다. 전략가 T.X. 햄즈가 지적했듯이, 우리의 주요 해군 플랫폼이 이미 사거리상으로 구식이라면, 더 많이 건설한다고 해도 도움이 되지 않는다.[32] 이러한 상황에서 쇠퇴를 막기는 커녕, 2배로 투자하는 것은 우리의 힘을 더 빠르게 소모함으로써 쇠퇴를 가속화할 뿐일 수도 있다.

오바마 2기 행정부 동안 국방부가 제안하고 1장에서 언급된 여러 상쇄 전략 중 하나인 제3차 상쇄 전략은 이 문제를 인식했다. 이 전략은 자율 시스템, 인공지능, 인간-기계 팀 구성, 네트워크 연결 및 사이버 방어 강화 무기 등 첨단 기술이 재래식 전장 우위의 상실을 상쇄할 수 있다는 아이디어였다.[33] 제3차 상쇄 전략은 미군 전투 방식의 효과를 회복하기 위한 도구를 모색했지만, 그 재래식 경계를 의문시하지는 않았다. 따라서 이것 또한 2배로 투자하는 전략이었다. 즉 전략적 개념은 유지하면서 첨단 기술을 다른 기술로 대체하는 것으로, 새로운 전략이라기보다는 기술 혁신 정책에 가까웠다. 어쨌든 이 전략은 오바마 행정부와 함께 끝났고, 중국과 같은 경쟁국들이 이미 동일한 기술 중 다수에서 미국과 동등하거나 앞서 있으며, 유전체학, 인간 능력 향상, 양자 컴퓨팅, 군사 생명공학과 같은 다른 분야에서도 마찬가지이므로 아마도 제한된 시간만을 벌어주었을 것이다.[34]

다른 문제는 더 간단하지만 훨씬 명확하다. 워싱턴 내부에서 어떤 합의가 있든 간에, 2016년 선거 결과는 미국 국민이 더 이상 자국 정부의 '필수불가결한 국가' 주장과 국제 시스템 보장자 역할에 대한 비용을 감당할 의지가 없다는 것을 강력히 시사한다. 그 위치를 보존하기 위해 필요한 일을 하고 돈을 지불하는 것은 물론이다. 국가 부채가 22조 달러를 넘어서고 계속 증가하며, 국내 문제도 심화되는 상황에서, 미국이 80개국에 800개의 해외 군사 기지를 유지해야 할 필요성은, 솔직히 말해서 일반 미국 시민에게는 즉각적으로 명확하지 않다.[35] 거의 30년간의 냉전 이후 질서, 이라크, 아프가니스탄, 리비아, 시리아 등지에서의 분쟁, 그리고 2008년 금융 위기 전후로 전문가와 기관들의 실패, 엘리트들이 문제조차 인정하기를 거부하면서, 사람들은 설령 패권적 지위를 잃는 것이 분명히 고통스러울지라도, 더 이상 패권의 부담을 감당할 의지가 없는 것으로 보인다.

힘든 상황을 받아들이기(Embracing the Suck)

군대 속어로 '힘든 상황을 받아들이기(Embracing the Suck)'는 불쾌하지만 피할 수 없는 현실을 받아들이고, 그 불가피성을 인정한 뒤 최악의 측면을 완화하기 위해 최선을 다하는 것을 의미한다. 이러한 맥락에서 이 전략은 2배로 투자하는 전략과는 정반대되는 현실 인식에서 출발한다. 모든 제국은 결국 쇠퇴한다는 점을 받아들이며, 냉전 이후 질서가 미국이 주도하는 서방 제국의 한 형태라면 이것 또한 지나갈 것임을 인정한다. 따라서 영원한 우위를 추구하며 부족한 자원과 대중의 인내심을 소진하는 대신, 이 전략은 우리의 피할 수 없는 쇠퇴를 관리하고, 현명한 긴축을 실행하며, 연착륙을 모색하는 데 집중할 것이다.

오바마 대통령은 어떤 형태의 긴축 전략을 염두에 두고 집권한 듯 보였다. 그의 '뒤에서 이끌기' 개념, 아시아로의 재균형, 이라크와 아프가니스탄에서의 철수, 이란 및 러시아와의 화해, 그리고 테러와의 전쟁에서 드론, 정보, 특수부대 등 가벼운 발자국을 남기려는 생각들은 이러한 맥락에서 가장 합리적이었다.[36] 이 전략은 '어차피 질 거라면 그냥 끝내버리자'는 생각인 쇠퇴주의라고 비판받았지만, 이는 오바마 대통령에게는 부당하다.[37] 실제로 이 전략이 제대로 작동하지 않았던 것이 반드시 전략 자체의 잘못은 아니었다. 비록 이라크에서의 성급한 철수, 아프가니스탄에서의 미온적인 조치, 리비아에서의 실패한 개입, 그리고 시리아에서 마찬가지로 실패한 불개입이 도움이 되지 않은 것은 분명하다.

오바마 대통령의 전략은 실행 상의 오류를 넘어 현실에 부딪혔다. 어쩌면 단순히 시대를 앞섰던 것일 수도 있다. 미국이 이라크에서 철수하자마자 아랍의 봄이 중동을 뒤흔들었다. 그 결과 ISIS의 부상은 대통령의 강력한 철수 의지에도 불구하고 재개입을 강요했다. 시리아 전쟁은 미국과 유럽 모두 준비되지 않은 대응을 요구했다. 러시아의 크림반도 점령과 시리아 개입은 백악관을 놀라게 했으며, 오바마 행정부가 이란 핵 협상, 아시아 재균형, 러시아 관계 재설정에 집중하면서 다른 문제에 대한 제한된 여유만이 남았다. 또한 국내 문제들, 즉 대공황 이후 최악의 금융 위기와 논란이 많았던 건강 보험 개혁은 행정부의 중요한 초기 몇 년 동안 외교 문제를 압도했다.

오바마 대통령의 관리된 쇠퇴 전략, 또는 긍정적으로 말하면 제국의 과도한 개입으로부터 의도적으로 발을 빼는 전략은 그의 행정부에 의해 오히려 방해받았다고 볼 수 있다. 힐러리 클린턴 국무장관은 후임자인 존 케리처럼 확고히 올브라이트식의 강력한 자유주의적 개입주의 전통에 속해 있었다. 아프가니스탄 증파를 계획하도록 지시받은 군사팀은 대통령이 철수 계획을 요청했음에도 불구하고 전쟁에서 이기는 계획을 가져왔다. 리비아와 시리아를 다루던 외교관들은 계속해서 더 강력한 대응을 촉구했고, 한 대사는 재직 중 사망했으며 다른 한 명은 항의하며 일찍 퇴직했다.[38] 더 넓게 보면 행정부와 입법부를 아우르는 전체 외교 정책 및 국가안보 기관은 냉전 이후 미국의 우위 시대에 성장했고, 미국의 예외주의와 필수불가결함에 대한 가정이 너무나 깊이 뿌리박혀 있어서 흔들기 어려웠다. 지지자들이 민주적으로 선출된 대통령의 정책을 약화시키려는 소위 '딥 스테이트' 음모에 대해 맹비난했던 트럼프 대통령처럼, 오바마 대통령 또한 그의 내각과 영구적인 미국 관료 조직으로부터 저항을 경험했다고 볼 수 있다.

역설적이게도 오바마의 전략을 실행하는 데는 트럼프가 필요할 수도 있다. 현재 대통령은 자유주의적 개입주의 전통에서 매우 벗어나 있고, 그의 행정부는 동일한 국가 안보 기관들에 의해 보이콧되고 약화되었으며, 그의 포퓰리즘적 본능은 제국의 부담에 대한 미국인들의 인내심 상실에 호소한다. 그리고 가장 정중하게 표현해서 그는 워싱턴 엘리트들, 특히 언론이 대통령에게 기대하는 전통적인 예의범절에 개의치 않는 듯하다. 이러한 이유들로 트럼프는 25년간의 과도한 개입에서 벗어날 자유를 갖는다.

중동에 대한 트럼프의 접근 방식은 전통적인 역외 균형 전략의 한 형태인데, 그는 이스라엘과 사우디아라비아 같은 지역 동맹국들에게 군사 행동을 아웃소싱하고, 이란, 중국, 러시아 같은 어떤 단일 경쟁자도 해당 지역을 지배하지 못하게 막는다. 대규모 또는 장기 군사 작전에서는 발을 빼고, 9/11 테러 이후의 점령 전쟁을 끝낸다.[39] 대통령의 NATO 정책은 조약 제5조에서 명시한 바와 같이 모든 동맹국에 대한 무조건적인 안보를 보장하는 방식에서 유럽 국가들을 방어하는 것이 미국의 이익에 직접적으로 부합할 때만 조건부로 개입하는 방식으로 바꾼다. 다시 말해, 주요 역외 균형 전략가인 존 미어샤이머와 스티븐 월트가 트럼프에 대해 아무리 회의적이라 할지라도, 이러한 접근 방식은 그 전략의 한 형태로 볼 수 있다.[40]

NATO에 대한 트럼프 대통령의 태도는 정책 기관들로부터 엄청난 분노를 불러왔다. 그러나 표면적으로 보면 이는 완전히 합리적인 반응이며, NATO 동맹은 이제 너무 커지고 러시아에 너무 위협적이어서 무조건적인 안보 보장은 1914년 7월 카이저가 오스트리아-헝가리에 준 '백지수표'의 21세기 재현처럼 국지적 위기를 통해 핵 보유국들을 전면전으로 끌어들일 위험이 있다.[41] 대통령이 조약 제5조에 대해 보낸 엇갈린 메시지-압력을 받으면 마지못해 지지하지만, 비공식적으로는 적용 범위에 한계를 설정하는—는 NATO 회원국들에게 동맹의 경계에서 위험한 행동을 피하도록 명확한 신호를 보낸다. 이는 무조건적인 보장에 내재된 무임승차의 도덕적 해이를 완화하는 데 도움이 된다. 무임승차는 양당의 미국 대통령들이 수십 년 동안 불평해왔던 불균등한 부담 분담을 의미한다(동시에 그러한 무임승차를 조장하는 보장을 신조처럼 다루면서도 말이다). 옌스 스톨텐베르그 NATO 사무총장은 2018년에 이러한 새로운 접근 방식이 동맹 전체의 국방비 지출을 증가시켰다고 평가했으며, 이는 러시아의 모험주의를 억제하는 데 도움이 된다고 주장했다.[42] NATO 조약 제5조에 대한 제한을 명확히 하는 것은 러시아를 안심시키는 데도 도움이 될 수 있는데, 우리가 보았듯이 NATO의 확장에 대한 러시아의 인식이 대결의 주요 원천이기 때문이다.

우크라이나 무장 지원, 러시아의 위반에 대한 보복으로 중거리 핵전력 조약 파기, 새로운 미사일 시스템 개발, 탄도미사일 방어 강화, 그리고 유럽 억지 구상 증강 등 러시아에 대한 트럼프 행정부의 실제 행동들은 블라디미르 푸틴에 대해 수사적으로 우호적인 말을 하면서도 실질적인 강경함과 수사적 긴장 완화의 유사한 조합을 보여준다. 따라서 만약 누군가 '힘든 상황을 받아들이는' 전략을 성공적으로 실행할 수 있다면, 트럼프 대통령일 수도 있다. 하지만 이 접근 방식에는 2가지 핵심 문제가 있다. 하나는 트럼프 미국 행정부에만 특별히 보이는 것이고, 다른 하나는 전략 자체에 내재된 것이다.

트럼프 대통령의 러시아 정책은 여러 면에서 그의 전임자보다 실제로 더 강력하다. 그러나 현실이 어떻든, 러시아 게이트 공모 의혹이 트럼프에게 오점을 남겼다. 대통령의 일부 행동, 예를 들어 친러시아적 트윗이나 2018년 6월 헬싱키 정상회담에서 푸틴 대통령에 대한 기이할 정도로 순종적인 태도는 수사적 긴장 완화의 일환으로서 전략적으로는 말이 된다. 하지만 이는 그를 '만주(인) 후보'로 비난하는 똑같이 기이한 음모론에서 벗어나게 하는 데는 전혀 도움이 되지 않는다.[43] 또한, 트럼프 대통령의 본능이 아무리 건전하더라도 이를 실행에 옮길 응집력이나 역량을 갖추고 있는지는 불분명하다. 더 중요한 것은 러시아에 강경해야 한다는 국내 정치적 압력으로 인해 행정부는 대립적인 자세를 취하게 되고, 이로 인해 러시아와 미국이 실제로는 상당한 공동 이익을 가지고 있다는 인식을 바탕으로 행동하기가 더 어려워진다. 특히 트럼프가 분명히 이번 세기 미국의 핵심적인 지정학적, 경제적, 안보적 도전으로 여기는 중국의 부상은 미국의 지정학적 위치에 대한 위협만큼이나 러시아의 지정학적 위치에도 위협이 된다. 마찬가지로 이슬람 국가는 미국을 위협한 것만큼이나 직접적으로 러시아를 위협했다. 따라서 더 넓은 경쟁 구도 속에서도 공동 이익에 대한 선별적 협력은 타당할 수 있다. 하지만 언론의 과민반응과 당파적 반목은 트럼프 대통령이 재임하는 동안 그러한 결과를 정치적으로 불가능하게 만든다.(아이러니하게도 이는 만약 러시아 게이트가 4장에서 논의된 러시아의 '경계선 전쟁 작전'에서 비롯되었다면, 엄청난 역효과를 냈다는 것을 시사한다)

다른 문제는 더 근본적이며, 우위 상실을 받아들이고 관리하는 전략이 후계자로의 전환을 의미한다는 사실과 관련된다. 그 후계자는 강대국, 강대국 협조 체제, 초국가적 실체, 또는 어떤 형태의 초국가적 시스템일 수 있다. 후계자 없는 쇠퇴도 이론적으로는 가능하지만 실제로는 가능성이 낮다. 서방 쇠퇴의 바로 그 이유가 도전자들과 잠재적 후계자들이 이미 부상했기 때문이다. 서방이 받아들일 만한 후계자는 강력하고 비적대적이어야 한다. 즉 안정적인 국제 시스템을 보존할 부담을 감당할 만큼 유능해야 하며, 우리의 가치 및 이해관계와 충분히 가까워야 한다. 그래서 지도력 이양 후에도 서방 국가들과 가치들이 탈서방 세계 질서 속에서 번영할 수 있어야 한다. 이는 추상적으로는 가능성이 낮은 것으로 들리지만, 실제로 전에 일어난 적이 있다. 최근에는 2번의 세계 대전 후 지쳐버린 대영제국이 1947년부터 1956년 사이에 미국에게 바통을 넘겨주었고, 그 후 회복하여 번영했다. 고대에는 기원전 2세기 고대 로마가 그리스 도시 국가들을 정복한 후 헬레니즘 문명을 흡수하고 전파하면서, 그리스에게 역사상 가장 긴 평화와 번영의 시기를 안겨주었다.

문제는 적어도 아직까지는 그런 후계자가 존재하지 않는다는 것이다. 초국가적 기관들은 너무 약하거나, 미국의 경성 권력에 너무 의존적이거나, 정당성이 부족해서 현재 시스템의 후계자 역할을 할 수 없다. 마찬가지로 권위주의적이고 수정주의적인 러시아 정부나 공산주의적이고 팽창주의적인 중국 정부는 우리의 가치와 이해관계를 공유하지 않는다. 서방인들이 그들을 후계자로 신뢰할 만큼은 아니다. 물론 중국 인민은 민주화된 기술, 상업, 무역에 대한 강한 선호와 인권 및 민주적 자유에 대한 끊임없는 요구를 고려할 때, 그들의 통치자들보다 서방과 더 가깝다고 주장할 수도 있다. 우리는 또한 중화인민공화국이 중국 문화의 유일한 원천이 아니라는 점을 기억해야 한다. 홍콩, 싱가포르, 대만, 그리고 공산당보다 수십 년 앞선 화교 공동체의 수백만 해외 화교들은 지정학적 측면은 아닐지라도 문명적 측면에서는 똑같이 정당하다. 그럼에도 불구하고 가치를 제쳐두고서라도 러시아와 중국 둘 다 현재로서는 단독적인 글로벌 리더십의 부담을 지탱할 만큼 강하지 않고, 특히 러시아는 아마도 앞으로도 그럴 수 없을 것이다.

인도 또한 중국과 경쟁하는 데 관심이 있고, 세계 최대 민주주의 국가로서 서방 국가들과 많은 가치를 공유한다. 하지만 인도는 경제 성장과 군사 현대화에도 불구하고 가까운 미래에는 자국 발전에 집중할 가능성이 크다. 따라서 서방, 러시아, 중국, 인도가 나란히 존재하는 다극적인 탈서방 질서는 잠재적인 결과이며, 세르게이 라브로프 러시아 외무장관 등이 옹호해왔던 바이다.[44] 이런 맥락에서 파키스탄이 적극적으로 수용한 것과 달리 인도가 중국의 일대일로 구상을 보이콧한 것은 서방 국가들과 인도 간에 상당한 공동 이익을 제공하며, 장기적으로 공통된 전략적 목표를 형성하는 데 도움을 줄 수 있다. 이러한 종류의 다극 질서는 안정적 또는 불안정할 수도 있는 경쟁적 힘의 균형으로 이어지거나, 혹은 UN과 같은 초국가적 기관을 통해 경쟁국들이 안정 유지를 위해 선별적으로 협력하는 강대국 협조 체제의 변형으로 이어질 수도 있다. 어떤 경우든, 이는 냉전 이후 존재해온 국제 환경의 종말을 의미할 것이다.

이러한 변형된 시나리오에서는 미국이 현재 서방의 동맹 내 다른 국가들에게 리더십을 넘겨주거나, 혹은 단순히 특정 책임들을 분담할 수도 있다. 여기에는 NATO 회원국이나 영국, 호주, 일본, 콜롬비아, UAE, 한국 같은 개별 동맹국들이 훨씬 더 능동적이고 자립적인 지역적 역할을 맡는 동안, 미국은 아마도 일시적으로 국내 회복과 재건에 집중하기 위해 한 발 물러서는 것이 포함된다. 오바마 대통령은 이를 뒤에서 이끌기라는 이름으로 시도했지만 적어도 유럽과 중동 동맹국들의 경우, 군사적 역량과 정치적 의지 부족, 그리고 미국이 실제로 물러날 의사가 없다는 근거 있는 믿음 때문에 효과적이지 못했다.[45] 그러나 만약 미국의 진정한 개입 철회가 일어난다면, 이는 동맹국들의 진화적 지형을 하룻밤 사이에 재편할 것이고, 우리는 빠른 적응을 기대할 수 있을 것이다.

비잔틴화하기(Going Byzantine)

이는 최종 전략적 선택지를 남기는데, 바로 시간을 벌고, 우리에게 유리한 방향으로 적들의 다음 진화 주기를 형성하도록 환경에 영향을 미치며, 단기적인 전장 우위보다는 장기적인 경제성과 지속 가능성을 최적화하는 군사 방식을 채택하는 것이다. 나는 이를 비잔틴 선택지라고 부르는데, 이는 동로마 제국을 일컫는 말로 우리에게는 비잔티움으로 알려져 있지만 통치자와 백성들에게는 언제나 로마였다. 이 제국은 395년 1월 로마 제국이 분할된 시점부터 476년 9월 로마의 몰락을 거쳐 1453년 5월 29일 오스만 제국에 콘스탄티노플이 정복될 때까지 1,000년 이상을 생존했다.[46]

이 전략 또한 모든 문명, 특히 모든 제국과 강대국은 결국 쇠퇴한다는 철학적 입장에서 시작한다. 하지만 이 전략은 이 책에서 우리가 보아온 바, 즉 1991년 이후 25년간 서방의 전장 우위가 다른 모든 행위자들의 진화적 지형을 형성했다는 사실에 기반을 둔다. 따라서 그 모델을 바꾸는 것은 환경을 재형성하고, 그렇게 함으로써 적들의 다음 적응 주기에 우리 장기적 이익에 유리한 방식으로 영향을 미칠 수 있다. 여기서 장기적 이익이란 현재 형태의 미국 우위 영속을 의미하지 않는다. 오히려 서방이 더 이상 군사적으로 지배하지 않는 세상에서도 평화와 번영을 보존하고 '자유의 생존과 성공을 보장하기 위한 조건들을 설정하는 것'을 의미한다.[47] 이것은 어떤 면에서는 연착륙을 위한 전략이지만, 현재 실현 가능하거나 용인할 만한 후계자가 존재하지 않기 때문에, 시간을 벌고 후계자가 나타나도록 장려하는 것이 가장 좋은 방법임을 인식하는 전략이다.

우리는 비잔틴 제국이 했던 것과 거의 같은 방식으로 그들의 일부 방법을 채택하여 그렇게 할 수 있다. 여기에는 부분적으로는 비잔티움의 적들을 선별적으로 모방한 새로운 군사 모델 개발, 전장 우위를 넘어선 성공적인 전략 개념 확장, 장기적인 지속 가능성을 의식적으로 최적화하는 것, 재정적 및 사회적 회복력에 집중하는 것, 특정 핵심 기술에서 선별적인 우위 유지, 적들을 내부 문제로 분산시키는 것, 그리고 적들끼리 서로 싸우게 만드는 것이 포함되었다. 주기적인 공세 단계가 포함되었지만, 이것은 사실상 수 세기에 걸친 길고 지루한 전략적 지연 행동이었다.

서로마 제국은 북쪽에서 육로와 도보로 대규모로 유입되는 야만족 이민자들과 검을 휘두르는 고트족, 반달족 무리들에게 굴복했다. 반면 콘스탄티노플에 있던 동로마 사촌들에게 위협은 훨씬 더 다양했다. 때로는 엄청난 수의 빠른 기동력을 가진 기마 궁수들(훈족, 아바르족, 기타 스텝 유목민들), 혹은 보병과 중장 기병(페르시아인과 사라센인), 또는 공성 대포(오스만 제국)를 동반한 위협이 유라시아 스텝 지역과 북동쪽 흑해 연안을 거쳐 동부 및 남동부 지중해를 가로지르는 넓은 호를 따라 육로, 강, 바다를 통해 접근했다.[48] 이후 비잔티움 제국은 서쪽 멀리서 노르만족, 프랑크 왕국, 제4차 십자군, 그리고 호전적인 상업 공화국들인 베네치아, 피사, 제노아로부터도 위협에 직면했다.[49]

이처럼 제국의 광활한 국경을 따라 다양한 적들과 맞서기 위해 비잔틴 제국은 독특한 전투 병력을 개발했는데, 이 병력은 장갑 기마 궁수와 기창병, 전문화된 중기병과 경기병, 빠르게 움직이는 경보병, 그리고 기동성 있는 수륙양용 부대 등을 결합했으며, 적들로부터 아이디어와 기술을 선별적으로 빌려왔다.[50] 그들은 핵심 기술에서 우위를 유지했는데, 종종 요새화, 공성전, 그리고 무시무시한 소이 무기인 '그리스의 불(Greek Fire)'처럼 방어적 성향을 띠는 경우가 많았다.[51] 그들은 기동성 있고 고도로 훈련된 직업 군대를 지원하기 위해 상대적으로 효율적인 조세 시스템과 공무원 조직을 만들었다. 이 군대는 거의 혼자 싸우는 법이 없었고, 대신 수많은 보조 병력, 동맹군, 용병, 대리군, 협력자들의 핵심 역할을 했다. 또한 그들은 신속 대응 예비군으로서 작지만 유능한 원정 타격대를 유지했다.[52]

비잔틴 제국은 또한 방어적 게릴라전 전략을 발전시켰는데, 이 전략에서는 "적군이 국경 지대를 침투하도록 허용한 다음, 보급로를 차단하고 괴롭히고 지치게 하여 분열시키거나 본국으로 돌아가게 만들었다."[53] 비잔틴 군대는 초토화 전술을 사용하여 국경 지역을 적에게 쓸모없게 만들었고, 위험에 처한 지역에서는 향토 방위군, 감시 및 보고 네트워크, 그리고 적의 침입 시 피난처가 되는 산악 요새 시스템을 통해 회복력을 강화하도록 독려했다.[54] 비잔틴 황제들은 공격적인 원정 작전을 펼치기도 했지만, 이러한 작전들은 대개 제한적인 목표를 가졌다. 예를 들어 적의 공격을 선제적으로 저지하거나, 방해하거나, 응징하는 것이 목적이었다.[55]

동로마 제국은 성공을 단순히 전장 우위와 조공 징수로만 정의하지 않았다. 오히려 그들은 전쟁의 개념을 군사적인 것을 넘어 유연한 국가 경영 모델로 확장했는데, 여기에는 외교, 유능한 정보 서비스, 그리고 비잔틴인들이 동맹국을 결집하고 적들을 분열시키기 위해 무기화했던 종교적 권위의 소프트 파워가 포함되었다. 목표는 모든 교전에서 승리하는 것, 나아가 모든 적을 물리치는 것이 아니라, 장기적으로 국력을 보존하는 것이었다. 황제들은 공격자를 저지하기 위해 조공을 대는 것도 마다하지 않았다. 약해졌을 때는 적들과 협력하기도 했다. 562년 페르시아와의 평화 조약이 그 예인데, 이는 페르시아와 비잔티움 제국 모두의 공동의 적인 훈족이 취약한 속주로 진입하는 것을 막기 위함이었다. 또한, 적의 본거지에서 반란을 후원하기도 했다. 1282년 전설적인 '시칠리아의 만종' 사건 당시 시칠리아에서 일어난 반란이 그 사례인데, 이는 프랑스-이탈리아 연합군의 침공을 저지하려는 비잔티움 제국의 광범위한 노력의 일환이었다.[56] 비잔티움 제국이 멸망했을 때, 천 년 동안 지속된 그들의 생존과 콘스탄티노플 함락 이후 수십 년 동안 유럽을 변화시킨 이탈리아 르네상스의 씨앗을 뿌렸다는 사실은 비잔티움 제국을 역사상 가장 성공적인 강대국 중 하나로 평가하게끔 한다.[57] 다음이자 마지막 장에서는 이와 유사한 접근 방식을 따를 수 있는 방안을 논의할 것이며, 지금으로서는 다른 접근법들과 마찬가지로 '비잔티움식' 접근법에도 반론이 존재한다는 점을 주지해야 한다.

비잔틴화 전략에 대한 한 가지 이견은 이미 너무 늦었을 수도 있다는 점이다. 비잔티움은 로마 제국이 마지막 숨을 헐떡일 때 세워진 것이 아니라, 제국이 지리적으로 가장 넓게 확장되었지만 이미 어려움을 겪고 있던 시기, 즉 150년 전에 설립됐다. 콘스탄티누스 1세 황제가 서기 330년에 그리스 도시 비잔티온을 동방 수도로 선택했을 때, 1991년 이후 미국의 방식만큼이나 강력했던 당시 로마 군사 모델은 여전히 건재했다. 이는 야만족에 의해 로마가 멸망하기 146년 전의 일이다. 오늘날 우리는 서방 군사 지배력의 약화뿐만 아니라, 이라크에서의 실패, ISIS의 부상, 리비아, 시리아, 예멘의 혼돈, 그리고 이란, 북한, 베네수엘라에 대한 허풍과 무능력의 조합으로 인한 국제적 신뢰도 하락도 목격한다. 또한 글로벌 금융 위기와 그 이후의 불안, 유럽과 미국에서의 사회적 결속력 상실, 해외 테러리즘의 부메랑 효과, 그리고 기관과 엘리트에 대한 신뢰의 붕괴 등 정부의 국내적 신뢰 상실도 보았다. 이러한 신뢰 상실은 유럽 통화 위기(2009~2016년), 대규모 이주와 그에 대한 반발(2015년 이후, 관련 테러 공격 포함), 브렉시트 사태(2016년 이후), 그리고 유럽 및 아시아 국가들에서 '비자유 민주주의'의 부상(2016년 이후)에서 쉽게 드러났다. 트럼프 대통령의 당선과 그에 따른 히스테리 및 정치적 양극화는 이러한 일련의 붕괴의 원인이 아니라 증상이다. 비록 트럼프 대통령이 이러한 붕괴의 영향을 악화시킨 것은 분명하지만, 이는 미래 서방 지도자들이 훨씬 더 약한 위치에서 시작할 것임을 시사한다.

종합적으로 볼 때 이 반론은 사실이지만 과장된 측면이 있다고 생각한다. 사실 서방은 전성기 이후 일련의 좌절을 겪었고, 영향력이 약화되고 있다는 증거는 군사적 측면뿐만 아니라 정치, 사회, 경제적 측면에서도 우리 주변에 있다. 하지만 우리는 붕괴와는 거리가 멀다. 비잔티움이 건국될 무렵, 로마 제국은 이미 분할되고, 재통합되고, 4개 부분으로 통치된 뒤 다시 분할되었다. 제국의 동부와 서부 지역은 대규모 패배로 흔들렸다. 이러한 심각한 일은 아직 서방을 괴롭히지 않았으나 우리가 적응하지 못한다면 코앞에 닥칠 수도 있는 일이다.

또 다른 반론은 우리가 이런 종류의 복잡한-거의 '비잔틴적'이라고 할 만한-전략을 실행할 정치적 의지 또는 충분히 유능한 지도자와 기관이 없을 수도 있다는 점이다. 이것은 충분히 사실일 수 있다. 이전 장들에서 보았듯이 냉전 이후 서방 지도자들은 때때로 강력한 패를 매우 서투르게 다루었고, 방금 언급했듯이 많은 서방 사회에서 경제적, 정치적 스트레스가 나타나고 있다. 마찬가지로 민주주의 국가의 선출된 정치 지도자들은 장기간에 걸쳐 복잡한 상황을 관리하는 데 능숙하다고는 알려져 있지 않다. 그러나 이 문제는 비잔틴 전략에만 국한된 것이 아니라 여기에 제시된 모든 행동 방침에 적용되는 문제이다.

마지막 반론은 서방 국가들이 가질 수 있는 군사적 영향력이 더 이상 적들이 진화하는 환경을 형성하기에 충분하지 않을 수 있다는 점이다. 만약 우리 군사 모델이 이미 적들의 적응으로 인해 무의미해질 정도로 침식되었다면, 그 모델을 바꾸는 것은 그들의 이후 진화에 거의 영향을 미치지 않을 것이다. 마찬가지로 우리의 통제 범위를 벗어나는 요소들, 예를 들어 연결성 폭발, 살상력의 민주화, 신기술, 그리고 기후 변화(이는 예를 들어 북극의 전례 없는 지역으로 군사적 경쟁을 확장시키고 있다)는 우리의 행동보다 다른 이들의 진화에 더 큰 영향을 미칠 수 있다.[58] 이는 더 심각한 반론이며, 이에 대처하는 것은 새로운 군사 모델을 개발하는 데 달려 있을 것이다.

새로운 모델(A NEW MODEL)

우리 적들이 채택한 기술과 전술 중 다수는 우리도 사용할 수 있기 때문에 새로운 모델은 적에게서 선별적으로 배우는 것에서 시작한다. 나는 이 적들의 잔혹함, 광신주의, 부패 또는 권위주의를 옹호하는 것이 결코 아니며, 단지 그들의 많은 방법이 본질적으로 좋지도 나쁘지도 않다는 점을 언급할 뿐이다. 서방 민주주의 국가들은 우리의 가치와 윤리를 손상시키거나 우리가 싸워 지킬 가치가 있는 것들을 파괴하지 않으면서도 그 중 일부를 채택하거나 수정할 수 있다.

러시아의 결정적 형성, 긴장 완화를 위한 확전, 제한된 목표의 쿠데타 작전을 통한 정치적 영향력 창출, 군사적 수단을 통한 정치적 목표 달성 및 그 반대, 그리고 완전한 비밀 활동보다는 창의적인 모호성 강조와 같은 개념들은 서방에도 의미가 있을 것이다. 러시아의 극초음속 미사일, 전자기 펄스 무기, 열압력(열폭풍) 탄약, 그리고 다른 특수 시스템 분야의 발전 또한 연구할 가치가 있다. 아이러니하게도 러시아는 이를 완전히 활용할 자원이 부족할 가능성이 있지만, 우리는 할 수 있다. 중국의 확장된 전쟁 개념, 즉 전통적인 군사 영역을 훨씬 벗어나 국가 역량의 다양한 차원을 동원하는 것은 서방 국가들이 이론적으로는 이미 하고 있지만, 더 나은 개념화와 조직화로부터 이점을 얻을 수 있다. PLA의 대함 탄도미사일 기술은 탄도미사일 방어에 대한 창의적인 접근 방식과 마찬가지로, 현재 적의 A2/AD 버블 안 또는 그 경계에 있는 호주, 일본, 스칸디나비아 및 발트해 국가들이 연구할 가치가 있을 수 있다.

우리가 당연하게 혐오하는 잔혹한 행동을 하는 테러리스트 적들이지만, 그들은 원격 조종 무기와 박격포 및 포병용 즉석 정밀 사격 통제 시스템 같은 기술들을 개척했고, 작고 은밀하며 다목적인 자율 전투 집단을 활용하여 민첩하고 분산된 전투 형태로 움직이고 싸우는 전술도 개발했다. 이런 기술과 전술은 현재 서방의 군대가 개발 중인 특정 첨단 도구를 삽입하면 크게 향상될 수 있으며, 이 적들의 네트워크화된, 떼 지어 공격하는 도시 전술 또한 많은 교훈을 준다. 러시아, 중국, 이란, 북한 등이 애국적인 사이버 민병대를 모집하는 것 역시 우리도 할 수 있다. 다만 우리의 경우 이는 방어적인 '사이버 향토 방위대'가 될 것이다. 실제로 발트해 국가들이 이 분야를 선도하고 있다. 에스토니아 국방 연맹의 일부인 에스토니아

사이버 방어 부대는 자원봉사자들로 구성된 국가 방위 협회로, 에스토니아 국방군의 확장된 부속 기관 역할을 하는데, 이것이 잠재적인 모델이 될 수 있다.[59]

발트해 국가들이 선도하고 있는 또 다른 분야는 방어적 게릴라전이다. 이것 또한 러시아 접근 방식의 요소들과 유사하지만, 1세기 이상 거슬러 올라가는 발트해 및 스칸디나비아 전통에 따라 방어 목적으로 적용한다. 앞서 언급된 비잔틴 게릴라 방어처럼, 이것은 침략자들에게 닥칠 비용과 어려움을 명확히 함으로써 침략을 억제하도록 설계됐다. 만약 억제가 실패한다면, 동일한 방법들은 침략자들이 감내할 만한 비용으로 주둔을 유지하는 것을 막는다. 그리고 공격자가 여러 경로를 선택할 수 있을 때, 게릴라 방어는 공격을 대응하기 더 쉬운 접근 방식이나 방법으로 유도하는 데 도움을 줄 수 있다. 핀란드, 라트비아, 에스토니아에서처럼 지역 방어 협회는 기동성 있는 대응군과 결합하여, 자국 지역에서 현대 게릴라전에 훈련되고 장비를 갖춘 전문 예비군의 지원을 받고, 유능한 ISR 및 지역 정보 네트워크의 지원을 받아 사회적 회복력을 창출하고 지속 가능하며, 저비용의 군사 모델 역할을 할 수 있다.[60]

적에게서 직접 배우는 것은 아니지만, 이는 1991년 이후 우리가 당연하게 여겨온 군사적 우위가 없는 환경에서 자신들의 주된 적수였던 소련을 모방하며 적응했던 핀란드, 스칸디나비아, 발트해 국가들로부터 배우는 사례이다. 이러한 기술들은 사회 내에서 공동의 목적을 구축하고, 변방 지역(예: 4장에서 논의된 북극 변경 지역)의 외딴 소수 공동체를 더 넓은 국가적 정체성과 연결하는 방법도 제공한다. 호주와 캐나다 같은 나라들은 스칸디나비아처럼 광대하고 인구 밀도가 낮으며 경제적으로 중요하지만, 전략적으로 취약한 북부 지역을 가지고 있다. 이들 국가는 역사적으로 자체적인 비정규 방어 부대(호주의 지역군 감시 부대와 캐나다 레인저)를 보유하고 있었으며, 미래 작전 환경에서 이들이 어떤 모습으로 발전할 수 있을지 유용하게 고려할 수 있다.[61] 민간 산업, 특히 연료, 전기, 식량, 물, 연결성 같은 필수 서비스 및 유틸리티 제공업체와 협력하여 핵심 기반 시설의 위험을 줄이고 자연재해와 적대적 위협 모두에 대한 생존력을 높이는 것은 방어적 회복력의 핵심 측면이다. NATO 지도자들은 이를 최전선 방어선이라고 묘사했으며, 이는 우리의 몇몇 적들, 특히 중국, 러시아, 이란 또한 매우 다른 방식이기는 하지만 채택한 접근 방식이다.[62]

우리가 적들의 적응 방식을 선별적으로 모방할 수 있는 또 다른 방법은 연결성과 원격 교전 능력을 활용하는 것이다. 테러리스트들이 우리 사회 내에서 개인들을 급진화시키는 데 사용하는 이러한 능력들을 우리가 직접 우호적인 개인과 그룹들을 동원하는 데 활용할 수 있다. 서방 군대 내의 비정규전 조직들이 안와르 알-아울라키가 캐나다, 영국, 미국에서 개인들을 동원했던 것과 정확히 동일한 종류의 연결성을 활용하여, 접근이 불가능한 환경에서 우호적인 네트워크를 동원하는 능력에는 법적 및 정책적 제약이 있지만 기술적인 제한은 없다. 지도자가 없는 저항, 원격으로 조직된 게릴라 작전, 임시로 자율 조직되는 세포 조직, 그리고 단독 행동자 또는 단일 세포 같은 기술들은 비록 서방 국가들이 다른 목적으로 사용할 것이지만, 적들만큼이나 우리에게도 열려 있다.

적을 단순히 선별적으로 모방하는 것을 넘어, 우리는 그들의 취약점을 선별적으로 겨냥하는 것을 고려할 수 있다. 예를 들어 러시아와 중국은 겉보기와는 다르게 사상자에 훨씬 더 민감하게 반응한다. 러시아는 우크라이나, 시리아, 베네수엘라 등지에서 '작은 녹색 인간', 애국심이 강한 자원봉사자, 민간 군사 회사 등을 활용해왔다. 이처럼 통제가 제대로 되지 않는 준국가 행위자들이 잔학 행위를 저지를 경우(예: 2014년 말레이시아 항공 MH17편 격추 사건), 러시아는 위험에 노출되어 있다. 반대로 푸틴 대통령의 측근이 소유한 민간 군사 기업 와그너 그룹에서 일어난 일처럼 크렘린이 이러한 단체를 인정하지 않는다면 사상자가 발생할 경우 상당한 반발을 불러일으킬 수 있다. 바그너 그룹은 2018년 초 시리아에서 미국이 지원하는 쿠르드군과의 전투 중 최대 218명의 직원을 잃었을 수 있다. 이는 러시아가 이들의 존재를 인정하려 하지 않았고, 그 결과 미군의 공습을 중단시킬 수 없었기 때문인데, 바로 이러한 목적을 위한 분쟁 해소 핫라인이 있었음에도 그런 결과를 맞았다.[63] 마찬가지로 한 자녀 정책은 중국 PLA를 외동아들들로만 구성된 군대로 만들었다.[64] 2006년까지 외동아들은 "10년 전 20%에 불과했던 병력의 절반 이상을 차지하여, 중국을 외동아들이 대다수인 역사상 가장 큰 군대로 만들었다"고 한다.[65] 2016년 한 자녀 정책이 폐지된 이후에도 중국의 출산율은 계속해서 하락하고 있으며, 인구 대체율로 돌아올 기미를 보이지 않고 있다. 이로 인해 중국 연구자들은 과잉 인구보다는 고령화가 중국의 주요 인구 통계학적 도전 과제라고 지적했다.[66] 중국 부모들이 중대한 국가 비상사태가 아닌 한 '작은 황제'들을 잃고 싶어 하지 않는 것은 충분히 이해할 만한 일이며, 이는 중국이 병력을 어떻게 운용할 수 있는지, 그리고 얼마나 많은 사상자를 감당할 수 있는지에 상당한 제약을 가한다.[67] 시간이 지남에 따라 고령화된 인구는 군사적 모험주의를 억제할 수 있다. 비록 한 자녀 정책으로 인해 발생한 남성 청년층의 인구 급증이 전쟁 개입 가능성을 높일 수도 있지만, 적어도 이 인구 급증이 중국의 인구 피라미드를 통과할 때까지는 그러할 수 있다.[68] 어떤 경우든, 차오량의 초한전에서의 비판에도 불구하고, 중국은 미국만큼 사상자에 민감해지고 있을 수 있다. 그리고 실제로 재래식 분쟁에서 대규모 사상자를 감수하기를 꺼리는 것은 차오와 왕이 주장했던 일종의 비군사적 전쟁 작전에 대한 내부적 또는 잠재 의식적 동기가 될 수 있다.

마찬가지로 5장에서 논의된 중국의 광범위한 전략적 부동산 인수는 우리 경제를 침투하고 협력하려는 공격적인 시도로 볼 수 있지만, 이 또한 중국이 서방에 인질로 내어준 일련의 자산이기도 하다. 만약 우리 정부가 위기 시에 이러한 중국 소유 시설을 국유화하거나 자산을 압류한다면, 이는 중국 국영 기업에 수십억 달러의 손실을 입힐 수 있다. 중국이 서방의 도시에 대한 공격을 감행한다면 이는 중국 기업에게도 큰 비용이 될 수 있으며, 베이징에도 제약을 가할 수 있다. 물론 중국은 예를 들어 로테르담 항구에서의 입지를 이용하여 그곳의 컨테이너 터미널을 교란할 수도 있지만, 해당 항구의 가장 큰 컨테이너 운영사인 COSCO가 중국 국영 기업이므로, 이는 비용이 많이 드는 자책골이 될 것이다. 상호의존성이 분쟁 억제에 미치는 영향을 과장할 수도 있다. 실제로 경제적으로 상호의존적인 국가들 간의 전쟁이 특별히 드문 것은 아니기 때문이기도 하지만, 서방에 대한 중국의 상업적 노출 범위는 더 넓은 공격 표면을 만들고, 전쟁 발발 시 중국의 취약성을 증가시키며, 분쟁 전 제재에 대한 노출을 높일 가능성이 크다.[69]

마지막으로 점증하는 중국의 정교한 감시 국가 체제에 대한 많은 논의가 있었는데, 이는 중국 정부가 국내외 중국 시민에 대한 방대한 양의 개인 및 행동 데이터를 수집하고 처리하는 능력, 그리고 얼굴 인식, 사회 신용 점수, 의무적인 스마트폰 앱을 활용하여 자국민의 모든 움직임을 광범위하게 감시하는 것에 대한 것이다. 만약 이러한 사실이 진실이라면, 중국은 자국 내부 상황을 들여다볼 수 있는 일종의 포털을 매우 유용하게 구축한 셈이다. 추측컨대 모든 서방의 신호정보 기관과 해외 정보국은 이 포털을 해킹하고 악용하는 방안을 모색할 수 있을 것이다.

새로운 군사 모델의 요소들을 요약하자면 방어적인 자세에서 벗어나는 것인데, 즉 하이브리드 작전을 전쟁에서 허용되는 관행의 범주를 벗어난 비정상적이거나 문제적인 활동으로 간주하는 것을 멈추고, 대신 활용하기 좋은 새롭고 잠재적으로 매우 유리한 작전 환경으로서 적극적으로 뛰어드는 것이다. 이는 1962년 베트남에 도착하여 "재래식 군인들은 정글이 숨어있는 적들로 가득하다고 생각한다. 우리 시스템에서는 우리가 숨을 것이다"라고 말했던 호주의 선도적인 정글전 전문가 테드 세롱 준장을 떠올리게 한다.[70] 이러한 맥락에서 미래는 하이브리드이자 회색지대인데, 하이브리드 작전에만 초점을 맞추는 것은 실수가 될 것이며, 이를 적극적으로 활용하는 것이 새로운 모델 접근 방식의 일부를 형성할 수 있을 것이다.

새로운 모델의 또 다른 요소는 전장 지배를 넘어선 성공적인 전략 개념을 확장하는 것이다. 우리가 보았듯이 서방의 전쟁 방식은 전략적 시스템이라기보다는 작전적 방식인 전쟁 방식에 가깝다.[71] 냉전 이후 우리 군은 반복적으로 전장에서 적을 물리쳤지만, 우리 정부는 그 전장 승리를 유리하고 지속적인 전략적 성과로 전환하는 데 실패했다. 우리의 접근 방식을 확장하는 것은 그러한 전환을 가능하게 하기 위해 민간 기관 내에 새로운 역량을 구축하는 것을 의미한다. 또는 대테러 진압과 같은 임무를 위해 개발된 군사 역량을 재활용하는 것을 의미할 수도 있다.

이러한 전략 체계에서 필수적인 것은 바로 민군 관계관, 즉 '특사'이다. 이들은 적절한 훈련과 준비를 거쳐야 하며, 정보, 외교, 경제, 정보, 군사적 수단을 하나의 현지 전략으로 통합할 수 있어야 한다. 본국의 전폭적인 지원과 권한을 부여받고, 특수 기금 및 틈새 역량을 활용할 수 있는 이들이 핵심적인 역할을 할 것이다. 이러한 특사들을 양성하려면 서방의 외교 서비스는 물론 군대에서도 사고방식의 전환이 필요할 것이다. 그러나 올바르게 구축된다면 이러한 시스템은 위기 및 전쟁 중에는 군 주도 작전으로, 그리고 분쟁 이전의 경쟁 상황에서는 민간 주도 활동으로 원활하게 전환할 수 있는 통합 팀을 만들어낼 수 있을 것이다.

과거에 이러한 변화가 일어나지 않았던 한 가지 이유는 원조 기관, 정보 기관, 외교 단체들이 일반적으로 규모가 매우 작았고, 이들은 압도적으로 거대한 인력과 장비 자산을 보유한 거대 군사 조직에 반복적으로 압도당해왔기 때문이다. 예를 들어, 내가 2006년과 2007년 이라크에 근무할 당시, 미 바그다드 임무단은 약 3,200명의 직원을 보유하고 있었다. 이 중 거의 3,000명(1,200명의 민간인 포함)이

군 관련 대테러 및 대반군 작전에 투입되었고, 실제로 이라크에 있는 외교관은 50명 미만에 불과했다. 냉전 종식 이후 많은 작전에서 우리 군은 이렇게 불균형하고 편향된 모습을 보여왔는데, 군이 민간 역량을 압도하면서 군인들은 작은 민간 기관의 부족한 부분을 메우느라 고충을 겪었고, 민간인들은 자신들의 전문성과 현지 지식이 저평가된다고 느꼈다.

비잔틴식 정책을 채택하여 저비용 및 장기 지속에 최적화된 소규모 작전을 강조하는 것은 다음과 같은 변화를 의미할 것이다. 즉 최대 가용 군사력을 배치하고 민간 기관이 이에 맞춰 규모를 확장하기를 기대하는 대신, 우리는 임무에 적합한 민-군 혼합으로 균형 잡힌 임무를 배치할 것이다. 이는 필연적으로 훨씬 더 작은 규모의 전방 배치 군사력을 의미하며, 군사력이 민간 요소에 맞춰 축소되는 형태가 될 것이다. 1970년대 오만, 1980년대 엘살바도르, 2001년 아프가니스탄, 2015-18년 시리아 등 역사적 사례들은 강력한 민간 구성 요소를 가진 소규모 임무가 그 규모에 비례하지 않는 성과를 달성할 수 있음을 보여준다. 설령 그러한 성과를 달성하지 못하더라도, 전방 병력 규모를 제한하는 것은 금전적, 인명적 비용을 크게 줄여, 작전이 너무 고비용화되거나 또는 정치적으로 너무 논란이 되어 지속 불가능해지기 전에 훨씬 더 오랫동안 계속될 수 있도록 할 것이다.

이제 이 글이 내가 이 책 전체에서 비판했던 영원한 전쟁을 계속하라는 주장으로 오해될까 봐 분명히 밝혀두고자 하는데, 이것은 9/11 테러 이후 우리가 시작했던 작전들처럼 멀리 떨어진 곳에서의 지속적인 점령 전쟁을 요구하는 것이 결코 아니다. 앞서 논의했듯이 호전적인 자유주의적 국제주의와 그에 따른 서방의 개입주의는 1990년대 이후 엄청나게 부정적인 결과를 낳았다. 설령 그렇지 않았더라도 이를 뒷받침했던 군사 지배 모델은 2003년 이후 그 효과를 상당 부분 상실했다. 오히려 이것은 근원에서부터 갈등을 막고, 위협을 미리 감지하며, 비용을 억제하고, 이를 통해 장기적인 문명 지속 가능성을 높이기 위해 영구적인 전방 주둔 정책의 일환으로 더 많은 민간 역량과 잠재적으로 훨씬 적은 군사 역량을 포함해야 한다는 주장이다. 전자적 연결성을 결합하여 일종의 '가상 영구 주둔' 형태를 만들어낸다면, 이는 우리 병력이 실제로 배치되어야 할 때에도 다시는 맹목적으로 투입될 필요가 없다는 것을 의미할 수 있을 것이다.

지속 가능성이 주는 이점은 실제로 상당할 수 있다. 한 가지 예를 들면, 2015년부터 2018년 말까지 시리아에서 진행된 전체 ISIS 소탕 작전 중 미군의 전투 사망자는 단 2명에 불과했다. 2019년 초에 4명이 추가로 사망하면서 2019년 4월 완료된 시리아 내 ISIS 영토의 완전한 파괴를 대가로 발생한 미군 전투 사망자는 총 6명에 그쳤다.[72] 물론 어떤 인명 손실이든 가슴 아픈 일이며 수많은 현지 파트너들과 수백만 명의 민간인들이 ISIS와의 싸움에서 비극적으로 죽거나 다치고, 혹은 피난을 떠났다. 하지만 이처럼 낮은 미군의 사망자 수는 이 분쟁을 서방 신문의 헤드라인에서 크게 벗어나게 했고, 그 정치적 지속 가능성을 높였다. 2016년 시리아 문제를 담당했던 한 동료의 말처럼, "오래갈 수도 있고, 크게 갈 수도 있지만, 둘 다 할 수는 없다." 비잔틴식 전략과 이를 뒷받침하는 군사 모델은 전자에 최적화될 것이다. 그러나 이것이 영원한 전쟁으로 돌아가자는 주장은 아니며, 오히려 앞에서 논의했던 역외 균형 전략에 따라, 우리는 우리의 이익에 직접적인 영향을 미치지 않는 한 분쟁을 피하고, 일련의 멀리 떨어진 선택적 전쟁에서 군사력을 소모하기보다는 군사력을 보존하고 증강하는 데 집중할 것이다.

이러한 전략의 마지막 2가지 측면은 특정 핵심 기술에서 선택적 우위를 유지하는 필요성과 적들에게 내부적인 도전을 주어 그들을 분산시키거나 상호 적대자로 바꾸는 필요성이다. 장기적인 지속 가능성 전략을 위한 선택적 기술은 기술적 우수성 그 자체보다는 단위 비용당 최대 기술적 지렛대에 최적화될 것이다. 이 원칙은 소수의 날아다니는 황금산 또는 그에 상응하는 지상 및 해상 플랫폼보다는 다수의 작고 비교적 저렴하며 다목적 플랫폼을 제안한다. 유인 항공기와 UAV를 포함한 공중 플랫폼은 장기적인 소규모 전략에 매우 중요하겠지만, 경제적 지속 가능성을 위해 신중하게 설계되고, 창의적으로 자금을 조달할 필요가 있다. 이는 해상에서도 마찬가지일 것인데, 예를 들어 소수의 매우 비싼 항공모함보다는 잠수함, 해군 특수부대, 그리고 다수의 대함 탄도미사일이 더 합리적일 수 있다. 소수의 비싼 탱크보다는 매우 많은 수의 발전된 휴대용 대장갑 무기가 더 합리적일 수 있다. 대부분의 서방 국가들에게 탄도미사일 방어 및 A2/AD 시스템은 공격용 미사일보다 더 현명하고 저렴할 수 있다. 그리고 특정 첨단 기술 삽입물, 예를 들어 인공지능이 명백한 예인데, 대부분의 응용 분야에서 야심찬 범용 AI보다는 좁은 범위의 시스템으로 탑재하는 것이 더 합리적일 수 있다.

이러한 방식으로 재정적, 인적 비용을 모두 통제하는 것은 우리가 적에게 대역폭 문제를 일으키는 데 도움이 될 것이다. 여기에는 많은 비용, 관심, 노력을 흡수하여 잠재적으로 적이 우리를 겨냥한 작전을 지연시키거나 다른 방향으로 돌릴 수 있는 내부적 도전 과제를 유발하는 것도 포함된다. 지금 당장 그러한 선택지를 자세히 검토할 수는 없지만, 이러한 작전들이 비잔틴식 전략에서 어떻게 작동할지 가설적으로 생각해 보는 것은 의미가 있을 것이다.

기나긴 황혼의 투쟁(THE LONG TWILIGHT STRUGGLE)

과연 방금 설명된 모델이 작동할까? 그리고 우리가 그것을 실행할 수 있을까? 만약 작동한다는 것이 현재 서방 군사 모델의 하락하는 효율성을 역전시키거나 미국의 패권을 영원히 보존한다는 의미라면, 답은 분명히 "아니다" 이다. 내가 이 책에서 설명했듯이, 냉전 종식부터 대략 2003년까지 존재했던 울시 시대의 안보 환경은 더 이상 존재하지 않는다. 2003년부터 2013년까지 우리는 울시 시대 이후의 환경에서 울시 시대 안보 모델을 고수했고, 그 대가로 영향력 상실, 제국의 과도한 확장, 그리고 연쇄적인 혼란이라는 대가를 치렀다. 2013년 이후 국가 경쟁자들, 즉 용들의 귀환은 우리 적들이 우리와 싸우는 법을 배웠다는 것을 명확히 보여주며, 냉전 이후 우리가 자랑하던 전장 지배력의 우월성을 점차 무효화하고 있다. 동시에, ISIS와 같이 국가처럼 싸우는 법을 배운 적들의 재등장은 두 종류의 적들이 우리에게 적응하면서도 서로에게서 배웠다는 것을 보여주었다.

새롭고 더 실행 가능한 군사 모델을 만드는 것만으로는 서방의 문제들이 저절로 해결되지 않을 것이다. 전략적 선택지들을 간략히 살펴보았듯이, 우리가 어떤 행동 방침을 선택하든 심각한 정치적, 재정적, 사회적 반대에 부딪힐 수 있다. 종합적으로 볼 때, 비잔틴식 전략은 성공할 가능성이 가장 높다고 생각한다. 여기서 성공이란 용인 가능한 후속 질서가 등장할 수 있도록 충분한 전략적 지연을 달성하는 것을 의미한다. 하지만 어떤 군사적 해결책도 우리의 주도권 상실을 초래한 문명적 · 문화적 긴장을 치유할 수 없으며, 또한 민주주의 사회에서 군인들이 당연히 정치인과 그들의 국민이 선출한 사람들의 영역에 속하는 문제들을 해결하려 해서는 안 된다. 오히려 이 새로운 환경에서 군사 사상가들의 필수적인 과제는 우리의 개념적 안락 지대에서 벗어나, 지난 25년간의 서방 지배와 그것이 우리의 적응력 있는 적들에게 미친 영향을 고려하며, 앞으로 다가올 기나긴 황혼의 투쟁에서 우리 사회가 진화하고 생존하는 데 도움이 될 실행 가능한 선택지들을 개발하는 것이다.

에필로그(Epilogue)

더 나은 평화?
(A Better Peace?)

버지니아주 노퍽, 2019년 4월 9일

1993년 2월, 내가 이 글을 시작하며 인용했던 증언을 했을 때 제임스 울시는 51세였다. 우리가 이 책의 초기 연구에 대해 논의하기 위해 처음 만났을 때 그는 72세였다. 내가 NATO 회의에서 그를 인터뷰하고 있을 때 그는 77세이며, 여전히 매우 날카롭고 솔직하며 미래 지향적이다.

CIA 국장 재임 시절, 제임스 울시는 클린턴 대통령과 유독 거리가 멀었다고 한다. 그는 대통령과 단독으로 만난 적이 없다고 전해지며, "백악관 잔디밭에 비행기를 추락시킨 남자를 기억하는가? 그게 바로 내가 클린턴 대통령을 만나기 위해 약속을 잡으려던 모습이었다"고 농담처럼 말하기도 했다.[1] 결국 그는 거의 10년 전에 시작된 러시아의 CIA 침투에 대한 책임을 지고 물러났다. 방첩 요원이었던 올드리치 에임스는 12명의 미국 요원들을 KGB에 넘겨 '재앙적이고 전례 없는 소련 정보원 손실'을 초래했다.[2] 에임스가 1985년부터 스파이 활동을 해왔고, CIA가 1989년부터 실패한 내부 첩자 수사를 진행했으며, 에임스를 밝혀낸 합동 수사가 1993년 3월 울시 국장 재임 시기에 시작되었음에도 불구하고, 그는 의회로부터 비난을 받고 1994년 12월 사임했다.[3] 그때쯤이면 소련은 이미 사라진 지 오래였다. 아이러니하게도 울시의 경력은 1993년 2월 그가 사망을 선언했던 바로 그 '용'의 마지막 여파, 즉 냉전의 여파 속에서 단축되었다.

따라서 울시는 보스니아의 확전, 코소보 전쟁, NATO 확장, 옛 소련의 혼란, 아프리카 내전과 라틴 아메리카의 마약 테러, 핵 확산, 초국가적 테러리즘의 부상,

그리고 1990년대 내내 이라크와의 반복된 충돌 등 자신이 예측했던 안보 환경이 전개되는 것을 정부 밖에서 지켜봤다. 전반적으로 돌이켜보면 그는 상황을 정확히 예측했다고 말할 수 있다. 그가 탈냉전 안보의 핵심이라고 지목했던 문제들은 올바른 것이었으며, 그의 예측과 거의 정확히 일치하게 전개되었다. 물론 그에게도 실수는 있었다. 가장 두드러진 것은 이라크 문제였다. 1998년 그는 사담 후세인 축출을 옹호하는 서한에 서명한 사람들 중 한 명이었고, 9/11 테러 다음 날 아침 CNN에 출연하여, 1993년 세계무역센터 테러와 1995년 오클라호마시티 폭탄 테러와 함께 9/11 테러의 배후로 이라크를 지목하고 사담에 대한 전쟁을 촉구한 최초의 인물 중 한 명이기도 했다.[4] 이 부분에서 그는 물론 틀렸을 뿐만 아니라, 궁극적으로 이라크 전쟁으로 이어진 당시 언론과 의회의 메아리 역할을 하는 데 기여했다. 이는 다시 미국의 군사력 약화를 가속화시켰고, 울시가 10년 전 그렇게 탁월하게 분석했던 탈냉전 시기 미국의 재래식 지배력이라는 안보 환경의 종말을 가져왔다.

그러나 울시가 다른 사람들과 달랐던 점은 바로 이라크 WMD에 대한 미국 정보기관의 결함을 기꺼이 인정하고, 그 함의를 숙고하며, 이라크에 발목 잡히는 것의 위험성을 빠르게 인지했다는 것이다. 특히 지난 10년간의 셰일 가스 혁명 이전까지 미국이 수입 석유에 의존했다는 점을 고려하면 더욱 그러했다. 그는 화석 연료에 반대하는 국가 안보론을 최초로 제기한 인물 중 한 명으로 석유 충격에 대한 미국의 전략적 취약성을 완화하고 중동 불안정의 전 세계적 영향을 줄이는 수단으로서 재생 에너지와 분산형 전력 생산으로의 전환을 주장했다.[5] 그는 투자자로서 말 그대로 태양광 발전 및 대체 에너지 분야에 투자하며 자신의 신념을 실천했다. 이후 그는 사이버 공격으로부터 전력망을 보호하고, 핵심 기반 시설 보호에 주력했으며, 전자기 펄스 무기와 태양 폭풍과 같은 자연재해에 대비하여 시스템을 강화하는 데 집중했는데, 이러한 자연재해는 적의 공격만큼이나 확실하게 전력망을 마비시킬 수 있기 때문이다.[6]

울시는 중국의 부상, 러시아의 회귀, 그리고 북한과 이란의 지역적 위협 등은 중요한 도전 과제이며, 이 중에서도 중국이 가장 큰 과제라고 생각했다. 하지만 그는 국내 정치적 양극화, 국가 기관에 대한 신뢰 붕괴, 그리고 권위주의적 포퓰리즘의 부상에 더 큰 우려를 표했다. 마찬가지로 스마트폰, 위성, GPS와 같이 쉽게 교란될 수 있는 현대 시스템에 대한 의존성뿐만 아니라, 기후 변화, 전염병, 경제적 혼란, 그리고 전력망 마비와 같은 취약점들 또한 군사적 적들 못지않게 그의 주요 관심사였다.

시스템 강화와 이중화는 우리가 현재 '회복탄력성'이라 부르는 개념의 구성 요소이다. 오늘날 울시는 외부 위협만큼이나 사회와 도시가 충격과 스트레스에 견디고 대응할 수 있게 하는 내부적인 강점에 중점을 두고 있다. 그리고 회복탄력성의 가장 중요한 측면 중 하나는 바로 적응이다. 이는 사회가 자연적 또는 인적 재해에 신속하게 대처하기 위해 적응적 자원을 즉각적으로 발휘해야 할 때뿐만 아니라, 충격과 충격 사이 즉, 혼란으로부터 배우고 미래의 취약성을 줄이기 위한 새로운 도구와 방법을 발전시키는 것이 핵심 역량이 될 때에도 마찬가지이다.

우리는 이 책에서 국가 및 비국가 적대자들이 어떻게 진화하고 탈냉전 이후 25년 동안 서방의 전쟁 방식에 어떻게 적응해왔는지 광범위하게 살펴보았다. 그 기간 동안 AQ, 헤즈볼라, 러시아, 중국, 이란, 북한의 사례 연구를 통해 서방 군사 방식의 효과가 점차 약화되고 있음이 분명히 드러났다. 하지만 마지막으로 언급할 한 가지 중요한 점이 있은 바로 울시가 최근 강조한 회복탄력성을 통해 명확해진 부분인데, 그것은 군대와 군사 시스템이 무엇을 위한 것인지 이해할 필요성이 있다는 것이다.

20세기 서부 전선의 전차전 개척자이자 군사 이론가였던 영국의 보병 장교, J. F. C. 풀러는 1926년에 "전쟁의 목적은 승리가 아니라 더 나은 평화"라고 썼다. 풀러는 클라우제비츠의 주장을 되풀이하며 전쟁의 목표는 국가 자유와 번영을 유지하는 정책을 강제하거나 수호하는 것이기 때문에 "군사적 성공은 수단으로서만 가치가 있으며, 그 자체로 목적이 아니다"라고 주장했다. 풀러는 "여기서 우리는 군사적 승리가 그 자체로 전쟁의 성공과 동등하지 않다는 것을 추론할 수 있다"고 말했다. 이를 다른 방식으로 표현할 수도 있다.[7] 군사적 방법이 그 자체로 목적이 되고, 전장에서의 승리가 유일한 존재 이유가 되며, 국가의 자유와 번영이라는 필요를 더 이상 지원하지 못하게 될 때, 그 군사적 방법은 지속 불가능하며 변화해야 한다.

군인들(또는 대중)이 생각할지라도, 서방 군사 방식의 목적은 끊임없이 전장에서 승리하는 것이 아니다. 또한 서방의 우위를 보존하는 것도 아니며, 서방의 우위 그 자체도 우리가 넓게 보아 서방 문명의 원칙이라고 부를 수 있는 것들을 따르는 국가들의 자유와 번영을 확보하기 위한 수단에 불과하다. 이러한 원칙에는 인권과 법치, 개인의 존엄과 재산 존중, 언론과 신념의 자유, 합리주의, 혁신, 과학적 발견, 그리고 시민의 의지와 이익에 부응하는 정부 형태가 포함된다. 이러한 원칙을 구현하는 사회에서 군사 시스템은 항상 위험하며, 그들이 방어하기 위해 설립된 바로 그 자유와 번영을 훼손하기 시작할 때에는 해로운 존재가 된다.

우리는 아직 목표에 도달하지 못했다. 하지만 냉전 이후 서방 군사력의 효율성 약화는 단순히 군사적인 중요성만을 가지는 것이 아니다. 오히려 이러한 비효율성 즉, 전장 승리를 전략적 성공으로 전환하거나 그 성공을 더 나은 평화로 이끌지 못하는 우리의 반복된 실패는 다음과 같은 문제들의 주요 원인이 되었다. 끝없이 이어지는, 결정적이지 못한 전쟁들은 우리의 에너지를 고갈시켰고, 그동안 우리의 경쟁자들은 번영했으며, 새로운 위협들이 나타나는 동안 우리를 붙들어 두었고, 전 세계적으로 내부 불안을 가중시켰다. 진화론적인 관점에서 볼 때, 우리의 현존하는 군사 모델은 비효율적일 뿐만 아니라 부적응적이다. 즉 우리의 접근 방식은 현재 환경에 너무나 부적합하여 적극적으로 우리에게 해를 끼치고 있다.

나는 이러한 도전에 대처하기 위한 몇 가지 선택지를 제시했다. 본질적으로 나의 제안은 역외 균형으로의 회귀인데, 이는 영구적인 점령 전쟁에서 벗어나고, 무력을 통해 경쟁국을 지배하거나 민주주의를 확산하려는 모든 시도를 중단하며, 대신 우리의 장기적인 생존력을 보존하고 방어하는 데 집중하는 것이다. 우리의 목표는 잠재적 적대국을 지배하기보다는 훨씬 더 온건해야 한다. 즉 그들이 우리를 지배하는 것을 막고, 이를 수용 가능하며 지속 가능한 장기적인 비용으로 달성하며, 우리 사회를 살 만한 곳으로 만드는 번영과 문명적 가치를 해치는 어떠한 행동도 피하는 것이다.

오바마 대통령과 트럼프 대통령 모두에게 공평하게 말하자면, 우리가 이미 상당 부분 진행 중인 점령 전쟁에서의 철수는 중요한 기회를 창출할 것이다. 이는 우리 사회의 회복탄력성에 집중하고, 가장 중요하게는 국내 정치적 화해를 이루는 데 도움이 될 것이다. 동시에 해외에서는 이전 장에서 논의된 비잔틴식 전략을 포함하여 소규모 방식을 사용하여 적대국에 대한 압박을 유지할 것이다. 궁극적으로 이러한 접근 방식은 적대국들이 우리의 생존과 성공에 유리한 진화적 경로를 택하도록 유도하여, 적응적 환경 자체를 뒤흔들 수도 있을 것이다.

하지만 이러한 종류의 개혁은 서방 사회의 선출된 지도자들과 시민들이 이렇게 얻은 숨 쉴 공간을 활용하여 어려운 작업을 수행할 때만 효과를 발휘할 수 있다. 즉 냉전 이후 25년간 우리가 무엇을 잘못했는지 인정하고, 우리의 방식이 지속 가능하며 국민들이 지지할 수 있는 미래 방향을 결정해야 한다. 우리가 더 나은 평화를 찾으려 한다면, 단순한 군사 현대화보다는 이러한 종류의 사회적 적응이 결정적인 요소가 될 것이다.

감사의 글(Acknowlegdement)

이 책의 완성을 위해 너무나 많은 분들이 다양한 방식으로 도움을 주셔서, 어디서부터 감사를 시작해야 할지 평소보다 더욱 어렵다. 그럼에도 불구하고 제임스 울시부터 시작하면, 그는 내가 만난 사람들 가운데서도 가장 바쁜 분 중 한 분이었지만, 수년 간격을 두고 2번에 걸쳐 긴 인터뷰를 허락해 주셨다. 내가 쓴 내용에 대해 검토를 요청하거나 영향을 주려고 하지 않으면서도 중요한 세부 사항들을 기꺼이 공유해 주었다. 나의 오랜 친구인 나디아 샤들로우는 울시를 소개해 주고 첫 만남을 주선해 주었다. 그보다 훨씬 더 중요하게도, 그녀의 훌륭한 저서 『전쟁과 통치의 기술: 전투 성공을 정치적 승리로 통합하기(War and the Art of Governance: Consolidating Combat Success into Political Victory)』는 전장 지배와 전쟁에서의 장기적 성공 간의 관계에 대한 나의 관점을 형성하는 데 큰 영향을 주었다.

런던 킹스 칼리지의 데이비드 베츠 교수는 '현대 세계의 전쟁 교수'라는 직함을 기쁘게 여기고 있으며, 열정적으로 그 직함에 부응했다. 그는 내게 군사 적응을 이해하는 방법으로 래프 사가린의 위기 상황 생태계 연구를 검토해야 한다는 매우 유용한 제안을 해주었고, 군사 시스템을 분석하는 방법으로서 국경 요새화에 대한 통찰력을 제공했다. 또한 킹스 칼리지의 로렌스 프리드먼 경은 여러 패널 토론과 대화 중에 냉전 및 탈냉전 전략에 대한 자신의 견해를 아낌없이 공유했다. 그의 최근 저서 『우크라이나와 전략의 기술(Ukraine and the Art of Strategy)』은 내 책의 러시아 관련 장에 영향을 주기에는 너무 늦게 출간되었지만, 출간되자마자 나는 내가 무엇을 놓쳤는지 확인하기 위해 열성적으로 그 책을 찾아 읽었다.

옥스퍼드 대학교의 '전쟁의 변화하는 성격 프로그램' 창립 책임자이자 제1차 세계대전 분야의 세계적인 권위자인 휴 스트라찬 교수는 지난 10년 넘게 내가 군사 적응에 대한 생각을 다듬는 데 매우 친절하게 도움을 주었다. 1914년부터 1918년까지 서부 전선에서의 군사 적응과 영국 및 영연방 군대 내 사회 학습에 대한 그의 아이디어는 이 책 전반에 반영되어 있다. 또한 그는 해군 전쟁 및 북극 지역에서의 몇몇 중요한 발전 방향에 대해서도 내게 조언해주었다.

스트라찬 교수의 옥스퍼드 동료인 롭 존슨 박사는 영국령 인도에서의 국경 전쟁에 대해 유용한 의견을 제시했고, 옥스퍼드 세인트 앤터니 칼리지의 도미닉 D. P. 존슨 교수를 소개해 주었는데, 도미닉 존슨 교수의 자연 선택을 불규칙 및 비대칭 전쟁에 적용한 연구는 비국가 행위자에 대한 나의 서술에 큰 영향을 미쳤다. 2018년 덴마크에서 여러 차례 대화를 나눈 마틴 반 크레벨트는 이러한 아이디어를 국가에 적용하는 방법뿐만 아니라 이스라엘 국방 사고의 진화에 대해 여러 아이디어를 제공했다.

저스틴 브롱크와 이고르 수탸긴의 러시아 지상군 현대화에 대한 연구는 물론, 잭 왓링과 피터 쿠엔틴의 러시아 정치 및 정보전에 관한 저술, 그리고 린다 로빈슨의 현대 정치전에 대한 폭넓은 연구는 이 책에 상당한 도움이 됐다. 키어 자일스는 여러 비공식 대화를 통해 러시아의 동기에 대한 내 이해를 재정립시켜 줬고, 내가 러시아 관련 장을 마무리하던 시점에 해당 주제에 대한 훌륭한 책을 출간하여 그를 광범위하게 인용할 수 있도록 매우 큰 도움을 주었다. 미국 유럽 육군 사령관을 역임했던 벤 호지스 중장은 NATO 접경 지역 및 동맹 내부에서의 러시아의 하이브리드 전술과 2017년 러시아의 주요 훈련 배경에 대한 이해를 돕는 데 도움을 주었다. 그가 은퇴 후 2018년에 발표한 폴란드 수와우키 회랑에 대한 분석은 중앙 유럽의 새로운 위협을 이해하려는 모든 이들에게 귀중한 자료이다. 수와우키 회랑은 중무장한 러시아 칼리닌그라드 역외 영토와 벨라루스 국경 사이의 40마일 간격으로, 냉전 시대의 풀다 갭(Fulda Gap)에 해당하는 현대판 지점이다. 벤 호지스 중장의 후임이자 아프가니스탄 시절부터 알던 오랜 친구인 크리스 카볼리 중장은 내가 러시아 관련 내용을 작업하는 동안 매우 유용한 의견을 제공해 줬다.

중국에 관해서는 나의 오랜 친구이자 저명한 중국 및 한국 전문가인 존 오웬스가 천안문 사태, PLA 현대화가 중국의 세계관에 미친 영향, 북한의 중국 및 러시아에 대한 태도, 그리고 인민무장경찰의 형성에 대한 몇 가지 중요한 아이디어를 주었다. 미 육군 전쟁 대학의 콘래드 크레인 교수는 한 자녀 정책과 PLA 내 외동아들의 확산이 중국의 사고방식에 미친 영향을 알려주었다. 나의 옛 박사 과정 지도 교수였던 뉴사우스웨일스 대학교의 칼라일 테이어 교수는 중국과 베트남 관계 및 1979년 중월 전쟁에 대한 몇몇 분석 글들을 공유했다. 그는 또한 1987년 학부 시절 정치학 교수로서 나에게 남중국해의 상호 연결된 안보 문제에 대해 처음으로 일깨워 주었는데, 안타깝게도 그 지역에 대한 그의 예측은 너무나 정확한 것으로 입증되었다.

아프리카에서 조나단 오펜하이머는 그의 브렌더스트 재단을 통해 동아프리카와 소말릴란드에서의 현장 연구를 아낌없이 후원했다. 덕분에 나는 이 지역들에서 중국의 확장을 직접적으로 관찰할 수 있었고, 지역의 회복탄력성과 경제 발전에 대한 특별히 유용한 통찰력을 얻을 수 있었다. 브렌더스트 재단을 이끌고 있는 그레그 밀스 박사는 내가 지부티에서 처음 만났던 분으로, 아프리카, 라틴 아메리카, 아프가니스탄에 대한 그의 연구는 그를 국가와 도시의 성공과 실패에 대한 선도적인 권위자로 만들었다. 그는 내게 자원 추출의 지정학, 몇몇 아프리카 국가들의 작동 방식, 사회적 회복탄력성의 본질, 그리고 아프리카 주요 지역의 역사를 이해하는 데 도움을 주었다. 나의 어리석은 질문과 간헐적인 소통을 참아준 그의 인내심과 의지는 여전히 나를 놀라게 한다.

이 책의 편집을 도와준 옥스퍼드 대학교 출판부의 데이비드 맥브라이드와 Hurst & Co.의 마이클 드와이어는 이 책이 완성되는 과정에서 발생한 지연과 우여곡절에 대해 그 누구보다도 관대했다. 내가 이 책을 1년 넘게 작업하던 중, 2014년 이라크와 시리아에서 발생한 ISIS의 급작스러운 출현은 나로 하여금 이 책을 잠시 접어두고 완전히 다른 책인 '피의 해'를 쓰도록 만들었기에, 이 책은 2015~2016년에 많은 노력이 필요했고, 이로 인해 이 책의 출간이 너무나 지연되어 우리 중 누구도 이 책이 완성되리라고는 예상치 못했을 것이라 확신한다. 이 원고의 여러 초고에 대한 그들의 도움과 온화한 비판은 내 문체를 다듬고 내 가정을 다시 생각하게 하는 데 큰 도움이 되었다. 또한 옥스퍼드에서 새라 루소는 지난 10년간 나를 추적하여 이상한 장소에서 보내는 이메일에 답장하게 만드는 뛰어난 기술의 전문가가 되었는데, 나는 그녀가 새로운 모험에서는 이러한 기술이 훨씬 덜 필요하기를 바란다. 스크라이브 북스의 헨리 로젠블룸은 내가 원고를 작업하는 동안 끝없이 인내심을 보여주었다. 비록 '피의 해'를 다른 멜버른 기반 출판사와 함께 작업하느라 지체했을 때 그가 충분히 좌절할 수도 있었지만 말이다. 나는 기다릴 만한 가치가 있는 결과가 나오길 바란다.

이러한 종류의 현장 연구에 기반한 책을 쓰면서 동시에 회사를 운영하는 것은 누구에게도 추천하지 않는다. 나는 그 점에서 엄청나게 운이 좋았는데, 'Caerus Associates 팀'은 ISIS의 진화와 이라크, 시리아, 리비아에서의 상황 전개에 대한 매우 귀중한 분석을 제공하여 2장과 3장을 구성하는 데 큰 영향을 미쳤다. 코르딜레라의 내 파트너들인 알렉스 케이스, 로만 오르티스, 고든 펜들턴은 내가 글을 쓰거나 현장 연구를 위해 장기간 자리를 비웠을 때에도 절대적으로 신뢰할 수 있었다. 우리 소규모 팀의 완전한 신뢰와 상호 존중 없이는 이 모든 것이 불가능했을 것이며, 그들에게 무한한 감사를 전한다. 로만의 유럽 및 동남아시아에 대한 연구, 고든의 도시화, 회복탄력성, 그리고 이 책의 핵심인 여러 지역 문제에 대한 연구, 그리고 짐 웨첼, 그레이엄 페어클로, 알렉스 케이스가 제시한 경계선 전쟁 모델에 대한 제안들은 엄청나게 도움이 되었다.

이 책이 ISIS 우회로 인해 다시 본 궤도로 돌아오기까지 고군분투하는 동안, 여러 기관에서 자금 지원, 연구 자료 접근, 멘토링, 또는 동료적 지원을 아끼지 않았다. 그중에서도 가장 중요한 곳은 워싱턴 D.C.의 뉴 아메리카 미래 전쟁 프로그램이었다. 또한 애리조나 주립대학교 정치 및 국제학부, 캔버라 뉴사우스웨일스 대학교 인문사회과학부, 런던의 왕립연합군사연구소도 큰 도움을 주었다. 특히 피터 버겐, 다니엘 로텐버그, 제프 쿠비악은 한없이 관대하고 더할 나위 없이 도움이 되는 존재였다.

이 책을 쓰는 데 가장 큰 도움을 주었던 분들 중 일부 즉, 노르웨이의 분석가들, 핀란드 보안 경찰, 소말릴란드의 한 정부 관료, 영국 해병대 장교 두 명, 현직 및 전직 CIA 요원 세 명, 중국 조직범죄 전문가, 러시아 안보 분석가, 그리고 노르웨이-러시아 국경의 쇠르바랑게르 주둔군 병사들은 놀라운 통찰력과 어떤 경우에는 훌륭한 환대를 제공했다. 하지만 아쉽게도 이름을 밝힐 수는 없지만, 나는 그분들이 나의 감사를 받아주기를 바란다. 늘 그렇듯이, 모든 오류, 누락 또는 잘못된 진술은 전적으로 나의 책임이다.

마침내 이 책이 끝났다는 안도감과 함께, 언제나처럼 나의 모든 사랑과 존경을 아내 재닌 데이비슨 박사에게 바친다. 그녀는 이 책의 많은 부분에서 나보다 기초 자료를 훨씬 더 잘 알고 있음에도 불구하고, 비판을 자제해주었다. 부모님인 존과 앤 킬컬렌은 이 책의 역사적, 문화적 측면에 대한 몇 가지 핵심적인 통찰력을 주셨고, 내가 이 책을 마무리하는 동안 은둔자처럼 행동했을 때도 너그러이 환대해주셨다. 나의 형제자매들과 그들의 멋진 가족들도 마찬가지였다. 마지막으로 중국어 발음과 철자를 이해하는 데 도움을 준 사랑하는 아들 해리에게 깊은 감사를 전하며, 이 책과 우리의 미래를 그에게 바친다.

미주

제1장

1 여기에 서술된 내용은 울시의 공개 증언, 저자가 2014년과 2015년에 울시와 주고받은 이메일 서신, 그리고 2015년과 2019년에 진행한 인터뷰에 근거한다.

2 Mark Bowden, *Black Hawk Down: A Story of Modern War* (New York: Atlantic Monthly Press, 1999).

3 United States Senate, *Hearing before the Select Committee on Intelligence of the United States Senate, One Hundred Third Congress, First Session, on Nomination of R. James Woolsey to Be Director of Central Intelligence, Tuesday, February 2, and Wednesday, February 3, 1993*, 76, https://www.intelligence.senate.gov/sites/default/files/hearings/103296.pdf.

4 Madeleine Albright, Madam Secretary: A Memoir (New York: Harper Perennial, 2003), 182.

5 다음을 참고. Gary Smith and St. John Kettle, eds., *Threats without Enemies: Rethinking Australia's Security* (Canberra: Pluto Press, 1992); and Loup Francart and Jean- Jacques Patry, *Mâitriser la violence: Un Option stratégique*, 2nd ed. (Paris: Economica, 2002).

6 이 장르와 관련한 최근의 자료로 다음을 참고. Robert L. Grenier, *88 Days to Kandahar: A CIA Diary* (New York: Simon & Shuster, 2015); and Douglas Laux and Ralph Pezzullo, Left of Boom: *How a Young CIA Case Officer Penetrated the Taliban and Al- Qaeda* (New York: St. Martin's Press, 2016), 89ff. CIA 비밀군대와 대테러추격팀과 관련해서는 다음을 참고. Julius Cavendish, "How the CIA Ran a Secret Army of 3,000 Assassins," Independent, 22 September 2010; and Mark Mazzetti and Dexter Filkins, "U.S. Military Seeks to Expand Raids in Pakistan," *New York Times*, 20 December 2010.

7 Ben Fenton, "Bin Laden 'Wanted to Behead the US Snake'," Telegraph, 8

February 2001, https://www.telegraph.co.uk/news/worldnews/middleeast/yemen/1321715/Bin-Laden- wanted-to-behead-the-US-snake.html.

8 President of the United States, *The National Security Strategy of the United States*, September 2002, https://www.state.gov/documents/organization/63562.pdf.

9 Ibid., 1-2.

10 다음을 참고. Mary Habeck, *Knowing the Enemy: Jihadist Ideology and the War on Terror* (New Haven, CT: Yale University Press, 2006).

11 107th Congress, Public Law 107- 40, *Joint Resolution, Authorization for Use of Military Force*, 18 September 2001, https://www.gpo.gov/fdsys/pkg/PLAW-107publ40/ pdf/ PLAW- 107publ40.pdf.

12 많은 사람이 9/11 이후 테러와의 전쟁을 '영원한 전쟁'이라 불렀지만, 그중 덱스터 필킨스의 설명이 가장 탁월한데, 이와 관련하여 다음을 참고. Filkins, *The Forever War: Dispatches from the War on Terror* (New York: Vintage, 2009).

13 Eric Schmitt, "Iraq- Bound Troops Confront Rumsfeld Over Lack of Armor," *New York Times*, 8 December 2004, http://www.nytimes.com/2004/12/08/international/middleeast/iraqbound-troops- confront-rumsfeld-over-lack-of.html.

14 2016년 M1A2 에이브럼스 전차의 대당 가격은 약 892만 달러로 추정되며, 2007년 성형작약탄(EFP)의 가격은 다음을 참고. Andrew Cockburn, "In Iraq, Anyone Can Make a Bomb," *Los Angeles Times*, 16 February 2007, http://www.latimes.com/news/la-oe-cockburn16feb16-story.html.

15 약 10년의 간격을 두고 아프가니스탄에서 발생한 두 사건이 이를 잘 보여준다. 하나는 2002년 3월 타쿠르 가르 전투 중 RPG에 맞아 추락한 CH-47 치누크 헬기 사건이며, 다른 하나는 2011년 8월 6일 와르닥 주에서 CH-47 '익스토션 원-세븐'이 격추되어 탑승했던 승무원과 해군 특수전팀 전원이 사망한 사건이다. 다음을 참고. Adam Geibel, "Operation Anaconda, Shah-i-Khot Valley, Afghanistan, 2-10 March 2002," *Military Review*, May-June 2002, 72-77; and Ed Darack, The Final Mission of Extortion 17: Special Ops, Helicopter Support, *SEAL Team Six and the Deadliest Day of the U.S. War in Afghanistan* (Washington, DC: Smithsonian Books, 2017).

16 Rudyard Kipling, "Arithmetic on the Frontier" (1886), in *Departmental Ditties and Other Verses*, http://www.kiplingsociety.co.uk/poems_arith.htm.

17 Neta C. Crawford, *Costs of War: U.S. Budgetary Costs of Wars Through 2016: $4.79Trillion and Counting* (Brown University: Watson Institute for International & Public Affairs, 2016), http://watson.brown.edu/costsofwar/files/cow/imce/papers/2016/Costs%20of%20War%20through%202016%20FINAL%20final%20v2.pdf.

18 다음을 참고. "Death Highway, Revisited," *Time*, 18 March 1991; and Carl Conetta, *The Wages of War: Iraqi Combatant and Noncombatant Fatalities in the 2003 Conflict, Research Monograph 8* (Washington, DC: Project on Defense Alternatives, 20 October 2003), app. 2, sec. 5, http://www.comw.org/pda/0310rm8ap2.html#5.%20The%20Highway(s)%20of.

19 Steven A. Bourque, *Jayhawk! The VII Corps in the Persian Gulf War* (Washington, DC: United States Army Center of Military History, 2002), 323–48.

20 아프가니스탄 내전이 마치 이라크 점령 이후에 발생한 것처럼 설명하는 것은 시대착오적으로 보일 수 있는데, 우리가 아프가니스탄을 이라크보다 18개월 먼저 침공했기 때문이다. 하지만 아프가니스탄 내전은 이라크 침공 훨씬 이후인 2004년 봄이 되어서야 본격적으로 시작되었다. The Quetta Shura, the Taliban group overseeing the insurgency, was not even formed until October 2003.

21 Robert Martinage, *Toward a New Offset Strategy: Exploiting U.S. Long–Term Advantages to Restore U.S. Global Power Projection Capability* (Washington, DC: Center for Strategic and Budgetary Analyses, 2014), http://csbaonline.org/uploads/documents/Offset– Strategy–Web.pdf.

22 울시와의 인터뷰 내용. 2 February 2015, Washington, DC.

23 Ibid.

24 "Address by the President of the Russian Federation," 18 March 2014, http://en.kremlin.ru/events/president/news/20603.

25 다음을 참고. Matt Potter, *Outlaws Inc.: Under the Radar and on the Black Market with the World's Most Dangerous Smugglers* (New York: Bloomsbury, 2011), 29ff.

26 Andrei Shleifer and Daniel Treisman, "A Normal Country: Russia After Communism," *Journal of Economic Perspectives* 19, no. 1 (Winter 2005): 151–74.

27 Peter Conradi, *Who Lost Russia? How the World Entered a New Cold War* (London: Oneworld, 2017), Kindle ed., locations 1390–93.

28 다음을 참고. Paul Beaver et al., "Race for Pristina," *Guardian*, 11 June 1999, https:// www.theguardian.com/ world/ 1999/ jun/ 12/ nicholaswatt; and BBC News, "Confrontation Over Pristina Airport," 9 March 2000, http://news.bbc.co.uk/2/hi/europe/671495.stm.

29 다음을 참고. Alexei G. Arbatov, *The Transformation of Russian Military Doctrine: Lessons Learned from Kosovo and Chechnya*, Marshall Center Papers no. 2 (Garmisch- Partenkirchen: George C. Marshall Center for European Security Studies, 2000), 17-19.

30 Associated Press, "Putin Suggested Russia Joining NATO to Clinton," 12 June 2017, http://www.thehindu.com/news/international/in-his-interview-with-oliver-stone-vladimir-putin-suggested-russia-joining-nato-to-bill-clinton/article18965562.ece.

31 Conradi, *Who Lost Russia?*, locations 2820-21.

32 Ibid.

33 Angela Stent, *The Limits of Partnership: U.S.- Russian Relations in the Twenty-First Century* (Princeton, NJ: Princeton University Press, 2015), 62.

34 협정에 관한 분석 내용은 다음을 참고. Harvey Cole, "The U.S.- Russia Agreement for Peaceful Nuclear Cooperation," NTI (Nuclear Threat Initiative), 22 June 2010, http://www.nti.org/analysis/articles/us-russian-peaceful-cooperation/.

35 Craig Whitlock, "'Reset' Sought on Relations with Russia, Biden Says," *Washington Post*, 8 February 2009, http://www.washingtonpost.com/wp-dyn/content/article/2009/02/07/AR2009020700756.html.

36 Paul Richter, "Hillary Clinton Meets with Russian Foreign Minister Sergei Lavrov," *Los Angeles Times*, 7 March 2009, http://articles.latimes.com/2009/mar/07/world/fg-clinton7.

37 U.S.-Russia Bilateral Presidential Commission, "2013 Joint Report," 4, https://2009 -2017.state.gov/documents/organization/219326.pdf.

38 Ibid., 33-34.

39 러시아 특수작전사령부(KSSO)는 2009년에 창설된 조직으로, 기존의 러시아 특수부대(스페츠나츠)와는 다르다. KSSO는 군 정보기관인 GRU나 민간 정보기관인 FSB, SVR이 통제해온 전통적인 스페츠나츠와 달리, 미국이나 영국 연방의 특수부대처럼

육군 본부의 직접적인 지휘를 받고, 이들은 습격, 비정규전, 해외 군사 지원과 같은 정예 군사 임무를 수행한다. 미국 특수작전부대와의 연합 훈련에 대해서는 다음을 참고. ibid. and David Majumdar, "Meet Russia's Very Own 'Delta Force,'" National Interest, 26 November 2018, https://nationalinterest.org/blog/buzz/meet-russias-very-own-delta-force-37147.

40 U.S.-Russia Bilateral Presidential Commission, *Fall Newsletter*, September-November 2013, 6, https://2009-2017.state.gov/documents/organization/219290.pdf.

41 Commission on Presidential Debates, Debate transcript, 22 October 2012, 6, http://www.debates.org/index.php?page=october-22-2012-the-third-obama-romney-presidential-debate.

42 공식 발표된 국내총생산을 경제 규모의 대략적인 지표로 삼을 때, 2017년 중국 경제는 1993년에 비해 약 20.7배 성장했다. 다음을 참고. National Bureau of Statistics of China, "National Accounts: Gross Domestic Product," *National Data*, http://data.stats.gov.cn/english/.

43 Dean Cheng, "Chinese Lessons from the Gulf Wars," in Andrew Scobell, David Lai, and Roy Kamphausen (eds.), *Chinese Lessons from Other People's Wars* (Carlisle, PA: United States Army War College, 2011), 153.

44 Arthur Waldron, foreword to Richard D. Fisher, *China's Military Modernization: Building for Regional and Global Reach* (Westport, CT: Praeger Security International, 2008), Kindle ed., locations 50-55.

45 Bonnie S. Glaser and Evan S. Medeiros, "The Changing Ecology of Policy-Making in China: The Ascension and Demise of the Theory of 'Peaceful Rise,'" *China Quarterly*, no. 190 (July 2007): 291-310.

46 Gilbert Rozman, *Chinese Strategic Thought Toward Asia* (London: Palgrave Macmillan, 2010), 65.

47 이에 대한 예는 다음을 참고. Lee Branstetter and Nicholas Lardy, *China's Embrace of Globalization*, NBER Working Paper no. 12373 (Cambridge, MA: National Bureau of Economic Research, 2006), http://www.nber.org/papers/w12373.pdf.

48 Arta Khakpour, Mohammad Mehdi Khorrami, and Shouleh Vatanabadi, *Moments of Silence: Authenticity in the Cultural Expressions of the Iran-Iraq War, 1980-*

1988 (New York: NYU Press, 2016), 2. However, note that the authenticity of the quote is disputed.

49 Joseph Kostiner, *Conflict and Cooperation in the Gulf Region* (Wiesbaden: VS Verlag für Sozialwissenschaften, 2009), 175.

50 Ibid.

51 Ibid.

52 이에 대한 간략한 설명은 다음을 참고. Ariana Rowberry, "Sixty Years of 'Atoms for Peace' and Iran's Nuclear Program," *Brookings* (blog), Brookings Institution, 18 December 2013,https://www.brookings.edu/blog/up-front/2013/12/18/sixty-years-of-atoms-for-peace-and-irans-nuclear-program/.

53 Farhad Rezaei, "The Islamic Revolution and the Bomb: Quran Meets Realism," in *Iran's Nuclear Program: A Study in Proliferation and Rollback* (London: Palgrave Macmillan, 2017), 13-34.

54 Shahram Chubin, "Iran's Strategic Environment and Nuclear Weapons," in Geoffrey Kemp (ed.), *Iran's Nuclear Weapons Options: Issues and Analysis* (Washington, DC: Nixon Center, 2001), 19.

55 Farhad Rezaei, "Khatami's Dialogue among Civilizations and the Nuclear 'Disappearance Act,'" in *Iran's Nuclear Program: A Study in Proliferation and Rollback* (London: Palgrave Macmillan, 2017), 78-118.

56 주요 사건의 간략한 설명에 대해서는 다음을 참고. David Reese, "North Korea's 'Nuclear Card,' " *Adelphi Papers*, 38, no. 323 (1998): 39-40. 이 활동에 대한 냉전 시대 기밀 해제 정보 보고서 2개(동일 사이트에 수십 개가 있음)를 보려면 다음을 참고. National Photographic Interpretation Center, *Sea Infiltration Facilities North Korea*, Photographic Intelligence Report PIR 020-70, April 1970, https://www.cia.gov/library/readingroom/docs/CIA-RDP78T05162A000100010077-6.pdf; and Central Intelligence Agency, *Terrorist Threats to the Seoul Olympics*, Intelligence Memorandum EAM88-2049/GIM88-2042, 1988,https://www.cia.gov/library/readingroom/document/cia-rdp90t00100r000201120001-7.

57 다음을 참고. Jae-Cheon Lim, *Leader Symbols and Personality Cult in North Korea: The Leader State, Advances in Korea Studies* (London: Routledge, 2015), 158-60; and Alexander V. Vorontsov, "North Korea's Military-First Policy: A Curse

or a Blessing?" *Brookings*, 26 May 2006, https://www.brookings.edu/opinions/north-koreas-military- first-policy-a-curse-or-a-blessing/.

58 James R. Woolsey, "Proliferation Threats of the 1990s," testimony before US Senate Committee on Governmental Affairs, 24 February 1993, quoted in Paul Kerr, Mary Beth Nikitin, and Steven Hildreth, *Iran-North Korea-Syria Ballistic Missile and Nuclear Cooperation* (Washington, DC: Congressional Research Service, 2016), 3n, https://crsreports.congress.gov/product/pdf/R/R43480.

59 David Sanger, "Missile Is Tested by North Korea," *New York Times*, 16 June 1993, https://www.nytimes.com/1993/06/13/world/missile-is-tested-by-north-koreans.html.

60 Michael Elleman, *Iran's Ballistic Missile Capabilities: A Net Assessment* (London: International Institute for Strategic Studies, 2010), 36.

61 2015년 평가에 따르면, 북한은 훌륭한 석유 및 가스 매장량을 보유하고 있으나 이를 개발한 적은 없다. 다음을 참고. Mike Rego, "North Korea: Hydrocarbon Exploration and Potential," *GEO Expro* 12, no. 4 (September 2015): 22-27, https://assets.geoexpro.com/uploads/6b0d8623-a955-496c-a3d8-53ecb6ac488b/GEO_ExPro_v12i4.pdf.

62 Jae-Bong Lee, "US Deployment of Nuclear Weapons in 1950s South Korea & North Korea's Nuclear Development: Toward Denuclearization of the Korean Peninsula," *Asia-Pacific Journal Japan Focus* 7, no. 3 (February 2009): 1-17, https://apjjf.org/-Lee-Jae-Bong/3053/article.html.

63 다음을 참고. Olli Heinonen, "North Korea's Nuclear Enrichment: Capabilities and Consequences," *38 North*, 22 June 2011, https://www.38north.org/2011/06/heinonen062211/.

64 Lee, "US Deployment of Nuclear Weapons," 12.

65 Joseph Bermudez, *Jane's Defence Weekly*, 10 April 1993, 20, 22, quoted in Center for Nonproliferation Studies, "Chronology of North Korea's Missile Trade and Developments: 1980-1989," Middlebury Institute of International Studies at Monterey,http://www.nonproliferation.org/chronology-of-north-koreas-missile-trade-and-developments-1990-1991/.

66 David E. Rosenbaum, "U.S. to Pull A-Bombs from South Korea," *New York*

Times, 20 October 1991, https://www.nytimes.com/1991/10/20/world/us-to-pull-abombs-from-south-korea.html.

67 이러한 심리 기조에 대한 추가적인 분석은 다음을 참고. Jacques E. C. Hymans, "North Korea's Nuclear Neurosis," *Bulletin of the Atomic Scientists* 63, no. 3 (May-June 2007): 44-74.

68 Steve Coll, "The Madman Theory of North Korea," *New Yorker*, 2 October 2017, https://www.newyorker.com/magazine/2017/10/02/the-madman-theory-of-north-korea.

69 David Albright and Christina Walrond, *North Korea's Estimated Stocks of Plutonium and Weapon-Grade Uranium* (Washington, DC: Institute for Science and *International Security*, August 2012), 13-21, http://isis-online.org/uploads/isis-reports/documents/dprk_fissile_material_production_16Aug2012.pdf.

70 Foreign Broadcast Information Service, "KCNA 'Detailed Report' Explains NPT Withdrawal," 22 January 2003, https://fas.org/nuke/guide/dprk/nuke/dprk012203.html.

71 다음을 참고. Korean Central News Agency, "DPRK FM on Its Stand to Suspend Its Participation in Six-Party Talks for Indefinite Period," 10 February 2005, https://web.archive.org/web/20090531175657/http://kcna.co.jp/item/2005/200502/news02/11.htm#1; and David Sanger, "North Koreans Say They Tested Nuclear Device," *New York Times*, 9 October 2006, https://www.nytimes.com/2006/10/09/world/asia/09korea.html.

72 다음을 참고. BBC News, "North Korea Nuclear Test: Hydrogen Bomb 'Missile-Ready,'" 3 September 2017, https://www.bbc.com/news/world-asia-41139445; Missile Threat, Center for Strategic and International Studies, "Hwasong-15/KN-22," https://missilethreat.csis.org/missile/hwasong-15-kn-22/; and Ruediger Frank, "Kim Jong Un's 2018 New Year's Speech: Self-Confidence After a Tough Year," *38 North*, 3 January 2018, https://www.38north.org/2018/01/rfrank010318/.

73 Frank, "Kim Jong Un's 2018 New Year's Speech."

제2장

1 이 사건은 유튜브가 존재하기 훨씬 이전에 발생했지만, 몇 년 후 누군가 이 영상을 동영상 공유 사이트에 올렸다. 다음을 참고. https://youtu.be/-vAByo1wvEg.

2 이 정의는 E. O. Wilson, *Sociobiology: The New Synthesis* (Cambridge, MA: Harvard University Press, 2000), 578 내용에서 각색되었다.

3 Stephen P. Rosen, *Winning the Next War: Innovation and the Modern Military* (Ithaca, NY: Cornell University Press, 1991).

4 이 개념들에 대한 비판적인 평가는 다음을 참고. Roman Kupriyanov and Renad Zhdanov, "The Eustress Concept: Problems and Outlooks," *World Journal of Medical Sciences* 11, no. 2 (2014): 179-85.

5 Roger A. Beaumont, *Military Elites: Special Fighting Units in the Modern World* (New York: Bobbs-Merrill, 1974).

6 Ibid., 173-74, 177-79.

7 Ibid., 179-81.

8 다음을 참고. T. R. Moreman, *The Army in India and the Development of Frontier Warfare, 1849-1947* (New York: Palgrave, 1998).

9 Robert Boyd and Peter J. Richerson, "Why Culture Is Common, but Cultural Evolution Is Rare," *Proceedings of the British Academy* 88 (1996): 77.

10 Esther Herrmann et al., "Humans Have Evolved Specialized Skills of Social Cognition: The Cultural Intelligence Hypothesis," *Science* 317, no. 5843 (7 September 2007): 1360-66.

11 Fiona M. Jordan et al., "Cultural Evolution of the Structure of Human Groups" in Peter J. Richerson and Morten H. Christiansen (eds.), *Cultural Evolution: Society, Technology, Language, and Religion* (Cambridge, MA: MIT Press, 2013), 101.

12 Ibid.

13 Ibid.

14 Ibid.

15 Ibid., 90.

16 R. I. M. Dunbar, "Gossip in Evolutionary Perspective," *Review of General Psychology* 8, no. 2 (2004): 100-110.

17 나는 여기서 '제도'라는 용어를 사회학적 의미로 사용했다. 이는 "사회생활에 안정

성과 의미를 부여하는 규제적, 규범적, 문화-인지적 요소들이 관련 활동 및 자원과 함께 어우러진 복합적이고 안정적인 일련의 행동 양식"을 의미한다. 다음을 참고. Richard Scott, *Institutions and Organizations*, 3rd ed. (Thousand Oaks, CA: Sage, 2008), 49.

18 이에 대한 예는 다음을 참고. Stefanie Hoss, "The Roman Military Belt: A Status Symbol and Object of Fashion," in Toby F. Martin and Rosie Weetch (eds.), *Dress and Society: Contributions from Archaeology* (Oxford: Oxbow Books, 2017), 94-113.

19 풍부한 문헌 중에서 2가지 예를 들자면 다음을 참고. Xurong Kong, "Military Uniform as a Fashion During the Cultural Revolution," *Intercultural Communication Studies* 17, no. 2 (2008), https://web.uri.edu/iaics/files/24-Xurong-Kong.pdf; and Megan Cipollini, *Dressed to Kill: How Military Style Has Invaded Fashion*, https://www.1stdibs.com/blogs/the-study/military-fashion/.

20 이 논쟁을 훌륭하게 보여주는 예시로는 다음을 참고. Steven Pinker, "The False Allure of Group Selection," *Edge*, 18 June 2012, https://www.edge.org/conversation/steven_pinker-the-false-allure-of-group-selection; and the replies by Peter J. Richerson, http://www.des.ucdavis.edu/faculty/Richerson/Comment%20on%20Pinker%20Edge%20essay.pdf, Peter Turchin, http://peterturchin.com/cliodynamica/steven-pinker-on-the-false-allure-of-group-selection/, and Andrew Gelman, http://andrewgelman.com/2012/07/12/steven-pinkers-unconvincing-debunking-of-group-selection/.

21 다음을 참고. General Sir Andrew Skeen, *Passing It On: Short Talks on Tribal Fighting on the North-West Frontier of India* (1932), ed. Lester Grau and Robert Baer (Fort Leavenworth, KS: Foreign Military Studies Office, 2010), 28.

22 이 문장은 진화 심리학자인 도널드 T. 캠벨이 1960년에 처음 기술한 '맹목적 변이와 선택적 보유' 모델을 더 넓은 범위에 적용한 사례이다. 이 모델은 원래 창의적 사고에 적용되었으나, 이후 인간 문화 진화의 다른 형태로 확장되었다. 다음을 참고. Donald T. Campbell, "Blind Variation and Selective Retention in Creative Thought as in Other Knowledge Processes," *Psychological Review*, no. 67 (1960): 380-400. 최근의 평가에 대해서는 다음을 참고. Dean Keith Simonton, "Creativity and Discovery as Blind Variation: Campbell's (1960) BVSR Model After the Half-

Century Mark," *Review of General Psychology* 15, no. 2 (2011): 158–74.

23 United Nations Security Council, *Fourth Report of the Analytical Support and Sanctions Monitoring Team Submitted Pursuant to Resolution 2082 (2012) Concerning the Taliban and Other Associated Individuals and Entities Constituting a Threat to the Peace, Stability and Security of Afghanistan*, 9 June 2014, 6, http://www.securitycouncilreport.org/atf/cf/%7B65BFCF9B-6D27-4E9C-8CD3-CF6E4FF96FF9%7D/s_2014_402.pdf.

24 아프가니스탄 예는 다음을 참고. David Kilcullen, *Blood Year: The Unraveling of Western Counterterrorism* (New York: Oxford University Press, 2016), Kindle ed., locations 3289–91.

25 다음을 참고. Lionel Beehner, "Iraq: Insurgents' Tactics," Council on Foreign Relations, 6 May 2005, https://www.cfr.org/backgrounder/iraq-insurgents-tactics.

26 United States Army, *Human Factors Considerations of Undergrounds in Insurgencies*, Department of the Army Pamphlet no. 500-104 (Washington, DC: Headquarters, Department of the Army, 1966), 290.

27 David J. Kilcullen, *Out of the Mountains: The Coming Age of the Urban Guerrilla* (New York: Oxford University Press, 2013), 105–6.

28 Jordan et al., 89.

29 세포의 종류와 크기, 그리고 여러 역사적 지하 조직의 비밀 행동 규칙에 대한 논의를 위해서는 다음을 참고. United States Army, *Human Factors Considerations of Undergrounds in Insurgencies*, 284–86, 288.

30 R. I. M. Dunbar, "Neocortex Size as a Constraint on Group Size in Primates," *Journal of Human Evolution* 22, no. 6 (1992): 469–73.

31 Robin I. M. Dunbar and Richard Sosis, "Optimising Human Community Sizes," *Evolution and Human Behavior* 39, no. 1 (January 2018): 106.

32 Ibid. 군대의 크기에 관해서는 다음을 참고. R. I. M. Dunbar, "Constraints on the Evolution of Social Institutions and Their Implications for Information Flow," *Journal of Institutional Economics* 7, no. 3 (Evolution of Institutions; September 2011): 345–71.

33 Dominic Johnson, "Darwinian Selection in Asymmetric Warfare: The Natural

Advantage of Insurgents and Terrorists," *Journal of the Washington Academy of Arts and Sciences* 95, no. 3 (Fall 2009): 89–112.

34 Rafe Sagarin, *Learning from the Octopus: How Secrets from Nature Can Help Us Fight Terrorist Attacks, Natural Disasters, and Disease* (New York: Basic Books, 2003), Kindle ed., 7–8. 사가린의 연구와 그것이 도미닉 존슨 등의 연구와 갖는 관련성을 알려준 런던 킹스 칼리지 전쟁학과 데이비드 베츠 교수에게 감사를 표한다.

35 적합성 지형의 개념은 논쟁의 여지가 있는데, 이에 대한 유용한 설명으로는 다음을 참고. Michael Dietrich and Robert Skipper, "A Shifting Terrain: A Brief History of the Adaptive Landscape," in Erik Svensson312 and Ryan Calsbeek (eds.), *The Adaptive Landscape in Evolutionary Biology* (New York: Oxford University Press, 2012), 3–14.

36 David Kilcullen, "Countering Global Insurgency" (2003), in *Counterinsurgency* (New York: Oxford University Press, 2010), 205.

37 Ibid.

38 개의 기원과 관련해서는 아직도 많은 논쟁이 있지만, 주요 가설은 크게 두 가지로 나뉜다. 다음을 참고. see Jun-Feng Pang et al., "mtDNA Data Indicate a Single Origin for Dogs South of Yangtze River, Less than 16,300 Years Ago, from Numerous Wolves," *Molecular Biology and Evolution* 26, no. 12 (1 December 2009): 2849–64; and Angela Perri, "A Wolf in Dog's Clothing: Initial Dog Domestication and Pleistocene Wolf Variation," *Journal of Archaeological Science*, no. 68 (April 2016): 1–4.

39 Charles Darwin, *The Origin of Species and the Voyage of the* Beagle (1859), introduction by Richard Dawkins (New York: Knopf, Everyman's Library, 2003), 560ff.

40 T. Ryan Gregory, "Artificial Selection and Domestication: Modern Lessons from Darwin's Enduring Analogy," *Evolution: Education and Outreach* 2, no. 1 (March 2009): 5–27.

41 Julian Davies and Dorothy Davies, "Origins and Evolution of Antibiotic Resistance," *Microbiology and Molecular Biology Reviews* 74, no. 3 (September 2010): 418, 423.

42 인구 생태학을 대테러 및 비정규전에 적용한 것에 대한 간결한 논의는 다음과 같

다. 다음을 참고. Dominic Johnson, *Evolutionary Models of Irregular Warfare*, research report, US Air Force Office of Scientific Research and US Office of Naval Research, 4 March 2013, www.dtic.mil/get-tr-doc/pdf?AD=ADA581874.

43 비전문가를 위한 포식자-피식자 모델에 대한 간결한 입문서는 다음과 같다. 다음을 참고. Frank Hoppensteadt, "Predator-Prey Model," *Scholarpedia* 1, no. 10 (2006): 1563, http://www.scholarpedia.org/article/Predator-prey_model.

44 다음을 참고. M. Beals, L. Gross, and S. Harrell, "Predator-Prey Dynamics: Lotka-Volterra," 1999, http://www.tiem.utk.edu/~gross/bioed/bealsmodules/predator-prey.html.

45 David Kilcullen, *The Accidental Guerrilla: Fighting Small Wars in the Midst of a Big One* (New York: Oxford University Press, 2009), 238-42.

46 다음을 참고. Laila Bokhari, *Waziristan: Impact on the Taliban Insurgency and the Stability of Pakistan* (Kjeller: Forsvarets Forskingsinstitutt [Norwegian Defence Research Establishment], 2006), FFI/RAPPORT-2006/02894, https://www.ffi.no/no/Rapporter/06-02894.pdf.

47 Ibid.

48 파키스탄에서는 부토 여사의 암살을 둘러싸고 여러 음모론이 제기되며 논란이 계속되고 있다. 여기에는 파르베즈 무샤라프 전 파키스탄 대통령을 비롯해 파키스탄군이 후보자를 보호하지 못했다는 비난도 포함된다. 그러나 가장 널리 받아들여지는 이론은 베이툴라 메수드가 이끄는 파키스탄 탈레반 운동에 암살의 책임이 있다는 것이다.

49 United States Department of State, *Designations of Tehrik-e Taliban Pakistan and Two Senior Leaders*, 1 September 2010, https://www.state.gov/j/ct/rls/other/des/266652.htm.

50 Ronen Bergman, *Rise and Kill First: The Secret History of Israel's Targeted Assassinations* (New York: Random House, 2018), Kindle ed., 539.

51 Ibid.

52 Ibid., 629-30.

53 Ibid.

54 Avraham Shalom, at 12:20-30 and 19:20-29 of Dror Moreh's film *The Gatekeepers*, Sony Pictures Classics, 2013.

55 2013년 칸다하르와 아사다바드 현지 장교들과의 토론 내용인데, 다음을 참고.

Lauren McNally and Marvin Weinbaum, *A Resilient Al Qaeda in Afghanistan and Pakistan* (Washington, DC: Middle East Institute, 2016), 5–6; and Catherine Putz, "Is Al Qaeda Back in Afghanistan?," *Diplomat*, 15 April 2016, https://thediplomat.com/2016/04/is-al-qaeda-back-in-afghanistan/.

56 CIA에 대한 설명은 다음 자료를 참조. CIA, Open Source Center, https://www.cia.gov/careers/games-information/view-our-advertising/pdf/OSC%20Insert.pdf.

57 Open Source Center, GMP2011050100003 Ansar al-Mujahidin Network in Arabic, 1 May 2011, article attributed to "Shinkai al-Najdi": "Petraeus and Panetta: Sign of a New Era in Facing Al-Qa'ida," posted by "Abu-Turab al-Said," unclassified document in the author's possession.

58 Ibid., 8.

59 Ibid., 4.

60 Ibid., 7–8.

61 Williamson Murray and Barry Watts, *Military Innovation in Peacetime* (Ohio State University, Merson Center, 1995), 2–3, http://indianstrategicknowledgeonline.com/web/MIilInnovPeace.pdf.

62 Ibid.

63 이러한 개념적 접근에 관한 논의는 다음을 참고. "Social Institutions," *Stanford Encyclopedia of Philosophy*, 2007, https://plato.stanford.edu/entries/social-institutions/.

64 Rosen, *Winning the Next War*.

제3장

1 원래의 개념에 대해서는 다음을 참고. Sewall Wright, "The Roles of Mutation, Inbreeding, Cross-Breeding and Selection in Evolution," in Donald F. Jones (ed.), *Proceedings of the Sixth International Congress of Genetics* (Austin: University of Texas, 1932; rpt. 1968), 356–66, http://www.esp.org/books/6th-congress/facsimile/contents/6th-cong-p356-wright.pdf. 이 개념을 활용한 전산 모델에 대해서는 다음을 참고. Stuart Kauffman and Sonke Johnsen, "Coevolution to the Edge of Chaos: Coupled Fitness Landscapes, Poised States, and Coevolutionary

Avalanches," *Journal of Theoretical Biology*, no. 149 (1991): 467-505, https://www.sccs.swarthmore.edu/users/08/bblonder/phys120/docs/kauffman.pdf.

2 Barrett Steinberg and Marc Ostermeier, "Environmental Changes Bridge Evolutionary Valleys," *Science Advances* 2, no. 1 (January 2016), https://www.ncbi.nlm.nih.gov/pmc/articles/PMC4737206/pdf/1500921.pdf.

3 Kauffman and Johnsen, "Coevolution to the Edge of Chaos."

4 세계화는 "상품, 사람, 돈, 기술, 아이디어, 문화가 국경을 넘어 더 자유롭게 이동하는 현상"을 의미하며, 이는 "서방 중심의 세계 문화, 상호 의존적인 세계 경제, 그리고 비즈니스, 정치, 지식인 엘리트로 이루어진 글로벌 공동체의 출현을 촉진했다"는 것을 의미한다. David Kilcullen, *The Accidental Guerrilla: Fighting Small Wars in the Midst of a Big One* (New York: Oxford University Press, 2009), 8.

5 Peter Grier, "April 15 1953: No US Ground Troop Has Been Killed in an Enemy Aircraft Attack Since the Korean War," in *Air Force Magazine*, June 2011, 54-57, http://www.airforcemag.com/MagazineArchive/Documents/2011/June%202011/0611april.pdf.

6 다음을 참고. Tyler Rogoway, "America's Startling Short-Range Air Defense Gap and How to Close It Fast," *Drive*, 9 August 2017, http://www.thedrive.com/the-war-zone/13284/americas-gaping-short-range-air-defense-gap-and-why-it-has-to-be-closed-immediately?iid=sr-link4; and Joseph Trevithick, "US Army Rushes to Add Hundreds of Stinger Missile Teams as Threat from Small Drones Evolves," *Drive*, 17 January 2018, http://www.thedrive.com/the-war-zone/17747/us-army-rushes-to-add-hundreds-of-stinger-missile-teams-as-threat-of-small-drones-evolves?iid=sr-link2.

7 William Harrell Jr., *Air Campaign Central Europe: Comparative Analysis between World War II and the Present, Air War College Research Report* ([Montgomery,] AL: Maxwell Air Force Base, 1989), 55-56, http://www.dtic.mil/dtic/tr/fulltext/u2/a217761.pdf.

8 David Lednicer and Adrian Camp, "US Air-to-Air Losses in the Vietnam War," revised 9 June 2002, http://myplace.frontier.com/~anneled/usloss.html.

9 Adolfo J. Fernandez, *Military Space Control: An Intuitive Analysis*, Air War College Research Report ([Montgomery,] AL: Maxwell Air Force Base, 2004), 12, http://

www.dtic.mil/dtic/tr/fulltext/u2/a434364.pdf.

10 다음을 참고. Andrew Davies, "Western Airpower and the Strikes in Iraq," *ASPI Strategist*(blog), 2004, https://www.aspistrategist.org.au/graph-of-the-week-western-airpower-and-the-strikes-in-iraq/.

11 Benjamin Lambeth, *Air Power against Terror: America's Conduct of Operation Enduring Freedom* (Santa Monica, CA: RAND Corporation, 2005), 247n2.

12 Ibid.

13 Missy Ryan and Loveday Morris, "When Air Power Works, and When It Doesn't: A Snapshot of U.S. Operations against the Islamic State," *Washington Post*, 20 December 2016, https://www.washingtonpost.com/news/checkpoint/wp/2016/12/20/when-air-power-works-and-when-it-doesnt/?utm_term=.f561982e04c7.

14 이것은 정교한 분석을 제공하려는 것이 아니라, 단순히 비교를 위한 측정치이다. 계산은 각 전역의 일평균 출격 횟수를 육지 면적으로 나누어, 제곱킬로미터당 일일 출격 횟수를 산출했다.

15 Eyal Weizmann, *Hollow Land: Israel's Architecture of Occupation* (London: Verso, 2007), 185-86.

16 이에 대한 냉전 후기 시각에 대해서는 다음을 참고. Lauren G. Mullenore, *The Future of the Joint Air Attack Team in the AirLand Battle*, Air War College Research Report ([Montgomery,] AL: Maxwell Air Force Base, 1989), http://www.dtic.mil/dtic/tr/fulltext/u2/a217470.pdf.

17 다음을 참고. Mike Benitez, "How Afghanistan Distorted Close Air Support and Why It Matters," *War on the Rocks*, 29 June 2016, https://warontherocks.com/2016/06/how-afghanistan-distorted-close-air-support-and-why-it-matters/.

18 Alexander A. Pikayev, "A Few Speculations on Russia's Deterrence Policy," in Ian Kenyon and John Simpson (eds.), *Deterrence and the New Global Security Environment* (London: Routledge, 2013), 101-2.

19 저자는 1985년부터 1988년까지 호주 육군사관학교에 다녔다. 유럽의 냉전 후기 긴장이 최고조에 달했던 시기였으며, 그 당시 그러한 훈련 영상들을 많이 접했다.

20 다음을 참고. Tom Clancy, *Red Storm Rising* (London: Penguin, 1986); and John

Rouch, *Hard Target*, book 4 of *The Zone* (London: Zebra Books, 1980), 그리고 그 시리즈의 후속 작들. 에드워드 흄 감독의 1983년 영화 '더 데이 애프터'에 대한 대중의 반응에 대해서는 다음을 참고. Hank Steuver, "Yes, 'The Day After' Really Was the Profound TV Moment 'The Americans' Makes It Out to Be," *Washington Post*, 11 May 2016.

21 William R. Hittinger, *Rules of Engagement as a Force Multiplier* (Quantico, VA: Command and Staff College, 2000), 28–29, http://smallwarsjournal.com/documents/hittinger.pdf.

22 Ibid.

23 다음을 참고. Department of Defense, *Conduct of the Persian Gulf War: Final Report to Congress* (Washington, DC: DOD, 1992), 130–33, http://www.dtic.mil/dtic/tr/fulltext/u2/a249270.pdf.

24 Colin H. Kahl, "How We Fight," *Foreign Affairs*, November–December 2006, 1, 4.

25 Ibid., 5–6.

26 Ibid., 8.

27 다음을 참고. Loch K. Johnson, "The Aspin–Brown Intelligence Inquiry: Behind the Closed Doors of a Blue Ribbon Commission," *Studies in Intelligence* 48, no. 3 (Spring 2004), https://www.cia.gov/library/center-for-the-study-of-intelligence/csipublications/csi-studies/studies/vol48no3/article01.html.

28 United States Government, *Report of the Commission on the Roles and Capabilities of the United States Intelligence Community*, 1996, chap. 2, https://fas.org/irp/offdocs/int006.html.

29 Ira Sager, "Before iPhone and Android Came Simon, the First Smartphone," *Bloomberg Business*, 29 June 2012, https://www.bloomberg.com/news/articles/2012-06-29/before-iphone-and-android-came-simon-the-first-smartphone.

30 Matthew M. Aid, "The Time of Troubles: The U.S. National Security Agency in the 21st Century," in Roger Z. George and Robert D. Kline (eds.), *Intelligence and the National Security Strategist: Enduring Issues and Challenges* (Oxford: Rowman & Littlefield, 2006), 192.

31 Ibid., 194.

32 Julian Sanchez, "What the Ashcroft 'Hospital Showdown' on NSA Spying Was All About," 29 July 2013, *Ars Technica*, July 2013, https://arstechnica.com/techpolicy/2013/07/what-the-ashcroft-hospital-showdown-on-nsa-spying-was-all-about/.

33 Michael T. Flynn, Matt Pottinger, and Paul D. Batchelor, *Fixing Intel: A Blueprint for Making Intelligence Relevant in Afghanistan* (Washington, DC: Center for a New American Security, 2010), 8.

34 Hannan Gefen, "Espionage in the Cyber Era," *Israel Defence*, 2 February 2014, http://www.israeldefense.co.il/en/content/espionage-cyber-era.

35 "Meet the CIA's Venture Capitalist," *Bloomberg Businessweek*, 9 May 2005, http://www.businessweek.com/stories/2005-05-09/meet-the-cias-venture-capitalist.

36 Google Blog, "Google Earth Downloaded More Than One Billion Times," 5 October 2011, https://maps.googleblog.com/2011/10/google-earth-downloaded-more-than-one.html.

37 European Global Navigation Satellite System Agency, *GNSS Market Report: Issue 5* (Luxembourg: European Union, 2017), 5.

38 Scott Pace et al., *The Global Positioning System: Assessing National Policies* (Santa Monica, CA: RAND Corporation, 1995), 246.

39 US Government, "Selective Availability," GPS.gov, https://www.gps.gov/systems/gps/modernization/sa/.

40 다음을 참고. https://www.gps.gov.

41 David Hambling, *Swarm Troopers: How Small Drones Will Conquer the World* (New York: Archangel Ink, 2015), 4.

42 다음을 참고. Liz Sly, "Who Is Attacking Russia's Bases in Syria? A New Mystery Emerges in the War," *Washington Post*, 10 January 2018, https://www.washingtonpost.com/world/who-is-attacking-russias-main-base-in-syria-a-nw-mystery-emerges-in-the-war/2018/01/09/4fdaea70-f48d-11e7-9af7-a50bc3300042_story.html?utm_term=.82074807908e.

43 National Academies of Sciences, Engineering and Medicine, *Counter-Unmanned Aircraft System (CUAS) Capability for Battalion-and-Below Operations: Abbreviated*

Version of a Restricted Report (Washington, DC: National Academies Press, 2018), 1.

44 Ibid.

45 Peter Bergen and Paul Cruickshank, "Revisiting the Early Al Qaeda: An Updated Account of Its Formative Years," *Studies in Conflict and Terrorism* 35, no. 1 (2012): 1–36.

46 다음을 참고. Fawaz Gerges, "The World According to ISIS," *Foreign Policy Journal*, 18 March 2016, https://www.foreignpolicyjournal.com/2016/03/18/the-world-according-to-isis/#_edn19.

47 Bill Roggio, "Shabaab Leader Recounts al Qaeda's Role in Somalia in the 1990s," *Long War Journal*, 31 December 2011.

48 Anne Stenersen, "Thirty Years After Its Foundation–Where Is al-Qaida Going?," *Perspectives on Terrorism* 11, no. 6 (December 2017): 5–16.

49 Sayyid Qutb, *Milestones* (1964) (New Delhi: Islamic Book Service, 2006).

50 이에 대한 한 예로 다음을 참고. Dale C. Eikmeier, "Qutbism: An Ideology of Islamic-Fascism," *Parameters*, Spring 2007, 85–98.

51 Vladimir Lenin, *What Is to Be Done?* (1902), trans. Tim Delaney, Marxists Internet Archive, 56, 97, https://www.marxists.org/archive/lenin/works/download/what-itd.pdf.

52 "US Informant Tells Court Bin Laden Ordered Attacks," *Irish Times*, 7 February 2001, https://www.irishtimes.com/news/us-informant-tells-court-bin-laden-ordered-attacks-1.373817.

53 Assaf Moghadam, *Top-Down and Bottom-Up Innovation in Terrorism: The Case of the 9/11 Attacks*, ICT Working Papers Series no. 18 (Herzliya, Israel: International Institute for Counterterrorism, 2013), 16.

54 Stimson Study Group on Counterterrorism Spending, *Protecting America While Promoting Efficiencies and Accountability* (Washington, DC: Stimson Center, 2018), 5.

55 Peter Bergen, "The Account of How We Nearly Caught Osama bin Laden in 2001," *New Republic*, 29 December 2009, https://newrepublic.com/article/72086/the-battle-tora-bora.

56 Moghadam, Top-Down and Bottom-Up Innovation.

57 Bergen, "How We Nearly Caught Osama bin Laden."

58 United States Senate, Committee on Foreign Relations, *Tora Bora Revisited: How We Failed to Get Bin Laden and Why It Matters Today* (Washington, DC: US Government Printing Office, 2009).

59 다음 섹션의 일부를 수정한 버전이 게재된 책은 다음을 참고. A modified version of parts of the following section was published in David Kilcullen, *Blood Year: The Unraveling of Western Counterterrorism* (New York: Oxford University Press, 2016), Kindle ed., locations 2226ff.

60 뭄바이 공격의 도심지 포위전 양상에 대한 논의는 다음을 참고. David Kilcullen, *Out of the Mountains: The Coming Age of the Urban Guerrilla* (London: Hurst; Oxford: Oxford University Press, 2013), 52-66.

61 David J. Goodman, "American Who Waged 'Media Jihad' Is Said to Be Killed in Awlaki Strike," *New York Times*, 30 September 2011, https://thelede.blogs.nytimes.com/2011/09/30/american-who-waged-media-jihad-is-said-to-be-killed-in-awlaki-strike/.

62 Louis Beam, "Leaderless Resistance" in *Seditionist*, issue 12, February 1992, http://www.louisbeam.com/leaderless.htm.

63 Louise Kelly and Christopher Booth, "Catastrophic Success," in *Dictionary of Strategy: Strategic Management, A-Z* (Thousand Oaks, CA: Sage, 2004), 20.

64 A portion of this section was previously published as "Al Qa'ida's Not Done with Us Yet," *Weekend Australian*, 10 August 2018.

65 Mary Anne Weaver, "The Short, Violent Life of Abu Musab al-Zarqawi," *Atlantic*, July-August 2006, https://www.theatlantic.com/magazine/archive/2006/07/the-short-violent-life-of-abu-musab-al-zarqawi/304983/.

66 사담의 전략적 오판에 관한 논의는 다음을 참고. Stephen Hosmer, *Why the Iraqi Resistance to the Coalition Invasion Was So Weak* (Santa Monica, CA: RAND, 2007), 15-26.

67 Charles Winslow, *Lebanon: War and Politics in a Fragmented Society* (London: Routledge, 1996).

68 Edna Bonacich, "A Theory of Middleman Minorities," *American Sociological Review* 38, no. 5 (October 1973): 583-94. 또한 다음을 참고. Walter P. Zenner, "Arabic-Speaking Immigrants in North America as Middleman Minorities," *Ethnic*

and Racial Studies 5, no. 4 (October 1982): 457–77; and Mara Leichtman, "The Legacy of Transnational Lives: Beyond the First Generation of Lebanese in Senegal," *Ethnic and Racial Studies* 25, no. 4 (October 2005): 663–86.

69 Shana Marshall, "Hizbollah: 1982–2009," in United States Army Special Operations Command, *Casebook on Insurgency and Revolutionary Warfare*, vol. 2: 1962–2009 (Fort Bragg, NC: USASOC, 2012), 529.

70 다음을 참고. Janet Klein, *The Margins of Empire: Kurdish Militias in the Ottoman Tribal Zone* (Stanford, CA: Stanford University Press, 2011); and Ussama Makdisi, *The Culture of Sectarianism: Community, History, and Violence in Nineteenth–Century Ottoman Lebanon* (Berkeley: University of California Press, 2000).

71 Ahmad Nizar Hamzeh, "Clientalism, Lebanon: Roots and Trends," *Middle Eastern Studies* 37, no. 3 (July 2001): 167–78.

72 Augustus R. Norton, *Hezbollah: A Short History*, 3rd ed., Princeton Studies in Muslim Politics (Princeton, NJ: Princeton University Press, 2018), 22.

73 Amal Saad–Ghorayeb, *Hizbullah: Politics and Religion* (Sterling, VA: Pluto Press), 11, quoted in Marshall, "Hizbollah: 1982–2009," 539n.

74 헤즈볼라의 창설과 발전에 대한 이란의 지원에 관한 기록은 다음을 참고. Nicholas Blanford, *Hezbollah's Evolution: From Lebanese Militia to Regional Player* (Washington, DC: Middle East Institute, 2017), https://www.mei.edu/sites/default/files/publications/PP4_Blanford_Hezbollah.pdf.

75 Marshall, "Hizbollah: 1982–2009," 541n.

76 Hamzeh, "Clientalism, Lebanon," 102.

77 Ibid., 544–45.

78 Ibid.

79 Kilcullen, *Out of the Mountains*, 142–44.

80 헤즈볼라의 공격 시간대에 대해서는 다음을 참고. United States Army, Training and Doctrine Command G2 ACE Threats Integration, "Threat Tactics Report: Hizballah," APAN, 2017, 12, https://community.apan.org/wg/tradoc-g2/ace-threats-integration/m/documents/211605.

81 폭탄 테러와 그 이후 상황에 대한 설명은 다음을 참고. David Martin and John Walcott, *Best–Laid Plans: The Inside Story of America's War against Terrorism* (New

York: Harper & Row, 1988); and Timothy Geraghty, *Peacekeepers at War: Beirut, 1983—The Marine Commander Tells His Story* (Washington, DC: Potomac Books, 2009).

82 Hala Jaber, *Hezbollah: Born with a Vengeance* (New York: Columbia University Press, 1997), 82.

83 Robert C. McFarlane, "From Beirut to 9/11," *New York Times*, 23 October 2008, https://www.nytimes.com/2008/10/23/opinion/23mcfarlane.html?_r=1&oref=slogin.

84 Marshall, "Hizbollah: 1982-2009," 550-51.

85 Jaber, *Hezbollah: Born with a Vengeance*, 28.

86 Joshua Gleis and Benedetta Berti, *Hezbollah and Hamas: A Comparative Study* (Baltimore: Johns Hopkins University Press, 2012), 64ff.

87 Ibid.

88 Hamzeh, "Clientalism, Lebanon," 112.

89 Norton, *Hezbollah: A Short History*, 102.

90 Marshall, "Hizbollah: 1982-2009," 548-50.

91 Nicholas Blanford, "The Quandary of an SLA Amnesty," *Daily Star*, 16 August 2005, 다음에서 인용됨. Marshall, "Hizbollah: 1982-2009," and http://www.dailystar.com.lb/Opinion/Commentary/2005/Aug-16/95688-the-quandary-of-an-sla-amnesty.ashx.

92 Iver Gabrielsen, "Hezbollah's Strategy and Tactics in the Security Zone from 1985 to 2000," *Small Wars Journal*, no. 35, n.d., http://smallwarsjournal.com/jrnl/art/hezbollahs-strategy-and-tactics-in-the-security-zone-from-1985-to-2000.

93 Ibid.

94 Marshall, "Hizbollah: 1982-2009," 551-52.

95 Ibid.

96 이 분쟁에 대한 상세한 분석은 다음을 참고. Andrew Exum, *Hizballah at War: A Military Assessment*, Policy Focus no. 63 (Washington, DC: Washington Institute for Near East Policy, December 2006).

97 Kilcullen, *Out of the Mountains*, 142-44.

98 다음을 참고. Andrew Chadwick, "The 2006 Lebanon War: A Short History, Part

II," *Small Wars Journal*, 12 September 2012, http://smallwarsjournal.com/jrnl/art/the-2006-lebanon-war-a-short-history-part-ii.

99 Bassem Mroue, "Hezbollah Chief Says Group Is Fighting in Syria," Associated Press, 25 May 2013, https://news.yahoo.com/hezbollah-chief-says-group-fighting-syria162721809.html.

100 Kilcullen, *Blood Year*, locations 1387-88, 2990-3001.

101 Colin Clarke and Chad Serena, "Hezbollah Is Winning the War in Syria," *National Interest*, 29 January 2017, https://nationalinterest.org/feature/hezbollah-winning-the-war-syria-19229.

102 Blanford, Hezbollah's Evolution, 1. 또한 다음을 참고. Mona Alami, "Hezbollah's Role in Syria Evolving as Assad Nears Victory," *al-Monitor*, 17 August 2018, https://www.almonitor.com/pulse/originals/2018/08/syria-assad-victory-lebanon-hezbolla-iran-russia.html; and Laila Bassam and Tom Perry, "Hezbollah Emerges a Winner from Mideast Turmoil, Alarming Foes," *Reuters*, 30 November 2017, https://www.reuters.com/article/us-mideast-crisis-hezbollah/hezbollah-emerges-a-winner-from-mideast-turmoil-alarming-foes-idUSKBN1DU10C.

103 다음을 참고. Mona Alami, "Hezbollah Enters Drone Age with Bombing Raids in Syria," *Middle East Eye*, 20 March 2017, https://www.middleeasteye.net/news/analysis-hezbollah-enters-new-war-use-armed-drones-syria-11412100. 또한 다음을 참고. Blanford, *Hezbollah's Evolution*, and Blanford, "Hezbollah Unveils Its Military Might in Syria," *Arab Weekly*, 20 November 2016, https://thearabweekly.com/hezbollah-unveils-its-military-might-syria.

104 Christopher Kozak, *"An Army in All Corners": Assad's Campaign Strategy in Syria*, Middle East Security Report no. 26 (Washington, DC: Institute for the Study of War, April 2015), 15-16.

제4장

1 달리 명시되지 않는 한, 이 장에 보고된 직접적인 관찰 내용은 노르웨이(2015년 5월과 2016년 9월-10월), 핀란드(2017년 9월), 그리고 덴마크(2018년 11월-12월) 등에서 현지 조사한 내용이다.

2 첩보 사건들에 대해서는 다음을 참고. Rick Noack, "All over Europe, Russian Spies Are Getting Busted," *Washington Post*, 24 September 2018, https://www.washingtonpost.com/world/2018/09/24/its-not-great-time-be-russian-spy-europe/; 그리고 러시아 내에서 발생했다고 알려진 노르웨이의 첩보 활동에 대해서는 다음을 참고. Reid Standish, "A New Cold Front in Russia's Information War," *Foreign Policy*, 3 October 2018, https://foreignpolicy. com/2018/10/03/the-new-cold-front-in-russias-information-war-nato-norway/. 노르웨이가 국경 병력을 증강하려는 움직임에 대해서는 다음을 참고. Thomas Nilsen, "Norway Creates New Army Unit on Border to Russia," *Barents Observer*, 17 June 2016, https://thebarentsobserver.com/en/security/2016/06/norway-creates-new-army-unit-border-russia; and Bård Wormdal and Julie Kristin Karlsen Groset, "Frykter at deler-av Finnmark kan bli okkupert av Russland," NRK Finnmark, 27 July 2017, https://www.nrk.no/finnmark/frykter-at-deler-av-finnmark-kan-bli-okkupert-av-russland-1.13574906. 미 해병대의 노르웨이 북부 배치에 대해서는 다음을 참고. Reuters, "Hundreds of U.S. Marines Land in Norway, Irking Russia," 16 January 2017, https://www.reuters.com/article/US-norway-usa-military-idUSKBN1501CD.

3 David Shlapak and Michael Johnson, *Reinforcing Deterrence on NATO's Eastern Flank: Wargaming the Defense of the Baltics* (Santa Monica, CA: RAND Corporation, 2016), 1, https://www.rand.org/pubs/research_reports/RR1253.html.

4 Bjørn Thomassen, "The Uses and Meanings of Liminality," *International Political Anthropology* 2, no. 1 (2009): 5-28.

5 다음을 참고. United States Special Operations Command, *White Paper: The Gray Zone* (2015), https://info.publicintelligence.net/USSOCOM-GrayZones.pdf.

6 노르웨이 북부의 파르티잔 그룹들에 대한 간략한 개요는 다음을 참고. Kåre Wahl, "Partisanene Sibblund Og Søderstrøm," 2002, http://nkpmn.org/Historiesidene/okkupasjonstida/WahlPartisan.html; and "Partisanen und Spione in Nord-Norwegen," http://www.71nord.de/NoNoPartisanen.html.

7 Thomas Alkärr, "Partisanene i Finnmark," NRK news, 10 December 2008, https://www.nrk.no/arkiv/artikkel/partisanene-i-finnmark-1.6346141.

8 그렌세 야콥스엘브 인근에서 순찰 중인 병력과 논의한 내용. Norway, 17 September

2016.

9 국방 정보국 관계자와의 인터뷰 내용. Oslo, 20 September 2016.

10 Liudmila Sorokina, *Managing Stereotypes About Russians in Northern Norway Through the Barents Regional Youth Programme* (master's thesis in peace and conflict transformation, University of Tromsø, 2012), 56-59. 또한 다음을 참고. Geir Hønneland, *Borderland Russians: Identity, Narrative, and International Relations* (London: Palgrave MacMillan, 2010), 65ff.; Professor Geir Hønneland, *Borderland Russians: Identity, Narrative and International Relations, Palgrave Studies in International Relations* (London: Palgrave Macmillan,2010), Kindle ed.

11 노르웨이 국경 부대 사령관과 논의한 내용. Kirkenes, 14 September 2016.

12 2017년 7월 기준 주류 가격 비교를 위해서는 다음을 참고. https://www.globalalcoholprices.com/alcohol_prices/; for comparative gasoline prices as of December 2018, https://www.globalpetrolprices.com/gasoline_prices/. 노르웨이에서 가장 흔한 승용차인 BMW 2 시리즈의 연료 탱크 용량은 13.7갤런이다.

13 Charles Maynes, "Refugees Choose Russia's Arctic as a Backdoor to Europe," *Voice of America News*, 31 October 2015, https://www.voanews.com/a/middle-eastern-refugees-choose-russia-arctic-to-europe/3030949.html.

14 Nick Gutteridge, "Fortress Europe: Now Baltic Countries Start Work on Huge Fence to Keep Out Migrant Influx," Express, 9 March 2016, https://www.express.co.uk/news/world/650923/EU-migrant-crisis-Baltic-Estonia-Latvia-Lituania-Russia-fence-refugees-Greece-Turkey.

15 Adam Taylor, "Finland Blocks Refugees from Cycling across Russian Border into Lapland," *Washington Post*, 28 December 2015, https://www.washingtonpost.com/news/worldviews/wp/2015/12/28/finland-blocks-refugees-from-cycling-across-russian-border-into-lapland/?utm_term=.16a07f89b8cb.

16 Øysteyn Bogen, "Norway: Exploiting the Balancing Acts," in Alina Polyakova, Flemming Splidsboel Hansen, Robert van der Noordaa, Øystein Bogen, and Henrik Sundbom, *The Kremlin's Trojan Horses 3.0* (Washington, DC: Atlantic Council, 2018), 17.

17 핀란드 정보경찰 관계자와 인터뷰한 내용이며, 또한 다음을 참고. also Øystein Bogen, *Russlands hemmelige krig mot Vesten* (Oslo: Kagge, 2018).

18 Bogen, "Norway: Exploiting the Balancing Acts."

19 다음을 참고. Sean Gallagher, "How Russia's 'Influence Operations' Targeted the Midterms (and How They Still Do)," *Ars Technica*, 22 October 2018, https://arstechnica.com/tech-policy/2018/10/how-russias-influence-operations-targeted-the-midterms-and-how-they-still-do/; and DFRLab, "#TrollTracker: Favorite Russian Troll Farm Sources," *Medium*, 20 October 2018, https://medium.com/dfrlab/trolltracker-favorite-russian-troll-farm-sources-48dc00cdeff. 또한 다음을 참고. Anton Shekhovtsov, *Russian Interference and Where to Find It* (Warsaw: European Platform for Democratic Elections, 2019), https://www.epde.org/en/news/details/new-epde-publication-russian-interference-and-where-to-find-it.html?file=files/EPDE/RESSOURCES/2019%20Publications/EPDE_bookA5_RusInterf_EN_D02.pdf.

20 여러 예시 중 하나로는 다음을 참고. United States Department of Justice *United States of America v. Internet Research Agency et al.*, grand jury indictment in the United States District Court for the District of Columbia, filed 16 February 2018, https://www.justice.gov/file/1035477/download.

21 GRU의 해킹 및 정보 공개 작전에 대해서는 다음을 참고. Special Counsel Robert S. Mueller III, *Report on the Investigation into Russian Interference in the 2016 Presidential Election* (Washington, DC: Department of Justice, 2019), 36-51, https://www.justice.gov/storage/report.pdf. 트럼프 캠프와 러시아 군사정보국의 상호작용과 관련된 수정된 내용은 51-56 페이지 내용을 참고.

22 Office of the Director of National Intelligence, "Assessing Russian Activities and Intentions in Recent US Elections, Intelligence Community Assessment" (2017), ii, https://www.dni.gov/files/documents/ICA_2017_01.pdf.

23 Ibid., 13.

24 Luke Harding and Alec Luhn, "Putin Says Russian Role in Election Hacking 'Theoretically Possible,'" *Guardian*, 1 June 2017, https://www.theguardian.com/world/2017/jun/01/putin-says-russian-role-in-election-hacking-theoretically-possible.

25 Mueller, *Report*, 36-51; 또한 다음을 참고. Federal Bureau of Investigation, *U.S. v. Elena Alekseevna Khusyaynova*, criminal complaint released 28 September 2018,

https://www.justice.gov/opa/press-release/file/1102316/download; and Robert S. Mueller, *U.S. v. Viktor Borisovich Netyksho*, et al., indictment dated 13 July 2018, https://en.wikisource.org/wiki/U.S._v._Viktor_Borisovich_Netyksho,_et_al.

26 Michael Schwirtz and Jose Bautista, "Poisoned Russian Ex-Spy Is Said to Have Worked with Spanish Intelligence," *New York Times*, 6 September 2018, https://www.nytimes.com/2018/09/06/world/europe/skripal-poison-russia-spy-spain.html.

27 영국 비밀정보국은 러시아가 MH-17기 격추를 부인한 것을 명백한 거짓말로 규정하며, "러시아군이 미사일 발사대를 공급했고 이후 회수했다는 사실을 합리적인 의심의 여지 없이 알고 있다"고 결론지었다. 다음을 참고. Intelligence and Security Committee of Parliament, *Annual Report*, 2016-17, https://assets.publishing.service.gov.uk/government/uploads/system/uploads/attachment_data/file/727949/ISC-Annual-Report-2016-17.pdf.

28 Svetlana Savranskaya and Tom Blanton, *NATO Expansion: What Gorbachev Heard—Declassified Documents Show Security Assurances against NATO Expansion to Soviet Leaders from Baker, Bush, Genscher, Kohl, Gates, Mitterrand, Thatcher, Hurd, Major, and Woerner*, Briefing Book no. 613 (Washington, DC: George Washington University National Security Archive, 12 December 2017), https://nsarchive.gwu.edu/briefing-book/russia-programs/2017-12-12/nato-expansion-what-gorbachev-heard-western-leaders-early#_edn1.

29 Ibid.

30 공식적인 러시아의 관점은 다음을 참고. RT News, "25 Years On: Failed Coup That Ended the Soviet Union," 19 August 2016, part 1, https://www.rt.com/news/356469-ussr-coup-1991-gorbachev/, and part 2, https://www.rt.com/news/356579-ussr-coup-august-yeltsin/.

31 Savranskaya and Blanton, *NATO Expansion: What Gorbachev Heard*.

32 Svetlana Savranskaya and Tom Blanton, *NATO Expansion: What Yeltsin Heard—Russian President Led to Believe Partnership for Peace Was Alternative to Expanded NATO*, Briefing Book no. 621 (Washington, DC: George Washington University National Security Archive, 16 March 2018), https://nsarchive.gwu.edu/briefing-book/russia-programs/2018-03-16/nato-expansion-what-yeltsin-heard.

33 Central Intelligence Agency, "Reorganization of Soviet Ground Forces in East Germany," intelligence assessment, August 1983, declassified 18 June 2012, www.cia.gov/library/readingroom/docs/1983-08-01b.pdf.

34 삭스의 역할에 대한 평가는 다음을 참고. Janine B. Wedel, "The Harvard Boys Do Russia," *Nation*, 14 May 1998, https://www.thenation.com/article/harvard-boys-do-russia/; and Peter Passell, "Dr. Jeffrey Sachs, Shock Therapist," *New York Times*, 27 June 1993. 삭스의 개인적인 해석에 대해서는 다음을 참고. Jeffrey Sachs, "What I Did in Russia," 14 March 2012, http://jeffsachs.org/2012/03/what-i-did-in-russia/; and 빌 브라우더가 러시아 정부 자산의 부패한 염가 매각에 대해 쓴 내용은 다음을 참고. Bill Browder, *Red Notice: A True Story of High Finance, Murder, and One Man's Fight for Justice* (New York: Simon & Schuster, 2015), 59-70.

35 수치들은 다음을 참고. Markar Melkonian, "US Meddling in 1996 Russian Elections in Support of Boris Yeltsin," *Global Research*, 11 November 2017, https://www.globalresearch.ca/us-meddling-in-1996-russian-elections-in-support-of-boris-yeltsin/5568288.

36 Ben Mezrich, *Once Upon a Time in Russia: The Rise of the Oligarchs* (New York: Atria, 2015), Kindle ed., locations 1337-41. 또한 다음을 참고. "Oleg Deripaska and the Russian Aluminium Wars," *European CEO*, 24 January 2012, https://www.europeanceo.com/profiles/oleg-deripaska-and-the-russian-aluminium-wars/, and Zita Whalley, "Yekaterinburg's Mafia Gang Warfare of the 1990s," *Culture Trip*, 16 October 2017, https://theculturetrip.com/europe/russia/articles/yekaterinburgs-mafia-gang-warfare-of-the-1990s/.

37 Barry Newman, "A Cold Shoulder for Cold-War Vets," *Wall Street Journal*, 12 November 2012, https://www.wsj.com/articles/SB10001424052970203846804578103272647950486.

38 David Satter, "Boris Yeltsin," Hudson Institute, 24 April 2007, https://www.hudson.org/research/4893-boris-yeltsin.

39 Browder, *Red Notice*, 87.

40 Ibid.

41 Peter Beinart, "The U.S. Needs to Face Up to Its Long History of Election Meddling,"

Atlantic, 22 July 2018, https://www.theatlantic.com/ideas/archive/2018/07/the-us-has-a-long-history-of-election-meddling/565538/.

42 Eleanor Randolph, "Americans Claim Role in Yeltsin Win: Consultants Say They Spent Months in Moscow Secretly Devising U.S.-Style Strategy," *Los Angeles Times*, 9 July 1996, http://articles.latimes.com/1996-07-09/news/mn-22423_1_boris-yeltsin.

43 최근 러시아의 노력에 대해 비판적인 분석에 대해서는 다음을 참고. Douglas Murray, "Snowplow Politics," National Review, 10 January 2019; 반대 의견에 대해서는 다음을 참고. Rick Noack, "Everything We Know About Russian Election Meddling in Europe," *Washington Post*, 10 January 2018.

44 Mikhail Barabanov, "Hard Lessons Learned: Russian Military Reform up to the Georgian Conflict," in Colby Howard and Ruslan Pukhov (eds.), *Brothers Armed: Military Aspects of the Crisis in Ukraine* (Moscow: Center for Analysis of Strategies and Technologies, East View Press, 2014), Kindle ed., locations 1716-45.

45 Defense Intelligence Agency, *Russia Military Power: Building a Military to Support Great Power Aspirations* (Washington, DC: DIA, 2017), http://www.dia.mil/Portals/27/Documents/News/Military%20Power%20Publications/Russia%20.Military%20Power%20Report%202017.pdf?ver=2017-06-28-144235-937.

46 Dale Herspring, "Russian Nuclear and Conventional Weapons: The Broken Relationship," in Stephen J. Blank (ed.), *Russian Nuclear Weapons: Past, Present and Future* (Carlisle, PA: United States Army War College, 2011), 5-6.

47 Barabanov, "Hard Lessons Learned," location 1848.

48 Olga Oliker, *Russia's Chechen Wars, 1994-2000: Lessons for Urban Combat* (Santa Monica, CA: RAND Corporation, 2001), 13-14.

49 이 분쟁과 그것이 우크라이나 해군 창설에 미친 영향에 대한 자세한 내용은 다음을 참고. "Ukrainian Naval History," https://www.globalsecurity.org/military/world/ukraine/vms-hist.htm.

50 Los Angeles Times, "Only 5 States Now Favor Combined Armed Forces, Ukraine Seeks Fleet, Creation of Own Army," *Baltimore Sun*, 5 January 1992, https://www.baltimoresun.com/news/bs-xpm-1992-01-05-1992005013-story.html.

51 Matt Potter, *Outlaws Inc.: Under the Radar and on the Black Market with the*

World's Most Dangerous Smugglers (London: Bloomsbury, 2011), 28–29.

52 Ibid.

53 벨그라드 대사관 폭발에 대해서는 다음을 참고. Kyle Mizokami, "In 1999, America Destroyed China's Embassy in Belgrade (and Many Chinese Think It Was On Purpose)," National Interest, 21 January 2017, https://nationalinterest.org/blog/the-buzz/1999-america-destroyed-chinas-embassy-belgrade-many-chinese-19124; 크라이나 지역에 MPRI가 개입한 사실(그리고 그에 따른 소송)에 대해서는 다음을 참고. Courthouse News Service, "U.S. Mercenaries Accused of Abetting Genocide," 18 August 2010, https://www.courthousenews.com/u-s-mercenaries-accused-of-abetting-genocide/.

54 다음을 참고. Charles K. Bartles, "Getting Gerasimov Right," *Military Review*, January–February 2016, 32, https://usacac.army.mil/CAC2/MilitaryReview/Archives/English/MilitaryReview_20160228_art009.pdf.

55 BBC News, *Timeline: NATO*, 21 February 2012, http://news.bbc.co.uk/1/hi/world/europe/country_profiles/1543000.stm.

56 Ibid.

57 Ministry of Foreign Affairs of the Republic of Latvia, "Baltic States' Peacekeeping Battalion to Mark 7th Anniversary," 24 March 2004, https://www.mfa.gov.lv/en/news/latest-news/newsletters/1114-baltic-states-peacekeeping-battalion-to-mark-7th-anniversary-bns. 또한 다음을 참고. T. D. Møller, "BALTBAT: Lessons Learned and the Way Ahead," *Baltic Defence Review*, no. 3 (2000): 38–42, http://www.bdcol.ee/files/docs/bdreview/04bdr100.pdf.

58 BBC News, *Timeline: NATO*.

59 이러한 틀을 제시해 준 것에 대해 친구이자 통찰력 있는 오랜 러시아 전문가인 드미트리 클리멘코에게 감사를 전한다.

60 George Kennan, *The Chargé in the Soviet Union (Kennan) to the Secretary of State*, 861.00/2-2246: telegram, Moscow, 22 February 1946 (the "long telegram"), https://nsarchive2.gwu.edu/coldwar/documents/episode-1/kennan.htm.

61 Keir Giles, *Moscow Rules, Chatham House Insights Series* (New York: Brookings Institution Press, 2019), Kindle ed., location 26.

62 Ibid., location 36.

63 Alexander Dugin, *Last War of the World–Island: The Geopolitics of Contemporary Russia* (London: Arktos, 2015), Kindle ed., location 161ff.

64 다음을 참고. Catherine A. Fitzpatrick, "Is Colonel Strelkov Making a Comeback or Has He Been Tamed?" *Interpreter*, 2 September 2014, http://www.interpretermag.com/is-colonel-strelkov-making-a-comeback-or-has-he-been-tamed/, and "Главарем диверсантів на Сході Україини виявився спецназівець із Росії-СБУ" [Leader of saboteurs in eastern Ukraine was Spetsnaz agent from Russia–SBU], TSN Network, 15 April 2014, https://tsn.ua/politika/glavarem-diversantiv-na-shodi-ukrayini-viyavivsya-specnazivec-iz-rosiyi-sbu-345381.html.

65 다음을 참고. Fitzpatrick, "Colonel Strelkov".

66 다음을 참고. Marlene Laruelle, *The "Russian World": Russia's Soft Power and Geopolitical Imagination* (Washington, DC: Center on Global Interests, 2015), http://globalinterests.org/wp-content/uploads/2015/05/FINAL-CGI_Russian-World_Marlene-Laruelle.pdf.

67 이 개념에 대한 해설은 다음을 참고. Giles, *Moscow Rules*, 26.

68 Igor Zevelev, "The Russian World in Moscow's Strategy," Center for Strategic & International Studies, 22 August 2016, https://www.csis.org/analysis/russian-world-moscows-strategy.

69 Otto Büsch, *Das 19. Jahrhundert und Große Themen der Geschichte Preußens (Handbuch Der Preussischen Geschichte)* (Berlin: de Gruyter, 1992), 26–57.

70 Edward M. Spiers, *The Late Victorian Army, 1868-1902* (New York: Manchester University Press, 1992), 23ff., 272–73.

71 Heinz Guderian, *Achtung–Panzer! The Development of Tank Warfare (1937), trans. Christopher Duffy* (London: Cassell, 1999), Kindle ed., locations 868ff.

72 Ibid., esp. locations 4166ff.

73 David Dexter, *The New Guinea Offensives (Australia in the War of 1939-45)* (Canberra: Australian War Memorial, 1961), 228–29, 242.

74 Michael Bottoms, "SOF History: Tragedy of Desert One Creates the Four Tribes of U.S. Special Operations Command," *NewsRep*, 15 January 2016, https://thenewsrep.com/46167/sof-history-tragedy-of-desert-one-creates-the-four-tribes-of-u-s-special-operations-command/.

75 Dominic Johnson, "Darwinian Selection in Asymmetric Warfare: The Natural Advantage of Insurgents and Terrorists," *Journal of the Washington Academy of Arts and Sciences* 95, no. 3 (2009): 89–112, at 89.

76 Ibid.

77 Barabanov, "Hard Lessons Learned," location 1768.

78 이러한 진화에 대한 설명은 다음을 참고. Oliker, *Russia's Chechen Wars*.

79 이 통찰에 대해 왕립 국제 문제 연구소의 키어 자일스에게 감사를 전한다.

80 다음을 참고. Robert Moore, *A Time to Die: The Untold Story of the Kursk Tragedy* (New York: Three Rivers Press, 2004).

81 Herspring, "Russian Nuclear and Conventional Weapons," 3.

82 Central Intelligence Agency, *Evidence of Russian Development of New Subkiloton Nuclear Warheads [redacted]*, Intelligence Memorandum, declassified 2005, https://www.cia.gov/library/readingroom/docs/DOC_0001260463.pdf.

83 다음을 참고. Mark B. Schneider, "Escalate to De-Escalate," *Proceedings*, vol. 143/2/1,368, February 2017, https://www.usni.org/magazines/proceedings/2017-02/escalate-de-escalate.

84 이에 대한 예는 다음을 참고. Sam Heller, "Russia Is in Charge in Syria: How Moscow Took Control of the Battlefield and Negotiating Table," *War on the Rocks*, 28 June 2016, https://warontherocks.com/2016/06/russia-is-in-charge-in-syria-how-moscow-took-control-of-the-battlefield-and-negotiating-table/; and Mathieu Boulègue, "Five Things to Know About the Zapad-17 Military Exercise," Chatham House, 25 September 2017, https://www.chathamhouse.org/expert/comment/five-things-know-about-zapad-2017-military-exercise.

85 Defense Intelligence Agency, *Global Nuclear Landscape, 2018*, open source intelligence assessment (Washington, DC: DIA, 2018), 10.

86 다음을 참고. Jay Ross, "Time to Terminate Escalate to De-Escalate: It's Escalation Control," *War on the Rocks*, 24 April 2018, https://warontherocks.com/2018/04/time-to-terminate-escalate-to-de-escalateits-escalation-control/.

87 Ibid.

88 다음을 참고. Lyle J. Goldstein, "What Russia's Vostok-18 Exercise with China Means," *National Interest*, 5 September 2018, https://nationalinterest.org/feature/

what-russias-vostok-18-exercise-china-means-30577; and Minnie Chan, "Vostok 2018 War Games: China's Chance to Learn Russia's Military Lessons from Syria," South China Morning Post, 29 August 2018, https://www.scmp.com/news/china/diplomacy-defence/article/2161909/vostok-2018-war-games-chinas-chance-learn-russias.

89 다음을 참고. Georgii Samoilovich Isserson, *The Evolution of Operational Art* (1936), trans. Bruce W. Menning (Fort Leavenworth, KS: United States Army Combat Analysis Center, 2013), 80-81, 99-102.

90 Ibid., 99-102.

91 많은 사례 중 2개의 예로 다음을 참고. Andrew Roth, "Putin Threatens Arms Race If US Dumps Nuclear Treaty," *Guardian*, 5 December 2018, https://www.theguardian.com/world/2018/dec/05/putin-threatens-arms-race-if-us-dumps-nuclear-treaty; and Adam Withnall, "Russia Threatens Denmark with Nuclear Weapons if It Tries to Join Nato Defence Shield," *Independent*, 22 March 2015, https://www.independent.co.uk/news/world/europe/russia-threatens-denm... uclear-weapons-if-it-tries-to-join-nato-defence-shield-10125529.html.

92 Central Intelligence Agency, *Foreign Missile Developments and the Ballistic Missile Threat Through 2015: Unclassified Summary of a National Intelligence Estimate* (December 2001), 3, https://www.dni.gov/files/documents/missilethreat_2001.pdf.

93 다음을 참고. Shaan Shaikh, "Russia Conducts Second Sarmat ICBM Test Launch," Missile Threat, Center for Strategic and International Studies, 30 March 2018, last modified 15 June 2018, https://missilethreat.csis.org/russia-conducts-second-sarmat-icbm-test-launch/; and Missile Defense Project, "Russia Test Fires Topol ICBM," Missile Threat, Center for Strategic and International Studies, 2 January 2018, last modified 15 June 2018, https://missilethreat.csis.org/russia-test-fires-topol-icbm/.

94 러시아 국방부가 해당 무기에 관해 공개한 영상에 대해서는 다음을 참고. https://youtu.be/LY99w6Xu4XU. 미국 정보 기관이 'Kanyon'으로 명명한 Status-6의 능력에 대해서는 다음을 참고. Kyle Mizokami, "Pentagon Document Confirms

Existence of Russian Doomsday Torpedo," Popular Mechanics, 16 January 2018, https://www.popularmechanics.com/military/weapons/a15227656/pentagon-document-confirms-existence-of-russian-doomsday-torpedo/.

95 1920년대 자캅카스 분쟁과 조지아의 소련 편입에 대해서는 다음을 참고. Jonathan D. Smele, *The "Russian" Civil Wars, 1916-1926* (London: Hurst, 2015), 145-48.

96 Transparency International Georgia, *Georgia's Oil and Gas Potential: Georgia as a Traditional Transit Country for Azeri Energy Resources* (2008), https://www.transparency.ge/sites/default/files/Oil%20and%20Gas%20Potential%20of%20Georgia_ENG.pdf.

97 Zevelev, "The Russian World in Moscow's Strategy."

98 Giles, *Moscow Rules*, 75-76.

99 S. Neil MacFarlane, "Frozen Conflicts in the Former Soviet Union: The Case of Georgia/South Ossetia," *OSCE Yearbook, 2008*, Organisation for Security and Cooperation in Europe, 23.

100 Luke Harding, "WikiLeaks Cables Claim Russia Armed Georgian Separatists," *Guardian*, 1 December 2010, https://www.theguardian.com/world/2010/dec/01/wikileaks-cables-russia-georgian-separatists.

101 이 입장에 대한 비판에 대해서는 다음을 참고. Olga Oliker, "Kosovo and South Ossetia More Different Than Similar," *RANDBlog*, 25 August 2008, https://www.rand.org/blog/2008/08/kosovo-and-south-ossetia-more-different-than-similar.html.

102 Harding, "WikiLeaks Cables."

103 Sputnik News, "Georgians Back NATO Membership in Referendum," 11 January 2008, https://sptnkne.ws/dqfq.

104 Michael Evans, "Vladimir Putin Tells Summit He Wants Security and Friendship," *Times*, 5 April 2008, http://www.timesonline.co.uk/tol/news/world/article3681609.ece.

105 Vyacheslav Tseluiko, "Georgian Army Reform Under Saakashvili Prior to the 2008 Five Day War," Ruslan Pukhov (ed.), *The Tanks of August* (Moscow: Centre for Analysis of Strategies and Technologies, 2010), 17.

106 Harding, "WikiLeaks Cables."

107 Anton Lavrov, "Timeline of Russian–Georgian Hostilities in 2008," in Pukhov, *The Tanks of August*, 41–43.

108 병력 규모에 대한 추정은 다음을 참고. Carolina Vendil Pallin and Fredrik Westerlund, "Russia's War in Georgia: Lessons and Consequences," *Small Wars & Insurgencies* 20, no. 2 (2009): 400.

109 다음을 참고. Lavrov, "Timeline of Russian–Georgian Hostilities"; and Ariel Cohen, James Carafano, and Lajos F. Szaszdi, "Russian Forces in the Georgian War: Preliminary Assessment and Recommendations," *Report Europe*, 20 August 2008, Heritage Foundation, https://www.heritage.org/europe/report/russian-forces-the-georgian-war-preliminary-assessment-and-recommendations.

110 2007년 에스토니아 사이버 공격에 대한 분석은 다음을 참고. R. Ottis, "Analysis of the 2007 Cyber Attacks against Estonia from the Information Warfare Perspective," in *Proceedings of the 7th European Conference on Information Warfare and Security, Plymouth, 2008* (Reading: Academic, 2008), 163–68.

111 Sarah P. White, *Understanding Cyberwarfare: Lessons from the Russian–Georgian War, 2008* (West Point, NY: Modern Warfare Institute, 2018), 1, 7.

112 John Markoff, "Before the Gunfire, Cyberattacks," *New York Times*, 12 August 2008, https://www.nytimes.com/2008/08/13/technology/13cyber.html.

113 Ibid.

114 Markoff, "Before the Gunfire."

115 White, *Understanding Cyberwarfare*.

116 Jeffrey Carr, "Faith–Based Attribution," *Medium*, 10 July 2016, https://medium.com/@jeffreyscarr/faith-based-attribution-30f4a658eabc.

117 Thom Shanker, "Russians Melded Old–School Blitz with Modern Military Tactics," *New York Times*, 16 August 2008, https://www.nytimes.com/2008/08/17/world/europe/17military.html.

118 Cohen et al., "Russian Forces in the Georgian War."

119 Vladimir Isachenkov, "War Reveals Russia's Military Might and Weakness," Associated Press, 18 August 2008, http://www.aviation.com/technology/080818-russia-georgia-air-war.html.

120 Ibid.

121 Pallin and Westerlund, "Russia's War in Georgia," 400.

122 Nikita Petrov, "Russian Army's Weaknesses Exposed During War in Georgia," *Sputnik News*, 9 September 2008, https://sputniknews.com/analysis/20080909116657490/.

123 Cohen et al., "Russian Forces in the Georgian War."

124 Pallin and Westerlund, "Russia's War in Georgia," 404.

125 Ibid., 401.

126 Ibid.

127 White, *Understanding Cyberwarfare*, 7.

128 이런 세부 정보들을 알려준 케이르 질에게 감사를 전한다.

129 Mikhail Barabanov, "Changing the Force and Moving Forward After Georgia," in Howard and Pukhov, *Brothers Armed*, locations 2031–40.

130 Ibid., location 2047.

131 Ibid., locations 2085–95.

132 Ibid.

133 다음 섹션의 일부에 대해서는 다음을 참고. David Kilcullen, "The Evolution of Unconventional Warfare," *Scandinavian Journal of Military Studies* 2, no. 1 (June 2019) 61–71.

134 다음을 참고. Amos C. Fox, *Hybrid Warfare: The 21st–Century Russian Way of War* (Fort Leavenworth, KS: School of Advanced Military Studies, 2017), https://apps.dtic.mil/dtic/tr/fulltext/u2/1038987.pdf; Christopher Chivvis, *Understanding Russian Hybrid Warfare and What Can Be Done About It* (Santa Monica, CA: RAND Corporation, 2017), https://www.rand.org/pubs/testimonies/CT468.html; and Michael Kofman and Matthew Rojansky, *A Closer Look at Russia's "Hybrid War"* (Washington, DC: Wilson Center, 2015), https://www.wilsoncenter.org/sites/default/files/7-KENNAN%20CABLE-ROJANSKY%20KOFMAN.pdf.

135 다음을 참고. Alina Polyakova, *Weapons of the Weak: Russia and AI–Driven Asymmetric Warfare* (Washington, DC: Brookings Institution, 2018), https://www.brookings.edu/research/weapons-of-the-weak-russia-and-ai-driven-asymmetric-warfare/.

136 다음을 참고. Peter Pomerantsev, "How Putin Is Reinventing Warfare," *Foreign*

Policy, 5 May 2014, http://www.foreignpolicy.com/articles/2014/05/05/how_putin_is_reinventing_warfare; and Mark Galleotti, "The 'Gerasimov Doctrine' and Russian Non-Linear War," In *Moscow's Shadows*, 6 July 2014, https://inmoscowsshadows.wordpress.com/2014/07/06/the-gerasimov-doctrine-and-russian-non-linear-war/.

137 United States Army, Asymmetric Warfare Group, *Russian New Generation Warfare Handbook* (2017), https://publicintelligence.net/awg-russian-new-warfare-handbook/.

138 United States Special Operations Command, *Gray Zone*.

139 Bartles, "Getting Gerasimov Right," 30-38.

140 다음을 참고. David G. Perkins, "Multi-Domain Battle: The Advent of Twenty-First-Century War," *Military Review*, November-December 2017, 8-13, https://www.armyupress.army.mil/Portals/7/military-review/Archives/English/Multi-Domain-Battle-The-Advent-of-Twenty-First-Century-War.pdf?ver=2017-10-26-160929-763.

141 이라크 주둔 정보 요원들과 나눈 인터뷰 내용. February 2006 and February-July 2007, and in Afghanistan, March 2008-December 2013.

142 제2차 세계대전부터 베트남전에 이르기까지 불발탄 비율에 대한 자세한 논의는 다음을 참고. Russell W. Glenn, *Reading Athena's Dance Card: Men against Fire in Vietnam* (Annapolis, MD: Naval Institute Press, 2000). 1917년 이후 배치된 병력, 전투 역할 병력, 실제 전투 참가 병력의 평균 비율은 다음을 참고. John J. McGrath, *The Other End of the Spear: The Tooth-to-Tail Ratio (T3R) in Modern Military Operations* (Fort Leavenworth, KS: Combat Studies Institute Press, 2007), 65, 73-75.

143 이에 대한 약간 다른 관점은 다음을 참고. Julian Sanchez, "Russia Wanted Trump to Win. And It Wanted to Get Caught," *New York Times*, 17 February 2018, https://www.nytimes.com/2018/02/17/opinion/russia-interference-elections-trump.html?searchResultPosition=4.

144 Christopher Paul and Miriam Matthews, *The Russian "Firehose of Falsehood" Propaganda Model: Why It Might Work and Options to Counter It* (Santa Monica, CA: RAND Corporation, 2016), 1, https://www.rand.org/pubs/perspectives/PE198.html.

145 Ibid.

146 Timothy L. Thomas, "Russia's Reflexive Control Theory and the Military," *Journal of Slavic Military Studies* 17 (2004): 237–56, quoted in Mark Mateski, "Russia, Reflexive Control, and the Subtle Art of Red Teaming," *Red Team Journal*, 13 October 2016, http://redteamjournal.com/2016/10/reflexive-control/.

147 Mateski, "Russia, Reflexive Control, and the Subtle Art of Red Teaming."

148 Thomas, "Russia's Reflexive Control Theory," 248–49, quoted in Mateski, "Russia, Reflexive Control, and the Subtle Art of Red Teaming."

149 1990년대 러시아의 반사 통제 이론에 대한 예는 다음을 참고. S. A. Komov, "About Methods and Forms of Conducting Information Warfare," *Military Thought*, July–August 1997, 18–22; and N. I. Turko and S. A. Modestov, "Refleksivnoe upravlenie razvitiem strategicheskikh sil gosudarstva kak mekhanizm sovremennoy geopolitiki (Reflexive Control in the Development of Strategic Forces of States as a Mechanism of Modern Geopolitics)," report at the "Systems Analysis on the Threshold of the 21st Century: Theory and Practice" conference, Moscow, February 1996, 366, both referenced in Thomas, "Russia's Reflexive Control Theory."

150 Office of the Director of National Intelligence, "Assessing Russian Activities."

151 반사 통제에 대한 추가적인 논의는 다음을 참고. Thomas, "Russia's Reflexive Control Theory"; Mateski, "Russia, Reflexive Control, and the Subtle Art of Red Teaming"; and Diane Chotikul, *The Soviet Theory of Reflexive Control in Historical and Psychocultural Perspective: A Preliminary Study*, technical report (Monterey, CA: Naval Postgraduate School, 1986), https://apps.dtic.mil/dtic/tr/fulltext/u2/a170613.pdf.

152 Paul and Matthews, *The Russian "Firehose of Falsehood" Propaganda Model*.

153 Ibid., 1–3.

154 '1984'에서 조지 오웰이 언급한 끊임없이 바뀌는 적("오세아니아는 동아시아와 전쟁 중이었다. 오세아니아는 언제나 동아시아와 전쟁 중이었다")은 허구이지만, 스페인 내전 당시 소련의 선전 활동 경험을 바탕으로 한 것이다. George Orwell, *Nineteen Eighty–Four* (New York: Houghton Mifflin Harcourt, 1949), 172. 또한 다음을 참고. Arthur Koestler, Darkness at Noon, trans. Daphne Hardy (New York: Scribner,

1941), 242–44.

155 게라시모프의 역할과 일반 참모 기능과의 연관성에 대해서는 다음을 참고. Bartles, "Getting Gerasimov Right," 30–31.

156 Valeriy Gerasimov, "Ценность Науки В Предвидении: Новые Вызовы Т ребуют Переосмысления Форм И Способов Ведения Боевых Действ ий [The value of science in foresight: New challenges require rethinking forms and methods of conducting military actions]," Военно-Промышленный Кур ьер [Military-industrial courier], no. 8 (476) (27 February–5 March 2013): 1–3, https://vpk-news.ru/sites/default/files/pdf/VPK_08_476.pdf.

157 Mark Galeotti, "The 'Gerasimov Doctrine' and Russian Non-Linear War," *In Moscow's Shadows*, 6 July 2014, https://inmoscowsshadows.wordpress.com/2014/07/06/the-gerasimov-doctrine-and-russian-non-linear-war/.

158 Mark Galeotti, "I'm Sorry for Creating the 'Gerasimov Doctrine,'" *Foreign Policy*, 5 March 2018, https://foreignpolicy.com/2018/03/05/im-sorry-for-creating-the-gerasimov-doctrine/.

159 전략국제문제연구소의 앤서니 코데스만이 해당 회의에 참석하여 게라시모프의 슬라이드 스크린샷을 포함한 상세한 노트를 공개했는데, 주요 내용은 다음을 참고. Anthony H. Cordesman, *Russia and the "Color Revolution": A Russian Military View of a World Destabilized by the US and the West* (Full Report) (Washington, DC: Center for Strategic and International Studies, 2014), https://csis-prod.s3.amazonaws.com/s3fs-public/legacy_files/files/publication/140529_Russia_Color_Revolution_Full.pdf.

160 Gerasimov, "The value of science in foresight," 2.

161 Bartles, "Getting Gerasimov Right," 34.

162 Gerasimov, "The value of science in foresight," 3, diagram at right. 번역 내용은 다음을 참고. Bartles, "Getting Gerasimov Right," 36.

163 Ibid.

164 Ibid.

165 Ibid.

166 "Transcript of the Third Presidential Debate," *New York Times*, 22 October 2012, https://www.nytimes.com/2012/10/22/us/politics/transcript-of-the-thirdpresidential-debate-in-boca-raton-fla.html.

167 Gerasimov, "The value of science in foresight."

168 Ibid., 3, diagram at left. 번역 내용은 다음을 참고. Bartles, "Getting Gerasimov Right," 35.

제5장

1 다음을 참고. "Chinese Government Takes Over Troubled Insurance Giant Anbang," *Guardian*, 2 February 2018, https://www.theguardian.com/world/2018/feb/23/chinese-government-anbang-insurance-giant.

2 다음을 참고. Nectar Gan, "Chinese Princeling and Anbang 'Adviser' Chen Xiaolu Dies at 71," *South China Morning Post*, 1 March 2018, https://www.scmp.com/news/china/policies-politics/article/2135337/chinese-princeling-and-anbang-adviser-chen-xiaolu-dies; and Lucy Hornby, "Chen Xiaolu, 1946-2018: Princeling Who Atoned for Cultural Revolution," Financial Times, 1 March 2018.

3 Arash Massoudi and James Fontanella-Khan, "China's Anbang Agrees $6.5bn Hotel Deal with Blackstone," *Financial Times*, 13 March 2016.

4 다음을 참고. Royal Navy, *Her Majesty's Naval Base Clyde*, https://www.royalnavy.mod.uk/our-organisation/where-we-are/naval-base/clyde.

5 다음을 참고. Graeme, "Chinese Investor Buys Rosslea Hall Hotel in Rhu," *Hotel News Scotland*, 20 April 2018, https://www.hotelnews.scot/archive/2018/april/chinese-investor-buys-rosslea-hall-hotel.

6 관련 회사 공시 내역은 다음을 참고. Companies House, United Kingdom, Filing History, https://beta.companieshouse.gov.uk/company/11152727/filing-history.

7 Ibid.

8 미국 해외투자심의위원회의 구성은 다음을 참고. https://www.treasury.gov/resource-center/international/foreign-investment/Pages/cfius-members.aspx.

9 Hui-yong Yu and David McLaughlin, "Blackstone Ends Plan to Sell Landmark Hotel to China's Anbang After U.S. Opposition," *Bloomberg News*, 21 October 2016, https://www.bloomberg.com/news/articles/2016-10-21/blackstone-said-to-end-anbang-deal-for-hotel-near-u-s-navy-base.

10 다윈 주변의 공중전 기록은 다음을 참고. Anthony Cooper, *Darwin Spitfires: The Real Battle for Australia* (Sydney: University of New South Wales Press, 2011).

11 Seth Robson, "Australia-Bound Battalion Will Boost Marines' Darwin Presence to 2,500," *Stars and Stripes*, 26 April 2019, https://www.stripes.com/news/pacific/australia-bound-battalion-will-boost-marines-darwin-presence-to-2-500-1.578356.

12 Wayne Shields, "Defence White Paper: NT Economy Set for Massive Boost on the Back of Spending to Match Asia's Growing Military Presence," *ABC News* (Australia), 24 February 2016, https://www.abc.net.au/news/2016-02-25/nt-economy-set-for-massive-boost-on-back-of-defence-spending/7199816.

13 Lisa Murray, "Chinese State-Owned Newspaper Confirms Landbridge's Military Ties," *Australian Financial Review*, 17 November 2015, https://www.afr.com/news/world/chinese-stateowned-newspaper-confirms-landbridges-military-ties-20151117-gl0i2v. 또한 다음을 참고. Geoff Wade, "Landbridge and the Port of Darwin: A Postscript," 11 November 2015, *ASPI Strategist*, https://www.aspistrategist.org.au/landbridge-and-the-port-of-darwin-a-postscript/.

14 Xiaobing Li, *A History of the Modern Chinese Army* (Lexington, KY: University Press of Kentucky, 2007), 292.

15 Geoff Wade, "Landbridge, Darwin and the PRC," *ASPI Strategist*, 9 November 2015, https://www.aspistrategist.org.au/landbridge-darwin-and-the-prc/.

16 다음을 참고. "Greece Sells Largest Port Piraeus to Chinese Company," RT News, 8 April 2016, https://www.rt.com/business/338949-greece-china-port-sale/.

17 Janne Suokas, "Chinese Investors Cancel Plans for Massive Deep-Water Port in Sweden," *GB Times*, 31 January 2018, https://gbtimes.com/chinese-investors-cancel-plans-for-massive-deep-water-port-in-sweden.

18 다음을 참고. World Shipping Council, "Top 50 World Container Ports," 2016, http://www.worldshipping.org/about-the-industry/global-trade/top-50-world-container-ports.

19 Jojje Olsson, "China's Bid to Build Scandinavia's Largest Port in Sweden Raises Security Concerns," *Taiwan Sentinel*, 22 December 2017, https://sentinel.tw/china-port-scandinavia-security/; and Suokas, "Chinese Investors Cancel Plans."

20 Chris Giles, "Ethiopia Is Now Africa's Fastest Growing Economy," CNN News, 24 April 2018, at https://www.cnn.com/2018/04/24/africa/africa-largest-economy/index.html.

21 몇 가지 예는 다음을 참고. Istvan Tarrosy and Zoltán Vörös, "China and Ethiopia, Part 2: The Addis Ababa-Djibouti Railway," *Diplomat*, 22 February 2018, https://thediplomat.com/2018/02/china-and-ethiopia-part-2-the-addis-ababa-djibouti-railway/; Jenni Marsh, "Skyscrapers, Trains and Roads: How Addis Ababa Came to Look Like a Chinese City," CNN, 3 September 2018, at https://edition.cnn.com/style/article/addis-ababa-china-construction-style/index.html; and *China Daily*, "Chinese-Funded Airport Project in Ethiopia to Be Completed Next January," 29 June 2017, http://www.chinadaily.com.cn/world/2017-06/29/content_29932267.htm.

22 Sébastien Le Belzic, "China's Exim Bank: Africa's Largest Financier Looks For an Even Bigger Role," *Africa Report*, 25 October 2012, https://www.theafricareport.com/6472/chinas-exim-bank-africas-largest-financier-looks-for-an-even-bigger-role/.

23 Andrew Jacobs and Jane Perlez, "U.S. Wary of Its New Neighbor in Djibouti: A Chinese Naval Base," *New York Times*, 25 February 2017, https://www.nytimes.com/2017/02/25/world/africa/us-djibouti-chinese-naval-base.html. 2014년 무역 통계는 다음을 참고. Alfredo Burlando, Anca D. Cristea, and Logan M. Lee, "The Trade Consequences of Maritime Insecurity: Evidence from Somali Piracy," *Review of International Economics* 23, no. 3 (August 2015): 525-57.

24 다음을 참고. "Dubai, Chinese Firm Battle in Hong Kong for Djibouti Ports," *Hiraan*, 13 February 2019, https://www.hiiraan.com/news4/2019/Feb/162263/dubai_chinese_firm_battle_in_hong_kong_for_djibouti_ports.aspx.

25 COSCO Shipping, "COSCO Shipping Delegates Attended the Opening Ceremony and Thematic Sessions of the Belt and Road Forum for International Cooperation," 17 May 2017, http://en.coscoshipping.com/art/2017/5/15/art_6923_58594.html.

26 Taddeo Bambwale, "China to Expand Peacekeeping Role in Africa," New Vision(Uganda), 25 August 2016, https://www.newvision.co.ug/new_vision/news/1433624/china-expand-peacekeeping-role-africa. Note that of the

twenty-five hundred peacekeepers referred to in this article, approximately four hundred are in Lebanon, while the rest are in Africa.

27 Matthew Campbell, "A Chinese Casino Has Conquered a Piece of America," *Bloomberg Businessweek*, 15 February 2018, https://www.bloomberg.com/news/features/2018-02-15/a-chinese-company-has-conquered-a-piece-of-america.

28 Sputnik News International, "Okinawan Separatists Might Get 'Chinese Protectorate' Instead of Independence," 13 January 2017, https://sputniknews.com/asia/201701131049568056-okinawa-independence-china/.

29 다음을 참고. Kathrin Hille and Mure Dickie, "Japan's Claim to Okinawa Disputed by Influential Chinese Commentators," *Washington Post*, 23 July 2012; and Mitsuru Obe, "Japan Presses China on Vessels Sailing Near Disputed Islands," *Wall Street Journal*, 24 August 2016.

30 다음을 참고. Ankit Panda, "Sri Lanka Formally Hands Over Hambantota Port to Chinese Firms on 99-Year Lease," *Diplomat*, 11 December 2017, https://thediplomat.com/2017/12/sri-lanka-formally-hands-over-hambantota-port-to-chinese-firms-on-99-year-lease/; Maria Abi-Habib, "How China Got Sri Lanka to Cough Up a Port," *New York Times*, 25 June 2018, https://www.nytimes.com/2018/06/25/world/asia/china-sri-lanka-port.html; and Kai Schultz, "Sri Lanka, Struggling with Debt, Hands a Major Port to China," *New York Times*, 12 December 2017, https://www.nytimes.com/2017/12/12/world/asia/sri-lanka-china-port.html?module=inline.

31 긴장 확대 사다리라는 개념은 허먼 칸과 같은 냉전 시대의 핵 전략가들로부터 시작되었으며, 1970년대 후반에는 수평적 긴장 확대라는 아이디어가 페르시아만에서 소련의 행동을 설명하는 데 사용되었다. 최근 분석에는 정치적 긴장 확대라는 범주가 추가되었다. 냉전 시기 분석에 대해서는 다음을 참고. US Joint Chiefs of Staff, *Horizontal Escalation as a Response to Soviet Aggression in the Persian Gulf*, 3 October 1980, https://www.archives.gov/files/declassification/iscap/pdf/2010-073-doc1.pdf; 그리고 더욱 최근의 예를 확인하려면 다음을 참고. Forrest Morgan, Karl P. Mueller, Evan S. Medeiros, Kevin L. Pollpeter, and Roger Cliff, *Dangerous Thresholds: Managing Escalation in the 21st Century* (Santa Monica, CA: RAND

Corporation, 2008), 18–25.

32 중국과 미국의 분쟁 충격에 대해서는 다음을 참고. David C. Gompert, Astrid Stuth Cevallos, and Cristina L. Garafola, *War with China: Thinking Through the Unthinkable* (Santa Monica, CA: RAND Corporation, 2016); 미–중의 부채에 대해서는 다음을 참고. Kimberley Amadeo, "US Debt to China, How Much It Is, Reasons Why, and What If China Sells: Why China Is America's Biggest Banker," *Balance*, 25 February 2019, https://www.thebalance.com/u-s-debt-to-china-how-much-does-it-own-3306355.

33 이란–이라크 전쟁 중 중국이 이란에 제공한 지원은 다음을 참고. Scott W. Harold and Alireza Nader, *China and Iran: Economic, Political, and Military Relations* (Santa Monica, CA: RAND Corporation, 2012), 6–8.

34 중국과 베트남 간 전쟁에 대해서는 다음을 참고. Edward C. O'Dowd, *Chinese Strategy in the Third Indochina War: The Last Maoist War* (London: Routledge, 2007). 압록강 전투에 대해서는 다음을 참고. Bruce Elleman, *Modern Chinese Warfare: 1795-1989* (London: Routledge, 2005), 103–4.

35 Xiaobang Li, "Chinese Intentions and the 1954–55 Offshore Islands Crisis," in Lori Lyn Bogle (ed.), *The Cold War, vol. 3: Hot Wars of the Cold War* (New York: Routledge, 2001), 125–28.

36 Xuan Loc Duan, "27 Days of Hell: When China and Vietnam Went to War," *National Interest*, 26 February 2017, https://nationalinterest.org/blog/the-buzz/27-days-hell-when-china-vietnam-went-war-19596.

37 Andrew Scobell, David Lai, and Roy Kamphausen, eds., *Chinese Lessons from Other People's Wars* (Carlisle, PA: United States Army War College, Strategic Studies Institute, November 2011).

38 다음을 참고. Cormac O'Gráda, "Great Leap, Great Famine: A Review Essay," *Population and Development Review* 39, no. 2 (June 2013): 333–60; and Jung Chang and Jon Halliday, *Mao: The Unknown Story* (London: Jonathan Cape, 2005), 569. 또한 다음을 참고. also James David Banker, "The Children of the Revolution," *Quillette*, 18 December 2018, https://quillette.com/2018/12/18/the-children-of-the-revolution/.

39 Communist Party of China, "Resolution on Certain Questions in the History of Our

Party Since the Founding of the People's Republic of China, Adopted by the Sixth Plenary Session of the Eleventh Central Committee of the Communist Party of China on June 27, 1981," in *Resolution on CPC History* (1949–81) (Beijing: Foreign Languages Press, 1981), 32.

40 다음을 참고. Robert F. Dernberger, "The Drive for Economic Modernization and Growth: Performance and Trends," in Michael Ying-Mao Kau and Susan H. Marsh (eds.), *China in the Era of Deng Xiaoping: A Decade of Reform* (London: Taylor & Francis, 1993), 155–215.

41 Michael Dillon, *Deng Xiaoping: The Man Who Made Modern China* (London: I. B. Tauris, 2014), 127.

42 Yang Kuisong, "Reconsidering the Campaign to Suppress Counterrevolutionaries," *China Quarterly* 193 (March 2008): 102–21.

43 Zhiyue Bo, "A Period of Hope in Cross-Strait Relations: 1979–1992," *Chinese Law and Government* 35, no. 3 (May–June 2002):. 6.

44 Xiaobing Li, *A History of the Modern Chinese Army*, 359.

45 June Teufel Dreyer, "Reorganizing and Modernizing the Chinese Military," in Kau and Marsh, *China in the Era of Deng Xiaoping*, 334.

46 Ibid.

47 Ibid.

48 Ibid.

49 Jason H. Rosenstrauch, *Operational Art in the Sino–Vietnamese War* (Fort Leavenworth, KS: United States Army Command and General Staff College, School of Advanced Military Studies, 2014), 27–28.

50 Carlyle Thayer, *Background Brief: China–Vietnam Border War, 1979-2014* (Canberra: Thayer Consultancy, 2014), https://www.scribd.com/document/208108717/Thayer-China-Vietnam-Border-War-1979-2014, 2.

51 Howard French, "Was the War Pointless? China Shows How to Bury It," *New York Times*, 1 March 2005, https://www.nytimes.com/2005/03/01/world/asia/was-the-war-pointless-china-shows-how-to-bury-it.html; 또한 다음을 참고. Edward C. O'Dowd and John F. Corbett Jr., "The 1979 Chinese Campaign in Vietnam: Lessons Learned," in Laurie Burkitt, Andrew Scobell, and Larry M.

Wortzel (eds.), *The Lessons of History: The Chinese People's Liberation Army at 75* (Carlisle, PA: United States Army War College Strategic Studies Institute, 2003), 353–54.

52 Timothy R. Heath, "China's Untested Military Could Be a Force–or a Flop," *Foreign Policy*, 27 November 2018, https://foreignpolicy.com/2018/11/27/chinas-untested-military-could-be-a-force-or-a-flop/.

53 Xiaobing Li, *A History of the Modern Chinese Army*, 252.

54 Ibid., 253.

55 Thayer, *Background Brief*.

56 중국 인민해방군의 전쟁 관련 문서에 대한 개요는 다음을 참고. Edward C. O'Dowd, "People's Liberation Army Documents on the Sino–Vietnamese Conflict, 1979, Part 1," *Chinese Law & Government* 42, no. 5 (2009): 3–10.

57 Xiaobing Li, *A History of the Modern Chinese Army*, 255.

58 John Pike, "Chinese Invasion of Vietnam, February 1979," n.d., https://www.globalsecurity.org/military/world/war/prc-vietnam.htm.

59 Ibid.

60 Xiaobing Li, *A History of the Modern Chinese Army*, 254.

61 Pike, "Chinese Invasion of Vietnam."

62 Ibid.

63 Xiaobing Li, *A History of the Modern Chinese Army*, 255.

64 Nguyen Minh Quang, "The Bitter Legacy of the 1979 China–Vietnam War," *Diplomat*, 23 February 2017, https://thediplomat.com/2017/02/the-bitter-legacy-of-the-1979-china-vietnam-war/.

65 O'Dowd and Corbett, "The 1979 Chinese Campaign in Vietnam," 353–54.

66 Ibid., 356–57.

67 Ibid.

68 Ibid., 366.

69 Ibid., 360–62.

70 Ibid., 357–60.

71 Ibid., 366–67.

72 Xiaobing Li, *A History of the Modern Chinese Army*, 289.

73 천안문 사태 5년 전, 이러한 긴장 상태에 대한 예리한 분석은 다음을 참고. David

Mason, "China's Four Modernizations: Blueprint for Development or Prelude to Turmoil?," *Asian Affairs: An American Review* 11, no. 3 (Fall 1984): 47–70.

74 다음을 참고. Kris Cheng, "Declassified: Chinese Official Said at Least 10,000 Civilians Died in 1989 Tiananmen Massacre, Documents Show," *Hong Kong Free Press*, 21 December 2017, https://www.hongkongfp.com/2017/12/21/declassified-chinese-official-said-least-10000-civilians-died-1989-tiananmen-massacre-documents-show/.

75 I am grateful to John Owens for this insight.

76 Li, *A History of the Modern Chinese Army*, 272–33.

77 Ibid., 278–79.

78 보호 책임에 대한 상반된 관점은 다음을 참고. Global Centre for the Responsibility to Protect, "The Responsibility to Protect: A Background Briefing," 2015, http://www.globalr2p.org/media/files/r2p-backgrounder.pdf; and Eric A. Heinze, "Humanitarian Intervention, the Responsibility to Protect, and Confused Legitimacy," *Human Rights & Human Welfare* 11 (2011): 17–32, https://www.du.edu/korbel/hrhw/volumes/2011/heinze-2011.pdf.

79 예를 들어, 모든 NATO 회원국은 북대서양 조약을 체결하고 비준했으며, 제1조는 회원국들이 "국제 평화와 안보, 정의를 위태롭게 하지 않는 방식으로 관련될 수 있는 모든 국제 분쟁을 평화적인 수단으로 해결하고, 유엔의 목적과 일치하지 않는 어떠한 방식으로도 국제 관계에서 무력의 위협이나 사용을 자제한다"고 규정하고 있다. 다음을 참고. North Atlantic Treaty, 4 April 1949, https://www.nato.int/cps/en/natohq/official_texts_17120.htm.

80 다음을 참고. Eric Schmitt, "Crisis in the Balkans: Human Error; Wrong Address of Embassy in Databases," *New York Times*, 10 May 1999, https://www.nytimes.com/1999/05/10/world/crisis-in-the-balkans-human-error-wrong-address-of-embassy-in-databases.html?pagewanted=all.

81 중국 정치국 위원들의 즉각적인 반응 번역은 다음을 참고. *Chinese Law and Government* 35, no. 1 (January–February 2002): 73–99.

82 Ibid.; 또한 다음을 참고. George Tenet, "DCI Statement on the Belgrade Chinese Embassy Bombing," testimony before the House Permanent Select Committee on Intelligence, Central Intelligence Agency, https://www.cia.gov/newsinformation/speeches-testimony/1999/dci_speech_072299.html.

83 Tenet, "DCI Statement on the Belgrade Chinese Embassy Bombing."

84 다음을 참고. Thomas R. Pickering, "Oral Presentation of the Chinese Government Regarding the Accidental Bombing of the P.R.C. Embassy in Belgrade," 1999, United States Department of State, https://www.state.gov/documents/organization/6524.doc.

85 BBC News, "Nato Hits Chinese Embassy," 8 May 1999, http://news.bbc.co.uk/2/hi/europe/338424.stm. 또한 다음을 참고 Peter Hays Gries, "Tears of Rage: Chinese Nationalist Reactions to the Belgrade Embassy Bombing," *China Journal*, no. 46 (July 2001): 25-43.

86 다음을 참고. Kerry Dumbaugh, *Chinese Embassy Bombing in Belgrade: Compensation Issues* (Washington, DC: Congressional Research Service Report for Congress, 2011), 3, https://www.everycrsreport.com/files/20000412_RS20547_7627e6d52e8e75fcf9d6ec7b29b15f00c96011f2.pdf.

87 John Sweeney, Jens Holsoe, and Ed Vulliamy, "Nato Bombed Chinese Deliberately," *Guardian*, 17 October 1999, https://www.theguardian.com/world/1999/oct/17/balkans.

88 De Leon Petta Gomes da Costa, *Organized Crime and the Nation-State: Geopolitics and National Sovereignty* (London: Routledge, 2018), 60. 또한 다음을 참고 Peter Lee, "How It All Began: The Belgrade Embassy Bombing," *China Matters*, 24 May 2015, https://chinamatters.blogspot.com/2015/05/how-it-all-began-belgrade-embassy.html.

89 Gries, "Tears of Rage," 25.

90 Ibid.

91 Ibid., 26.

92 이 사건에 대한 미국의 기사는 다음을 참고. Shirley A. Kan et al., *China-U.S. Aircraft Collision Incident of April 2001: Assessments and Policy Implications*, CRS Report for Congress, updated 10 October 2001 (Washington, DC: Congressional Research Service, 2001), https://fas.org/sgp/crs/row/RL30946.pdf; 다른 관점에 대해서는 다음을 참고. Chi Wang, *Obama's Challenge to China: The Pivot to Asia* (London: Routledge, 2016), 20-21.

93 Scott W. Harold, *Defeat, Not Merely Compete: China's View of Its Military Aerospace Goals and Requirements in Relation to the United States* (Santa Monica, CA: RAND Corporation, 2018), 12.

94 다음을 참고. Justin Raward, "Julian Corbett and Maritime versus Continental Strategy," *Sabretache* 50, no. 1 (March 2009): 45–50; and Joel Wuthnow, "Asian Security without the United States? Examining China's Security Strategy in Maritime and Continental Asia," *Asian Security* 14, no. 3 (2018): 230–45.

95 Wuthnow, "Asian Security without the United States?"

96 Alexander Dugin, *Last War of the World–Island: The Geopolitics of Contemporary Russia* (London: Arktos, 2015), Kindle ed., location 627.

97 정화에 대한 기록은 다음을 참고. Edward L. Dreyer, *Zheng He: China and the Oceans in the Early Ming Dynasty, 1405–1433* (New York: Pearson Longman, 2007).

98 Li Kangying, *The Ming Maritime Trade Policy in Transition, 1368 to 1567* (Wiesbaden: Harrassowitz, 2010), 3–5.

99 예를 들어, 청나라 해군은 아편전쟁 동안 영국 왕립 해군과 싸웠고, 19세기 내내 해안 봉쇄와 강에서의 작전에 참여했다. 다음을 참고. Steven Tsang, *A Modern History of Hong Kong* (London: I. B. Tauris, 2007), 3–13; and Richard N. J. Wright, *The Chinese Steam Navy, 1862–1945* (Newport, RI: Naval Institute Press, 2000).

100 다음을 참고. Jack A. Goldstone, "The Rise of the West–or Not? A Revision to Socioeconomic History," *Sociological Theory* 18, no. 2 (July 2000): 175–94; and Ronald C. Po, *The Blue Frontier: Maritime Vision and Power in the Qing Empire, Cambridge Oceanic Histories* (Cambridge: Cambridge University Press, 2018).

101 다음을 참고. Sarabjeet Singh Parmar and Saloni Salil, "China and India: Maritime Commonalities and Divergences," *Journal of Defence Studies* 5, no 3 (July 2011): 144–50.

102 Dean Cheng, *Sea Power and the Chinese State: China's Maritime Ambitions* (Washington, DC: Heritage Foundation, 2011), 2–3, https://thf_media.s3.amazonaws.com/2011/pdf/bg2576.pdf. 또한 다음을 참고. State Oceanic Administration, Ocean Development Strategy Research Study Group, *China's Ocean Development Report* (Beijing: Maritime Publishing House, 2010), 227,

quoted in ibid.

103 Mark A. Ryan, David M. Finkelstein, and Michael A. McDevitt, eds., *Chinese Warfighting: The PLA Experience since 1949* (London: Routledge, 2015), Kindle ed., 11.

104 State Council Information Office of the People's Republic of China, "China's Military Strategy," May 2015, http://eng.mod.gov.cn/DefenseNews/2015-05/26/content_4586748.htm.

105 Ronald O'Rourke, *China Naval Modernization: Implications for U.S. Navy Capabilities—Background and Issues for Congress* (Washington, DC: Congressional Research Service, 1 August 2018), 2, https://fas.org/sgp/crs/row/RL33153.pdf.

106 Ibid.

107 Bruce Elleman, *Taiwan Straits: Crisis in Asia and the Role of the U.S. Navy* (New York: Rowman & Littlefield, 2014), 130.

108 다음을 참고. J. Michael Cole, "The Third Taiwan Strait Crisis: The Forgotten Showdown Between China and America," National Interest, 10 March 2017, https://nationalinterest.org/feature/the-third-taiwan-strait-crisis-the-forgotten-showdown-19742.

109 Ibid.

110 Ibid.

111 O'Rourke, *China Naval Modernization*.

112 Ibid.

113 Ibid.

114 Patrick Devenny, "PLAN Procurement of Sovremenny-Class Destroyers: Developments and Repercussions," RUSI Chinese 2, no. 8 (23 May 2005), https://rusi.org/publication/plan-procurement-sovremenny-class-destroyers-developments-and-repercussions.

115 O'Rourke, *China Naval Modernization*, 4-5, 32.

116 Ibid., 10-18.

117 Ibid., 18, 17 (table 1).

118 Stephen Chen, "America's Hidden Role in Chinese Weapons Research: Many Scientists Have Returned to China After Working at Los Alamos and Other Top

US Laboratories," *South China Morning Post*, 29 March 2017, https://www.scmp.com/ news/ china/ diplomacy- defence/ article/ 2082738/americas-hidden-role-chinese-weapons-research.

119 랴오닝함의 획득에 관한 흥미로운 내용은 다음을 참고. Minnie Chan, "Mission Impossible: How One Man Bought China Its First Aircraft Carrier," *South China Morning Post*, 18 January 2015, https://www.scmp.com/news/china/article/1681710/sea-trials-how-one-man-bought-china-its-aircraft-carrier; "The Inside Story of the Liaoning: How Xu Zengping Sealed Deal for China's First Aircraft Carrier," *South China Morning Post*, 19 January 2015, https://www.scmp.com/news/china/article/1681755/how-xu-zengping-became-middleman-chinas-deal-buy-liaoning; and "Mission Impossible II: The Battle to Get China's Aircraft Carrier Home," *South China Morning Post*, 20 January 2015, https://www.scmp.com/news/china/article/1682731/mission-impossible-ii-battle-get-chinas-aircraft-carrier-home.

120 Dave Majumdar, "Everything You Need to Know About China's New Aircraft Carrier," *National Interest*, 10 September 2018, https://nationalinterest.org/blog/buzz/everything-you-need-know-about-chinas-new-aircraft-carrier-30992.

121 Ibid.

122 O'Rourke, *China Naval Modernization*, 112.

123 Majumdar, "Everything You Need to Know."

124 O'Rourke, *China Naval Modernization*, 44-47; 또한 다음을 참고. David Axe, "China's Navy Has Big Plans for Its Future Aircraft Carriers: Think Drones and Electromagnetic Catapults," *National Interest*, 7 January 2019, https://nationalinterest.org/blog/buzz/chinas-navy-has-big-plans-its-future-aircraft-carriers-40832.

125 Ibid.

126 A-100에 대해서는 다음을 참고. "A100: Multiple Launch Rocket System," http://www.militarytoday.com/artillery/a100.htm. SR-5에 대해서는 다음을 참고. "SR-5: Multiple Launch Rocket System," http://www.military-today.com/artillery/sr5.htm.

127 DF-26에 대해서는 다음을 참고. http://www.military-today.com/missiles/df_26.

htm; DF-21D에 대해서는 다음을 참고. http://www.military-today.com/missiles/df_21d.htm; DF-21에 대해서는 다음을 참고. Tyler Rogoway, "Is This China's DF-21D Air-Launched Anti-Ship Ballistic-Missile-Toting Bomber?," War Zone, http://www.thedrive.com/the-war-zone/13511/is-this-chinas-df-21d-air-launched-anti-ship-ballistic-missile-toting-bomber.

128 Jin Wu, Simon Scarr, and Weiyi Cai, "Concrete and Coral: Tracking Expansion in the South China Sea," *Reuters*, 24 May 2018, https://fingfx.thomsonreuters.com/gfx/rngs/CHINA-SOUTHCHINASEA-BUILDING/010070760H9/index.html.

129 Hiroyuki Umetsu, "Communist China's Entry into the Korean Hostilities and a U.S. Proposal for a Collective Security Arrangement in the Pacific Offshore Island Chain," *Journal of Northeast Asian Studies* 15, no. 2 (1996): 98-118.

130 Toshi Yoshihara, "China's Vision of Its Seascape: The First Island Chain and Chinese Seapower," *Asian Politics & Policy* 4, no. 3 (July 2012): 293-314.

131 Jin et al., "Concrete and Coral."

132 미국의 태평양 중시 전략에 대한 중국의 반응은 다음을 참고. Michael D. Swaine, "Chinese Leadership and Elite Responses to the U.S. Pacific Pivot," *China Leadership Monitor*, no. 38 (2015): 11, https://carnegieendowment.org/files/CLM38MS.pdf.

133 Jin et al., "Concrete and Coral"; 또한 다음을 참고. Manuel Mogatu, "Exclusive: Philippines Reinforcing Rusting Ship on Spratly Reef Outpost: Sources," *Reuters World News*, 13 July 2015, https://www.reuters.com/article/us-southchinasea-philippines-shoal-exclu-idUSKCN0PN2HN20150714.

134 Mogatu, "Philippines Reinforcing"

135 O'Rourke, *China Naval Modernization*, 106-7.

136 다음을 참고. Permanent Court of Arbitration, "The South China Sea Arbitration (*The Republic of Philippines v. The People's Republic of China*)," case information, https://pca-cpa.org/en/cases/7/.

137 Gregory Kulacki, *China's Nuclear Arsenal: Status and Evolution* (Washington, DC: Union of Concerned Scientists, 2010), https://www.ucsusa.org/sites/default/files/legacy/assets/documents/nwgs/UCS-Chinese-nuclear-modernization.pdf.

138 Kyle Mizokami, "This Is the Real Reason China Is Deploying Nuclear Missile

Subs," *The Week*, 1 June 2016, https://theweek.com/articles/626869/real-reason-china-deploying-nuclear-missile-subs. 또한 다음을 참고. Damen Cook, "A Closer Look at China's Critical South China Sea Submarine Base: A Deeper Look at Yulin-East, China's Burgeoning Submarine Bastion in the South China Sea," *The Diplomat*, 18 March 2017, https://thediplomat.com/2017/03/a-closer-look-at-chinas-critical-south-china-sea-submarine-base/.

139 다음을 참고. Mathieu Duchâtel and Eugenia Kazakova, "Tensions in the South China Sea: The Nuclear Dimension," SIPRI (Stockholm International Peace Research Institute), 27 August 2015, https://www.sipri.org/commentary/essay/2015/tensions-south-china-sea-nuclear-dimension.

140 Qiao Liang and Wang Xiangsui, Unrestricted Warfare, trans. Foreign Broadcast Information Service (FBIS) (Beijing: PLA Literature and Arts Publishing House, February 1999, https://www.oodaloop.com/documents/unrestricted.pdf.

141 Dean Cheng, "Unrestricted Warfare: Review Essay II," *Small Wars and Insurgencies* 11, no. 1 (March 2000): 122-23.

142 이 책이 중국 내 논쟁에서 차지하는 위치에 대한 설득력 있는 설명은 다음을 참고. Tony Corn, "Peaceful Rise Through Unrestricted Warfare: Grand Strategy with Chinese Characteristics," *Small Wars Journal* (2010), https://smallwarsjournal.com/blog/journal/docs-temp/449-corn.pdf.

143 Ibid., 2.

144 Ibid., 6-7.

145 Ibid., 12.

146 Ibid., 55-56.

147 Ibid., 48.

148 Ibid., 87.

149 Ibid., 93-94.

150 Ibid., 127.

151 다음을 참고. David E. Spencer and Hugo Acha Melgar, "Bolivia, a New Model Insurgency for the 21st Century: From Mao Back to Lenin," *Small Wars & Insurgencies* 28, no. 3 (2017): 629-60.

152 PMESII 구성에 대한 비판은 다음을 참고. Brian M. Ducote, *Challenging the*

Application of PMESII–PT in a Complex Environment (Fort Leavenworth, KS: School of Advanced Military Studies, United States Army Command and General Staff College, 2010), https://apps.dtic.mil/dtic/tr/fulltext/u2/a523040.pdf.

153 United States Drug Enforcement Administration, *National Drug Threat Assessment* (Washington, DC: DEA, 2018), 21–37.

154 Greg R. Lawson, "The Fentanyl Crisis Is a Reverse Opium War," *National Interest*, 26 December 2017, https://nationalinterest.org/feature/the-fentanyl-crisis-reverse-opium-war-23812.

155 Sean O'Connor, *Fentanyl: China's Deadly Export to the United States*, staff report (Washington, DC: U.S.-China Economic and Security Review Commission), 7, https://www.uscc.gov/sites/default/files/Research/USCC%20Staff%20Report_Fentanyl-China's%20Deadly%20Ex por t%20to%20the%20United%20States020117.pdf. 또한 다음을 참고. Liana Rosen and Susan Lawrence, Illicit Fentanyl, *China's Role, and U.S. Foreign Policy Options* (Washington, DC: Congressional Research Service, 2018), https://fas.org/sgp/crs/row/IF10890.pdf.

156 Tom Phillips, "China Rejects Claims It Had Hand in Efforts to Oust Robert Mugabe," *Guardian*, 21 November 2017, https://www.theguardian.com/world/2017/nov/21/china-rejects-claims-it-had-hand-in-efforts-to-oust-robert-mugabe; 그리고 다음을 참고. Ben Westcott and Steve George, "The Chinese Connection to the Zimbabwe 'Coup,'" CNN, 17 November 2017, https://www.cnn.com/2017/11/17/africa/china-zimbabwe-mugabe-diplomacy/index.html.

157 Ibid.

158 2017년 12월 1일 남아프리카공화국에서 CL, BB, and CZ와의 인터뷰 내용. 그리고 12월 3일 BB의 추가 진술 내용.

159 Mukasiri Sibanda, "Zimbabwe: Questions as Chinese Resurface on Anjin's Marange Diamond Claims," *All Africa*, 23 April 2018, https://allafrica.com/stories/201804240627.html.

160 다음을 참고. Cecilia Jamasmie, "Zimbabwe Confirms Army Ownership of Diamond Mine," Mining, 19 June 2012, http://www.mining.com/zimbabwean-government-confirms-army-ownership-of-diamond-mine/; and Linda

Mujuru, "Chinese-Owned Mining Companies Bring Work and Hazards to Zimbabwe," *Global Press Journal*, 6 April 2018, https://globalpressjournal.com/africa/zimbabwe/chinese-owned-mining-companies-bring-work-hazards-zimbabwe/.

161 Nabeel Mancheri, Lalitha Sundaresan, and S. Chandrashekar, *Dominating the World: China and the Rare Earth Industry* (Bangalore: National Institute of Advanced Studies, April 2013), http://investorintel.com/wp-content/uploads/2014/01/China-rare-earth-strategyin-wHighlights-.pdf. 또한 다음을 참고. Interagency Task Force, *Assessing and Strengthening the Manufacturing and Defense Industrial Base and Supply Chain Resiliency of the United States* (Washington, DC: Department of Defense, September 2018), 27-28, 134, https://media.defense.gov/2018/Oct/05/2002048904/-1/-1/1/ASSESSING-AND-STRENGTHENING-THE-MANUFACTURING-AND%20DEFENSE-INDUSTRIAL-BASE-AND-SUPPLY-CHAIN-RESILIENCY.PDF; and Valentina Ruiz Leotaud, "Rare Earths: Battling China's Monopoly After Molycorp's Demise?," *Mining*, 10 September 2016, http://www.mining.com/rare-earths-battling-chinas-monopoly-after-molycorps-debacle/.

162 Andrew Mambondiyani, "Chinese Company to Return to Zimbabwe's Controversial Marange Diamond Fields," *Epoch Times*, 7 March 2019, https://www.theepochtimes.com/chinese-company-to-return-to-zimbabwes-controversial-marange-diamond-fields_2814988.html.

163 Felix Njini, "Zimbabwe, Russia Sign $4 Billion Platinum Mine Deal," *Bloomberg News*, 10 April 2019, https://www.bloomberg.com/news/articles/2019-04-10/zimbabwe-russia-finalize-deal-for-4-billion-platinum-mine.

164 다음을 참고. United States Department of Defense, *The National Defense Strategy of the United States of America* (Washington, DC: DOD, 2005), 2-3, http://archive.defense.gov/news/Mar2005/d20050318nds1.pdf; and United States Department of Defense, *Quadrennial Defense Review Report* (Washington, DC: DOD, 2006), 3, 19-20, http://archive.defense.gov/pubs/pdfs/QDR20060203.pdf.

165 Spencer and Melgar, "Bolivia, a New Model Insurgency."

166 Qiao and Wang, *Unrestricted Warfare*, 144.

167 Ibid., 146.

168 Ibid., 164.

169 Ibid., 168–69, 179.

170 Sangkuk Lee, "China's 'Three Warfares': Origins, Applications, and Organizations," *Journal of Strategic Studies* 37, no. 2 (2014): 198–221.

171 Corn, "Peaceful Rise Through Unrestricted Warfare," 8–9.

172 Ibid.

173 Ibid.

174 Francesco Sisci, preface to Qiao Liang, "One Belt, One Road," speech delivered at University of Defense, China, 17 July 2015, http://www.limesonline.com/en/one-belt-one-road?refresh_ce.

175 Qiao, "One Belt, One Road."

176 초한전에 등장하는 소로스에 관한 내용은 다음을 참고. Qiao and Wang, *Unrestricted Warfare*, 48, 52–53, 60, 116.

177 Qiao, "One Belt, One Road."

제6장

1 다음을 참고. "It's Again a Tented Field: Sickles and Longstreet at Gettysburg," *New York Times*, 1 July 1888, https://timesmachine.nytimes.com/timesmachine/1888/07/01/106327211.pdf; Carl Smith and Adam Hook, High Tide of the Confederacy: *Gettysburg*, 1863, Campaign Series no. 52 (London: Osprey, 1998); and U.S. Historical Marker Database, *High Water Mark*, https://www.hmdb.org/marker.asp?marker=16160.

2 Smith and Hook, *High Tide of the Confederacy*.

3 James D. Coomler, *Clausewitz's Concept of the Culminating Point and Its Application in the Gettysburg Campaign of 1863* (Carlisle, PA: United States Army War College, 1993), https://apps.dtic.mil/dtic/tr/fulltext/u2/a264855.pdf.

4 Ibid.

5 Adam J. Herbert, "The Baghdad Strikes," *Air Force Magazine*, July 2003, 46–50, http://www.airforcemag.com/MagazineArchive/Documents/2003/July%20

2003/0703strikes.pdf.

6 Mark Kinkade, "The First Shot," *Airman: Magazine of America's Air Force*, July 2003, http://www.af.mil/news/airman/0703/air.html, and https://web.archive.org/web/20080517050321/http://www.af.mil/news/airman/0703/air.html. F-117의 비용에 대한 내용은 다음을 참고. David Aronstein and Albert Piccirillo, *HAVE BLUE and the F-117A* (Reston, VA: American Institute of Aeronautics and Astronautics, 1997), 267.

7 다음을 참고. "Decapitation Attempt Was Worth a Try, George," *Sydney Morning Herald*, 22 March 2003, https://www.smh.com.au/world/middle-east/decapitation-attempt-was-worth-a-try-george-20030322-gdgh06.html; and David Martin, "Ex-CIA Officer on the Strike That Could Have Averted Iraq War," CBS News, 19 March 2013, https://www.cbsnews.com/news/ex-cia-officer-on-the-strike-that-could-have-averted-iraq-war/.

8 Michael Gordon and Bernard Trainor, "Iraqi Leader, in Frantic Flight, Evaded U.S. Strikes," *New York Times*, 12 March 2006, https://www.nytimes.com/2006/03/12/world/middleeast/iraqi-leader-in-frantic-flight-eluded-us-strikes.html.

9 Ibid.; 또한 다음을 참고. Douglas Jehl and Eric Schmitt, "The Struggle for Iraq: Intelligence; Errors Are Seen in Early Attacks on Iraqi Leaders," *New York Times*, 13 June 2004, https://www.nytimes.com/2004/06/13/world/struggle-for-iraq-intelligence-errors-are-seen-early-attacks-iraqi-leaders.html.

10 Joel Roberts, "At Saddam's Bombed Palace," CBS News, 28 May 2003, https://www.cbsnews.com/news/at-saddams-bombed-palace/; 또한 다음을 참고. Jehl and Schmitt, "The Struggle for Iraq."

11 "Decapitation Attempt Was Worth a Try, George."

12 Avraham Shalom, at 12:20-30 and 19:20-29 of Dror Moreh's film *The Gatekeepers*, Sony Pictures Classics, 2013.

13 United States Navy, *CNATRA P-912 Low Altitude Training*, Flight Training Instruction, Department of the Navy, Chief of Naval Air Training, 2018, 1-5.

14 중국의 GDP 수치 변화에 대해서는 다음을 참고. "China GDP Annual Growth Rate," *Trading Economics*, https://tradingeconomics.com/china/gdp-growth-

annual.

15 최근 제기되는 중국군의 전투 경험 부족에 대한 불만 논의는 다음을 참고. Minnie Chan, "China's Army Infiltrated by 'Peace Disease' After Years without a War, Says Its Official Newspaper," *South China Morning Post*, 3 July 2018, https://www.scmp.com/news/china/diplomacy-defence/article/2153579/chinas-army-infiltrated-peace-disease-after-years; and Philip Wen, "What Is China's 'Peace Disease'? (And Why Australia Should Care)," *Sydney Morning Herald*, 2 September 2015, https://www.smh.com.au/world/what-is-chinas-peace-disease-and-why-australia-should-care-20150902-gjd3as.html.

16 Jordan Wilson, *China's Expanding Ability to Conduct Conventional Missile Strikes on Guam, Staff Research Report* (Washington, DC: U.S. China Economic and Security Review Commission, 2016), https://www.uscc.gov/sites/default/files/Research/Staff%20Report_China's%20Expanding%20Ability%20to%20Conduct%20Conventional%20Missile%20Strikes%20on%20Guam.pdf.

17 다음을 참고. "We Told You So: Russian Officials React to Mueller Report on Collusion," *Moscow Times*, 25 March 2019, https://www.themoscowtimes.com/2019/03/25/we-told-you-so-russian-officials-react-to-mueller-report-on-collusion-a64939; and Leonid Bershidsky, "The U.S. Needs a Post-Mueller Reality Check: The Conspiracy Narrative Wasn't Borne Out. Now Americans Should Dismiss the Idea of a Russian 'Hybrid War,'" *Moscow Times*, 31 March 2019, https://www.themoscowtimes.com/2019/03/31/the-us-needs-a-post-mueller-reality-check-a65027.

18 다음을 참고. Missile Threat, Center for Strategic and International Studies, "Hwasong-15 (KN-22)," https://missilethreat.csis.org/missile/hwasong-15-kn-22/.

19 Colin Clark, "'North Korea Is a Cyber Super Power': Former ROK Commander," *Breaking Defense*, 23 May 2018, https://breakingdefense.com/2018/05/north-korea-is-a-cyber-super-power-former-rok-commander/.

20 Tasnim News (Tehran), "Iran among 8 Countries with Full Nuclear Fuel Cycle: Ex Negotiator," 11 February 2019, https://www.tasnimnews.com/en/news/2019/02/11/1944690/iran-among-8-countries-with-full-nuclear-fuel-

cycle-ex-negotiator.

21 David Wroe, "Australia Gets into the Missile Defence Game as Rogue Threat Rises," *Sydney Morning Herald*, 7 October 2017, https://www.smh.com.au/politics/federal/australia-gets-into-the-missile-defence-game-as-rogue-threat-rises-20171006-gyw298.html.

22 Fareed Zakaria, *The Post-American World, and the Rise of the Rest; Release 2.0* (New York: Penguin, 2011).

23 Ibid., 1.

24 Jonah Goldberg, *Suicide of the West: How the Rebirth of Tribalism, Populism, Nationalism, and Identity Politics Is Destroying American Democracy* (New York: Crown Forum, 2018).

25 Ibid., 331.

26 Zakaria, *The Post-American World*, xiv.

27 다음을 참고. Oswald Spengler, *The Decline of the West* (New York: Oxford University Press, 1991).

28 Ezra Pound, *Hugh Selwyn Mauberley*, vv. 1-8.

29 다음을 참고. Herbert Spencer, *The Principles of Biology* (1864), rev. ed., vol. 1 (New York: D. Appleton & Company, 1904), 530n; Edward Gibbon, *The History of the Decline and Fall of the Roman Empire*, 6 vols. (London: J. M. Dent & Sons, 1776-89, 1954); Ibn Khaldûn, *The Muqaddimah: An Introduction to History* (1377), trans. Franz Rosenthal (Princeton, NJ: Princeton University Press, 1967); Aristotle, *Politics*, trans. Ernest Baker (Oxford: Oxford University Press, 1998); and Plato, *The Republic*, trans. Desmond Lee (London: Penguin Classics, 2007).

30 다음을 참고. Carroll Quigley, *The Evolution of Civilizations: An Introduction to Historical Analysis*, 2nd ed. (New York: Liberty Fund, 1979); Paul Kennedy, *The Rise and Fall of the Great Powers: Economic Change and Military Conflict from 1500 to 2000* (New York: Vintage Books, 1987); Niall Ferguson, *Empire: The Rise and Demise of the British World Order and the Lessons for Global Power* (New York: Basic Books, 2003); and Samuel P. Huntington, *The Clash of Civilizations and the Remaking of World Order* (New York: Simon & Schuster, 1996).

31 Bob Herbert, "In America; War Games," *New York Times*, 22 February 1998,

https://www.nytimes.com/1998/02/22/opinion/in-america-war-games.html.

32 T. X. Hammes, personal communication, Copenhagen, December 2018.

33 다음을 참고. Robert Work, "The Third U.S. Offset Strategy and Its Implications for Partners and Allies," speech delivered by Deputy Secretary of Defense Bob Work, 28 January 2015, https://dod.defense.gov/News/Speeches/Speech-View/Article/606641/the-third-us-offset-strategy-and-its-implications-for-partners-and-allies/; 주요 기술 집중 분야에 대한 개요는 다음을 참고. Katie Lange, "3rd Offset Strategy 101: What It Is, What the Tech Focuses Are," DOD Live, 30 March 2016, http://www.dodlive.mil/2016/03/30/3rd-offset-strategy-101-what-it-is-what-the-tech-focuses-are/.

34 중국군의 바이오기술에 대한 통찰력을 제시하는 내용은 다음을 참고. U.S.-China Economic Security Review Commission, *Annual Report*, 2018, 507-8, https://www.uscc.gov/sites/default/files/Annual_Report/Chapters/Chapter%204%2C%20Section%201%20-%20China%27s%20Pursuit%20of%20Dominance%20in%20Computing%2C%20Robotics%2C%20and%20Biotechnology.pdf.

35 Yoram Hazony and Ofir Haivry, "Why America Needs New Alliances," Wall Street Journal, 5 April 2019, https://www.wsj.com/articles/why-america-needs-new-alliances-11554503421?mod=hp_opin_pos3.

36 다음을 참고. Jeffrey Goldberg, "The Obama Doctrine," *Atlantic*, April 2016, https://www.theatlantic.com/magazine/archive/2016/04/the-obama-doctrine/471525/.

37 Andrew Moran, "Barack Obama and the Return of 'Declinism': Rebalancing American Foreign Policy in an Era of Multipolarity," in Edward Ashbee and John Dumbrell (eds.), *The Obama Presidency and the Politics of Change* (London: Palgrave Macmillan, 2016), 265-87.

38 아프가니스탄 계획에 관해서는 다음을 참고. Bob Woodward, *Obama's Wars* (New York: Simon & Schuster, 2011), 330-31. The ambassador to Libya, J. Christopher Stephens, was killed in a forward diplomatic outpost in Benghazi in September 2012; the ambassador for the Syrian opposition, Robert Ford, resigned in 2014. 다음을 참고. PBS News, "Former U.S. Ambassador Says He Could 'No Longer Defend' Obama Administration's Syria Policy," 3 June 2014, https://www.pbs.

org/newshour/show/former-ambassador-discusses-mistakes-u-s-policy-syria.

39 트럼프에 비판적인 2명에 전략가에 의해 설명된 '역외 균형자(offshore balancing)' 내용은 다음을 참고. John J. Mearsheimer and Stephen M. Walt, "The Case for Offshore Balancing: A Superior U.S. Grand Strategy," *Foreign Affairs*, July-August 2016, 70-83, https://mearsheimer.uchicago.edu/pdfs/Offshore%20Balancing.pdf.

40 다음을 참고. Stephen M. Walt, "The Tragedy of Trump's Foreign Policy," *Foreign Policy*, 5 March 2019, https://foreignpolicy.com/2019/03/05/the-tragedy-of-trumps-foreign-policy/.

41 이에 대한 설명은 다음을 참고. Christopher Clark, *The Sleepwalkers: How Europe Went to War in 1914* (London: HarperCollins, 2013), 414-15.

42 David Wemer, "NATO's Stoltenberg Credits Trump as Allies Increase Defense Spending," *Atlantic Council*, 11 July 2018, https://www.atlanticcouncil.org/blogs/new-atlanticist/stoltenberg-nato-engages.

43 다음을 참고. Nick Miller, "In Helsinki, Trump Shows His Weakness for Putin to the World," *Sydney Morning Herald*, 17 July 2018, https://www.smh.com.au/world/europe/in-helsinki-trump-proves-his-weakness-for-putin-to-the-world-20180717-p4zrv7.html.

44 다음을 참고. Sputnik News, "Lavrov: World Is Clearly Entering the Post-Western Era," *Sputnik International*, 09.03.2017, https://sputniknews.com/world/201703091051409715-lavrov-post-western-world/.

45 Goldberg, "The Obama Doctrine."

46 Edward Luttwak, *The Grand Strategy of the Byzantine Empire* (Cambridge, MA: Harvard University Press, 2009), Kindle ed., locations 1, 12. 또한 다음을 참고. John Haldon, *Byzantium at War: AD 560-1453* (London: Routledge, 2003), 8.

47 "Inaugural Address of John F. Kennedy," 20 January 1961, Avalon Project of Yale Law School, https://web.archive.org/web/20070514235348/http://www.yale.edu/lawweb/avalon/presiden/inaug/kennedy.htm.

48 Luttwak, *The Grand Strategy of the Byzantine Empire.*

49 Haldon, *Byzantium at War*, 8, 29-35.

50 Savvas Kyriakidis, *Warfare in Late Byzantium, 1204-1453* (Leiden: Brill, 2011),

138–56.

51 비잔틴 제국의 요새와 공성전에 대한 내용은 다음을 참고. Leif Inge Ree Petersen, *Siege Warfare and Military Organization in the Successor States (400-800 AD): Byzantium, the West and Islam* (Leiden: Brill, 2013), 256–98; and Kyriakidis, *Warfare in Late Byzantium*, 157–220. 그리스 불에 대한 내용은 다음을 참고. John Pryor and Elizabeth M. Jeffreys, *The Age of the ΔΡΟΜΩΝ: The Byzantine Navy ca. 500-1204* (Leiden: Brill, 2006), 621–28.

52 전체적인 개요는 다음을 참고. Michael J. Decker, *The Byzantine Art of War* (Yardley, PA: Westholme, 2013), 213–32, 1–41.

53 Haldon, *Byzantium at War*, 14.

54 Ibid.

55 Ibid.

56 Luttwak, *The Grand Strategy of the Byzantine Empire*, 5, 36, 85, 106.

57 Steven Runciman, *The Fall of Constantinople, 1453* (Cambridge: Cambridge University Press, 1965), xi.

58 러시아의 북극 전략과 기후 변화의 관계는 다음을 참고. Pavel Devyatkin, "Russia's Arctic Strategy," four-part series at the Arctic Institute, Center for Circumpolar Studies, 6–27 February 2018, https://www.thearcticinstitute.org/russias-arctic-strategy-aimed-conflict-cooperation-part-one/, https://www.thearcticinstitute.org/russias-arctic-military-and-security-part-two/, https://www.thearcticinstitute.org/russias-arctic-strategy-energy-extraction-part-three/, and https://www.thearcticinstitute.org/russias-arctic-strategy-maritime-shipping-part-iv/.

59 이 모델의 적용 가능성에 대한 검토는 다음을 참고. Monica Ruiz, "Is Estonia's Approach to Cyber-Defense Feasible in the United States?," *War on the Rocks*, 9 January 2018, https://warontherocks.com/2018/01/estonias-approach-cyber-defense-feasible-united-states/.

60 다음을 참고. James K. Wither, "'Modern Guerrillas' and the Defense of the Baltic States," *Small Wars Journal*, January 2018, https://smallwarsjournal.com/jrnl/art/modern-guerrillas-and-defense-baltic-states.

61 호주의 지역 병력 감시 부대와 캐나다 레인저스는 국방 측면뿐만 아니라 원주민 공동체를 국가 네트워크 및 정체성과 연결하는 데에도 효과적임이 입증되었다. 자세

한 내용은 다음을 참고. Aaron Waddell, "Indigenous Pride, National Security and the Regional Force Surveillance Units," *Australian Defence Force Journal*, no. 202 (July 2017): 27-36, http://www.defence.gov.au/adc/adfj/Documents/issue_202/Waddell_July_2017.pdf; and Canadian Armed Forces, *Canadian Rangers*, http://army-armee.forces.gc.ca/en/canadian-rangers/index.page.

62 다음을 참고. Wolf-Dieter Roepke and Hasit Thankey, "Resilience: The First Line of Defense," *NATO Review*, 27 February 2019, https://www.nato.int/docu/review/2019/Also-in-2019/resilience-the-first-line-of-defence/EN/index.htm.

63 다음을 참고. Alec Luhn, "Russian Mercenary Boss Spoke with Kremlin Before Attacking US Forces in Syria, Intel Claims," *Telegraph*, 23 February 2018, https://www.telegraph.co.uk/news/2018/02/23/russian-mercenary-boss-spoke-kremlin-attacking-us-forces-syria/; and France 24, "The Business of War: Russian Mercenaries in Syria," 23 February 2018, https://www.france24.com/en/20180223-russia-fighters-syria-exclusive-interview-mercenary-wagner.

64 이 통찰력을 준 미국 육군 대학의 콘래드 크레인 교수에게 감사를 전한다.

65 Drew Thompson, "Think Again: China's Military," *Foreign Policy*, 11 February 2010, https://foreignpolicy.com/2010/02/11/think-again-chinas-military/.

66 다음을 참고. Scott Neuman and Rob Schmitz, "Despite the End of China's One-Child Policy, Births Are Still Lagging," NPR News, 16 July 2018, https://www.npr.org/2018/07/16/629361870/despite-the-end-of-chinas-one-child-policy-births-are-still-lagging; and "Patriotism May Hold Key to China Births Challenge," *South China Morning Post*, 19 June 2018, https://www.scmp.com/comment/insight-opinion/article/2151359/patriotism-may-hold-key-china-births-challenge.

67 중국의 한 자녀 정책이 행동에 미친 영향에 대한 논의는 다음을 참고. L. Cameron, N. Erkal, L. Gangadharan, and X. Meng, "Little Emperors: Behavioral Impacts of China's One-Child Policy," *Science* 339, no. 6122 (22 February 2013): 953-57.

68 국가들이 고령화될수록 분쟁에 휘말릴 가능성이 낮아진다는 이론에 대해서는 다음을 참고. Mark L. Haas, "A Geriatric Peace? The Future of U.S. Power in a World of Aging Populations," *International Security* 32, no. 1 (Summer 2007): 112-47, https://www.belfercenter.org/sites/default/files/legacy/files/is3201_pp112-147.

pdf. 남성 인구의 젊은 인구 팽창 현상이 한 국가가 국제 분쟁에 휘말릴 가능성을 높일 수 있다는 대안 이론은 다음을 참고. Valerie Hudson and Andrea den Boer, "A Surplus of Men, A Deficit of Peace: Security and Sex Ratios in Asia's Largest States," *International Security* 26, no. 4 (July 2002): 5-38.

69 토마스 프리드먼의 맥도날드 이론과 델 이론(글로벌 경제에 통합되면 국가 간 분쟁을 예방할 수 있다고 주장)은 예측 가치가 거의 또는 전혀 없는 것으로 드러났다. 관련 민주평화론 및 자본주의 평화론(상호 의존적인 자본주의 민주주의 국가들이 서로 싸울 가능성이 적다고 주장) 또한 경험적 근거로 비판받아왔다. 주요 내용은 다음을 참고. 다음을 참고. Thomas Schwartz and Kiron Skinner, "The Myth of the Democratic Peace," *Orbis* 46, no. 1 (2002): 159-72; and Michael Mousseau, "Coming to Terms with the Capitalist Peace," *International Interactions* 36, no. 2 (2010): 185-92.

70 Anne Blair, "'Get Me Ten Years': Australia's Ted Serong in Vietnam, 1962-75," symposium paper, Texas Tech Vietnam Center and Archive, https://www.vietnam.ttu.edu/events/1996_Symposium/96papers/tenyears.php.

71 세부적인 구분(차이)에 대한 자세한 검토는 다음을 참고. Antulio J. Echevarria, *An American Way of War or Way of Battle?* (Carlisle, PA: United States Army War College, 2004), https://apps.dtic.mil/dtic/tr/fulltext/u2/a426321.pdf.

72 Eric Schmitt, Ben Hubbard, and Rukmini Callimachi, "ISIS Attack in Syria Kills 4 Americans, Raising New Worries About Troop Withdrawal," *New York Times*, 16 January 2019, https://www.nytimes.com/2019/01/16/world/middleeast/isis-attack-syria-troops.html.

에필로그

1 문제의 사건(1994년 9월 12일에 발생) 직후 다른 사람들이 이 농담을 하기 시작했으며, 울시 자신도 얼마 지나지 않아 사용하기 시작했다고 말했다. 버지니아에서 울시와의 인터뷰 내용. 9 April 2019.

2 United States Department of Justice, Office of the Inspector General, "A Review of the FBI's Performance in Uncovering the Espionage Activities of Aldrich Hazen Ames (April, 1997)," https://oig.justice.gov/special/9704.htm.

3 United States Senate, Select Committee on Intelligence, *An Assessment of the Aldrich H. Ames Espionage Case and Its Implications for U.S. Intelligence* (Washington, DC: US Government Printing Office), 40, 41, 50–52, https://www.intelligence.senate.gov/sites/default/files/publications/10390.pdf.

4 다음을 참고. CNN, "America Under Attack: Former CIA Director Asserts Iraq May Be Behind Terrorist Attacks," transcripts, *CNN Live This Morning*, 12 September 2001, http://transcripts.cnn.com/TRANSCRIPTS/0109/12/ltm.13.html; and Micah Morrison, "The Iraq Connection," *Wall Street Journal*, 5 September 2002, https://www.wsj.com/articles/SB1031184073773956835.

5 다음을 참고. World Future Society, "Interview with R. James Woolsey," *Futurist*, July–August 2007, https://web.archive.org/web/20070626213353/http://www.wfs.org/futintervja07.htm.

6 다음을 참고. R. James Woolsey and Peter Vincent Pry, "Obama Team Fails to Protect the Grid," *National Review*, 6 November 2015, https://www.nationalreview.com/2015/11/national-space-weather-action-plan-inadequate-r-james-woolsey/.

7 J. F. C. Fuller, *The Foundations of the Science of War* (London: Hutchinson & Co., 1926), 77.

찾아보기

ㄴ

ㄷ

ㄹ

ㅂ

ㅅ

ㅇ

ㅈ

ㅊ

ㅋ

ㅌ

ㅍ

ㅎ

번호

로마자

역자 약력

임경한 교수(klim@navy.ac.kr)는 해군사관학교를 졸업하고, KDI School에서 석사학위, 서울대학교 국제대학원에서 박사학위를 취득했다. 해군사관학교 군사전략학과 교수로서 전략론, 해양전략, 주변국 군사전략, 국제정치와 전략 등을 강의하고 있다.

주요 연구 분야는 강대국의 안보 경쟁과 동북아시아 주요 국가들의 군사전략 및 해양전략, 그리고 한미동맹이다. 최근에는 미래전과 관련하여 최첨단 군사 과학기술과 접목한 사이버전 및 AI 기반의 유무인 복합전투체계(MUM-T) 분야, 글로벌 경쟁력을 갖춘 한국의 방위산업이 발전하기 위한 과제 등 다양한 안보 분야를 연구하고 있다.

최근 저서로는 『인도-태평양 해양안보 정세와 전망(2025)』, 『신냉전과 미중 인도-태평양 해양안보 경쟁(2025)』 등이 있다.

한국해양전략연구소 총서 111

용과 뱀—서방에 맞서려는 적들의 전쟁 방식 진화
THE DRAGONS AND THE SNAKES

초판발행 2026년 3월 13일

지은이 David Kilcullen
옮긴이 임경한
펴낸이 안종만·안상준

편 집 최유라
기획/마케팅 조성호
표지디자인 BEN STORY
제 작 고철민·김원표

펴낸곳 (주) 박영사
서울특별시 금천구 가산디지털2로 53, 210호(가산동, 한라시그마밸리)
등록 1959.3.11. 제300-1959-1호(倫)
전 화 02)733-6771
f a x 02)736-4818
e-mail pys@pybook.co.kr
homepage www.pybook.co.kr
ISBN 979-11-303-9703-0 93390

정 가 30,000원